Strategische Onlinekommunikation

Olaf Hoffjann · Thomas Pleil

(Hrsg.)

Strategische Onlinekommunikation

Theoretische Konzepte und empirische Befunde

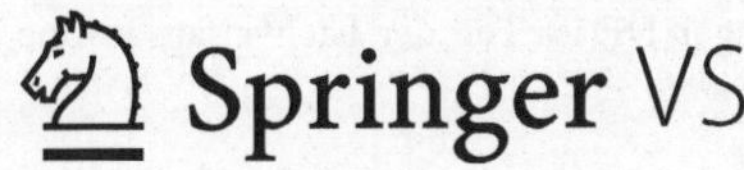

Herausgeber
Olaf Hoffjann
Ostfalia Hochschule
Salzgitter
Deutschland

Thomas Pleil
Hochschule Darmstadt
Darmstadt
Deutschland

ISBN 978-3-658-03395-8   ISBN 978-3-658-03396-5 (eBook)
DOI 10.1007/978-3-658-03396-5

Die Deutsche Nationalbibliothek verzeichnet diese Publikation in der Deutschen Natio-
nalbibliografie; detaillierte bibliografische Daten sind im Internet über http://dnb.d-nb.de
abrufbar.

Springer VS
© Springer Fachmedien Wiesbaden 2015

Gedruckt auf säurefreiem und chlorfrei gebleichtem Papier

Springer VS ist eine Marke von Springer DE. Springer DE ist Teil der Fachverlagsgruppe
Springer Science+Business Media
www.springer-vs.de

Inhaltsverzeichnis

Mitarbeiterverzeichnis

Christian Biederstaedt Leipzig, Deutschland
E-Mail: biederstaedt@gmail.com

Miriam Droller Eschborn, Deutschland
E-Mail: miriam.droller@giz.de

Sabine Einwiller Mainz, Deutschland
E-Mail: einwiller@uni-mainz.de

Mona Folger Münster, Deutschland
E-Mail: monafolger@gmail.com

Britta M. Gossel Ilmenau, Deutschland
E-Mail: britta.gossel@tu-ilmenau.de

Sascha Himmelreich Mainz, Deutschland
E-Mail: sascha.himmelreich@uni-mainz.de

Olaf Hoffjann Salzgitter, Deutschland
E-Mail: o.hoffjann@ostfalia.de

Kurt Imhof Zürich, Schweiz
E-Mail: kurt.imhof@foeg.uzh.ch

Diana Ingenhoff Fribourg, Schweiz
E-Mail: diana.ingenhoff@unifr.ch

Felix Krebber Leipzig, Deutschland
E-Mail: felix.krebber@uni-leipzig.de

Maja Malik Münster, Deutschland
E-Mail: maja.malik@uni-muenster.de

Ricarda Moll Münster, Deutschland
E-Mail: ricarda.moll@uni-muenster.de

Patricia Müller Ilmenau, Deutschland
E-Mail: patricia.mueller@tu-ilmenau.de

Thomas Pleil Darmstadt, Deutschland
E-Mail: thomas.pleil@h-da.de

Ulrike Röttger Münster, Deutschland
E-Mail: ulrike.roettger@uni-muenster.de

Christopher Rühl Fribourg, Schweiz
E-Mail: christopher.ruehl@unifr.ch

Swaran Sandhu Stuttgart, Deutschland
E-Mail: sandhu@hdm-stuttgart.de

Jasmin Schaub Hamburg, Deutschland
E-Mail: jasminschaub@googlemail.com

Katja Schmidt Ilmenau, Deutschland
E-Mail: katja.schmidt@tu-ilmenau.de

Wolfgang Schweiger Hohenheim, Deutschland
E-Mail: wolfgang.schweiger@uni-hohenheim.de

Kerstin Thummes Fribourg, Schweiz
E-Mail: kerstin.thummes@unifr.ch

Katrin Tonndorf Passau, Deutschland
E-Mail: katrin.tonndorf@uni-passau.de

Christian Wiencierz   Münster, Deutschland
E-Mail: christian.wiencierz@uni-muenster.de

Peter Winkler   Wien, Österreich
E-Mail: peter.winkler@fh-wien.ac.at

Cornelia Wolf   Passau, Deutschland
E-Mail: cornelia.wolf@uni passau.de

Ansgar Zerfaß   Leipzig, Deutschland
E-Mail: zerfass@uni-leipzig.de

Über die Autoren

Christian Biederstaedt M.A. Projektmitarbeiter am Institut für Kommunikations- und Medienwissenschaft der Universität Leipzig. Studium der Politikwissenschaft an der Universität Leipzig.

Miriam Droller M.A. Deutsche Gesellschaft für Internationale Zusammenarbeit (GIZ) GmbH, Eschborn. Bachelorstudium Sozialwissenschaften an der Heinrich-Heine-Universität Düsseldorf, Masterstudium Communication Management an der Universität Leipzig, praktische Erfahrungen im Bereich Journalismus (TV & Hörfunk), in der politischen Kommunikation und in zahlreichen Kommunikationsberatungen mit Schwerpunkt Konzeption und Nonprofit-Kommunikation. Arbeitsschwerpunkte: Strategische Unternehmenskommunikation, Kommunikationsmanagement und Kommunikationscontrolling.

Prof. Dr. Sabine Einwiller seit 2009 Professorin für Publizistik mit Schwerpunkt Unternehmenskommunikation/PR am Institut für Publizistik der Johannes Gutenberg-Universität Mainz. Zuvor Professorin an der Fachhochschule Nordwestschweiz und Visiting Scholar an der University of Southern California und der Columbia University. Nach ihrem Studium der Psychologie an der Universität Mannheim arbeitete sie in der Abteilung für Öffentlichkeitsarbeit eines deutschen Großunternehmens. Sie promovierte und habilitierte sich an der Universität St. Gallen, wo sie für einige Jahre das Zentrum für Unternehmenskommunikation des MCM Instituts leitete. Arbeitsschwerpunkte: Wirkungseinflüsse auf die Unternehmensreputation, insbesondere die Wirkung negativer Publizität, Mitarbeiterkommunikation und nicht-finanzielle Berichterstattung, insbesondere zur unternehmerischen Verantwortung.

Mona Folger M.A. wissenschaftliche Mitarbeiterin im DFG-Graduiertenkolleg 1712/1 „Vertrauen und Kommunikation in einer digitalisierten Welt", Westfälische Wilhelms-Universität Münster. Arbeitsschwerpunkte: Word of Mouth, Online-Kommunikation.

Britta M. Gossel Dipl.-Medienwiss. wissenschaftliche Mitarbeiterin im Fachgebiet für Medien- und Kommunikationsmanagement an der Technischen Universität Ilmenau. Zuvor tätig als Pressesprecherin im Europäischen Parlament in Brüssel und Straßburg. Arbeitsschwerpunkte: Organisationskommunikation, Entrepreneurship, Entrepreneurial Communication, Medienmanagement, Strategie.

Sascha Himmelreich M.A. seit 2009 wissenschaftlicher Mitarbeiter am Institut für Publizistik mit Schwerpunkt Unternehmenskommunikation/PR an der Johannes Gutenberg-Universität in Mainz. Zuvor hat er dort Publizistik und Betriebswirtschaftslehre studiert. Anschließend war er als Projektleiter in einer Agentur für Medientraining und strategische Kommunikationsberatung tätig. Arbeitsschwerpunkte: Nutzung und Wirkung digitaler Medien, strategisches Kommunikationsmanagement und Krisenkommunikation.

Prof. Dr. Olaf Hoffjann Professor für Medienmanagement an der Ostfalia Hochschule in Salzgitter. Studium der Kommunikationswissenschaft, Wirtschaftspolitik, Politikwissenschaft und Geschichte an der Westfälischen Wilhelms-Universität in Münster, 2000 Promotion „Journalismus und Public Relations". Mehrjährige Tätigkeit in leitenden Positionen in der PR-Praxis. 2006–2011 Professur für Kommunikationsmanagement an der Mediadesign Hochschule in Berlin. Arbeitsschwerpunkte: Public Relations, Vertrauen und politische Kommunikation.

Prof. Dr. Kurt Imhof seit 2000 Professor für Publizistikwissenschaft und Soziologie an der Universität Zürich. Studium der Soziologie und Philosophie an der Universität Zürich, Doktorat 1989 (Diskontinuität der Moderne), Habilitation 1994 (Medienereignisse als Indikatoren des sozialen Wandels). 1994 Mitinitiant der Buch- und Veranstaltungsreihe Mediensymposium. 1997 Mitbegründer des fög – Forschungsinstitut Öffentlichkeit und Gesellschaft an der Universität Zürich (www.foeg.uzh.ch). Mitglied beim „National Center of Competence in Research (NCCR Democracy): Challenges to Democracy in the 21st Century". Arbeitsschwerpunkte: Öffentlichkeits- und Mediensoziologie, Sozialtheorie, Soziologie sozialen Wandels, Minderheiten- und Religionssoziologie.

Prof. Dr. Diana Ingenhoff seit 2005 Professorin für Medien- und Kommunikationswissenschaft an der Universität Fribourg (Schweiz). Sie studierte Kommunikationswissenschaft, Psychologie und Wirtschaftswissenschaften in Essen, Granada und St.Gallen und promovierte und habilitierte an der Universität St. Gallen. Zuvor leitete sie von 2002 bis 2005 das Center for Corporate Communication am Institut für Medien- und Kommunikationsmanagement (=mcminstitute) der HSG Universität St. Gallen. Sie war Visiting Professor an der Waikato University in Hamilton (Neuseeland) und der Queensland University of Technology in Brisbane (Australien). Arbeitsschwerpunkte: Organisationskommunikation und internationale PR-Forschung.

Felix Krebber M.A. wissenschaftlicher Mitarbeiter am Institut für Kommunikations- und Medienwissenschaft der Universität Leipzig; Promotionsstipendiat der Hanns-Seidel-Stiftung. Studium der Kommunikationswissenschaft und der Staatswissenschaften/Sozialwissenschaften an der Universität Erfurt (Bachelor) und Communication Management (Master) an der Universität Leipzig. Freie Mitarbeit im journalistischen Bereich (TV, Hörfunk, Print) und in der politischen Kommunikation. Arbeitsschwerpunkte: Politische Kommunikation und Organisationskommunikation.

Dr. Maja Malik akademische Rätin am Institut für Kommunikatonswissenschaft der Westfälischen Wilhelms-Universität Münster. Arbeitsschwerpunkte: Journalismusforschung, Onlinekommunikation, Entgrenzung der Medienkommunikation, medienbezogene Berufsfeldforschung.

Dipl.-Psych. Ricarda Moll wissenschaftliche Mitarbeiterin im DFG-Graduiertenkolleg 1712/1 „Vertrauen und Kommunikation in einer digitalisierten Welt", Westfälische Wilhelms-Universität Münster. Arbeitsschwerpunkte: Selbstoffenbarung, Privatheit, soziale Netzwerkseiten, Metakognitionen.

Patricia Müller M.A. wissenschaftliche Mitarbeiterin am Institut für Medien und Kommunikationswissenschaft der Technischen Universität Ilmenau. In ihrer Dissertation beschäftigt sie sich mit dem Zusammenhang des veränderten Informationsverhaltens junger Menschen und deren politischem Wissen. Arbeitsschwerpunkte: Onlinekommunikation sowie Mediennutzungs- und Wirkungsforschung, insbesondere in Bezug auf Jugendliche.

Prof. Dr. Thomas Pleil Professor für Public Relations an der Hochschule Darmstadt und Direktor des Instituts für Kommunikation und Medien (ikum). Studium der Journalistik, Politikwissenschaften, Soziologie und Public Relations. Arbeitsschwerpunkte: Onlinekommunikation, Social Media und Verantwortungskommunikation.

Prof. Dr. Ulrike Röttger seit 2003 Professorin für Public Relations-Forschung am Institut für Kommunikationswissenschaft der Westfälischen Wilhelms-Universität Münster. Arbeitsschwerpunkte: strategische Kommunikation und Vertrauen, PR-Theorie, Kampagnenkommunikation, CSR-Kommunikation, PR-Beratung, Kommunikatorforschung.

Christopher Rühl M.A. Diplomassistent und Doktorand im Fachbereich für Organisationskommunikation und Kommunikationsmanagement der Wirtschafts- und Sozialwissenschaftlichen Fakultät der Universität Fribourg (CH). Vor dem Beginn seines Promotionsstudiums war er mehrere Jahre in der Kommunikation internationaler Unternehmen sowie beim Rundfunk tätig. Arbeitsschwerpunkte: internationale PR, Social-Media-PR und Krisenkommunikation.

Prof. Dr. Swaran Sandhu ist Professor für Unternehmenskommunikation mit Schwerpunkt Public Relations an der Hochschule der Medien, Stuttgart. Arbeitsschwerpunkte: Public Relations und Organisationstheorie, insbesondere Neo-Institutionalismus, Soziale Netzwerkanalyse und die kommunikative Konstitution der Organisation (CCO-Perspektive).

Jasmin Schaub M.A. Medienwirtschaft. Beraterin bei Grabarz & Partner, zuvor verschiedene Praktika im Retail Marketing, Medienmanagement und einer Werbeagentur. Arbeitsschwerpunkte: Adoptionsprozess von Innovationen, Social Media Marketing, visuelle Kommunikation.

Katja Schmidt M.A. schloss 2013 ihren Master in „Media and Communication Science" an der Technischen Universität Ilmenau ab und ist derzeit im Online-Marketing bei 6colors tätig.

Prof. Dr. Wolfgang Schweiger seit 2013 Professor für Kommunikationswissenschaft insb. interaktive Medien- und Onlinekommunikation an der Universität Hohenheim. Zuvor leitete er zwischen 2009 und 2013 das Fachgebiet für Public Relations und Technikkommunikation an der Technischen Universität Ilmenau.

Arbeitsschwerpunkte: Onlinekommunikation, integrierte Organisationskommunikation, PR-Evaluation, Werbewirkungsforschung.

Dr. Kerstin Thummes Oberassistentin am Departement für Medien- und Kommunikationswissenschaft der Universität Fribourg. Arbeitsschwerpunkte: Strategische Kommunikation/PR, Authentizität und Täuschung, Online-PR, Kommunikations-Controlling, CSR-Kommunikation.

Katrin Tonndorf M.A. wissenschaftliche Mitarbeiterin am Lehrstuhl für Computervermittelte Kommunikation an der Universität Passau. Im Moment ist sie im BMBF Projekt „mirKUL" – Kollaborative Unterstützung von „Arbeits- und Lernprozessen im Unternehmen mit mobilen interaktiven Multimedia-Anwendungen" beschäftigt. Arbeitsschwerpunkte: Unternehmenskommunikation in sozialen Netzwerken, Netzpolitik und Human Computer Interaction.

Christian Wiencierz M.A. wissenschaftlicher Mitarbeiter im DFG-Graduiertenkolleg 1712/1 „Vertrauen und Kommunikation in einer digitalisierten Welt", Westfälische Wilhelms-Universität Münster. Arbeitsschwerpunkte: Vertrauensforschung, Word of Mouth, Organisationskommunikation, Kampagnenkommunikation.

FH-Prof. Mag. Dr. Peter Winkler Institut für Kommunikation, Marketing & Sales der FHWien der WKW. Arbeitsschwerpunkte: Soziologische Zugänge zur PR.

Dr. Cornelia Wolf wissenschaftliche Mitarbeiterin am Lehrstuhl für Computervermittelte Kommunikation der Universität Passau. Davor wissenschaftliche Mitarbeiterin am Lehrstuhl für Kommunikationswissenschaft der Universität Passau. Arbeitsschwerpunkte: Online- und Mobilkommunikation, crossmediale Strategien in Journalismus und Public Relations, Rezeption und Aneignung neuer Medien.

Prof. Dr. Ansgar Zerfaß Professor für Strategische Kommunikation an der Universität Leipzig sowie Professor in Communication and Leadership an der BI Norwegian Business School, Oslo. Präsident der European Public Relations Education and Research Association, Brüssel. Arbeitschwerpunkte: Unternehmenskommunikation, Onlinekommunikation, Kommunikations-Controlling.

Strategische Onlinekommunikation – ein Forschungsfeld wird erwachsener

Olaf Hoffjann und Thomas Pleil

Vor rund 20 Jahren ist die Onlinekommunikation auf die Bühne deutschsprachiger PR und Organisationskommunikation getreten. Aus den *neuen* Medien sind mittlerweile *erwachsene* Medien geworden. Und aus dem neuen und jungen Forschungsfeld Online-PR bzw. strategische Onlinekommunikation ist ein in der Fachcommunity etabliertes und inhaltlich reifendes Forschungsfeld geworden, das sich von einem Insel- zu einem Querschnittsthema der internationalen wie deutschsprachigen PR-Forschung entwickelt hat. Stellvertretend dafür stehen die 13 Beiträge dieses Bandes. Bis hierher war es eine längere Reise mit verschiedenen Etappen.

Zu Beginn ging es in der Berufspraxis wie in ihrer wissenschaftlichen Beobachtung zunächst einmal um das *Verstehen* der neuen Phänomene. Es ist zu vermuten, dass sich das Forschungsfeld strategische Onlinekommunikation auch deshalb so lange so schwer getan hat, weil der etablierten PR-Forschung oftmals noch dieses Verständnis fehlte. Die Folge war, dass das Forschungsfeld deshalb lange Zeit ein theoriefreies oder zumindest theoriearmes Feld geblieben ist. Die Herausforderung bleibt bestehen: Auch in Zukunft werden uns weiterhin neue Phänomene in der Onlinekommunikation begegnen, denn Plattformen und damit verbundene Kommunikationsstile und -möglichkeiten verändern sich laufend und damit wird sich auch Öffentlichkeit ständig verändern, wenngleich hier auch andere Einflussfaktoren bedeutsam sind. Viele der kaum zu überschauenden Entwicklungen im Internet haben Auswirkung auf Meinungsbildung, Beziehungen zu Stakeholdern

O. Hoffjann (✉)
Salzgitter, Deutschland
E-Mail: o.hoffjann@ostfalia.de

T. Pleil
Darmstadt, Deutschland
E-Mail: thomas.pleil@h-da.de

O. Hoffjann, T. Pleil (Hrsg.), *Strategische Onlinekommunikation*,
DOI 10.1007/978-3-658-03396-5_1, © Springer Fachmedien Wiesbaden 2015

und womöglich sogar auf die Entwicklung von Organisationen selbst, so dass die Einordnung jenseits von *Hypes* eine Daueraufgabe bleiben wird. Die gute Nachricht: Immerhin arbeiten hieran zunehmend mehr Forscherinnen und Forscher.

Das anfängliche Desinteresse der PR-Forschung nutzte vor allem die Beratungspraxis, die sich mitunter wissenschaftlich verkleidet des Themas annahm. Dies war die Zeit *euphorischer Zukunftsszenarien.* Während in Akademia eher die Kulturpessimisten zu Gange waren (Pleil 2012, S. 29), betonten die Berater zunächst die Chancen der neuen Medien – nicht zuletzt, um eigene Dienstleistungen zu verkaufen. Multimedialität, weltweite Vernetzung, Interaktivität, Authentizität bis hin zur Echtzeitkommunikation und Partizipation sind nur einige Schlagwörter der vergangenen 20 Jahre, von denen manche heute schon wieder sehr antiquiert wirken und zunächst zum Selbstzweck ohne Anbindung an allgemeine Kommunikationsstrategien zu werden drohten. Gerade das Reizwort „Dialog" ist ein wunderbares Beispiel hierfür (vgl. dazu die Beiträge in diesem Band).

In den vergangenen Jahren ist in die wissenschaftliche Beschreibung strategischer Onlinekommunikation eine neue Qualität eingezogen, die sich durch mehrere Aspekte auszeichnet.

So ist es *erstens* mittlerweile zu einer weitgehenden Selbstverständlichkeit geworden, Fragen strategischer Onlinekommunikation mit traditionellen soziologischen bzw. kommunikationswissenschaftlichen Theorien – insbesondere Theorien mittlerer Reichweite – zu beschreiben und zu bearbeiten. Dieser Fortschritt wird noch deutlicher, wenn man die Theorien- und Methodenvielfalt der Tagung der DGPuK-Fachgruppe PR/Organisationskommunikation, die Ende 2013 an der Autouni in Wolfsburg stattfand und auf deren Vorträge im Wesentlichen die Beiträge des Bandes beruhen, mit denen der ersten Tagung zur Onlinekommunikation der Fachgruppe 2005 in Bonn vergleicht. Die PR- und Organisationskommunikationsforschung ist hier im Übrigen eher ein Nachzügler: In anderen Bereichen ist es seit Jahren eine Selbstverständlichkeit, etablierte Ansätze auf das Feld der Onlinekommunikation anzuwenden (vgl. ausführlich dazu Schweiger und Beck 2010).

Zweitens werden Phänomene strategischer Onlinekommunikation immer häufiger in einer komparativen Perspektive untersucht. Wer Phänomene bzw. Anwendungen strategischer Onlinekommunikation singulär untersuchte, kam nahezu zwangsläufig zu dem Ergebnis, dass etwas neu, einzigartig und noch nie dagewesen sei. Wer statt dessen z. B. Online-Anwendungen im Kontext mit traditionellen Anwendungen bzw. Medien untersucht, wird auf Unterschiede wie Gemeinsamkeiten gleichermaßen stoßen können. Und sie oder er wird herausfinden können, wie in bester Riepl'scher Manier ein altes Medium nicht verschwindet, sondern nur seine Funktion verändert. In der strategischen Onlinekommunikation dürfte hierfür die Mitarbeiterzeitschrift eines von vielen Beispielen sein.

Und *drittens* zählt zum Erwachsenwerden eines Forschungsfeldes auch die Emanzipation von der Praxis. Nachdem lange Zeit die Praxis der Forschung die Fragen strategischer Onlinekommunikation weitgehend vorgegeben hat, hat sich die Forschung distanziert und findet heute ihre eigenen Fragen immer öfter selbst.

Wir haben bislang den Begriff der strategischen Onlinekommunikation verwendet und damit auf etablierte Begriffe wie Online-PR und Onlinekommunikationsmanagement verzichtet. Wenn strategische Kommunikation als Auftragskommunikation von Organisationen verstanden wird, dann gibt es gute Gründe, ein solch weites Verständnis auch für den Online-Bereich zu nutzen, weil es alle Instrumente und Maßnahmen strategischer Onlinekommunikation beinhaltet – also von Corporate Websites über SEO bis hin zu Beziehungen zwischen Organisationen und ihren Stakeholdern in sozialen Netzwerken. Ein solch weites Verständnis ist in der Onlinekommunikation umso sinnvoller, da die Grenzen zwischen PR, absatzorientierter Kommunikation oder interner Kommunikation in sozialen Medien noch weniger klar verlaufen als bisher in der „klassischen Welt" diskutiert. So sind bei der Untersuchung unternehmerischer Facebook-Profile ganz unterschiedliche Themen und Fragen zu finden. User artikulieren ihren Protest gegen Standortschließungen ebenso auf einer Produktseite wie sie Fragen zum Produkt auch auf einer IR-Seite stellen und kümmern sich nicht um Abteilungsgrenzen, die es in Organisationen geben mag. Umgekehrt gilt auch, dass in der Praxis der Onlinekommunikation Kompetenzen aus verschiedenen Feldern wie Online-Marketing und Online-PR zusammenkommen müssen. An zwei Beispielen verdeutlicht: Auch Unternehmen, die eine Facebookseite betreiben, um die Erreichung von PR-Zielen zu unterstützen, benötigen Kenntnisse in Mediaplanung und damit verbunden ein Werbebudget, damit die Seite sichtbar wird. Und selbst in der Krisenkommunikation spielen Suchmaschinenoptimierung und selbst Suchmaschinenmarketing wichtige Rollen.

Insofern wollen wir strategische Kommunikation in einem weiten Verständnis interpretieren, wie es Gehrau et al. (2013, S. 348–350) vorgeschlagen haben. Wir wollen die Organisationsfixierung insbesondere der aktuellen PR-Forschung überwinden und dafür plädieren, neben „klassischen" Fragen der PR- und Organisationskommunikationsforschung wie die Entwicklung von Medieninhalten beispielweise auch die Publikums- bzw. Persuasionsforschung zu berücksichtigen, in der auch nichtintentionale Wirkungen sowie Rückkoppelungen der gesellschaftlichen Folgen strategischer Kommunikation auf die Akteure untersucht werden.

Gleichwohl ist zu konstatieren: Wenn sich das Forschungsfeld strategische Onlinekommunikation von einem Insel- zu einem Querschnittsthema der PR- und Organisationskommunikationsforschung entwickelt hat, dann ist auch damit zu rechnen, dass es ähnliche Perspektiven mit ähnlichen theoretischen Ansätzen untersucht. So überrascht es nicht, dass die meisten Beiträge in diesem Band der Meso-Ebene zuzurechnen sind. Es wird spannend zu beobachten sein, wie entsprechende internationale Impulse die deutschsprachige Forschung in den kommenden Jahren beeinflussen werden (vgl. Edwards 2012) und inwiefern sich interdisziplinäre Ansätze entwickeln und Makroperspektiven, die gerade ein Kennzeichen kritischer Begleitung sind, stärker in den Blick geraten. Was sicherlich für die Zukunft noch sehr ausbaufähig ist, ist der Umgang mit Methoden, die beispielsweise in der Lage sind, Zusammenhänge in virtuellen Räumen aufzudecken oder mit großen Datenmengen umzugehen. Die Kolleginnen und Kollegen der DGPuK-Fachgruppe Computervermittelte Kommunikation sind da nach unserem Eindruck schon manchen Schritt weiter. Und schließlich bleibt bisher auch in der Forschung zur Onlinekommunikation ein Bereich wenig untersucht, der schon in der PR-Forschung wenig Beachtung gefunden hat: die Mikroebene. Unter anderem mit Blick auf die Fragestellungen der Content Strategie oder der Wertschöpfung durch Onlinekommunikation muss sie sicher künftig stärker beachtet werden.

1   Zu den Beiträgen des Buches

Im ersten Abschnitt des Buches finden sich zwei Beiträge zu Makro- beziehungsweise Theorie-Perspektiven. Den Aufschlag dazu macht Kurt Imhof zur – wie er es nennt – „Online-Geschichtsphilosophie der PR-Forschung", und er hält damit der Fach-Community einen Spiegel vor. Dabei nimmt er die gerade im Feld der Onlinekommunikation deutliche Wirkung der PR-Praxis mit ihrer lange Zeit hoffungsfrohen Semantik auf die PR-Forschung auf's Korn – um schließlich derart kolportierten Mythen „die Flügel zu stutzen". Insbesondere gilt dies für Argumentationslinien, die aus heutiger Sicht idealisierend wirken, beispielsweise in Bezug auf Unabhängigkeit, auf demokratische, partizipative und dialogische Potenziale. Tatsächlich, so argumentiert Imhof, sind Vermachtungen und Konzentrationen in den Walled Gardens des Internets genau und kritisch zu betrachten. Schließlich formuliert Imhof einige Fragen, denen die PR-Forschung in nächster Zeit nachgehen sollte, unter anderem vor dem Hintergrund der Interessen der Beteiligten an Onlinekommunikation.

Im zweiten Beitrag „Wider die reine Netzwerkrhetorik – Plädoyer für eine netzwerksoziologisch informierte Online-PR" kritisiert *Peter Winkler* Verkürzungen und fragliche Prämissen gängiger Netzwerkrhetorik in der Online-PR. Mit Bezug auf das kommunikationswissenschaftliche Programm des Texto-Materialismus sowie die Netzwerksoziologie Harrison C. Whites wird sodann ein alternativer Theorierahmen ausgearbeitet. Auf dieser Basis lassen sich schließlich fünf aufeinander folgende Ebenen organisationaler Identitätsbildung im Web – *1)* Beziehungsanbahnung, *2)* Beziehungs- und Netzwerkpflege, *3)* Bezugswechsel, *4)* Image und *5)* Integration – diskutieren und Ableitungen für die PR treffen. Mit diesem Rahmen, so Winkler, kann es gelingen, sowohl „zentrale Vernetzungsprozesse im Web besser zu verstehen, wie auch jüngere PR-Ansätze dazu systematisch in Bezug zu setzen".

Der zweite Abschnitt des Buches steht unter der Frage nach dem überschätzten Dialog – dies, weil Dialog als (Totschlag-)Begriff in der Diskussion um Onlinekommunikation unter Praktikern sehr häufig eine zentrale Rolle spielt und aus Forschungsperspektive bei der Tagung mit dem „Dialog" ein alter Begriff zurückgekehrt ist, der knapp 20 Jahre eher zum „verstaubten Inventar" der deutschsprachigen PR- und Organisationskommunikationsforschung zählte.

Swaran Sandhu untersucht in seinem einleitenden Beitrag „Dialog als Mythos" normative Konzeptionen der Online-PR im Spannungsfeld zwischen Technikdeterminismus und strategischem Handlungsfeld. Hier entstehen für Organisationen Herausforderungen durch gesellschaftliche Erwartungen, beispielsweise in Bezug auf Transparenz und Dialog. Der Beitrag hat das Ziel, einen Erklärungsrahmen zu liefern, gängige Prämissen der Online-PR zu hinterfragen. Ausgangspunkt der Diskussion ist das Konzept der Social-Media-Logik und damit verbunden das Konzept der institutionellen Logiken. Im Kernpunkt der Diskussion stehen zwei Strömungen, die sich als Rahmung der aktuellen Diskussion über Online-PR verstehen lassen. Dies sind die kalifornische Ideologie auf der einen und die emanzipatorische Logik auf der anderen Seite. Die „kalifornische Ideologie" ist ein libertär-technikdeterministisches Weltbild, das verschiedene Strömungen des Neoliberalismus mit Technikdeterminismus verband. In dieser Tradition werden Probleme vor allem technologisch gelöst, um individuelle Handlungsoptionen zu erweitern. Die emanzipatorische Logik bezieht sich auf das auch in der PR-Literatur häufig zitierte „Cluetrain-Manifesto", hat stark idealistisch-phänomenologische Wurzeln und beschreibt aus praxeologischer Perspektive diskursiv-emergente Phänomene des Dialogs und Austauschs. Hier wird in emanzipatorischer Weise das Gespräch von Mensch zu Mensch als zentraler Kern des Organisationszwecks begriffen. Beide Perspektiven eint als kanonische Texte eine Interpretationsoffenheit, die sie als Legitimationsgrundlage für die Online-PR attraktiv macht.

„Kein Dialog im Social Web?" fragen anschließend *Miriam Droller* und *Ansgar Zerfaß*. Sie haben eine vergleichende Untersuchung zur Dialogorientierung von deutschen und US-amerikanischen Nonprofit-Organisationen im Internet durchgeführt. Der Ausgangspunkt: Für Nonprofit-Organisationen (NPOs) spielt das Beziehungsmanagement auf Grund ihres spezifischen Zielsystems sowie ihrer nicht-schlüssigen Tauschbeziehungen eine besondere Rolle. Die in diesem Beitrag vorgestellte, international vergleichende Studie untersucht, ob und wie 100 NPOs das Social Web tatsächlich zur dialogischen Kommunikation mit ihren externen Stakeholdern nutzen. Die Studie hat gezeigt, dass prinzipiell dialogorientierte Social-Media-Plattformen von NPOs in den meisten Fällen keineswegs dialogisch genutzt werden. Hinzu kommt: Sofern Dialoge zustande kommen, handelt es sich in der Regel um eine einseitige Kommentierung durch Nutzer – sprich: Die Organisationen können oder wollen den Dialogfaden weder erfolgreich ausrollen, noch wieder aufnehmen, wenn Stakeholder ihn ergreifen.

Kerstin Thummes und Maja Malik haben die Kommunikation auf Facebookseiten im Rahmen der Marken-PR untersucht und dabei einen besonderen Blick auf Beteiligung und Dialog dort geworfen. Denn: Interaktion und Dialog auf Augenhöhe – das sind große Versprechen, die mit dem Einsatz sozialer Medien in der strategischen Kommunikation von Organisationen oft einhergehen. Da der Dialog eine ausgesprochen komplexe und voraussetzungsreiche Kommunikationsform ist, stellt sich allerdings die Frage, inwiefern er über die technisch vermittelten Plattformen der sozialen Medien überhaupt zustande kommt. Eignen sich beispielsweise vorwiegend privat genutzte soziale Netzwerke für die Anbahnung von Interaktionen mit Unternehmen? Darüber hinaus sind dialogorientierte Strategien für Unternehmen mit diversen Risiken – und oft Befürchtungen – verbunden. Wagen es Unternehmen trotzdem, in sozialen Netzwerken die Voraussetzungen für Dialoge zu schaffen und gehen Anspruchsgruppen auf entsprechende Kommunikationsangebote ein? Diesen Fragen geht der vorliegende Beitrag nach, indem er Dialogtypen in der Marken-PR modelliert und deren Einsatz im Rahmen einer Inhaltsanalyse von Facebook-Fanseiten überprüft.

Die andere häufig in der Praxis diskutierte Seite des Dialoges sind Kritik und Beschwerden, die in geöffneten Kommunikationskanälen ihren Weg zur jeweiligen Organisation finden können – gleichzeitig aber auch in einer vom Einzelfall abhängigen Öffentlichkeit. *Christian Wiencierz, Ricarda Moll und Ulrike Röttger* haben sich deshalb diesen Situationen angenommen und die *Entschuldigung und Verantwortungsübernahme als vertrauensfördernde Reaktion auf Online-Beschwerden in Sozialen Netzwerken* untersucht. In diesem Beitrag wird herausgestellt, dass Beschwerden und der Umgang mit diesen Beschwerden im digitalen Kontext für Unternehmen reputationsrelevant sind. Die Ergebnisse eines 2×2-Experiments zeigen, dass die Aussprache einer wörtlichen Entschuldigung und die Übernahme der Verantwortung durch das Unternehmen als Reaktion auf eine Beschwerde im sozialen Netzwerk Facebook Vertrauenswürdigkeit bei Stakeholdern herstellen kann. Die wahrgenommene Vertrauenswürdigkeit ist für Unternehmen deswegen wichtig, weil sie die Grundlage für das Vertrauen der Stakeholder in Unternehmen ist – welches wiederum Grundlage für weitergehende Qualitäten wie Loyalität darstellt.

Während in der Diskussion um Onlinekommunikation in den vergangenen Jahren wie schon erwähnt einige Idealisierungen und Hoffnungen im Raum standen, wurden gleichzeitig von einigen Akteuren die Risiken der Onlinekommunikation betont, so dass über dem dritten Abschnitt des Bandes die Frage steht, ob die diskutierten *Risiken überschätzt* seien.

Mona Folger und Ulrike Röttger haben sich in ihrem Beitrag mit der Entstehung und Entwicklung von negativem Word-of-Mouth beschäftigt und untersucht, warum Facebook-Nutzer Shitstorms initiieren und unterstützen. Zahlreiche Unternehmen haben in der jüngeren Vergangenheit erlebt, wie schnell in sozialen Netzwerken negative Kommentare hohe Aufmerksamkeit erzielen und zu einer weitreichenden Skandalisierung führen können: Innerhalb kurzer Zeit, so erlebten es betroffene Unternehmen, entstanden Hunderte oder sogar Tausende negativer Kommentare auf Facebook-Seiten. Für derartige massenhafte negative Kommentierungen auf sozialen Netzwerkseiten hat sich alltagssprachlich der Begriff *Shitstorm* etabliert. Welche qualitative und quantitative Bedeutung Shitstorms tatsächlich haben, ist bislang nicht systematisch analysiert worden. Unabhängig von der faktischen Relevanz von Shitstorms für Gesellschaft, Öffentlichkeit und Unternehmen zeigt sich, dass allein die Möglichkeit, Gegenstand von negativem Word-of-Mouth in sozialen Netzwerken zu werden, Unternehmen und deren Unternehmenskommunikation tief greifend beunruhigt und insofern für sie handlungsleitend und von hoher Relevanz ist. Um das Phänomen besser zu verstehen, haben Folger und Röttger die Mikroperspektive gewählt und Motive von Nutzern untersucht, ihre Kritik auf Facebook-Seiten zu formulieren bzw. solche Kritik zu unterstützen.

Gerade mit Blick auf mögliche Auswirkungen von Shitstorms ist die Berichterstattung in Online- und Printmedien ein wichtiges Thema für Organisationen, das *Sascha Himmelreich und Sabine Einwiller* in den Blick nehmen. Sie haben das Überschwappen von Shitstorms, den sogenannten Spillover, analysiert. Dabei gehen sie davon aus, dass unternehmerische Entscheidungen zunehmend in Frage gestellt und kritisch öffentlich diskutiert werden. Da das Internet vermehrt durch Journalisten zu Recherchezwecken genutzt wird (vgl. z. B. Neuberger et al. 2009, S. 296–297), ist die Gefahr eines digitalen Spillovers, bei dem online geäußerte Kritik nicht-professioneller Internetnutzer in die traditionelle Medienberichterstattung diffundiert, sehr real. Entsprechende Beispiele wurden inhaltsanalytisch untersucht, so dass der Artikel einen Beitrag dazu leistet, Themenentwicklungen in und zwischen unterschiedlichen öffentlichen Sphären besser zu verstehen.

Wird die Innovationskraft der Onlinekommunikation überschätzt? Diese Frage steht über dem dritten Abschnitt des Bandes. Am Beispiel des Social Media-Dienstes Pinterest haben *Patricia Müller, Katja Schmidt und Wolfgang Schweiger* die Adoption kommunikativer Innovationen in der Organisationskommunikation untersucht. Sie haben eine beträchtliche Lücke ausgemacht zwischen der Bedeutung, die Social Media in der Organisationskommunikation zugeschrieben wird und ihrer tatsächlichen Nutzung (vgl. Zerfass et al. 2013, S. 25). Die Autoren sehen einen Grund hierin in der Abwägung von Chancen und Risiken. Zum anderen stellt aber auch die technische und soziale Innovationsgeschwindigkeit im Social Web eine Herausforderung dar (vgl. DiStaso et al. 2011). Der vorliegende Beitrag analysiert, wie Kommunikationsverantwortliche mit Innovationen in der Online-kommunikation umgehen. Im Mittelpunkt steht die Frage, wie in Organisationen die Entscheidung vorbereitet und getroffen wird, eine Innovation der Online-kommunikation zu übernehmen und wie diese in die Kommunikationsstrategie eingebunden wird. Diese Analyse erfolgt am Beispiel der Fotosharing-Plattform Pinterest, deren Bedeutungszuwachs seit 2010 oft als ein beispielhafter Beleg für die zunehmende Bedeutung visueller Kommunikation gesehen wird.

Katrin Tonndorf und Cornelia Wolf lenken in ihrem Beitrag wieder den Blick auf Facebook, allerdings nun speziell auf strategische Fragestellungen der Online-kommunikation. Ihr Ausgangspunkt ist der Wandel der einseitig-linearen Massen-kommunikation hin zu einer potenziell interaktiven Netzwerkkommunikation und der damit einhergehende Wandel der strategischen Unternehmenskommunikati-on. Der vorliegende Beitrag möchte am Beispiel der in diesem Sinne am häufigsten eingesetzten Plattform Facebook einen Überblick über dort angewandte Kom-munikationsstrategien bieten. Mit Hilfe eines Mehrmethoden-Designs wird die tatsächliche Kommunikation auf Facebook im Zusammenhang mit strategischen Absichten von Experten diskutiert.

Die strategische Absicht ist das eine, die Kenntnis der Stakeholder das ande-re. Hierzu gehört unter anderem die Frage nach Motiven und Nutzungsformen von Unternehmensangeboten im Social Web. Mit Blick auf Facebook, Twitter und YouTube sind *Christopher Rühl und Diana Ingenhoff* dieser Fragestellung nachgegangen. Ihre qualitative Studie untersucht die Motive, die Politiker sowie „Digital Natives" in der Schweiz dazu bewegen, auf diesen Plattformen mit Unter-nehmen zu interagieren. Hierbei bieten sich natürlich etablierte Ansätze aus der Nutzerforschung als Erklärungsrahmen an.

Die beiden abschließenden Beiträge des Bandes gehen auf spezielle Aspekte der Onlinekommunikation ein. *Felix Krebber, Christian Biederstaedt und Ansgar Zerfaß* beschäftigen sich mit einer durch das Social Web in den Blick geratenen Spielart der Public Affairs, den Digital Public Affairs. Diesen bisher nur in engeren Zirkeln dis-kutierten Ansatz beziehen die Autoren auf eine der wichtigen NGOs, Greenpeace. Im Mittelpunkt der Untersuchung steht dabei das Verhältnis zwischen klassischen Praktiken von Lobbying und Public Affairs und der neuen digitalen Spielart.

Abschließend rücken *Jasmin Schaub und Britta M. Gossel* eine Plattform – Pinterest – nochmals in den Blick, und zwar speziell mit der Perspektive auf digitale Bildkuration. Denn Pinterest lebt einerseits davon, dass einzelne Nutzer oder Organisationen Bilder zur Verfügung stellen. Andererseits entsteht die entscheidende Dynamik der Plattform durch den Umgang der Nutzer mit diesen Bildern – gemeint sind damit das Pinnen, Kommentieren und Liken und letztlich das Verbreiten des Bildmaterials im Sinne eines digitalen Kuratierens. Für Unternehmen stellt sich damit die hier explorativ untersuchte Frage, wie sie Pinterest im Rahmen ihrer Onlinekommunikation erfolgreich einsetzen können.

Literatur

DiStaso, M. W., McCorkindale, T., & Wright, D. K. (2011). How public relations executives perceive and measure the impact of social media in their organizations. *Public Relations Review, 37*(3), 325–328.

Edwards, L. (2012). Defining the ‚object' of public relations research: A new starting point. *Public Relations Inquiry, 1*(1), 7–30.

Gehrau, V., Röttger, U., & Preusse, J. (2013). Strategische Kommunikation: alte und neue Perspektiven. In U. Röttger, V. Gehrau, & J. Preusse (Hrsg.), *Strategische Kommunikation. Umrisse und Perspektiven eines Forschungsfeldes* (S. 147–156). Wiesbaden: Springer.

Neuberger, C., Nuernbergk, C., & Rischke, M. (2009). „Googleisierung" oder neue Quellen im Netz? Anbieterbefragung III: Journalistische Recherche im Internet. In C. Neuberger, C. Nuernbergk, & M. Rischke (Hrsg.), *Journalismus im Internet. Profession Partizipation Technisierung* (S. 295–334). Wiesbaden: VS Verlag für Sozialwissenschaften.

Pleil, T. (2012). Kommunikation in der digitalen Welt. In A. Zerfaß & T. Pleil (Hrsg.), *Handbuch Online-PR* (S. 17–38). Konstanz: UVK.

Schweiger, W., & Beck, K. (Hrsg.). (2010). *Handbuch Online-Kommunikation.* Wiesbaden: VS-Verlag für Sozialwissenschaften.

Zerfass, A., Moreno, A., Tench, R., Verčič, D., & Verhoeven, P. (2013). *European Communication Monitor 2013. A Changing Landscape – Managing Crises, Digital Communication and CEO Positioning in Europe. Results of a Survey in 43 Countries.* Brussels: EACD/EUPRERA, Helios Media.

Teil I
Theoretische Perspektiven

Die Online-Geschichtsphilosophie der PR-Forschung

Kurt Imhof

Schaut man auf den Titel der Jahrestagung der Fachgruppe PR/Organisationskommunikation der DGPuK im Oktober 2013, dann stellt diese alles bezüglich Onlinekommunikation in Frage: „Kritischere Öffentlichkeit? Neue Meinungsbildung? Mehr Beteiligung? Neue Rahmenbedingungen für die strategische Online-Kommunikation?" Diese Fragezeichen sind neu. Bis dato las man es anders: Die Onlinekommunikation von Unternehmen wird in der Organisationskommunikationsforschung praktisch durchgängig unter dem Prädikat des „Noch-nicht-Erkannt & Noch-nicht-Genutzt" beschrieben. Die real existierende Praxis erscheint als defizitär, die Wissenschaft gibt sich ihr gegenüber als wissende Avantgarde einer unaufhaltsamen Entwicklung. Schaut man genauer hin, dann lässt sich erkennen, dass die Semantik, die dieser Wissenschaftsproduktion zugrunde liegt, die Mythen des Netzes aller Netze sind (Identitätskonstitution & Selbstverwirklichung; Demokratisierung & Partizipation & Dialog). Diese Mythen werden auch von den PR-Abteilungen der großen Internetunternehmen befeuert. Die PR-Forschung ist durch PR beeinflusst. Letztere ist, wie wir wissen, dann besonders persuasiv, wenn die Interessen des Kommunikators und des Rezipienten deckungsgleich sind (1). Dann gilt es, den Mythen die Flügel zu stutzen, indem zunächst die Konzentration und Vermachtung der „Social Media" in Gestalt der „Walled Gardens" von Google & Co. dargestellt wird (2). Anschließend lohnt sich ein Blick auf die Netzarchitektur und die dominierenden, moralisch-emotionalen Kommunikationsthemen und -praxen in den Social Networks im Unterschied zur öffentlichen Kommunikation, die durch traditionelle Massenmedien vermittelt wird (3). Zum Schluss werden Forschungsfragen vorgeschlagen, die die Organi-

K. Imhof (✉)
Zürich, Schweiz
E-Mail: kurt.imhof@foeg.uzh.ch

O. Hoffjann, T. Pleil (Hrsg.), *Strategische Onlinekommunikation*,
DOI 10.1007/978-3-658-03396-5_2, © Springer Fachmedien Wiesbaden 2015

sationskommunikationsforschung in ihrer Validierung der Chancen und Risiken der Onlinekommunikation weiterbringen können (4).

1 Mythen und Interessen

Die bis anhin dominierende Semantik der PR-Forschung und -Beratung mit Bezug auf Onlinekommunikation zwischen Organisationen Institutionen und ihren Stakeholdern weist einen teleologischen Grundzug auf. Forschung und Beratung beanspruchen für sich, den Status des ‚Wissenden' gegenüber einer Praxis der Onlinekommunikation, die die Zeichen der Zeit noch nicht erkannt hat: Die Unternehmen und ihre Kommunikationsmanager und schon gar nicht das Spitzenmanagement hätten die Potentiale der Social Media erfasst. Sie würden sich ‚noch' an der klassischen PR orientieren, sie seien ‚noch' im monologischen Paradigma verhaftet, sie würden Nutzer nur in der Rolle von Rezipienten ansprechen (Neuberger und Pleil 2006), sie würden auf ihren Portalen meist nur Informationen bereitstellen, das „Zuhören im Social Web" sei immer ‚noch' nicht selbstverständlich (Zerfass et al. 2011a), die klassische Kundenkommunikation „anstelle breit angelegter Stakeholder-Kommunikation" überwiege nach wie vor (B2B-Onlinemonitor 2011), selbst in der Kulturkommunikation (Schmid 2010, S. 42) sei eine „klare Social-Media-Strategie [. . .] noch nicht erkennbar" und das „Paradigma der Cluetrain-PR" (Dialogstrategie), würde mehrheitlich „noch nicht auf Zustimmung [. . .] stoßen" (Zerfass et al. 2011, S. 90). Ursächlich hierfür seien gemäß bisherigen Studien „vor allem Hindernisse und Unsicherheiten in den Organisationen" (Zerfass und Pleil 2012, S. 23).

Dass wir es mit Unsicherheiten in Organisationen hinsichtlich der Bedeutung und der Ausgestaltung der Onlinekommunikation zu tun haben, ist ohne Zweifel richtig, aber möglicherweise entstammen diese auch einer PR-Beratung, die den Unternehmen, die wie alle Organisationen eine schwierige Balance zwischen Umweltoffenheit und -geschlossenheit aufrechterhalten müssen, unter anderem bloggende Mitarbeiter empfiehlt.

Die Basis für diese Geschichtsphilosophie des „Noch-nicht-Erkannt & Noch-nicht-Genutzt" sind die Mythen des Netzes und die Interessen, die diesen Mythen Flügel verleihen. Dabei haben wir es zunächst mit dem gesellschaftspolitisch wirkmächtigen, technolibertären Mythos des Internets als Medium der Selbstkonstitution in Gestalt von spielerischen Identitätsentwürfen in virtuellen Räumen zu tun. Diese Vorstellung aus den 1980er Jahren erscheint immer noch vielen als

Mantra einer neuen, konstruktivistischen und postmodernen Selbstverwirklichung (Turkle 1995; Hagen 1999, S. 63–81; Kamps 2000, S. 225–239; Dahlberg 2001, S. 157–177; Reichert 2008; Lovink 2011, S. 183–198). Die politische Kraft dieses Mythos manifestierte sich 2012 in Manifestationen gegen die vermeintliche oder faktische Zensur des Internets, das jeglicher Regulation enthoben zu sein habe, und in einem Kampf gegen ein Urheberrecht, das dem Zeitalter des World Wide Web nicht mehr entspräche. Verschränkt mit dieser Vorstellung einer kreativen Selbstkonstitution im Virtuellen ist der ebenso alte und für die PR-Forschung zentrale Mythos vom demokratischen, dialogischen und partizipatorischen Potential des Internets (Jenkins 2006; Benkler 2006; Bruns 2008). Aus der schieren Existenz dieses Netzes aller Netze wird eine sich selbst erfüllende Demokratisierung prognostiziert, als ob uns eine neue „unsichtbare Hand" (Adam Smith 1776) alternative Zukünfte erobern und uns buchstäblich aus den Clouds eine Neuverteilung der Macht bescheren würde. Mittlerweile entdecken wir in diesen Clouds die unsichtbare Hand der NSA. Obschon klar ist, dass solche Demokratisierungserwartungen mit jedem neuen Medium verbunden wurden, beansprucht dieser Mythos in Teilen der Wissenschaft den Status einer wahren Aussage. Das Internet wird als Sphäre „einer ungehinderten gesellschaftlichen Kommunikation" gesehen (Theis-Berglmair 2007) und als endlich realisierte Many-to-Many-Öffentlichkeit, in der sich zuerst das Wissen demokratisiert habe und in dem sich nun das Handeln in einer weltumspannenden „Participatory Culture" demokratisieren würde.[1] Ausgerechnet die PR-Kommunikation der großen Internet-Unternehmen zum Thema „Worldwide Participatory Culture" hat die PR-Forschung selbst beflügelt. Die dialogische Verheißung dieses Mythos erwischt die PR-Forschung aufgrund ihrer Tendenz, die Beziehung zwischen Unternehmen und Stakeholder als direkte Interaktion und nicht als intermediär vermittelte Beziehung zu konstruieren (Imhof 2009, S. 29–50). Daraus ergeben sich die Vorstellungen eines unmittelbaren Dauerdialogs zwischen Unternehmen und Stakeholdern, durch den Vertrauen und Reputation aufgebaut werden könne, sowie die weitere Vorstellung, die Social Media würden die Organisationen einer kritischen Dauervalidierung aussetzen und deshalb gelte es, die Social Media ebenso dauerhaft zu beobachten, weil sich hier alle kritischen Issues spiegeln würden.

Die Konstanz der Internet-Mythen hat in der PR-Forschung jedoch auch eine materielle Basis. Sie besteht einerseits in ihrer eigenen Rolle als Stakeholder einer boomenden, angewandten Forschung und andererseits in einem Beratungs- und Ausbildungswesen, das angesichts der Versuche der Praxis, sich in technischer und sozialer Hinsicht das Netz anzueignen, gleichermaßen wächst. Auch Forschende

---

[1] http://www.sgkm.ch/download/2011_12_SGKM2012_CFP.pdf (letzter Aufruf 21.3.2014).

sind sozialen Regularitäten unterworfen. In der „Einleitung in die Wirtschaftsethik der Weltreligionen" steht der berühmte Webersche Satz: „Interessen (materielle und ideelle), nicht: Ideen, beherrschen unmittelbar das Handeln der Menschen. Aber: die ‚Weltbilder', welche durch ‚Ideen' geschaffen wurden, haben sehr oft als Weichensteller die Bahnen bestimmt, in denen die Dynamik der Interessen das Handeln fortbewegte" (1973 [1916], S. 414). Das Weltbild war – oder ist noch – die „Participatory Culture"; die Interessen der PR-Forschung wurzeln in den kulturellen, sozialen und ökonomischen Kapitalgewinnchancen sozialwissenschaftlicher Wissensvermittlung. Allerdings gibt es mildernde Umstände: Die Reproduktion von Mythen hängt auch damit zusammen, dass wir alle – wie noch nie zuvor – zur Drittmittelakquise verdammt sind. Dazu gehört, dass kaum ein Text der PR-Forschung im Zeichen dieses Weltbildes nicht die Wendung von „Chancen und Risiken" mit Bezug auf dialogorientierte strategische Organisationskommunikation im Social Web enthält. Allerdings ist gerade diese Alltagsweisheit, die für jede soziale Handlung gilt, wenig erforscht, obwohl es hierzu gute Gründe gäbe.

Schließlich unterscheidet die PR-Forschung zunehmend und zu Recht zwischen Social Media und dem Rest des Internets, in dem die Massenmedien längst verankert sind, d. h. sie distinguiert zwischen Social Media und Informationsmedien, etwa indem sie von einem „vormedialen Raum" und einem „massenmedialen Raum" spricht oder von „Teil- oder Mikroöffentlichkeiten", um diesen damit implizit ‚Ganz- oder Makroöffentlichkeiten' gegenüberzustellen. Die Stakeholder sieht sie dann beiden ‚Öffentlichkeiten' ausgesetzt. Dabei werden jedoch die Unterschiede nicht ausreichend herausgearbeitet. Dies manifestiert sich darin, dass „Communities", also Gemeinschaften, mit Öffentlichkeit und Gesellschaft gleichgesetzt werden.

Um die Kraft der Internet-Mythen etwas zu brechen und um die Chancen und Risiken der Onlinekommunikation einschätzen zu können, wird hier auf die Entwicklung und die Funktion der Social Media eingegangen. Zunächst gilt es, die Vermachtung des Internets in Gestalt der „Walled Gardens" zu betrachten, die die Kommunikationsströme einengen, kanalisieren und die Kommunikation der Nutzer funktionalisieren. Wenn man unter diesem Gesichtspunkt die Social Media und die Informationsmedien vergleicht, dann lässt sich feststellen, dass erstere noch viel stärker konzentriert sind als letztere und dass zwischen den Besitzern der Walled Gardens und großen Unternehmen, die Social Media für ihre Organisationskommunikation nutzen, eine durchlässigere Beziehung besteht als zwischen Unternehmen und klassischen Informationsmedien.

2 Vermachtung und Konzentration: Walled Gardens

Wenn von Social Media die Rede ist, dann geht es neben Social Networks wie Facebook, Google, Twitter & Co. auch um die Blogosphäre. Innerhalb dieser Sphäre sind seit der zweiten Hälfte der 00er Jahre massive Umschichtungen zu beobachten: Auf der einen Seite wird der überwiegende Teil der Blogs, insbesondere die persönlichen Online-Journale mit Berichten und Episoden aus dem Privatleben, von den umzäunten Gärten, den Walled Gardens der großen Social Networks – allen voran Facebook – aufgesogen. Die Link-Dichte bei Blogs – also das zentrale Merkmal ihrer Diskursivitätspotenz – hat in Deutschland massiv abgenommen (Lobo 2012).

Auf der anderen Seite werden viele journalismusähnliche Blogs von den Onlinenewssites der gewichtigen Medienunternehmen eingebunden und in ihre Social-Media-Strategie eingebaut, oder es entstehen, wie etwa die deutsche Huffington Post, pseudojournalistische Werbeplattformen, die von Mitgliedern des politischen Personals, Bloggern und freien Journalisten gratis mit Beiträgen abgefüllt werden, die entweder der PR politischer und ökonomischer Akteure oder der Ich-PR der Verfasser dienen. In beiden Varianten werden Blogs zum Bestandteil der Informationsmedien. Damit wird im Netz das vorangetrieben, was früh zu einem zentralen Merkmal des Web 2.0 geworden ist: die Ausdünnung der Blogosphäre, vor allem aber die Verwandlung des Internets in kontrollierte Räume weniger (vorab nordamerikanischer) Anbieter, die ihre Plattformen beliebig verändern oder Accounts sperren können (Leistert und Röhle 2011, S. 7–30).

Zwischen den Walled Gardens von Apple, Google, Facebook, Youtube, Twitter etc., den Blogs auf den Onlinenewssites und der pseudojournalistischen Angebote von Medienunternehmen bleibt im neuen Internet mit Blick auf „Participatory Culture" – sowohl was das Angebot, als auch was die Nutzung betrifft – wenig übrig. Allerdings ist der Forschungsstand dürftig. Immerhin lässt sich bezüglich politischer Kommunikation Folgendes festhalten: Nur etwa 3 % der Blogs weisen in den USA politische oder wirtschaftspolitische Inhalte auf. Diese Zahl unterscheidet sich stark von der Bedeutung der Ressorts Politik und Wirtschaft bei den Informationsmedien on- wie offline, die nach wie vor die gewichtigsten Ressorts sind, wenn wir von den Boulevardangeboten absehen. Die Blogs, die sich im weitesten Sinn der Unternehmensberichterstattung widmen, sind primär ‚technoaffin'. Klar ist dass die politischen Blogs in der Tendenz radikale Positionen abbilden (Gil de Zúñiga et al. 2009, S. 553–574), sie sind meinungsorientiert und schwach hinsichtlich der Sachverhaltsdarstellung, sie reagieren sehr viel stärker auf Themen in den Informationsmedien als umgekehrt (Thimm und Berlinecke 2007, S. 81–101) und sie repräsentieren eine eher geringere bis gleiche Vielfalt an politischen Akteuren, Positionen und Framings im Vergleich zum Angebot der Informationsmedien (Rucht et al. 2004; Zimmermann 2006; Gerhards und Schäfer 2007, S. 210–228). Auch die Erwartung, dass im Internet eher alternative Akteure oder Positionen Resonanz erhalten, erfüllt sich nicht, wenn Suchmaschinen zur Selektion der wichtigsten Sites bei politisch relevanten Issues in Informationsmedien und Parlamenten eingesetzt werden.[2] Damit erfüllt die geschrumpfte Blogosphäre – *noch* völlig unabhängig von den erreichten Publika, also ihrer Koorientierungspotenz, und jenseits ihrer Trollproblematik – die Erwartungen in eine Sphäre partizipatorischer Kommunikation, die ohne intermediäre Akteure wie Parteien, NGOs, soziale Bewegungen, Protestparteien und Medien auskommt, nicht.

3 Netzarchitektur der Social Networks und Kommunikationspraxen

Wenn wir nun vor dem Hintergrund dieses Befundes bezüglich der Blogosphäre die quantitativ wesentlich bedeutenderen Social Media in Gestalt der Social Networks hinsichtlich ihrer ‚Participatory Culture' betrachten, dann gilt es zunächst festzuhalten, dass diese Networks auf einer Netzwerkarchitektur zwecks Data-Mining für zielgruppenorientiertes Marketing basieren. Das ist das Geschäftsmodell der Social Networks. Es funktioniert, weil Facebook & Co auf gemeinschaftlichen sozialen Beziehungen basieren. Gemeinschaften regulieren sich über die Reproduktion emotionaler Bindungen, In- und Outgroup-Differenzierungen, Gruppennormen (Gebhardt 2010, S. 327–339) und Selbstdarstellungen im Wettbewerb um Sozialkapital zwischen mehr oder weniger bekannten Mitgliedern. Dies bedeutet nichts anderes, als dass die Interaktionsnetze genauso wie Offline-Beziehungsnetze zu Homogenität bezüglich Herkunft, sozialem Status und Berufspositionen tendieren (Imhof 2011a). Die Rede von „Mikro- oder Teilöffentlichkeiten" im Netz geht an diesem sozialen Faktum personalisierter Kommunikation, das sie von der unpersönlichen Kommunikation in der Öffentlichkeit der Informationsmedien unterscheidet, vorbei. Das gilt auch für adoleszente Lebensstilgruppen, die über die Huldigung von Brands ihre Identität im Netz symbolisieren.

Gemeinschaften können nicht die Gesellschaft in ihrer Differenzierung repräsentieren, gerade weil sie sozial exklusiv zusammengesetzt sind. Entsprechend

---

[2] Die Vergleichsbasis zu Qualitätsmedien (Zeitungen) in Deutschland bilden bei Gerhards und Schäfer die über Suchmaschinen gefundenen wichtigsten Internetseiten zum Thema Humangenomforschung.

haben die Modi gemeinschaftlicher Kommunikation nichts mit einer ‚Worldwide Participatory Culture' zu tun, sondern mit der Reproduktion gemeinsam geteilter Lebenswelten und darin besonders ausgeprägt mit Konsumkulturen, moralischen Einstellungen und emotionalen Bindungen. Zudem dient diese Kommunikation aufgrund der individuellen Einstiegsschnittstelle der Social Networks primär der Statusakkumulation von Ego innerhalb seiner Peergroup.

Diese gemeinschaftliche, somit moralisch-emotional orientierte Kommunikation ist keine öffentliche Kommunikation, auch wenn sie öffentlich zugänglich ist, sie wird aber in ökonomischer Hinsicht privatisiert. Die von den Nutzern laufend bewirtschaftete Allmend gemeinschaftlichen Soziallebens wird durch die Besitzer der Walled Gardens kommerziell genutzt, und dabei wird das Internet über das Open Graph Protocol (Facebook) und Social Plugins – etwa dem ‚Like-Button' – weit über die Social Networks hinaus kolonialisiert (Andrejevic 2011, S. 31–50): Diese Like-Economy metrifiziert das Interaktions-, Mobilitäts- und Konsumverhalten der Nutzer und schafft auf dieser Basis Nutzerpopulationen als rein statistische Episteme (Coté und Pybus 2011, S. 51–73; Gerlitz 2011, S. 101–122). Diese Episteme werden nicht nur für das zielgruppenorientierte Marketing als Lösung der Streuverluste flächendeckender Werbung genutzt, sondern sie führen die Mitglieder über vergangenheitsbasierte Such- und Like-Algorithmen in Konsum- und Erlebniswelten hinein, die ihnen systematisch Mehr vom Gleichen anbieten und dadurch die Homogenität von Lebensstilen innerhalb der Freundschaftsnetze verstärken. Die ‚Bubble-Perceptions' der Social Networks sind aufgrund der Qualität der individuellen Daten umfassender als die bloß auf vergangenen Suchprozessen basierenden ‚Bubble-Perceptions' in die uns Suchmaschinen versetzen. Freilich ist die Kombination von beidem, wie bei Google, noch besser. Social Networks bewirken damit gerade das nicht, was der Aufklärungsliberalismus anzielte und für die Welterfahrung der klassischen Moderne realisierte, nämlich die funktional, stratifikatorisch und segmentär differenzierten Bürger aus der selbstverschuldeten Unmündigkeit ihrer partikulären Herkunftsbezüge zu befreien, indem sie ihrer homogenen Privatheit eine universalistische Öffentlichkeit gegenüberstellte, die uns laufend der Heterogenität von Kulturen, Normen, Werten und Ideen aussetzt, um aus dieser selbstverschuldeten Unmündigkeit austreten zu können (Kant [1784] 1912).

Diese Öffentlichkeit setzt die zentralen Errungenschaften der Moderne, die Menschen- und Bürgerrechte und die Gewaltenteilung zur Verhinderung der Überformung dieser Öffentlichkeit voraus. Demgegenüber bedingt die marketingaffine Nutzung der Allmend ‚Gemeinschaftsbeziehungen', dass den Nutzern sämtliche Rechte an ihrem Content und ihren Interaktionsdaten über rigide AGBs vorenthalten wird.[3] Kurz: Es handelt sich um Gemeinschaftsforen gänzlich ohne die Grundvoraussetzungen der Partizipation in unseren real existierenden liberaldemokratischen Gesellschaften.

Zudem unterscheiden sich gesellschaftliche, also öffentliche Kommunikation grundsätzlich von der Binnenkommunikation in gemeinschaftlichen, persönlichen Beziehungen (Tenbruck 1990, S. 227–250; Luhmann 1994; Schmidt 2000, S. 73–100). In persönlichen Beziehungen werden der Status der einzelnen Mitglieder und die Bindungen zwischen ihnen reproduziert. Deshalb dominieren moralisch-emotionale Interaktionen, und die Agenda konstituiert sich episodisch aus Expressionen alltäglicher Privatheit, ästhetischen Vorlieben, Konsumerlebnissen und zur Selbstdarstellung geeigneten Importen aus Online-Newssites. Medienvermittelte öffentliche Kommunikation basiert dagegen auf unpersönlichen Beziehungen und ist an soziale Rollen gekoppelt, sie lässt sich als solche nicht durch Algorithmen steuern und konfrontiert deshalb mit Neuem. In den Themen manifestieren sich Interessenkonflikte und weltanschauliche Auseinandersetzungen intermediärer Akteure verschiedensten Typs, der Exekutiven und

---

[3] Vgl. hierzu als repräsentatives Beispiel die an den Feudalismus erinnernde AGB von „foursquare" (April 2012): „Wir behalten uns das Recht vor, Deine Nutzereingaben auf verschiedene Weise und nach eigenem Ermessen im Zusammenhang mit der Webseite, dem Service und foursquares-Unternehmen zu nutzen, einschließlich aber nicht beschränkt auf öffentliche Darstellung, Umformatierung, Einbeziehung in unsere Marketing-, Werbe- und sonstige Strategie, die Erstellung abgeleiteter Werke, Werbung und Vertreibung Deiner Nutzereingaben, als auch die Berechtigung an andere Nutzer, dasselbe in Zusammenhang mit ihren eigenen Webseiten, Medienplattformen und Anwendungen („Drittmedien") zu tun. Indem Du Nutzereingaben auf der Webseite oder anderweitig durch den Service übermittelst, erteilst Du foursquare hiermit eine weltweite, nicht ausschließende, lizenzfreie, voll bezahlte, unter-lizenzierbare und übertragbare Lizenz, Deine Nutzereingaben zu benutzen, zu kopieren, zu bearbeiten, zu verändern, zu vervielfältigen, zu verbreiten, davon abgeleitete Werke zu erzeugen, darzustellen, durchzuführen und anderweitig im Zusammenhang mit der Webseite, dem Service und dem foursquare-Unternehmen (und seinen Nachfolgern und Bevollmächtigten) vollständig auszuschöpfen, unter anderem zur Werbung und Weiterverbreitung der teilweisen oder gesamten Webseite (und davon abgeleiteten Werken) oder des Service in jeglichen Medienformaten und über jegliche Medienkanäle (einschließlich, aber nicht beschränkt auf externe Webseiten und Feeds). Du erteilst außerdem jedem Nutzer der Webseite und/oder des Service eine nicht ausschließende Lizenz, über die Webseite und den Service auf Deine Nutzereingaben zuzugreifen und diese zu benutzen, zu bearbeiten, zu verändern, zu vervielfältigen, zu verbreiten, von ihnen abgeleitete Werke herzustellen, darzustellen und durchzuführen. Aus Gründen der Genauigkeit: die an foursquare erteilte Lizenz hat keinen Einfluss auf Deine anderen Eigentums- oder Lizenzrechte in Deinen Nutzereingabe(n), einschließlich des Rechts, zusätzliche Lizenzen zu dem Material in Deinen Nutzereingabe(n) zu erteilen, es sei denn, es wurden schriftlich andere Vereinbarungen mit foursquare getroffen."

Legislativen, Parteien sowie von Experten, Journalisten und Intellektuellen über Sachverhaltsdarstellungen und Normen. Alle Kommunikatoren vertreten in der Regel Organisationen und Institutionen oder sind advokatisch tätig (Peters 1993). Der Kommunikationsmodus ist zumindest in den Ressorts Politik und Wirtschaft vorwiegend kognitiv-normativ, die Normen öffentlicher Kommunikation beziehen sich auf Aussagen zu Sachverhalten einer objektiven Welt unter dem Geltungsanspruch der Wahrheit und auf Normen und Werte einer sozialen Welt unter dem Geltungsanspruch der Richtigkeit. Die Agenda öffentlicher Kommunikation besteht wesentlich aus Problemen sozialer Ordnung, die allenfalls einer kollektiv bindenden Entscheidung zuzuführen sind (Habermas 1992; Imhof 2011b).[4] Diese Unterscheidung von privater, gemeinschaftlicher, sozial homogener, moralisch-emotionaler, episodischer und durch Algorithmen gesteuerter Kommunikation in den Social Networks gegenüber öffentlicher, gesellschaftlicher, sozial heterogener, kognitiv-normativer, einordnender und universalistischer Kommunikation in den Informationsmedien lässt sich anhand der Kommunikationsagenden im Walled Garden Facebook annäherungsweise empirisch untersuchen, indem die aus Onlinenewssites ‚gelikten' und ‚gesharten' Beiträge gemessen werden. Dann lässt sich zeigen, dass Softnews – bestehend aus Human Interest und Sport – eine deutlich größere Chance haben, in Facebook verlinkt zu werden, als Hardnews. Zudem überwiegen über alle Themengattungen hinweg lebensweltlich gefärbte, moralisch aufgeladene und emotionalisierende Beiträge kognitiv-normative Sachverhaltsdarstellungen.

Abbildung 1 zeigt die Anzahl an Facebook ‚Likes und Shares' für Softnews- bzw. Hardnewsbeiträge. Datengrundlage sind jene 100 Beiträge von Deutschschweizer Newssites mit den meisten ‚Likes und Shares' im Zeitraum vom 10. März bis zum 17. März 2014. Zudem wurde erfasst, ob die Sphäre Politik, Wirtschaft oder Kultur (Hardnews) oder Human Interest bzw. Sport (Softnews) im Zentrum des Beitrags steht.

Lesebeispiel Die Beiträge auf der Newssite der Gratiszeitung 20 min werden im Medienvergleich am häufigsten auf Facebook verlinkt (rund 14.000 mal). Der überwiegende Teil davon sind Softnewsbeiträge (rund 10.000 mal). 20 minuten.ch ist das Onlineportal der größten Gratiszeitung, tagesanzeiger.ch dasjenige der größten Forumszeitung und blick.ch dasjenige der größten Boulevardzeitung der Schweiz. Bei

---

[4] Die Annahme, dass die stratifikatorisch und funktional differenzierten und damit rollenfixierten Mitarbeitenden eines Unternehmens im Modus persönlicher Gemeinschaftskommunikation in Social Networks die Organisation vertreten können, ist deshalb ein Kategorienfehler.

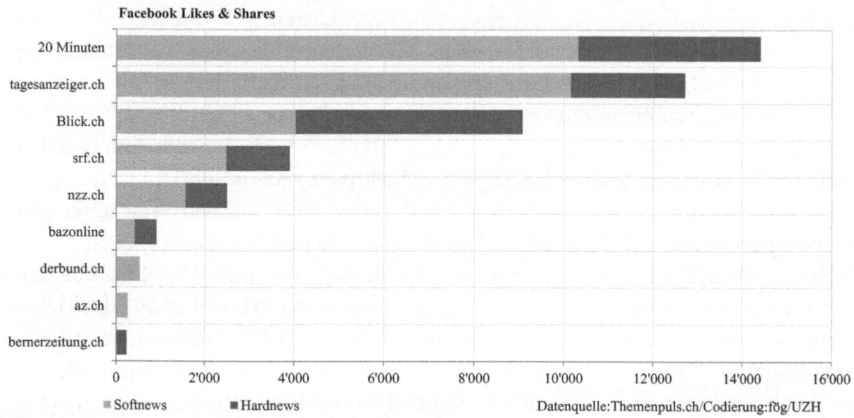

Abb. 1 „Beliebteste" Online-Beiträge. Zeitraum 10. – 13. März 2014 (Datenquelle: Themenpuls.ch)

srf.ch handelt es sich um das Onlineportal des öffentlichen Fernsehens und Radios. bazonline ist die Newssites der Basler Zeitung, derbund.ch diejenige der gleichnamigen Zeitung. az.ch bezieht sich auf Aargauer Zeitung und bernerzeitung.ch erklärt sich wieder selbst.

Probleme sozialer Ordnung von Gesellschaften – und dazu zählt auch die Wirtschaftsordnung – haben also deutlich kleinere Chancen, sich gegen partikularistische Themen moralisch-emotionalen Typs durchzusetzen. Und die Chancen, dass politische oder wirtschaftliche Themen die Grenzen egozentrischer Netzwerke überspringen, sind klein.[5]

Social Networks können weder die demokratienotwendigen Leistungsfunktionen öffentlicher Kommunikation (Forums-, Kritik- und Legitimations-, Integrationsfunktion) erfüllen (Imhof 2011a), noch – und dies viel weniger – diejenigen für eine ,Worldwide Participatory Culture'. Ohnehin bilden die ego-zentrierte Einstiegsschnittstelle, die ökonomisch und juristisch determinierte Netzarchitektur zwecks Data-Mining, die Such- und Like-Algorithmen und der moralisch-

---

[5] Allerdings ist die idealtypische Unterscheidung von gemeinschaftlicher, persönlicher versus gesellschaftlicher, unpersönlicher Kommunikation mit Blick auf neue Formen eines wachsenden netzaffinen Hybridjournalismus, der in Gratis- wie Boulevardmedien online und BuzzFeed-Derivaten moralisch-emotionale Inhalte für die virale Verbreitung bereitstellt, zu relativieren. Dieser Hybridjournalismus erleichtert den Transfer von ,Shitstorms' aus Social Networks in die Informationsmedien bzw. von Skandalisierungen in den Informationsmedien in die Social Networks.

emotionale, episodische Modus gemeinschaftlicher Kommunikation mitsamt den entsprechenden Agenden denkbar ungeeignete Biotope für „Issue-Publics" – also themenzentrierten Öffentlichkeiten – mit Resonanzchancen außerhalb der einzelnen Communities und außerhalb der umhegten Gärten, weil die Netzarchitekturen gerade nicht partizipatorischen Handlungs- und Entscheidungspraxen heterogener Publika dienen, sondern homogene Gruppen erzeugen und verstärken. Dafür haben wir es mit zerstreuten Publics und zerstreuten Issues zu tun, die allerdings von außen, über Marketingkampagnen, Feedback-Schleifen und Algorithmen mitgesteuert werden.

Dafür stellt sich umgekehrt die demokratiepolitisch relevante Frage, inwieweit das metrifizierte Sozial-, Bewegungs- und Konsumverhalten der Mitglieder der Social Networks neben zielgruppenorientierter Werbung für Dienstleistungen und Produkte nicht auch für das politische Marketing bzw. für zielgruppenorientierte politische Kampagnen ressourcenstarker Akteure genutzt werden kann. Diese politische Nutzung des Internets drängt sich schon deshalb auf, weil die Online-Gemeinschaften einen lokal-regionalen offline-Bezug haben, d. h. die Freundschaftsnetzwerke rekrutieren sich aus Freund- und Bekanntschaften offline, aus dem Bildungssystem, dem Freizeitverhalten und dem Betrieb (Pfeffer et al. 2011, S. 125–148). Diese lokale-regional-nationale Verankerung ist affin zu territorial definierten politischen Geltungsbereichen und muss ressourcenstarke politische Akteure interessieren. Allerdings sind die Affinitäten für politische Akteure innerhalb der egozentrierten Netzwerke klein, weil sie konfliktiv sind, also die Reproduktion moralisch-emotionaler Ligaturen mitsamt dem Statuswettbewerb im Netz stören. Freilich ist diesbezüglich der Forschungsstand schlecht, die Kampagnenforschung innerhalb der Social Networks besteht aus wenigen Einzelfallstudien – wir verfügen kaum über aggregierte Daten, nicht zuletzt weil der Datenzugang für die Forschung außerordentlich teuer ist (Langlois et al. 2011, S. 253–278).

Selbstverständlich können nun aber im Sinne unterschiedlicher Nutzungsökologien, wie Saskia Sassen betont (2011), die Social Networks für politische und/oder unternehmensskandalisierende Ziele zweckentfremdet werden. Wir kennen das u. a. aus dem arabischen Frühling oder prosaischer in Form von ‚Shitstorms' gegen Unternehmen oder Mitglieder des politischen Personals. Ersteres, die politische Nutzung von Social-Network-Infrastrukturen funktioniert dann, wenn es Protestbewegungen mit einer vermachteten nationalen Öffentlichkeit zu tun haben, dafür aber das Interesse transnationaler 24/7-Channels gewinnen, die den Postings Resonanz verschaffen. Letzteres, also ‚Shitstorms' in den Social Networks gegen Mitglieder des politischen Personals oder Unternehmen sind erst relevant für die Reputation, wenn klassische Informationsmedien dem ‚Shitstorm' über die Social Networks hinaus gesellschaftsweite Resonanz verleihen.

Näher an der Nutzungsökologie der Social Networks in liberaldemokratischen Gesellschaften ist dieses Anti-Corporate Campaigning (Baringhorst 2010) vor allem gegen diejenigen Unternehmen, die sich in den Social Networks präsentieren. Dadurch kann sich Empörung gegen Handels- und Produktionspraxen mit niedrigen Opportunitätskosten auf den Pages der Unternehmen innerhalb von Social Networks zur Geltung bringen; und das spiegelt sich dann wieder auf den Timelines der einzelnen Mitglieder. Wesentlich hierbei ist, dass der Konsum – im Unterschied zur Politik – bei den sozialen Aktivitäten in den Networks auch bezüglich seiner kommunikativen Vermittlung von zentraler Bedeutung ist. Dies entfaltet in den Peergroups Resonanz und ermöglicht individuelle Distinktions- und Reputationsgewinne. Dadurch sind Schneeballeffekte über die fragmentierten Communities hinweg möglich. Nachhaltig sind sie allerdings nur dann, wenn NGOs mit genügend Ressourcen und entsprechenden Kampagnen, unter Einschluss von medienwirksamen Aktionsformen nicht nur in den Social Networks Resonanz erzielen, sondern auch Resonanz in den Informationsmedien auslösen. Je stärker sich ein Kampagnenthema moralisch-emotional aufladen lässt und damit zur Lebensstildistinktion auf der Timeline eignet, desto eher führt dies zu reputationsbelastenden Kommentierungen auf den Unternehmenspages in den Social Networks. Wenn die Informationsmedien solche ‚Shitstorms' nicht aufgreifen, ebben diese rasch wieder ab. Entsprechend gibt es Handlungsempfehlungen an betroffene Unternehmen, isolierte Stürme innerhalb der Networks einfach auszusitzen, oder – und das ist die andere Möglichkeit – radikal aufzurüsten. Wie weit eine solche Aufrüstung gehen kann, demonstrieren Nestlé und Google. Nestlé musste sich 2010 über ein effektvolles Greenpeace-Video auf Youtube und Facebook (ein Kit Kat-Riegel, der sich in einen blutenden Affenfinger verwandelte) vorwerfen lassen, dass die Palmölgewinnung für diesen weltumspannend vermarkteten Riegel Orang-Utans töte. Nestlé machte den erwarteten ‚Streisand-Fehler', d. h. sie ließ das Video mit rechtlichen Mitteln nachrichtenwerthaltig entfernen und befeuerte dadurch den ‚Shitstorm' erst recht.

Nestlé gehört zu den Unternehmen mit der am weitesten entwickelten Social-Media-Strategie, ihr „Digital Acceleration Team" verfolgt permanent die positiv, negativ oder neutrale Nennung der wichtigsten Nestlé-Marken wie etwa Kit Kat, Maggi, Nescafé, Buitoni, San Pellegrino, Perrier etc. auf allen relevanten Social-Media-Plattformen und arbeitet direkt mit Facebook und Google in einer „strategischen Partnerschaft" zusammen: In ihrem Digital Acceleration Team, das über 800 Facebook-Seiten betreut, „sind", so ihr Marketingvertreter, „ständig Leute von Google und Facebook, die uns helfen, unsere Strategie zu designen".[6] Die-

---

[6] www.tagesanzeiger.ch/wirtschaft/unternehmen-und-konjunktur/Nestles-Abwehr-gegen-Shitstorms/story/30642493 (letzter Aufruf 30.10.2013).

se strategische Kooperation geht sehr weit: Nestlé konnte zusammen mit Google einen gewichtigen Resonanzerfolg erzielen, indem der neuen Version von Android, dem Smartphone-Betriebssystem von Google, im Rahmen einer verdeckten Gegenkampagne der Name – „Kit Kat" verliehen wurde. Google baute 2013 vor seiner Niederlassung in Kalifornien einen riesigen Kit Kat-Riegel auf und macht mit diesem Werbung für sein neues Smartphone und das ‚Kit-Kat-Betriebssystem'.

Wie lange lässt sich bei solchen strategischen Partnerschaften zwischen multinationalen Unternehmen der Realwirtschaft und multinationalen Unternehmen der Digitalökonomie das Wahrhaftigkeitsgebot in den Social Networks aufrechterhalten? Nachhaltig ist eine solche Strategie nicht, und für alle Unternehmen unterhalb der Größe Nestlés ist sie ohnehin nicht realisierbar. Außerdem erinnert dies uns daran, dass sich die relevanten Stakeholdern eines Unternehmens vernünftigerweise an möglichst unabhängigen Informationsmedien orientieren.

4 Forschungsfragen

Entgegen dem Mythos ist das Potential für eine ‚Worldwide Participatory Culture' in den Social Media marginal. Die Blogosphäre schrumpft doppelt, sie wird durch die Social Networks und die Online-Newssites von Informationsmedien bedrängt. Die Zahl politischer bzw. wirtschaftspolitischer Blogs ist gering, sie reagieren primär auf Themen der Informationsmedien, sie sind in aller Regel meinungslastig und faktenarm, sie bieten nicht mehr Vielfalt an Akteuren, Themen und Meinungen als Informationsmedien und sie leiden an Ressourcenproblemen. Entsprechend ist ihre Volatilität hoch.

Demgegenüber sind die Social Networks außerordentlich groß, und sie sind zentral für die Verwandlung des Internets in geschlossene Räume. Die Mitglieder der Social Networks betreiben in ihren Peergroups gemeinschaftliche, also moralisch-emotionale und episodische Kommunikation, sind Bubble-Perceptions, Zielgruppenmarketing und rigiden juristischen AGBs ausgesetzt, und allfälligen politischen Aktivitäten sind enge Grenzen gesetzt.[7]

---

[7] Wie können trotzdem politische Aktivitäten in Facebook realisiert werden? Im Wesentlichen in drei Formen. Erstens: Mitglieder können Unterstützer eines Profils eines Politikers werden, sie können sich zweitens einer Gruppe anschließen, oder sie können drittens ihre politischen Positionen auf ihrem Profil äußern. Relevant sind also Gruppen, allerdings zersplittern sich diese Gruppen bei politischen Themen in viele Kleingruppen und die Facebook-Architektur lässt eine Diskussion über diese verschiedenen Gruppen hinweg nicht

Trotzdem: Die Gemeinschaftssphären in Facebook sind Kommunikationsräume, und selbstverständlich können Social Networks politisch und ökonomisch durch Dritte genutzt werden. Mit der Ausnahme der Nutzung von Social Networks durch Protestbewegungen in vermachteten Gesellschaften mit der Hilfe von transnationalen 24/7 Channels werden diese für Gemeinschaftssphären übergreifende Effekte vor allem durch ressourcenstarke Akteure genutzt. Und: Aufschaukelungs- oder Schneeballeffekte über Like-Buttons sind natürlich möglich. Allerdings funktioniert dies nachhaltig nur im Zusammenspiel mit Informationsmedien.

Dieses Zusammenspiel bei Issue Publics oder themenzentrierten Öffentlichkeiten on- und offline machen es erforderlich, dass wir uns auch in der Organisationskommunikationsforschung auf die Kommunikationsflüsse im Dreieck Informationsmedien – Social Media – und heterogene Publika konzentrieren müssen, wenn wir zu Chancen und Risiken strategischer Onlinekommunikation Aussagen machen wollen. Eine auf die Social Media begrenzte Perspektive reproduziert bloß die alten Mythen. Was bedeutet das?

Zunächst gilt es, die Unterschiede zwischen Social Media und Informationsmedien schärfer herauszuarbeiten. Dazu zählt die Unterscheidung von Gemeinschaft und Gesellschaft, die Unterscheidung von Adoleszenzphänomenen bei Unternehmensfangruppen in Social Networks im Unterschied zu ansonsten soziodemographisch heterogenen Stakeholdern von Unternehmen, die Differenzierung von Issue Publics in den Social Media von der Flussöffentlichkeit eines auf Dauer gestellten Themennachschubs in den Agenden der Informationsmedien und die Unterscheidung zwischen rollengebundener, unpersönlicher, einordnender kognitiv-normativer Kommunikation in den Informationsmedien und moralisch-emotionaler und episodischer Kommunikation in den Netz-Communities.

Auf der Basis dieser Differenzierungen ergeben sich folgende Fragen für die Organisationskommunikationsforschung hinsichtlich Onlinestrategien:

1. Wir sollten die gemeinschaftlichen von den sekundären politisch-gesellschaftlichen, zweckentfremdeten Nutzungsformen der Social Media genauer analysieren.
2. Wir sollten die Dynamiken von ‚Shitstorms' insbesondere an den Schnittstellen zwischen Social Media und Informationsmedien untersuchen. Dabei wird uns in Gestalt von Boulevard- und Gratismedien on- und offline verstärkt ein

---

zu. Das bedeutet, dass die Issue publics a) aufgrund der Dynamik der Gruppendiskussion klein sind, b) durch die Nutzer über den begrenzten Horizont der ersten Person singulär wahrgenommen werden, und c) über die Gruppen hinweg kaum Diskursivität erzielt werden kann (Langlois et al. 2011, S. 253–278).

qualitätsniedriger Hybridjournalismus begegnen, der eine hohe Affinität zu Social Networks hat und Empörungsbewirtschaftungen von den Networks auf die Informationsmedien (und umgekehrt) überträgt.

3. Wir sollten uns bei der Analyse professioneller Kampagnen auf die Interdependenzen zwischen Social Media und Informationsmedien konzentrieren.
4. Wir sollten die Reputationsanalytik von Organisationen vergleichend in Social Media und Informationsmedien betreiben und wechselseitige Wirkungseffekte analysieren.
5. Wir sollten uns auf die Wechselwirkung von Issue Publics in den Social Media und in den Informationsmedien konzentrieren und dabei die Effekte von medienwirksamen Aktionsformen kontrollieren.
6. Wir sollten die Verlinkung von Beiträgen aus den Social Media in die Informationsmedien bzw. die Resonanz informationsjournalistischer Angebote innerhalb der Social Media analysieren.
7. Wir sollten über Befragungen die orientierungsstiftende Bedeutung, die zugeordnete Relevanz und die Glaubwürdigkeit der Organisationskommunikation in den Social Media eruieren.

Literatur

Andrejevic, M. (2011). Facebook als neue Produktionsweise. In O. Leistert & T. Röhle (Hrsg.), *Generation Facebook. Über das Leben im Social Net* (S. 31–50). Bielefeld: transcript.
B2B-Onlinemonitor. (2011). Klartext im Internet: Verantwortliche zwischen Wunsch und Wirklichkeit. http://www.diefirma.de/fileadmin/user_upload/Themen/b2b_online_monitor_2011.pdf. Zugegriffen: 18. Marz. 2014.
Baringhorst, S. (2010). Anti-Corporate Campaigning – neue mediale Gelegenheitsstrukturen unternehmenskritischen Protests. In S. Baringhorst, V. Kneip, J. Niesyto, & A. März (Hrsg.), *Unternehmenskritische Kampagnen im Zeichen digitaler Kommunikation* (S. 9–30). Wiesbaden: VS Verlag für Sozialwissenschaften.
Benkler, Y. (2006). *The wealth of networks: How social production transforms markets and freedom.* Yale: Yale University Press.
Bruns, A. (2008). *Gatewatching: Collaborative online news production.* New York: Peter lang (Smith, Adam [1776]).
Coté, M., & Pybus, J. (2011). Social Networks: Erziehung zur immateriellen Arbeit 2.0. In O. Leistert & T. Röhle (Hrsg.), *Generation Facebook. Über das Leben im Social Net* (S. 51–74). Bielefeld: transcript.
Dahlberg, L. (2001). Democracy via cyberspace. *New Media and Society, 2,* 157–177.
Gebhardt, W. (2010). „We are different¡' Zur Soziologie jugendlicher Vergemeinschaftung. In A. Honer, M. Meuser, M. Pfadenhauer, & R. Hitzler (Hrsg.), *Fragile Sozialität: Inszenierungen, Sinnwelten, Existenzbastler* (S. 327–339). Wiesbaden: VS Verlag für Sozialwissenschaften.

Gerhards, J., & Schäfer, M. S. (2007). Demokratische Internet-Öffentlichkeit? Ein Vergleich der öffentlichen Kommunikation im Internet und in den Printmedien am Beispiel der Humangenomforschung. *Publizistik, 2*(52), 210–228.

Gerlitz, C. (2011). Die Like Economy. Digitaler Raum, Daten und Wertschöpfung. In O. Leistert & T. Röhle (Hrsg.), *Generation Facebook. Über das Leben im Social Net* (S. 101–122). Bielefeld: transcript.

Gil De Zúñiga, H., Puig-I-Abril, E., & Rojas, H. (2009). Weblogs, traditional sources online and political participation: An assessment of how the internet is changing the political environment. *New Media & Society, 11*(4), 553–574.

Habermas, J. (1992). *Faktizität und Geltung. Beiträge zur Diskurstheorie des Rechts und des demokratischen Rechtsstaats*. Frankfurt a. M.: Suhrkamp.

Hagen, M. (1999). Amerikanische Konzepte elektronischer Demokratie. Welche Bedeutung haben neue Medientechniken für politische Beteiligung? In K. Kamps (Hrsg.), *Elektronische Demokratie? – Perspektiven politischer Partizipation* (S. 63–84). Opladen: Westdeutscher Verlag.

Imhof, K. (2009). Personalisierte Ökonomie. In M. Eisenegger & S. Wehmeier (Hrsg.), *Personalisierung der Organisationskommunikation* (S. 29–50). Wiesbaden: VS Verlag für Sozialwissenschaften.

Imhof, K. (2011a). Identität in der Sozialtheorie. Weiterentwicklung der Differenzierungstheorien. In C. Mäder & E. Widmer (Hrsg.), *Identität* (S. 45–63). Zürich: Seismo.

Imhof, K. (2011b). *Die Krise der Öffentlichkeit. Kommunikation und Medien als Faktoren des sozialen Wandels*. Frankfurt a. M.: Campus.

Jenkins, H. (2006). *Convergence culture: Where old and new media collide*. New York: New York University Press.

Kamps, K. (2000). Die ‚agora‘ des Internet. Zur Debatte politischer Öffentlichkeit und Partizipation im Netz. In O. Jarren, K. Imhof, R. Blum, & H. Bonfadelli (Hrsg.), *Zerfall der Öffentlichkeit?* (S. 225–239). Opladen: Westdeutscher Verlag.

Kant, I. (1912). Beantwortung der Frage: Was ist Aufklärung?. In E. Cassirer (Hrsg.), *Kants Gesammelte Schriften* (Bd. 8). Berlin: Georg Reimer [1784].

Langlois, G., Elmer, G., & McKelvey, F. (2011). Vernetzte Öffentlichkeiten. Die doppelte Artikulation von Coce und Politik in Facebook. In O. Leistert & T. Röhle (Hrsg.), *Generation Facebook. Über das Leben im Social Net* (S. 253–278). Bielefeld: transcript.

Leistert, O., & Röhle, T. (2011). Identifizieren, Verbinden, Verkaufen. In dieselb. (Hrsg.), *Generation Facebook. Über das Leben im Social Net* (S. 7–30). Bielefeld: transcript.

Lobo, S. (2012). S.P.O.N. – Die Mensch-Maschine: Euer Internet ist nur geborgt, Spiegel Online. http://www.spiegel.de/netzwelt/web/sascha-lobos-kolumne-zum-niedergang-der-blogs-in-deutschland-a-827995.html. Zugegriffen: 18. Marz. 2014.

Lovink, G. (2011). Anonymität und die Krise des multiplen Selbst. In O. Leistert & T. Röhle (Hrsg.), *Generation Facebook. Über das Leben im Social Net* (S. 183–198). Bielefeld: transcript.

Luhmann, N. (1994). *Liebe als Passion. Zur Codierung von Intimität*. Frankfurt a. M: Suhrkamp.

Neuberger, C., & Pleil, T. (2006). Online-Public Relations: Forschungsbilanz nach einem Jahrzehnt. http://de.scribd.com/doc/100124234/Neuberger-Christoph-Pleil-Thomas-2006-Online-Public-Relations-Forschungsbilanz-nach-einem-Jahrzehnt. Zugegriffen: 18. Marz. 2014.

Peters, B. (1993). *Die Integration moderner Gesellschaften.* Frankfurt a. M.: Suhrkamp.

Pfeffer, J., Neumann-Braun, K., & Wirz, D. (2011). Nestwärme im Social Web. Bildvermittelte interaktionszentrierte Netzwerke am Beispiel von Festzeit.ch. In J. Fuhse & C. Stegbauer (Hrsg.), *Kultur und mediale Kommunikation in sozialen Netzwerken* (S. 125–148). Wiesbaden: VS Verlag für Sozialwissenschaften.

Reichert, R. (2008). *Amateure im Netz. Selbstmanagement und Wissenstechnik im Web 2.0.* Bielefeld: transcript.

Rucht, D., Yang, M., & Zimmermann, D. (2004). Die Besonderheiten netzbasierter politischer Kommunikation am Beispiel des Genfood-Diskurses. Gutachten im Auftrag des Deutschen Bundestages.

Sassen, S. (2011). Das minimalistische Facebook. Netzwerkfähigkeit in größeren Ökologien. In O. Leistert & T. Röhle (Hrsg.), *Generation Facebook. Über das Leben im Social Net* (S. 249–251). Bielefeld: transcript.

Schmid, U. (2010). Das Social-Media-Engagement deutscher Museen und Orchester 2010. Eine Studie, die auf eigenen Recherchen bei den im Social Web aktiven Museen und Orchestern basiert. http://kulturzweinull.eu/wp-content/uploads/2010/10/das-social-media-engagement-deutscher-museen-und-orchester-20102.pdf. Zugegriffen: 18. Marz. 2014.

Schmidt, J. F. K. (2000). Die Differenzierung persönlicher Beziehungen. Das Verhältnis von Liebe, Freundschaft und Partnerschaft. In K. Hahn & G. Burkart (Hrsg.), *Grenzen und Grenzüberschreitungen der Liebe* (S. 73–100). Opladen: Leske & Budrich.

Smith, A. (1776). *An inquiry into the nature and causes of the wealth of nations.* München: IDION-Verlag.

Tenbruck, F. H. (1990). Freundschaft. Ein Beitrag zu einer Soziologie persönlicher Beziehungen. In F. H. Tenbruck (Hrsg.), *Die kulturellen Grundlagen der Gesellschaft. Der Fall der Moderne* (S. 227–250). Opladen: Westdeutscher Verlag.

Theis-Berglmair, A. M. (2007). Meinungsbildung in der Mediengesellschaft: Grundlagen und Aktuere öffentlicher Kommunikation. In M. Piwinger & A. Zerfass (Hrsg.), *Handbuch Unternehmenskommunikation* (S. 123–136). Wiesbaden: Gabler Verlag.

Thimm, C., & Berlinecke, S. (2007). Mehr Öffentlichkeit für unterdrückte Themen? Chancen und Grenzen von Weblogs. In H. Pöttker & C. Schulzki-Haddouti (Hrsg.), *Vergessen? Verschwiegen? Verdrängt? 10 Jahre „Initiative Nachrichtenaufklärung"* (S. 81–101). Wiesbaden: VS Verlag für Sozialwissenschaften.

Turkle, S. (1995). *Leben im Netz. Identität in Zeiten des Internet.* Hamburg: Rowohlt.

Weber, M. (1973 [1916]). Einleitung in die Wirtschaftsethik der Weltreligionen. In J. F. Winkelmann (Hrsg.), *Max Weber. Soziologie, universalgeschichtliche Analysen, Politik* (S. 398–440). Stuttgart: Kröner.

Zerfass, A., & Pleil, T. (2012). Strategische Kommunikation in Internet und Social Web. In A. Zerfass & T. Pleil (Hrsg.), *Handbuch Online-PR* (S. 39–82). Konstanz: UVK.

Zerfass, A., Fink, S., & Linke, A. (2011a). Social Media Governance: Regulatory frameworks as drivers of success in online communications. http://www.academia.edu/1049739/Social_Media_Governance_Regulatory_frameworks_as_drivers_of_success_in_online_communications. Zugegriffen: 18. Marz. 2014.

Zerfass, A., Verhoeven, P., Tench, R., Moreno, A., & Vercic, D. (2011b). European Communication Monitor 2011. http://www.zerfass.de/ecm/ECM2011-Results-ChartVersion.pdf. Zugegriffen: 18. Marz. 2014.

Zimmermann, A. (2006). Demokratisierung und Europäisierung online? Massenmediale politische Öffentlichkeiten im Internet. http://www.diss.fu-berlin.de/diss/receive/FUDISS_thesis_000000003532. Zugegriffen: 18. Marz. 2014.

Wider die reine Netzwerkrhetorik – Plädoyer für eine netzwerksoziologisch informierte Online-PR

Peter Winkler

1 Einleitung

Kaum ein Begriff wird in der aktuellen Literatur zur Online-PR so inflationär verwendet wie der des Netzwerks. Analog zur generellen Begriffsverwendung in Sozial- und Wirtschaftswissenschaften (vgl. Castells 2011) lässt sich aber auch hier kritisieren, dass der Netzwerkbegriff vor allem rhetorisch strapaziert wird, um unterschiedliche soziale Phänomene zu beschreiben, ohne jedoch deren Plausibilität zu prüfen oder eine konzeptionelle Fundierung vorzunehmen.

Ziel dieses Beitrages ist deshalb, die folgenden beiden Fragen zu beantworten: Erstens, welche Grundannahmen liegen der aktuellen Netzwerkrhetorik in der Online-PR zugrunde und lassen sich diese halten? Und zweitens, welchen Erklärungsmehrwert hält ein analytisch fundiertes Netzwerkkonzept für die Online-PR bereit?

Dazu werden zuerst in Abschn. 2 unterschiedliche Netzwerkverständnisse herausgearbeitet, die der gängigen Netzwerkrhetorik in der Online-PR zugrunde liegen, sowie deren Verkürzungen besprochen. In Abschn. 3 werden in Folge mit dem Texto-Materialismus (vgl. Siles und Boczkowski 2012) und der generellen Netzwerksoziologie (vgl. White 2008) zwei Ansätze vorgestellt, die eine analytisch solide Fundierung des Netzwerkkonzepts erlauben. In Abschn. 4 werden fünf Ebenen vernetzter Identitätsbildung im Web und deren jeweiliger Erklärungswert für die Online-PR herausgestellt. Abschn. 5 fasst schließlich wesentliche Ergebnisse nochmals tabellarisch in einem relationalen Modell der Online-PR zusammen, diskutiert manageriale Implikationen und stellt weiteren Forschungsbedarf heraus.

P. Winkler (✉)
Wien, Österreich
E-Mail: peter.winkler@fh-wien.ac.at

O. Hoffjann, T. Pleil (Hrsg.), *Strategische Onlinekommunikation*,
DOI 10.1007/978-3-658-03396-5_3, © Springer Fachmedien Wiesbaden 2015

2 Kritik gängiger Netzwerkrhetorik in der Online-PR

Das Konzept des Netzwerks erfährt in der Online-PR aktuell inflationäre, jedoch meist rhetorische Verwendung. Systematisiert man diese Rhetorik, zeigt sich, dass wenig trennscharf auf drei sehr unterschiedliche Netzwerkverständnisse Bezug genommen wird:

1. Eine zentrale Referenz stellt die Idee einer neuen *Netzwerköffentlichkeit* dar (vgl. Raupp 2011). Aufbauend auf klassische Deliberationstheorien wird hier gemutmaßt, dass Webtechnologien zu einer thematisch wie institutionell autonomeren Formierung von Öffentlichkeit abseits der Massenmedien beitragen (vgl. Benkler 2006; Castells 2008).
2. Abseits dessen wird das Konzept des Netzwerks im Sinne *kollaborativer Vernetzung* gebraucht (vgl. Zerfaß und Sandhu 2008). Theoretischer Bezugsrahmen ist hier der Organisationsmodus der Heterarchie (vgl. Stark 2009), wobei an Webtechnologien die Erwartung geknüpft wird, Kollaboration flexibel auf externe Stakeholder auszuweiten (vgl. McAfee 2006).
3. Schließlich finden sich noch *ökonomisch* inspirierte Überlegungen, die darauf abzielen, technische Vernetzungseffekte im Web zu kapitalisieren. Bruns (vgl. 2008, S. 30–33) fasst diese treffend unter Strategien des „Harvesting", „Harnessing" und „Hijacking the Hive" – im Sinne eines Instrumentalisierens und Abschöpfens von Aggregationseffekten im Web – zusammen.

Es zeigt sich also, dass in der Online-PR unterschiedliche Verständnisse von Netzwerken kursieren, rhetorisch aber kaum auseinandergehalten werden. Zudem sind Prämissen, die den dargestellten Netzwerkverständnissen zugrunde liegen, in der jüngeren Webforschung nicht unumstritten. Es finden sich sowohl inhaltliche wie auch technische Einwände:

1. So wird an der These einer sich autonom formierenden Netzwerköffentlichkeit im Web erstens inhaltlich kritisiert, dass Webnutzung weniger auf gemeinschaftlich-deliberative, sondern eher auf individualistisch-libertäre Verwendung abstellt (vgl. Wellman 2001; Roberts 2009; Sandhu 2014 in diesem Band). Des Weiteren wird kritisiert, dass sich im Web massenmediale Themenentwicklungen eher reproduzieren, als dass es zur Formierung alternativer Agenden kommt (vgl. Resnick 1998; Gerhards und Schäfer 2007). Und auf technischer Ebene wird schließlich kritisiert, dass öffentliche Meinungsbildung im Web zumeist einen überschaubaren diskursiven Kern aufweist und vor allem durch algorithmische Aggregationseffekte zum Massenphänomen stilisiert wird (vgl. Geiger 2009).

2. Empirische Studien zu offenen Kollaborationsprojekten im Web zeigen wiederum, dass sich inhaltliche Zusammenarbeit zwischen Organisationen und Usern als konfliktär erweist und etwa in mikropolitischen Querelen um zugebilligten Einfluss und Nutzung kollaborativ erbrachter Leistungen Ausdruck findet (vgl. Schäfer 2011; Gebauer et al. 2013). Auf technischer Ebene wird zudem darauf verwiesen, dass ein Gutteil jüngerer Webanwendungen so designt ist, dass diese vor allem „implizite Partizipation" fördern, User also kollaborative Beiträge leisten, ohne sich dessen bewusst zu sein (vgl. Schäfer 2011, S. 51–54).

3. Schließlich werden auch zentrale Prämissen zur Kapitalisierung von Vernetzungseffekten im Web kritisiert: So lässt sich einerseits mit Verweis auf den Schöpfer des Konzepts der „Weisheit der Vielen" – James Surowiecki (2005) – zeigen, dass sich eine solche Weisheit im Web nur bedingt einstellen kann: Denn der Effekt, dass Masseneinschätzungen Expertenurteile hinsichtlich ihrer Aussagekraft übertreffen, lässt sich nur für einfache Optimierungsfragen nachweisen. Offene Innovationsgenese im Web profitiert davon also nicht zwangsläufig. Ferner setzt Surowieckis Ansatz voraus, dass sich Teilnehmer in ihrer Urteilsbildung nicht beobachten können, ansonsten kommt es zu verzerrenden Nachahmungseffekten. Gerade das lässt sich in der transparenten Kommentar- und Ranking-Kultur des Web aber kaum verhindern (vgl. Lanier 2010). Neben dem Ansatz der „Weisheit der Vielen" wird zudem auch die These der „Viralität" von Inhalten im Web zunehmend angezweifelt. Erste Longitudinalstudien deuten eher darauf hin, dass mehrstufige Weitergabe zwischen Usern äußert selten eintritt und Viral-Kampagnen vor allem dann Erfolg erzielen, wenn sie auch massenmedial aufgegriffen und erst dadurch im Web auch massenhaft disseminiert werden (vgl. Goel et al. 2012).

Es zeigt sich also, dass die gängige Netzwerkrhetorik der Online-PR nicht nur unterschiedliche Verständnisse von Netzwerken in sich birgt, sondern dass auch deren zugrunde liegenden Prämissen auf inhaltlicher wie technischer Ebene umstritten sind.

3 Grundlagen

Um diesen Verkürzungen beizukommen, werden zwei theoretische Perspektivverlagerungen vorgeschlagen:

Erstens legen unsere Überlegungen nahe, dass ein adäquates Verständnis aktueller Vernetzungslogiken im Web eines ausgewogenen Fokus' auf inhaltliche *und* technische Aspekte der Onlinekommunikation bedarf. Dazu empfiehlt sich eine Auseinandersetzung mit dem jungen kommunikationswissenschaftlichen Programm des *Texto-Materialismus* (vgl. Siles und Boczkowski 2012). Erkenntnisse aus User- und Cultural Studies einerseits (vgl. Hall 1980; Couldry 2003; Jenkins 2006) und Science and Technologie Studies andererseits (vgl. Bijker et al. 1987; Law und Hassard 1999; Oudshoorn und Pinch 2003) verknüpfend, stellt dieser Ansatz heraus, dass die Etablierung neuer Medientechnologien als kontingenter Aushandlungsprozess zu verstehen ist, der erst allmählich zu unhinterfragten Nutzungspraktiken führt. Auf inhaltlicher Ebene äußert sich dies in der diskursiven Aushandlung von Sinn, die erst allmählich „hegemoniale Lesarten" hervorbringt (vgl. Hall 1980). Ebenso ist die technische Etablierung neuer Medien anfangs von mannigfaltigen Aushandlungen zwischen Entwicklern, Anbietern und Nutzern geprägt, die erst allmählich zu einer „Einschreibung" und „Delegation" (vgl. Akrich und Latour 1992) präferierter Nutzungsweisen ins medientechnische Design und damit zu deren Verfestigung führen.

Um zweitens besser zu verstehen, wie Formen texto-materieller Kontingenzreduktion zu konkreten Netzwerkbildungen im Web führen, empfiehlt sich eine Auseinandersetzung mit der generellen *Netzwerksoziologie*. Schlüsselautor dieser Strömung ist Harrison C. White (vgl. 2008), der die anfangs stark strukturalistische soziale Netzwerkanalyse zu einer umfassenden Soziologie ausarbeitet, die jüngst auch eine fruchtbare Anknüpfung an die Luhmannschen Systemtheorie erlebt (vgl. Fuchs 2001; White et al. 2007; Baecker 2008; Fuhse und Mützel 2010).

Wie Luhmann (1984) legt White seine Soziologie non-essentialistisch an und erachtet die Verarbeitung von Kontingenz als zentrales Explanandum. Anders als Luhmann erklärt sich White Kontingenzreduktion jedoch nicht über autopoietische Schließung durch Ausbildung systemspezifischer Operationsmodi. Sein Fokus gilt vielmehr der Frage, wie Kontingenz relational – also durch soziale Bezugnahme – reduziert wird.

Konkret erläutert dies White anhand der Konzepte der *„Identität"* und *„Kontrolle"*. Mit Identitäten sind diverse Formen sozialer Adressabilität gemeint (vgl. Tacke 2000), die jedoch erst durch Kontrolle – zu verstehen als Versuche wechselseitiger Bezugnahme – hervorgebracht werden. Ansetzen können relationale, identitätskonstituierende Kontrollversuche an zwei Dimensionen sozialer Kontingenz: Erstens an der Dimension der *„Ambiguität"*, womit kulturelle Kontingenz gemeint ist; und zweitens an der Dimension der *„Ambage"*, die strukturelle Kontingenz meint. Erstere benennt den Umstand, dass es in Beziehungen jeweils zu klären gilt, wie man diese interpretativ anlegt, während Zweitere aufzeigt, dass ebenso klärungsbedürftig ist, wer überhaupt als relevanter Adressat in Frage kommt.

White skizziert relationale Identitätsbildung als sozial prekären, flexiblen Prozess. So bringt wechselseitige Kontingenzreduktion nicht nur Identitäten hervor, sie beschränkt auch deren jeweiligen Spielraum und stachelt somit die Suche nach alternativen Bezugsmöglichkeiten an. Ferner nimmt White ein *indirektes Kalkül* zwischen den Dimensionen möglicher Kontingenzreduktion – Ambiguität und Ambage – an. Das heißt, je stärker Ambiguität reduziert wird, umso wahrscheinlicher ist eine Ausweitung der Ambage. Umgekehrt zieht eine Reduktion von Ambage eine Ausdehnung der Ambiguität nach sich. Ersteres wird einsichtig, wenn man sich etwa vergegenwärtigt, dass zu stark interpretative Festlegung wechselseitiger Rollenerwartungen typischerweise zur Suche nach alternativen Bezugsmöglichkeiten führt. Zweiteres wird klar, wenn man etwa bedenkt, dass Intimbeziehungen mit ihrer Reduktion struktureller Bezugsmöglichkeiten auf die gegenständliche Dyade üblicherweise mit einem stark dehnbaren reziproken Interpretationsrepertoire einhergehen (vgl. Fuchs 1999).

Relevant ist Whites Ansatz für unsere Überlegungen aus drei Gründen:

Erstens löst White das typische soziologische Mikro-Makro-Problem insofern, indem er davon ausgeht, dass relationale Identitätsbildung unabhängig von sozialer Größenordnung *selbstähnlich* verläuft. Das heißt, seine Überlegungen lassen sich nicht nur auf personale, sondern auch auf die – für die PR zentrale – Konstitution organisationaler Adressabilität umlegen.

Zweitens schlägt White mit seinem flexibel angelegten Identitätskonzept eine Alternativbetrachtung des sozialen Zusammenspiels von *Ordnung und Wandel* vor,[1] indem Identitätskonstitution als spannungsvoller, immer nur temporär stabiler Prozess verstanden wird. Ein derart dynamisch angelegtes Verständnis organisationaler Identität dürfte gerade für die Online-PR ebenso instruktiv sein.

Drittens unterscheidet White in seiner Darstellung relationaler Identitätsbildung zwischen *fünf analytischen Ebenen*. Und diese Ebenen eignen sich für unsere Zwecke nun sowohl dazu, zentrale Vernetzungsphänomene im Web besser zu verstehen, wie auch jüngere flexibilitätsorientierte Zugänge der PR dazu systematisch in Bezug zu setzen.

4 Fünf Ebenen relationaler Identitätsbildung im Web

4.1 Beziehungsanbahnung (Footing)

Die erste Ebene relationaler Identitätsbildung bezeichnet White als „*Footing*" (vgl. 2008, S. 1–19). Damit meint er das Streben nach sozialem Halt in einem noch weitgehend kontingenten Umfeld. In dieser Phase erfolgen wechselseitige

---

[1] Ein diesbezüglich instruktiver soziologischer Theorievergleich findet sich bei Schmitt (vgl. 2009).

Adressierungs- und Kontrollversuche noch zurückhaltend. So reduzieren Identitäten in dieser Phase Ambiguität noch nicht, sondern versuchen vielmehr eine „Verbindung möglichst flexibel und ambivalent, undefiniert und offen für verschiedene Interpretationen bzw. Bewertungen" (Häußling 2010, S. 73) zu halten, um etwas mehr über den anderen zu erfahren, von sich selbst aber noch nicht zu viel Preis zu geben. Ebenso hält man sich auch Ambage noch offen, indem das Gegenüber selten direkt adressiert wird, sondern eher versucht wird, über „soziale Manöver" (Azarian 2005, S. 69) wie Interventionen über Dritte oder Beeinflussung des strukturellen Umfelds Kontrolle zu erlangen. Schließlich besteht auf dieser Ebene immer noch die Möglichkeit zu unverbindlichem „Decoupling", also dem weitgehend folgenlosen Übergehen oder Abbrechen eines Anbahnungsversuchs.

Legt man diese Überlegungen auf Formen der *Beziehungsanbahnungen* im Web um, so sind korrespondierende Mediennutzungspraktiken wie auch Entsprechungen im jüngeren Kommunikationsmanagement augenfällig:

Die Phase des Footing etwa entspricht dem Zustand des Browsens im Web. User lassen sich mehr oder weniger ziellos treiben, folgen auf der Suche nach situativ relevantem Sinn spezifischen Informationsangeboten und Links, die jedoch überwiegend flüchtig bleiben. Für die PR interessant ist nun die Frage, wie solch lose Bezüge in Richtung Beziehungsanbahnung gelenkt werden können.

Dazu schlagen jüngere Kommunikationsansätze (vgl. Christensen et al. 2009; Mangold und Faulds 2009) – analog zu Whites These der Nutzung von Ambiguität – vor, weniger auf massenmedial übliche, klare Positionierung zu setzen, sondern Beziehungsanreize über inhaltliche Deutungsspielräume und Zuschreibungsoffenheit zu schaffen. Christensen et al. weisen auf die Bedeutung interpretativer Ambiguität im Web etwa nachdrücklich hin, wenn sie dafür plädieren, Usern die Möglichkeit zu geben, „mit Unternehmenssymbolen zu spielen, diese auszuweiten, zu replizieren und oft genug auch zu redefinieren und umzuformulieren und insofern einen aktiven Teil in der Bestimmung von Markenimages und -identitäten einzunehmen" (Christensen et al. 2009, S. 213; Übersetzung P.W.).

Aber auch die Nutzung von Ambage – im Sinne indirekter Einflussnahme auf strukturelle Rahmenbedingungen – kennt die jüngere PR-Literatur unter dem Konzept der *„Kontextkontrolle"* (vgl. Nothhaft und Wehmeier 2009). Dieses besagt, dass lineare Steuerung in komplexen sozialen Settings versagt und Interventionen eher über entsprechendes Arrangement struktureller Rahmenbedingungen erfolgen sollte. Während Ambiguität im Web vor allem auf inhaltlicher Ebene genutzt wird, findet die Nutzung von Ambage eher auf technischer Ebene statt. Bemerkbar macht sich dies etwa in so genannten „Affordances" (vgl. Hutchby 2001; Faraj und Bijan 2012), also ins Design eingeschriebenen, präferierten Nutzungsweisen, die das konkrete Kommunikationsverhalten von Usern zwar nicht determinieren, aber doch nahelegen (etwa in Form von Standardeinstellungen oder Bezugsmöglichkeiten über „Likes" oder Wertungen).

4.2 Beziehungs- und Netzwerkpflege (Face)

Vielleicht noch interessanter als die Ebene der Beziehungsanbahnung dürfte für die PR Whites zweite Ebene relationaler Identitätsbildung sein. Diese nennt er „*Face*" (vgl. White 2008, S. 20–62) und es geht dabei um die Konkretisierung identitärer Eigenschaften auf Beziehungs- und Netzwerkebene. Beide Ebenen sind für die PR-Forschung grundsätzlich relevant, lässt diese doch nach wie vor eine valide sozialphänomenologische Bestimmung des Beziehungs- und Netzwerkkonzepts vermissen. Widmen wir uns zuerst dem Beziehungskonzept:

Obwohl „*Beziehung*" im Namen tragend, findet sich in der PR abgesehen von einem instrumentellen Selbstentwurf als „Relationship Management" (vgl. Ledingham 2003) bzw. alltagssprachlicher Begriffsverwendung kein fundiertes Beziehungskonzept. Whites Ansatz bietet hier Abhilfe und stößt damit auch in der Systemtheorie auf Anklang (vgl. Fuhse 2002, 2009; Schmidt 2007; Holzer 2010). Die Grundüberlegung Whites scheint dabei trivial, ist in der Konsequenz aber folgenreich.

Erneut bezieht sich White dabei auf die Kontingenzdimensionen der Ambiguität und Ambage, die im Falle von Beziehungen jedoch offensichtlich wechselseitiger Einschränkung bedürfen. Kulturell geschieht dies dadurch, dass sich in Dyaden „Stories" etablieren. Zu verstehen sind solche Stories als reziproke, auf der Mitteilungsebene adressierte Erwartungssemantik, welche die wechselseitige Adressierung als intentionaler Akteur[2] und somit auch die Art der Beziehung spezifizieren (vgl. Fuhse 2009).

Von einer Beziehung lässt sich jedoch nur sinnvoll sprechen, wenn diese Erwartungssemantik strukturell die Dauer einer Interaktion überlebt. Die Systemtheorie kennt dafür den Begriff des „Interaktionszusammenhangs" (vgl. Kieserling 1999, S. 221), bezieht diesen aber vornehmlich auf übergeordnete Systemlogiken. Unbedacht lässt sie hingegen, dass sich solche Interaktionszusammenhänge auch selbstbezüglich verfertigen und reproduzieren können (vgl. Schmidt 2007). In dem Fall bringt also eine kulturelle Story auch einen strukturellen „Tie" hervor. Dies muss schließlich nicht zwangsläufig interaktiv – im Sinne einer Kommunikation unter Anwesenden – geschehen. Ebenso sind medientechnisch vermittelte Formen möglich, solange nur die reziproke Erwartungssemantik aufrechterhalten bleibt (vgl. Holzer 2010, S. 105).

Von Beziehung als kommunikativ konstruiertes Sozialphänomen lässt sich also sprechen, wenn es in Dyaden gelingt, über mehrere Kommunikationsepisoden hinweg (Tie) auf der Mitteilungsebene eine reziproke Erwartungssemantik (Story)

---

[2] Parallelen zu Luhmanns (1984, S. 191–241) Verständnis der Zuschreibung von Kommunikation als Handlung sind evident.

zu etablieren, die den wechselseitigen Entwurf als intentionaler Akteur (Face) und damit die Art der Beziehung spezifiziert.

Instruktiv ist dieser Beziehungsbegriff für die PR aus mehreren Gründen. Erstens wird dadurch einsichtig, dass jede Form der Beziehung einer reziprok hervorgebrachten und damit sozial prekären Erwartungssemantik bedarf. Zweitens wird deutlich, dass nicht nur die Art der Beziehung, sondern die grundsätzliche wechselseitige Wahrnehmung als Akteur über diese Semantik spezifiziert wird. Und drittens ist zu beachten, dass diese Semantik weniger auf der direkten inhaltlichen Ebene, sondern eher auf der impliziten Mitteilungsebene etabliert wird. Diese Erkenntnisse stehen dem klassischen Entwurf von PR als linear plan- und steuerbares Beziehungsmanagement diametral gegenüber. Aber auch hier finden sich Annäherungen in der jüngeren Online-PR:

Zum einen mehren sich in der PR Ratschläge, im Umgang mit Usern im Web einen inhaltlich „neuen Stil" zu etablieren, der durch ein stärker personalisiertes, zuhörendes und *reziprozitätsorientiertes Auftreten* gekennzeichnet ist (vgl. Kaplan und Haenlein 2010; Schindler und Liller 2011; Wehmeier und Winkler 2012).

Zum anderen wird verstärkt auf technische Webanwendungen zurückgegriffen, mithilfe derer es gelingen soll, trotz des neuen Stils oftmals flüchtige Kontakte im Web in wiederkehrende *„Interaktionszusammenhänge"* zu überführen. Dabei kommen etwa „Cookies" zum Einsatz, die mittels Datenübertragung zwischen Browser und Server dafür sorgen, dass Inhalte und Einstellungen einmal angesteuerter Links getrackt und reaktualisiert werden können (vgl. Miyazaki 2008). Ebenso fallen darunter suchalgorithmisch programmierte „Filter Bubbles" (vgl. Pariser 2011), die Usern auf Basis ihres bisherigen Suchverhaltens wiederkehrend logisch verwandte Inhalte vorschlagen.

Das Zusammenspiel eines reziprozitätsorientierten Stils im Web kombiniert mit der technischen Wiederherstellung von Interaktionszusammenhängen ähnelt somit frappant Whites Beziehungsverständnis als Zusammenspiel von Story und Tie und dürfte für ein tiefergehendes Verständnis neuer Formen der Beziehungspflege im Web für die PR durchaus instruktiv sein.

Mit dem Konzept der Beziehung wird aber nur ein eingeschränkter, nämlich auf Dyaden beschränkter Aspekt der Identitätsbildung als Face beleuchtet. White interessiert sich jedoch ebenso für die darauf aufbauende sozialphänomenologische Fragestellung, was geschieht, wenn die doppelte Kontingenz der Dyade überschritten wird und Identitäten wechselseitig erkennen, dass sie nicht nur in die gegenständliche, sondern auch noch mannigfaltige andere Beziehungen eingebettet sind.

In dem Falle macht es nun Sinn, von *Netzwerken* zu sprechen. Netzwerke sind dabei in ihrer sozialen Grundkonstitution „in hohem Maße prekär, weil und sofern das Ansinnen des Zugangs zu den an einer Adresse entdeckten kontextübergreifenden Möglichkeiten nicht ohne weiteres sozial gedeckt ist" (Tacke 2000, S. 304). Soll heißen: Auf Beziehungen anderer rückzugreifen ist nicht unproblematisch, da man ja zu Beginn kein Teil der gegenständlichen Erwartungssemantik ist. Ferner sind Netzwerke flüchtig und zerfallsanfällig, lässt sich doch meist nur beschränkt beobachten, über welch weiterführende Beziehungen eine fokale Adresse verfügt.

Basierend auf zahlreichen empirischen Fallstudien arbeitet White nun aber drei idealtypische Formen heraus, die zu verhältnismäßig stabilen sozialen Netzwerken führen. White nennt diese Formen *„Disziplinen"* (vgl. White 2008, S. 63–111). Auf diesen Namen kommt er, weil es in solchen Netzwerken gelingt, interpretative Unbestimmtheit – also Ambiguität – dadurch zu limitieren, dass kollektiv verbindliche, selbstverstärkende *Selektions- und Wertelogiken* ausgebildet werden. Diese Selektions- und Wertelogiken führen auf struktureller Ebene wiederum zu asymmetrischen *Ordnungslogiken*, die in ihrer konkreten Anordnung gemäß Whites indirektem Kontingenzkalkül jedoch variabel bleiben.

Greifbarer wird dieser Disziplinen-Ansatz, wenn man sich den konkreten Typen zuwendet. White unterscheidet dabei zwischen 1) „Arenen", 2) „Interfaces" und 3) „Councils", die alle auf unmittelbar affektiven und damit breit anschlussfähigen Interpretationsformen sozialer Bezugnahme (vgl. Bales 1970) aufbauen.

1. Arenen fußen auf der basalen Freund/Feind-Unterscheidung. Selektiert wird nach einer Wertlogik der „Reinheit", das heißt der größtmöglichen Entsprechung eines kollektiv bindenden Zugehörigkeitskriteriums. Die typische Ordnungslogik ist jene der In-/Exklusion bzw. nach Zentrum/Peripherie. Arenen zerfallen, wenn Zugehörigkeitskriterien zu vage und unverbindlich bleiben. Umgekehrt entwickeln sie auf Dauer Tendenzen zur Radikalisierung. Erkenntnisse der Gruppensoziologie (vgl. zsfd. Fuhse 2006) aber auch Luhmanns Versuch der Modellierung von sozialen Bewegungen als Sozialsystem (vgl. Luhmann 1996) deuten auf Logiken einer Arena-Disziplin hin (vgl. Hutter 2007).
2. Interfaces basieren auf der instrumentellen Unterscheidung nützlich/unnütz und orientieren ihre Selektionslogik daran, die Qualität von Angeboten in entsprechenden Nischen zu bestimmen. Dies führt zu einer Ordnungslogik der Auf-/Abwertung und sorgt allmählich für Autonomie gegenüber Qualitätseinschätzungen der Umwelt. White untersucht die Formierung von Interfaces empirisch detailreich am Beispiel von Angebotsmärkten (vgl. White 2002), findet Entsprechungen aber auch im akademischen Wettbewerb oder dem Starsystem Hollywoods.

Tab. 1 Werte-, Selektions- und Ordnungslogiken in Netzwerkdisziplinen. (Quelle: in Anlehnung an White 2008, S. 65)

	Disziplin	Selektionslogik	Wertelogik	Ordnungslogik
1.	Arena	Zugehörigkeit	Reinheit	In/Exklusion
2.	Interface	Angebotsermittlung	Qualität	Auf/Abwertung
3.	Council	Einflussnahme	Prestige	Hierarchie

3. Councils schließlich folgen der affektiven Unterscheidung dominant/ unterwürfig. Sie entstehen, wenn heterogene Identitäten versuchen, Einfluss auf einen Sachverhalt zu nehmen. Dies führt typischerweise zu Lager- und Koalitionsbildungen und einer Ordnungslogik der Hierarchie, die sich aus Unterschieden im zugebilligten „Prestige" – also Status – ergibt. Wie der Name schon nahelegt, formieren sich Councils vor allem in Verhandlungssettings wie Regierungen, Gremien und Ausschüssen. Aber auch Rollenfindungsprozesse im kindlichen Sandkastenspiel und bei kriminellen Organisationen folgen dieser Logik.

Tabelle 1 fasst die drei Disziplinen nach jeweiliger Werte-, Selektions- und Ordnungslogik nochmals zusammen.

Auf den ersten Blick mag dieses Verständnis von Netzwerken als affektiv konstituierte, asymmetrische soziale Formen irritieren, entspricht es doch so gar nicht der aktuell populären, normativ überhöhten Netzwerkrhetorik. Vergleicht man Whites Disziplinen aber genauer mit Nutzungstypologien des Social Web (vgl. Ebersbach et al. 2008, S. 33), zeigen sich erstaunliche Parallelen:

1. Online-Communities gleichen etwa einer Arena-Disziplin. So zeigen aktuelle Studien, dass funktionierende Communities notwendig von der Ausbildung klarer Zugehörigkeitskriterien abhängig sind, andernfalls kommt deren Aktivität rasch zum Erliegen (vgl. Morandin et al 2013; Tsai und Pai 2013). Stabilisieren sich Communities, weisen sie wiederum den Hang zur Radikalisierung auf, was sich in Rivalitäten untereinander (etwa zwischen Brand Communities, vgl. Hickman und Ward 2013) ebenso wie in Protestdynamiken gegenüber institutionellen Akteuren (zu „Shitstorms" vgl. Raupp 2011 bzw. Folger und Röttger 2014 und Himmelreich und Einwiller 2014 in diesem Band) zeigt. Strukturell verstärkt werden diese Dynamiken erneut durch die technische Infrastruktur von Community-Service-Providern. So wird selbstähnliche Gruppenselektion und -zentralisierung (vgl. Lewis et al. 2012) durch Ranking- und Suchalgorithmen (etwa Facebooks Page Rank und Graph Search) ebenso unterstützt wie durch technische Möglichkeiten der In-/Exklusion der User untereinander.

2. Online Rankings wiederum zeigen Parallelen zur Interface-Disziplin. Im Zentrum steht die Ermittlung von Qualität in oftmals hochspezialisierten, thematischen Nischen (vgl. Anderson 2007). Analog zu einer Interface-Disziplin erwachsen Qualitätsurteile zudem erst aus dem Netzwerk und Einflüsse von außen werden kritisch geprüft (zur Bedeutung der Einhaltung kommunaler Qualitätsnarrative und -normen vgl. Kozinets et al. 2010). Unterstützt werden solch spezialisierte Qualitätsermittlungsdynamiken erneut auf technischer Ebene – etwa durch die selbstverstärkenden Auf-/Abwertungsdynamiken von Rankingalgorithmen (vgl. Scott und Orlikowski 2012) wie auch durch künstliche Nischenbildung mittels der bereits erwähnten „Filter Bubbles".

3. Schließlich liefert Whites Council Ansatz noch Erklärungswert für jene mikropolitischen Konflikte, die Open Collaboration Projekte im Web typischerweise begleiten (vgl. Schäfer 2011; Gebauer et al. 2013). So legt Whites Council-Konzept doch dar, dass hinter der Bereitschaft zur Kollaboration immer auch der Wunsch der Einflussnahme steht. Und konsequenterweise führt dies in digitalen Kollaborationen dazu, dass sich Auseinandersetzungen um zugebilligten Einfluss sowie Umgangsformen mit kollaborativ erzeugten Ergebnissen kaum vermeiden lassen. Das schlägt sich schließlich auch in entsprechenden Hierarchiebildungen nieder, die erneut technisch verstärkt und verfestigt werden – man denke nur an Änderungen von Nutzerberechtigungen (kritisch zur diesbezüglichen Entwicklung des „Vorzeigeprojekts" Wikipedia vgl. Niederer und van Dijeck 2010; Halfaker et al. 2013) sowie semantische Ontologien, die erwünschte Assoziationen zwischen Inhalten bereits technisch vorgeben (vgl. Halford et al. 2013).

Der Analogieschluss zwischen Whites Disziplinen und aktuellen Vernetzungslogiken im Web erweist sich für die Online-PR nun insofern als aufschlussreich, als dass er erlaubt, den verbreiteten Eindruck eines „Kontrollverlusts" der PR im Web (vgl. Linke und Zerfaß 2012) zu spezifizieren. Auf inhaltlicher Ebene kommt es nämlich zu einem Kontrollverlust, weil es kaum noch einem privilegierten Kommunikator obliegt, präferierte Werte- und Selektionslogiken vorzugeben. Vielmehr werden diese erst durch kollektive Vernetzungsdynamiken hervorgebracht. Und auf technischer Ebene gilt es anzuerkennen, dass daraus erwachsende, asymmetrische Ordnungen eben nicht mehr nur inhaltlich, sondern vor allem auch programmtechnisch verstärkt und gefestigt werden. Eine PR, die in Online-Netzwerken eine Rolle spielen will, wird also gut daran tun, sich sowohl inhaltlich stärker auf Dynamiken kollektiver Bedeutungserzeugung einzulassen, wie auch technisch tiefergehend damit auseinanderzusetzen, wie soziale Ordnungen durch Webtechnologien unterstützt und stabilisiert werden.

4.3 Bezugswechsel (Switching)

Auf der dritten Ebene relationaler Identitätsbildung – *„Switching"* genannt – widmet sich White nun dem Umstand, dass es für Identitäten neben der Ausbildung von Footing und Face ebenso wichtig ist, aus bestehenden Beziehungen und Netzwerken auch wieder raus zu kommen, um neue Kontingenzspielräume zu erschließen und für andere Identitäten attraktiv zu bleiben. Systemtheoretisch gedeutet geht es hier also darum, dass eine Adresse erst dadurch zur sozial relevanten Adresse wird, wenn es ihr gelingt als „polykontextural" (vgl. Fuchs 1997) – also auf unterschiedliche Bezugskontexte verweisend – wahrgenommen zu werden. Dafür notwendige Swichtings sind aber erneut sozial prekär, da sie unweigerlich mit einer Lösung aus bestehenden Bezugskontexten einhergehen. Wie gehabt, versucht White diesen prekären Akt des Bezugswechsels über die Dimensionen der Ambiguität und Ambage zu erklären:

Auf der Ebene der Ambiguität identifiziert White (vgl. 2008, S. 294–332) dazu empirisch in den unterschiedlichsten sozialen Settings typisch wiederkehrende, narrative Strategien, mithilfe derer Swichtings gerechtfertigt werden sollen. Erstens nennt er dazu die Entwicklung einer „Agenda". Dabei werden entweder Ereignisse als zukunftskritisch oder Prozessabläufe als umstellungsbedürftig dargestellt, um Veränderungen im Beziehungsgefüge zu rechtfertigen. Organisationale Zweck- bzw. Konditionalprogramme (vgl. Luhmann 2000, S. 265–278) entsprechen etwa solchen Agenden. Zweitens führt White narrative Strategien des „Reaching through/down/up" ins Treffen, die durch Krisenrhetorik eine Umstellung bestehender Ordnungen zu rechtfertigen versuchen. Autoritäres Durchgreifen, das Einziehen von Hierarchien aber auch Umwälzungen vonseiten der Basis zählen dazu. Schließlich nennt White noch die Strategie des „Annealing". Damit beschreibt er Versuche, durch ein flexibles Zirkulieren von Alternativen den Status Quo zu ändern, ohne eine konkrete Vorstellung vom angestrebten Soll-Zustand zu haben. „Annealing stellt also soziale Kontingenz keineswegs still, sondern versucht eher von ihr zu profitieren, ohne sie in zureichendem Maße kontrollieren zu können." (Schmitt 2009, S. 268)

Neben diesen narrativen Strategien plausibilisiert White die Relevanz von Swichtings auch auf der strukturellen Ebene der Ambage. Dabei beruft er sich auf Burts (vgl. 1995) netzwerksoziologische Arbeit zu „strukturellen Löchern". Diese zeigt, dass Netzwerke dann an Innovationsfähigkeit bzw. Sozialkapital gewinnen, wenn es ihnen gelingt, strukturell bisher unverknüpfte Nischen zu erschließen und daraus non-redundante Information zu gewinnen. Und diese Überlegung der systematischen Erschließung struktureller Löcher stellt wiederum nicht nur eine der zentralen, designtechnischen Prämissen der hypertextuellen Struktur des Web dar (vgl. Hall. 2011). Ebenso spielen strukturelle Löcher in jüngeren Ansätzen der Economy 2.0 eine zentrale Rolle, indem durch einen flexiblen Organisationsmodus des „Permanently Beta" (vgl. Neff und Stark 2004) versucht wird, systematisch Wertschöpfung aus oftmals parallel laufenden, neuen Vernetzungsoptionen zu gewinnen.

Beide Überlegungen Whites zu Swichtings – nämlich die interpretativ flexible Nutzung narrativer Strategien wie auch die flexible Besetzung struktureller Löcher – spiegeln sich nun auch in jüngeren Überlegungen der Online-PR wider:

Zum einen macht sich dies in einem allmählich veränderten Strategieverständnis im Kommunikationsmanagement bemerkbar. Dabei wird vermehrt der Überlegung gefolgt (vgl. Hallahan et al. 2007; King 2010), dass Strategien weniger im Sinne ontologisch notwendiger, linear zu exekutierender Setzungen zu verstehen sind, sondern eher als kommunikative Plausibilisierungsversuche, wie auf Ungewissheit reagiert werden kann. Parallelen zu Whites narrativem Strategieverständnis sind dabei evident. Whites Konzepte der Agenda und des Reaching through/up/down benennen dabei noch recht klassische Strategieformen (vgl. Mintzberg 1987). Mit dem Konzept des Annealing adressiert White jedoch ein managementtheoretisch recht neues Strategieverständnis, das aktuell auch in der Online-PR aufgegriffen wird (vgl. Macnamara und Zerfaß 2012), namentlich das *„emergenter Strategien"*. Emergente Strategiebildung verabschiedet sich dabei von der Illusion, soziale Kontingenz vollständig kontrollieren zu können, sondern setzt vielmehr auf ein situatives und dialogisches Strategieverständnis, das „multiple Geschichten" hervorbringt, die „rasch, einfach und unterschiedlich zusammengesetzt erzählt werden können" (Barry und Elmes 1997, S. 442 f.; Übersetzung P.W.).

Um emergente Strategien realisieren zu können, bedarf es organisational jedoch veränderter struktureller Rahmenbedingungen, namentlich jenen der *Heterarchie* (vgl. Stark 2009). Grundidee des Heterachiekonzepts ist es, zentrale Steuerung auf ein Mindestmaß zu reduzieren und Autonomie situativer Arbeitsteams zu stärken, um auf Unsicherheits- und Innovationsfaktoren der Umwelt – also strukturelle Löcher – flexibler eingehen zu können. Auch diese Überlegung wird in Kommunikationsmanagement (vgl. Christensen et al. 2008) und Online-PR (vgl. Fink et al. 2012) jüngst verstärkt aufgegriffen.

Ein zentraler Aspekt bleibt dabei jedoch unterbelichtet. Dezentrale, heterarchische Strukturen erhöhen nicht nur organisationale Flexibilität und Innovationsfähigkeit, wie sie gerade im Web gefragt sind. Sie führen zwangsläufig auch zu einer Dissonanz kompetitiver Deutungen und Strategien, wie strukturelle Löcher zu erschließen sind. Und dieser Dissonanz ist organisational nur beizukommen, wenn ein „kollektives Verständnis für Rhythmus und Timing" etabliert wird, „wann es temporärer Einigung bedarf, um eine Arbeit getan zu bekommen, im Wissen, dass dies keine Dauerlösung von Unstimmigkeiten ist" (vgl. Stark 2009, S. 27; Übersetzung P.W.).

Eine verstärkte Auseinandersetzung der Online-PR mit den ambivalenten Konsequenzen heterarchischer Organisation scheint also ratsam. Denn Dezentralisierung und Autonomie an Grenzstellen bringen nicht nur Flexibilitätsvorteile. Sie bergen – gerade, wenn man externe User verstärkt einzubinden gedenkt – auch strategisches Konfliktpotential.

4.4 Imagearbeit (Storylines und Story Sets)

Auf der vierten Ebene der Identitätsbildung beschäftigt sich White nun mit der Frage, wie es trotz mannigfaltiger Swichtings gelingen kann, dass Identitäten über unterschiedliche Bezugskontexte hinweg als wiedererkennbare, zurechnungsfähige Adresse beobachtbar bleiben.

White argumentiert dies über die Ausbildung so genannter *„Storylines"* und *„Story Sets"*: Storylines setzen bei interpretativer Ambiguität an. Zu verstehen sind darunter eher vage, jedoch zeitlich dauerhafte Identitätsentwürfe, die zwangsläufig ein Stück weit von konkreten Beziehungs- und Netzwerkansprüchen abstrahieren, diese gerade deshalb aber auch überbrücken können. Story Sets hingegen benennen jenes Repertoire, das noch zur Verfügung steht, wenn man eine übergeordnete Storyline an die strukturellen Anforderungen konkreter Beziehungen und Netzwerke – also deren Ambage – anpasst:

> Storylines müssen eine Reihe an rivalisierenden Identitäten bedienen. Storylines haben eine Matrix an rivalisierenden Kontrollprojekten zu überleben. Es bedarf demnach nur bedingter Entsprechung zwischen Geschichten und Fakten im physischen Raum, wie auch Fakten, wie sie von Beobachtern im sozialen Raum wahrgenommen werden, aber Stories sind voneinander genauso abhängig wie sie von anderen Fakten abhängig sind. Entsprechend münden Storylines auch in einem konkreten [Story] Set, aus dem jene karge Beschreibung gewählt wird, die mit dem gerade verfolgten Kontrollprojekt noch zusammenpasst. (White 2008, S. 188; Übersetzung P.W.)

Sucht man nach Entsprechungen zu Storylines und Story Sets in der jüngeren Kommunikationsmanagementliteratur, wird man erneut fündig:

Storylines ähneln dem, was Christensen und Kollegen (vgl. Christensen und Langer 2009; Christensen et al. 2010) im Anschluss an den Organisationssoziologen Brunsson (1989) unter *hypokritischer Imagearbeit* verstehen. Dabei geht es um die Erkenntnis, dass organisationale Images zwangsläufig ein Stück weit vom konkreten organisationalen Entscheiden und Handeln entkoppeln, schlichtweg weil sie einer anderen organisationalen Funktion dienen, nämlich der Vermittlung von Zurechnungsfähigkeit nach außen sowie der Reaktionsmöglichkeit auf widersprüchliche Anforderungen (vgl. Kühl 2011, S. 89–158). Hypokrisie ist entsprechend weniger als moralische Verfehlung, sondern eher als organisationale Notwendigkeit zu erachten.

Problematisch werden hypokritische Images für die PR jedoch immer dann, wenn sie nicht nur massenmedial disseminiert, sondern in konkreten Beziehungen und Netzwerken auch auf Substanz und Verhandelbarkeit hin geprüft werden. Dies ist offensichtlich im Web verstärkt der Fall. Entsprechend erfährt in der PR aktuell noch ein weiteres Konzept der narrativen Managementforschung erhöhte Aufmerksamkeit, nämlich jenes der *Polyphonie* (vgl. Hazen 1993; Kornberger et al. 2006; Christensen et al. 2008, 2010). Darunter wird verstanden, dass Images nicht mehr top-down und mit Anspruch auf Eindeutigkeit vorgegeben, sondern polyphon – also im Zusammenspiel vieler Stimmen – hervorgebracht werden. Oft wird Polyphonie dabei aber in Richtung situativer Beliebigkeit verklärt. Dies kritisieren pointiert auch Sullivan und McCarthy (2008) und verweisen darauf, dass Polyphonie in der Grundidee beim Literaturwissenschafter Michail Bachtin keineswegs beliebig angelegt war. Vielmehr kam der heute gerne unterschlagenen Rolle des Autors zentraler Stellenwert zu:

> Unser Standpunkt nimmt keinesfalls Passivität aufseiten des Autors an, der sich nur darauf beschränken würde, die Standpunkte und Wahrheiten der anderen zusammenzustellen und dabei seinen eigenen Standpunkt komplett zu unterdrücken. Das ist sicher nicht der Fall. Der Fall ist hingegen die ganz neue und spezielle Beziehung zwischen den Wahrheiten des Autors und der anderen. Der Autor ist hochgradig aktiv [. . .], es ist eine Aktivität des Fragens, Provozierens, Beantwortens, Rechtgebens und Ablehnens. (Bachtin 1984, S. 285; Übersetzung P.W.)

Auch Polyphonie bedarf also der Autorenschaft. Dies hat ja auch White mit seinem Konzept der Story Sets klar vor Augen. So emergieren Story Sets nicht aus dem Nichts, sondern sind Resultat eines fortwährenden Balanceakts zwischen den Erzählzwängen der übergeordneten Storyline und den Anforderungen gegenständlicher Beziehungen und Netzwerke. Online-PR als Imagearbeit im Web wird entsprechend gut daran tun, sich mit einem solchen Autorenverständnis im Spannungsfeld zwischen hypokritischem Image einerseits und situativer, polyphoner Anpassung andererseits auseinanderzusetzen.

4.5 Integration (Institutionen und Stile)

Schließlich stellt sich White noch die Frage, wie es abseits der narrativen Herstellung identitärer Zurechnungsfähigkeit auch strukturell zur Ausbildung übergeordneter, netzwerkübergreifender Identitäten kommen kann. Wie gehabt zieht er dazu die Dimensionen der Ambiguität und Ambage heran:

Eine Möglichkeit, heterogene Bezugskontexte unter einem Identitätsverständnis zu einen, besteht durch Etablierung so genannter *„Institutionen"* (vgl. White 2008, S. 171–219). Darunter ist die Durchsetzung eines übergeordneten Wertekanons zu verstehen, der für alle dazugehörigen Beziehungen und Netzwerke verbindlich ist. Institutionen sind sozial zwar wirkmächtig, lähmen aber auch Weiterentwicklung, schüren latente Wertekonflikte und provozieren Swichtings. Die Verwandtschaft von Whites Institutionenbegriff zum soziologischen Neo-Institutionalismus (vgl. Powell und DiMaggio 1991; Scott 1995) ist also einigermaßen evident.

Neben Institutionen nennt White noch „Stile" (vgl. White 2008, S. 112–170) als flexiblere Form netzwerkübergreifender Identitätsbildung. Stile leiten sich nicht aus übergeordneten Werten ab. Vielmehr stellen sie ein identitär gebundenes Repertoire an Verhaltensweisen dar, mit dem strukturelle Übergänge zwischen Netzwerken bewältigt, verinnerlicht und routiniert werden. Hier werden Parallelen zum Habitus-Konzept Bourdieus (1982) deutlich.

Während die identitäre Integrationsleistung von Institutionen also in der Reduktion von Ambiguität durch übergeordnete Werte liegt, die jedoch strukturelle Switchings provozieren, vermögen Stile Ambage durch habitualisierte Strukturübergänge zu zähmen, was jedoch wieder situative Interpretationsoffenheit voraussetzt. Auch hier gilt also Whites Annahme eines indirekten Kalküls zwischen Ambiguität und Ambage.

Entsprechungen im Kommunikationsmanagement zu diesen beiden letzten Formen identitäter Integration finden sich nun im Ansatz „flexibler Integration" von Christensen et al. (2008). Darin postulieren die Autoren, dass unter zunehmenden Flexibilitätsanforderungen kommunikative Integration nur dann gelingen kann, wenn man von einem zentralistischen Steuerungsparadigma absieht und auf die bereits erwähnte heterarchische Organisation umstellt. Da aber auch diese normativer Rahmung bedarf, wird vorgeschlagen, teilautonomen Kommunikationsteams *Common Starting Points* (CSP) und *Common End Points* (CEP) – im Sinne übergeordneter Werte- und Zielvorstellungen – nahezulegen. Ebenso gilt es aber auch, diese Kommunikationsteams durch so genannte *Common Process Rules* (CPR) in der situativen Entwicklung eigenständiger Ideen und Lösungen im Umgang mit Umweltanforderungen zu unterstützen.

Wenn Christensen et al. auch betonen, dass CSP und CEP in ihrem Ansatz offener als klassische Managementvorgaben zu verstehen sind, so können sie letztlich doch nicht verhehlen, dass auch diese dazu tendieren „vertikale und entsprechend hierarchische Kommunikationsstrukturen zu bestärken [...], gehen sie doch nach wie vor von einer privilegierten (managerialen) Perspektive aus, von der aus Unternehmenskommunikation und -identität adäquat überblickt und gesteuert werden kann" (Christensen et al. 2008, S. 439; Übersetzung P.W.). Insofern entsprechen auch CSP und CEP noch Whites Institutionen, halten sie doch an zentralisierten Werte- und Zielvorgaben fest. Dass solche Vorgaben jedoch unweigerlich auch Werteunvereinbarkeiten und deviante Praktiken mit sich bringen, lehrt uns gerade die jüngere, neo-institutionalistische PR-Forschung (vgl. Schultz und Wehmeier 2010; Wehmeier und Röttger 2011; Sandhu 2012) und sollte entsprechend im Auge behalten werden.

CPR hingegen entsprechen dem, was White unter der Ausbildung von Stilen versteht, nämlich situative Kompetenz darin aufzubauen, wie mit strukturell herausfordernden Vernetzungsoptionen umzugehen ist. Aber auch die Etablierung solcher Stile ist organisational nicht unproblematisch, bleibt doch habitualisiertes Wissen oftmals implizit und lokal gebunden (vgl. Polanyi 1985) und geht etwa im Falle von Umstrukturierungen oder Auflösung von Kommunikationsteams auch wieder verloren.

Schließlich bleibt bei Christensen et al. noch unberücksichtigt, dass gemäß Whites indirektem Kontingenzkalkül zwischen Institutionen und Stilen – hier also CSP und CEP einerseits und CPR andererseits – ein spannungsvolles Verhältnis besteht. Aber auch das ist in der Managementforschung nicht ganz neu, man denke nur an Marchs (1991) Abhandlung zum organisationalen Spannungsfeld von „Exploration" und „Exploitation". Dort, wo wirkliche neue Herausforderungen angegangen werden sollen (Exploration), tut man demnach gut daran, situative Lösungsversuche von zentralen Vorgaben möglichst freizuspielen (CPR mit reduzierten CSP und CEP). Umgekehrt ist hochgradige Institutionalisierung im Falle von Routineabläufen ebenso üblich (klare CSP und CEP, geringe CPR), liegt hier doch Optimierung (Exploitation) und nicht Problemambiguität im Fokus (vgl. Reihlen 1999).

Es ist also davon auszugehen, dass die Frage nach dem passenden Modus kommunikativer Integration kaum als Frage des Entweder/Oder zwischen hierarchischer Vorgabe und heterarchischer Autonomie zu beantworten ist. Vielmehr gilt es für die PR Kompetenz darin aufzubauen, variabel auf beide Integrationsmodi zurückzugreifen sowie inhärente Spannungen auszuhalten:

> In der Netzwerkorganisation wird die Hierarchie nicht überflüssig, sondern flüssig. Sie wird multipliziert und temporalisiert. Sie wird zur Herausforderung für Management und Führung, sich auch damit noch auszukennen und sowohl die Heterarchie zu pflegen als auch die Hierarchie zu suchen und zu unterwandern. (Baecker 2011, S. 8)

5 Conclusion

Wir kommen damit zum Schluss unserer Überlegungen, wie die Netzwerksoziologie Whites helfen kann, sowohl aktuelle Vernetzungsprozesse im Web besser zu verstehen als auch jüngere PR-Ansätze dazu systematisch in Bezug zu setzen. Tabelle 2

Tab. 2 Relationales Identitätsmodell der Online-PR. (Quelle: Eigene Darstellung, Ebenen nach White 2008)

Kapitel	Ebene	Ambiguität	Ambage
4.1.	Beziehungsanbahnung (Footing)	Wahrung interpretativer Deutungsoffenheit	Kontextkontrolle durch technische „Affordances"
4.2.	Beziehungs- & Netzwerkpflege (Face)	Etablierung reziproker Erwartungssemantik in Dyaden	Technische Interaktionszusammenhänge durch „Cookies" und „Filter Bubbles"
		Anpassung an kollektive Selektions- & Wertelogiken in Netzwerken	Anpassung an algorithmische Ordnungslogiken in Netzwerken
4.3.	Bezugswechsel (Switching)	Etablierung „emergenter Strategien"	Heterarchische Organisation zur Nutzung „struktureller Löcher"
4.4.	Imagearbeit (Storylines & Story Sets)	Hypokritisches Image	Polyphone Imageanpassung an Kontextanforderungen
4.5.	Integration (Institutionen & Stile)	Common Starting & End Points	Common Process Rules

fasst wesentliche Erkenntnisse entlang der fünf Identitätsebenen und der beiden Kontingenzdimensionen nochmals zusammen. Sie veranschaulicht den Erkenntniswert von Whites Netzwerksoziologie für die Online-PR nochmals kompakt.

Erstens erlaubt Whites Identitätsmodell eine strukturierte Betrachtung, auf welchen Ebenen sich überhaupt relevante Einsatzfelder der PR im Web ergeben und wie diese Ebenen miteinander zusammenhängen. Whites Bottom-Up-Modellierung schützt zudem davor, voreilig in eine abstrakte, normativ verklärte Netzwerkrhetorik zu verfallen. Vielmehr zeigt sie, dass ein adäquates Verständnis organisationaler Identitätsbildung im Web ohne Auseinandersetzung mit basalen Sozialphänomenen wie Beziehung und Netzwerk nicht zu haben ist.

Zweitens erlaubt uns Whites Identitätsmodell, jüngere flexibilitätsorientierte Zugänge in PR und Kommunikationsmanagement in einen systematischen Erklärungszusammenhang zu bringen. Dadurch werden nicht nur logische Verwandtschaften unterschiedlicher Ansätze evident. Ebenso lässt sich durch Whites Bottom-Up-Modellierung eine sinnvolle Abfolgelogik zu berücksichtigender Interventionsebenen und -repertoires ableiten. Aufschlussreich erscheint dabei vor allem auch die These eines indirekten Kalküls zwischen den Kontingenzdimensionen der Ambiguität und Ambage. Wir haben auf daraus resultierende Spannungsfelder für die Online-PR einzugehen versucht. Was dieses Kontingenzkalkül für Interventions- und Steuerungstheorien der PR allgemeiner bedeutet, gehörte jedoch jedenfalls an anderer Stelle noch gesondert und tiefergehend besprochen.

Schließlich (und vielleicht am Wichtigsten) zeigt uns Whites Identitätsmodell noch, dass die Zeiten eines klassisch selbstreferentiellen, managerialen Kontrollparadigmas im medientechnischen Umfeld des Web für die PR nun endgültig vorbei sein dürften. Vielmehr argumentieren Whites Netzwerksoziologie wie auch die vorgestellten Managementansätze in Richtung eines alternativen Kontrollverständnisses: jenes *relationaler Kontrolle* (vgl. Winkler 2014). Und dieses bringt für die PR – wie für das Management insgesamt – mit sich anzuerkennen, „dass es nur eine Form von wirksamer Kontrolle gibt, nämlich die Bereitschaft sich von denen kontrollieren zu lassen, die man kontrollieren will. In diesem Punkt immerhin sind Machiavelli, die Netzwerksoziologie und die Kybernetik einer Meinung" (Baecker 2007, S. 23).

Literatur

Akrich, M., & Latour, B. (1992). A summary of a convenient vocabulary for the semiotics of human and nonhuman assemblies. In W. E. Bijker & J. Law (Hrsg.), *Shaping technology/building society* (S. 259–264). Cambridge: MIT Press.

Anderson, C. (2007). *The long tail.* München: Hanser.

Azarian, G. R. (2005). *The general sociology of Harrison C. White.* New York: Palgrave.

Bachtin, M. M. (1984). *Problems of Dostevsky's poetics.* Minneapolis: University of Minneapolis Press.

Baecker, D. (2007). *Studien zur nächsten Gesellschaft.* Frankfurt a. M.: Suhrkamp.

Baecker, D. (2008). The network synthesis of social action II: Understanding catjects. *Cybernetics and Human Knowing, 15,* 45–65.

Baecker, D. (2011). *Organisation und Störung.* Frankfurt a. M.: Suhrkamp.

Bales, R. F. (1970). *Personality and interpersonal behavior.* New York: Holt-Rinehart-Winston.

Barry, D., & Elmes, M. (1997). Strategy retold: Towards a narrative view of strategic discourse. *Academy of Management Review, 22*(2), 429–452.

Benkler, Y. (2006). *The wealth of the networks.* New Haven: Yale University Press.

Bijker, W. E., Hughes, T. P., & Pinch, T. J. (Hrsg.). (1987). *The social construction of technological systems.* Cambridge: MIT Press.

Bourdieu, P. (1982). *Die feinen Unterschiede.* Frankfurt a. M.: Suhrkamp.

Bruns, A. (2008). *Blogs, Wikipedia, second life, and beyond.* New York: Peter Lang.

Brunsson, N. (1989). *The organization of hypocrisy.* Chichester: Wiley.

Burt, R. S. (1995). *Structural holes*. Harvard: Harvard University Press.

Castells, M. (2008). The new public sphere: Global civil society, communication networks, and global governance. *The Annals of the American Academy of Political and Social Science, 616*, 78–93.

Castells, M. (2011). Introduction: The promise of network theory. *International Journal of Communication, 5*, 794–795.

Christensen, L. T., & Langer, R. (2009). Public relations and the strategic use of transparency: Consistency, hypocrisy, and corporate change. In R. L. Heath, E. L. Toth & D. Waymer (Hrsg.), *Rhetorical and critical approaches to public relations II* (S. 129–153). New York: Routledge.

Christensen, L. T., Firat. A. F., & Torp. S. (2008). The organisation of integrated communications: Toward flexible integration. *European Journal of Marketing, 42*(3/4), 423–452.

Christensen, L. T., Firat, A. F., & Cornelissen, J. (2009). New tensions and challenges in integrated communication. *Corporate Communication: An International Journal, 14*(2), 207–219.

Christensen, L. T., Morsing, M., & Cheney, G. (2010). *Corporate communications* (2. Aufl.). London: Sage.

Couldry, N. (2003). *Media rituals*. London: Routledge.

Ebersbach, A., Glaser, M., & Heigl, R. (2008). *Social Web*. Konstanz: UVK.

Faraj, S., & Bijan, A. (2012). The materiality of technology: An affordance perspective. In P. M. Leonardi, B. A. Nardi, & J. Kallinikos (Hrsg.), *Materiality and organizing* (S. 237–258). Oxford: Oxford University Press.

Fink, S., Zerfaß, A., & Linke, A. (2012). Social media governance. In A. Zerfaß & T. Pleil (Hrsg.), *Handbuch Online-PR* (S. 99–119). Konstanz: UVK.

Folger, M., & Röttger, U. (2014). *Entstehung und Entwicklung von negativem Word-of-Mouth: Warum Facebook-Nutzer Shitstorms initiieren und unterstützen*. In O. Hoffjann, & T. Pleil (Hrsg.). Strategische Onlinekomunikation (S. 155–182). Wiesbaden: Springer VS.

Fuchs, P. (1997). Adressabilität als Grundbegriff der soziologischen Systemtheorie. *Soziale Systeme, 3*(1), 57–79.

Fuchs, P. (1999). *Liebe, Sex und solche Sachen*. Konstanz: UVK.

Fuchs, S. (2001). *Against essentialism*. Cambridge: Harvard University Press.

Fuhse, J. (2002). Kann ich dir vertrauen? Strukturbildung in dyadischen Sozialbeziehungen. *Österreichische Zeitschrift für Politikwissenschaft, 31*, 413–426.

Fuhse, J. (2006). Gruppe und Netzwerk. Eine begriffsgeschichtliche Rekonstruktion. *Berliner Journal für Soziologie, 16*, 245–263.

Fuhse, J. (2009). Die kommunikative Konstruktion von Akteuren in Netzwerken. *Soziale Systeme, 15*, 288–316.

Fuhse, J., & Mützel, S. (Hrsg.). (2010). *Relationale Soziologie*. Wiesbaden: VS Verlag für Sozialwissenschaften.

Gebauer, J., Füller, J., & Pezzei, R. (2013). The dark and the bright side of co-creation: Triggers of member behavior in online innovation communities. *Journal of Business Research, 66*(9), 516–1527.

Geiger, R. S. (2009). Does Habermas understand the internet? The algorithmic construction of the blog/public sphere. *Gnovis, 10*(1). http://gnovisjournal.org/2009/12/22/does-habermas-understand-internet-algorithmic-construction-blogopublic-sphere/. Zugegriffen: 06. Jan. 2014.

Gerhards, J., & Schäfer, M. S. (2007). Demokratische Internet-Öffentlichkeit? Ein Vergleich der öffentlichen Kommunikation im Internet und in den Printmedien am Beispiel der Humangenomforschung. *Publizistik, 52*(2), 210–228.

Goel, S., Watts, D. J., & Goldstein, D. G. (2012). The Structure of Online Diffusion Networks. *Tagungsband der 13. ACM Conference on Electronic Commerce* (S. 623–638).

Halfaker, A., Geiger, S., Morgan, J., & Riedl, J. (2013). The rise and decline of an open collaboration system: How Wikipedia's reaction to popularity is causing its decline. *American Behavioral Scientist, 57*(5), 664–688.

Halford, S., Pope, C., & Weal, M. (2013). Digital futures? Sociological challenges and opportunities in the emergent semantic web. *Sociology, 47*(1), 173–189.

Hall, S. (1980). Encoding/decoding. In S. Hall, D. Hobson, A. Lowe, & P. Willis (Hrsg.), *Culture, media, language* (S. 128–138). London: Hutchinson.

Hall, W. (2011). The ever evolving web: The power of networks. *International Journal of Communication, 5*, 651–664.

Hallahan, K., Holtzhausen, D., van Ruler, B., Verčič, D., & Sriramesh, K. (2007). Defining strategic communication. *International Journal of Strategic Communication, 1*(1), 3–35.

Häußling, R. (2010). Relationale Soziologie. In R. Häußling & C. Stegbauer (Hrsg.), *Handbuch Netzwerkforschung* (S. 63–88). Wiesbaden: VS Verlag für Sozialwissenschaften.

Hazen, M. A. (1993). Towards polyphonic organization. *Journal of Organizational Change, 6*(5), 15–22.

Hickman, T. M., & Ward, J. M. (2013). Implications of brand communities for rival brands: Negative brand ratings, negative stereotyping of their consumers and negative word-of-mouth. *Journal of Brand Management, 20*(6), 501–517.

Himmelreich, S., & Einwiller, S. (2014). *Wenn der „Shitstorm" überschwappt – Eine Analyse digitaler Spillover in der deutschen Print- und Onlineberichterstattung.* In O. Hoffjann, & T. Pleil (Hrsg.). Strategische Onlinekomunikation (S. 183–208). Wiesbaden: Springer VS.

Holzer, B. (2010). Von der Beziehung zum System – und zurück? Relationale Soziologie und Systemtheorie. In J. Fuhse & S. Mützel (Hsrg.), *Relationale Soziologie* (S. 97–116). Wiesbaden: VS Verlag für Sozialwissenschaften.

Hutchby, I. (2001). Technologies, texts and affordances. *Sociology, 35*(2), 441–456.

Hutter, M. (2007). Are markets like protest movements? A theoretical appraisal for valuation systems. *Soziale Systeme, 13*(1/2), 32–45.

Jenkins, H. (2006). *Convergence culture.* New York: New York University Press.

Kaplan, A. M., & Haenlein, M. (2010). Users of the world, unite! The challenges and opportunities of social media. *Business Horizons, 53*(1), 59–68.

Kieserling, A. (1999). *Kommunikation unter Anwesenden.* Frankfurt a. M.: Suhrkamp.

King, C. L. (2010). Emergent communication strategies. *International Journal of Strategic Communication, 4*(1), 19–38.

Kornberger, M., Clegg, S., & Carter, C. (2006). Rethinking the polyphonic organization: Managing as discoursive practice. *Svandinavian Journal of Management, 22*, 3–30.

Kozinets, R. V., de Valck, K., Wojnicki, A. C., & Wilner, S. J. (2010). Networked narratives: Understanding word-of-mouth marketing in online communities. *Journal of Marketing, 74*(2), 71–89.

Kühl, S. (2011). *Organisationen.* Wiesbaden: VS Verlag für Sozialwissenschaften.

Lanier, J. (2010). *You are not a gadget.* New York: Knopf.

Law, J., & Hassard, J. (Hrsg.). (1999). *Actor network theory and after.* Oxford: Blackwell.

Ledingham, J. A. (2003). Explicating relationship management as a general theory of public relations. *Journal of Public Relations Research, 15*(2), 181–198.

Lewis, K., Gonzalez, M., & Kaufman, J. (2012). Social selection and peer influence in an online social network. *Tagungsband der National Academy of Sciences of the USA, 109*, 68–72.

Linke, A., & Zerfaß, A. (2012). Future trends of social media use in strategic communication: Results of a delphi study. *Public Communication Review, 2*(2), 17–29.

Luhmann, N. (1984). *Soziale Systeme*. Frankfurt a. M.: Suhrkamp.

Luhmann, N. (1996). *Protest*. Frankfurt a. M.: Suhrkamp.

Luhmann, N. (2000). *Organisation und Entscheidung*. Opladen: Westdeutscher Verlag.

Macnamara, J., & Zerfaß, A. (2012). Social media communication in organizations: The challenges of balancing openness, strategy, and management. *International Journal of Strategic Communication, 6*(4), 287–308.

Mangold, W. G., & Faulds, D. J. (2009). Social media: The new hybrid element of the promotion mix. *Business Horizons, 52*, 357–365.

March, J. G. (1991). Exploration and exploitation in organizational learning. *Organization Science, 2*(1), 71–87.

McAfee, A. (2006). Enterprise 2.0: The dawn of emergent collaboration. *MIT Sloan Management Review, 47*(3), 20–28.

Mintzberg, H. (1987). The strategy concept I: Five Ps for strategy, and strategy concept II: Another look at why organizations need strategies. *California Management Review, 30*(1), 11–32.

Miyazaki, A. D. (2008). Online privacy and the disclosure of cookie use: Effects on consumer trust and anticipated patronage. *Journal of Public Policy & Marketing, 23*, 19–33.

Morandin, G., Bagozzi, R. P., & Bergami, M. (2013). Brand community membership and the construction of meaning. *Scandinavian Journal of Management, 29*(2), 173–183.

Neff, G., & Stark, D. (2004). Permanently beta. Responsive organization in the internet era. In P. N. Howard & S. Jones (Hrsg.), *Society online* (S. 173–188). Thousand Oaks: Sage.

Niederer, S., & van Dijck, J. (2010). Wisdom of the crowd or technicity of content? Wikipedia as a sociotechnical system. *New Media & Society, 12*(8), 1368–1387.

Nothhaft, H., & Wehmeier, S. (2009). Vom Umgang mit Komplexität im Kommunikations-management. In U. Röttger (Hrsg.), *Theorien der Public Relations*. (2. Aufl., S. 151–172). Wiesbaden: VS Verlag für Sozialwissenschaften.

Oudshoorn, N., & Pinch, T. (Hrsg.). (2003). *How users matter*. Cambridge: MIT Press.

Pariser, E. (2011). *The filter bubble*. London: Viking.

Polanyi, M. (1985). *Implizites Wissen*. Frankfurt a. M.: Suhrkamp.

Powell, W. W., & DiMaggio, P. J. (Hrsg.). (1991). *The new institutionalism in organizational analysis*. Chicago: University of Chicago Press.

Raupp, J. (2011). Organizational communication in a networked public sphere. *Studies in Communication/Media, 1*, 73–93.

Reihlen, M. (1999). Moderne, Postmoderne und heterarchische Organisation. In G. Schreyögg (Hrsg.), *Organisation und Postmoderne* (S. 265–303). Wiesbaden: Gabler.

Resnick, D. (1998). The normalization of cyberspace. In C. Toulouse & T. Luke (Hrsg.), *The politics of cyberspace* (S. 48–68). London: Routledge.

Roberts, B. (2009). Beyond the „networked public sphere": Politics, participation and tech-nics in Web 2.0. *Fibreculture Journal, 14*. http://fourteen.fibreculturejournal.org/fcj-093-beyond-the-networked-public-sphere-politics-participation-and-technics-in-web-2-0/. Zugegriffen: 6. Jan. 2014.

Sandhu, S. (2012). *Public Relations und Legitimität*. Wiesbaden: VS Verlag für Sozialwissenschaften.

Sandhu, S. (2014). *Dialog als Mythos: normative Konzeptionen der Online-PR im Spannungsfeld zwischen Technikdeterminismus und strategischem Handlungsfeld*. In O. Hoffjann, & T.Pleil (Hrsg.), Strategische Onlinekomunikation (S. 57–74). Wiesbaden: Springer VS.

Schäfer, M. T. (2011). *Bastrad Culture!* Amsterdam: Amsterdam University Press.

Schindler, M.-C., & Liller, T. (2011). *PR im Social Web*. Köln: O'Reilly.

Schmidt, J. F. K. (2007). Beziehung als systemtheoretischer Begriff. *Soziale Systeme, 13*(1/2), 516–527.

Schmitt, C. (2009). *Trennen und Verbinden*. Wiesbaden: VS Verlag für Sozialwissenschaften.

Schultz, F., & Wehmeier, S. (2010). Institutionalization of corporate social responsibility within corporate communications: Triggers, strategies, pitfalls. *Corporate Communication: An International Journal, 15*(1), 9–29.

Scott, W. R. (1995). *Institutions and organizations*. Thousand Oaks: Sage.

Scott, S. V., & Orlikowski, W. J. (2012). Great expectations: The materiality of commensurability in social media. In P. M. Leonardi, B. A. Nardi, & J. Kallinikos (Hrsg.), *Materiality and organizing* (S. 113–134). Oxford: Oxford University Press.

Siles, I., & Boczkowski, P. J. (2012). At the intersection of content and materiality: A texto-material perspective on agency in the use of media technologies. *Communication Theory, 22*(3), 227–249.

Stark, D. (2009). *The sense of dissonance*. Princeton: Princeton University Press.

Sullivan, P., & McCarthy, J. (2008). Managing the polyphonic sound of organizational truths. *Organization Studies, 29*(4), 525–541.

Surowiecki, J. (2005). *Die Weisheit der Vielen*. München: Bertelsmann.

Tacke, V. (2000). Netzwerk und Adresse. *Soziale Systeme, 2*, 291–320.

Tsai, H.-T., & Pai, P. (2013). Explaining members' proactive participation in virtual communities. *International Journal of Human-Computer Studies, 71*(4), 475–491.

Wehmeier, S., & Röttger, U. (2011). Zur Institutionalisierung gesellschaftlicher Erwartungshaltungen am Beispiel CSR. Eine kommunikationswissenschaftliche Skizze. In T. Quandt & B. Scheufele (Hrsg.), *Ebenen der Kommunikation* (S. 195–216). Wiesbaden: VS Verlag für Sozialwissenschaften.

Wehmeier, S., & Winkler, P. (2012). Personalisierung und Storytelling in der Online-Kommunikation. In A. Zerfaß & T. Pleil (Hrsg.), *Handbuch Online-PR* (S. 383–393). Konstanz: UVK.

Wellman, B. (2001). Physical pace and cyber place: The rise of networked individualism. *International Journal of Urban and Regional Research, 25*(2), 227–252.

White, H. C. (2002). *Markets from networks*. Princeton: Princeton University Press.

White, H. C. (2008). *Identity and control* (2. Aufl.). Princeton: Princeton University Press.

White, H. C., Fuhse, J., Thiemann, M., & Buchholz, L. (2007). Networks and meaning: Styles and switchings. *Soziale Systeme, 13*(1/2), 543–555.

Winkler, P. (2014). *Eine PR der nächsten Gesellschaft*. Wiesbaden: Springer Gabler.

Zerfaß, A., & Sandhu, S. (2008). Interaktive Kommunikation, Social Web und Open Innovation: Herausforderungen und Wirkungen im Unternehmenskontext. In A. Zerfaß, M. Welker, & J. Schmidt (Hrsg.), *Kommunikation, Partizipation und Wirkungen im Social Web* (Bd. 2, S. 283–310). Köln: Halem.

Teil II
Überschätzter Dialog

Dialog als Mythos: normative Konzeptionen der Online-PR im Spannungsfeld zwischen Technikdeterminismus und strategischem Handlungsfeld

Swaran Sandhu

1 Einleitung und Fragestellung

Widersprüchlicher könnten die Erwartungshaltungen an das Internet und Onlinekommunikation Anfang des Jahres 2014 nicht sein: Für Papst Franziskus ist das Internet ein „Geschenk Gottes" (Franziskus 2014) während der Präsident des Europäischen Parlaments, Martin Schulz, unter dem Eindruck der NSA-Enthüllungen und dem politisch nur wenig regulierten Onlinebereich vor einem „technologischen Totalitarismus" von Staat und Wirtschaft warnt (Schulz 2014). Diese Extrempositionen spiegeln das Dilemma wider, in dem sich die Online-PR bzw. organisationale Onlinekommunikation befindet (zur grundlegenden Begriffsklärung und Definition siehe etwa Schultz und Wehmeier 2010). Auf der einen Seite versprechen und leisten die sozialen Medien einen wichtigen Beitrag zur Verständigung, auf der anderen Seite unterwerfen sich die Nutzer moderner Dienste willfährig den kommerziellen Zielen der Onlinegiganten, weil diese ein Quasi-Monopol auf bestimmte soziale Netzwerke errichtet haben. Während die kritische Internetforschung inzwischen einen breiten interdisziplinären Diskurs führt (Fuchs und Sandoval 2014) fehlt dem Gros der Online-PR-Forschung eine kritische Perspektive, die Online-PR jenseits einer funktionalen Zweckerfüllung beschreibt und z. B. die politisch-ökonomischen Rahmenbedingungen mit berücksichtigt (siehe dazu etwa den Beitrag von Imhof in diesem Band).

In der Onlinekommunikation ist der Dialog ein zentraler Begriff, hinter dem sich viele unterschiedliche Bedeutungen verbergen. In einem reduktionistischen Begriffsverständnis werden darunter technische Rückkopplungskanäle verstanden.

S. Sandhu (✉)
Stuttgart, Deutschland
E-Mail: sandhu@hdm-stuttgart.de

O. Hoffjann, T. Pleil (Hrsg.), *Strategische Onlinekommunikation,*
DOI 10.1007/978-3-658-03396-5_4, © Springer Fachmedien Wiesbaden 2015

In der Anfangsphase der Online-PR waren dies Feedback-Formulare oder Kommentarmöglichkeit in Blogs. Mit der Ausweitung technischer Möglichkeiten durch das sogenannte Web 2.0 oder Social Web kamen Feedbackschleifen hinzu, die bereits in den Anwendungen fest vorgesehen oder integriert waren. Dazu gehören z. B. Bewertungsmöglichkeiten von Inhalten, die Dritten zur Verfügung gestellt werden wie etwa die „like", „share" oder „gefällt mir" Funktion. Einige Anwendungen existieren nur dadurch, dass ihre Nutzer Inhalte erstellen und diese an Freunde und Bekannte weitergeben („sharing is caring"). Die Logik dahinter ist einleuchtend: Welchen Wert hat etwa eine Facebook-Seite ohne Freunde? Für die PR-Evaluation sind diese Formen der Interaktion eine Goldgrube, da jede Online-Interaktion mitprotokolliert wird und sich einfach und schnell auswerten lässt. Technische Möglichkeiten alleine sind aber noch kein Dialog. Gerade weil der Dialogbegriff häufig stark normativ aufgeladen ist und idealisiert verwendet wird, erscheint die Enttäuschung über wenig Dialog oder Austausch in der Onlinekommunikation fast vorprogrammiert. Woran liegt das?

Der vorliegende Beitrag beschreibt Phänomene der Online-PR nicht nur deskriptiv, sondern liefert einen Erklärungsrahmen, um gängige Prämissen der Online-PR zu hinterfragen. Ausgangspunkt dafür ist die Analyse der impliziten Rationalitätsrahmen oder Logiken, unter welchen Online-PR betrieben wird. Daraus abgeleitet zeigen sich zwei Ausprägungen des Dialogs: der Dialog als normatives Ideal einer emanzipatorisch-aufklärerischer Position und zweitens der Dialog als technik-deterministische Vorstellung der Weltgestaltung. Der Beitrag ist wie folgt aufgebaut. Der erste Abschnitt diskutiert das Konzept des Dialogs in der PR-Forschung mit einem besonderen Fokus auf Onlinekommunikation. Der zweite Abschnitt führt in das Konzept der institutionellen Logik in drei Schritten ein. Zunächst wird das Konzept allgemein vorgestellt und in einem zweiten Schritt für Social Media konkretisiert. Darauf aufbauend werden zwei dominante Strömungen dieser institutionellen Logik– die kalifornische Ideologie und die emanzipatorische Logik– vorgestellt und diskutiert. Der Beitrag schließt mit einer Zusammenfassung und einem Ausblick auf aktuelle Entwicklungen und offene Fragen der PR-Forschung.

2 Dialogbegriff in der PR-Forschung

Der Dialogbegriff hat eine lange Tradition in der PR-Forschung (Szyszka 1996) und ist entsprechend schwierig zu operationalisieren (Pieczka 2011). Dies liegt vor allem an den unterschiedlichen Denkschulen bzw. paradigmatischen Annahmen, die mit dem Dialogbegriff verbunden sind. Eng verbunden mit dem Dialogbegriff ist vor allem im angelsächsischen Sprachraum das Konzept des symmetrischen PR-Modells (Grunig 1989; Duhé und Wright 2013) während die deutschsprachige Fachdiskussion v. a. durch das Konzept der verständigungsorientierten Öffentlichkeitsarbeit (Burkart 2013; Burkart und Probst 1991) geprägt wurde. Der Dialogbegriff wird in der PR seit den 1990er-Jahren verstärkt diskutiert (Bentele et al. 1996). Es war aber vor allem die rasante Entwicklung der Onlinekommunikation seit Mitte der 1990er-Jahre, die der Diskussion um dialogische Formen der PR einen neuen Schwung gegeben hat (Kent und Taylor 1998). Neben Dialog, Symmetrie und Verständigung hat sich damit verstärkt der Begriff der Partizipation und Beteiligung verfestigt (Boelter und Hütt 2012). Seidenglanz und Westermann (2013, S. 142–149) schlagen etwa vor, die Dialogorientierung in sozialen Medien in drei Dimensionen, nämlich Interaktion (Zweiseitigkeit der Kommunikation), Parität (Gleichrangigkeit bzw. Gleichberechtigung der Kommunikationspartner) und Integration (Anpassung an die Anforderungen und Kompromissbereitschaft gegenüber den Kommunikationsansprüchen) zu operationalisieren.

PR im Sinne einer strategischen Kommunikation, die intentional eine Wirkung für eine Organisation entfalten soll (Röttger et al. 2013), lässt sich nur sinnvoll im Verhältnis zu organisationalen Rahmenbedingungen und der entsprechenden medialen Umwelt analysieren. Damit liegt auf der Hand, dass sich mediale Innovationen wie etwa das Web 2.0 bzw. Social Media (Schmidt 2013) unmittelbar auf die Praxis der PR auswirken. Seit dem Jahr 2005 hat sich dieses Feld zunehmend ausdifferenziert und als Online-PR professionalisiert (Zerfaß und Pleil 2012). Der überwiegende Teil der Fachdiskussion um Online-PR geht implizit vom positiven Nutzen der Onlinekommunikation für die PR-Praxis aus. So wurden z. B. Weblogs als „neue Meinungsmacher" (Zerfaß und Boelter 2005) charakterisiert oder die Onlinekommunikation als neue Möglichkeit, direkte Beziehungen zu Publika aufzubauen (Solis und Breakenridge 2009). Empirisch vergleichbare Studien wie der European Communication Monitor (Moreno et al. 2009; Zerfass et al. 2011, 2012 und 2013) zeigen über mehrere Wellen hinweg, dass Kommunikatoren von Jahr zu Jahr die Bedeutung des digitalen Wandels als sehr hoch, die eigenen Kompetenzen oder Ressourcen für Social Media bzw. Onlinekommunikation im Verhältnis dazu aber deutlich geringer einschätzen. Forschungsansätze, die empirisch die Dialogorientierung von Organisationen im Social Web untersucht haben, kommen meist zu einem ähnlich ernüchternden Ergebnis: Die selbst gesteckten Ziele von Diskussion/Dialog und Mobilisierung werden nicht erreicht (Hoffjann und Gusko 2013, S. 39–45). Warum der Dialog nicht stattfindet, begründen Schultz und Wehmeier (2010, S. 424) wie folgt: „Entgegen den zugeschriebenen Potenzialen der Transparenz, Glaubwürdigkeit und des Dialogs wird gerade im Internet versucht, Wirklichkeit (intransparent) zu konstruieren". Dies bedeutet, dass Dialogangebote nur als rhetorische Mittel oder technische Angebote gelten, eine Verständigung aber per se nicht angestrebt wird.

Eine These, um die Differenz zwischen rhetorischem Dialogfassade und tatsächlicher Dialogorientierung zu erklären, liegt in den sogenannten Rationalitätsmythen (Meyer und Rowan 1977). Damit gemeint sind Reaktionen von Organisationen auf gesellschaftliche Erwartungsstrukturen, die nicht in Frage gestellt werden, weil sie als scheinbar rational gelten. Es spielt keine Rolle, ob sie tatsächlich zu organisationaler Effizienz führen oder nicht. Um als legitim zu erscheinen, muss die Organisation diese Erwartungsstrukturen bedienen und zumindest ausflaggen. Diese Rationalitätsmythen sind ein Baustein der sozialtheoretischen Strömung, die nachträglich als soziologischer Neo-Institutionalismus (Hasse und Krücken 2005) oder organisationaler Institutionalismus (Greenwood et al. 2008) bekannt wurde. Das Konzept ist für die PR-Forschung gut anwendbar (Sandhu 2012), etwa für den Einsatz von Balanced Scorecards (Wehmeier 2006) oder Corporate Social Responsibility-Aktivitäten (Wehmeier und Röttger 2012), Stakeholder-Management (Würz 2012) oder Krisenkommunikation (Sandhu 2013). Übertragen auf die Onlinekommunikation wird erwartet, dass Organisationen aller Art – von Unternehmen über Kommunen bis hin zu Hochschulen oder Vereinen – im digitalen Raum vertreten sind, um als rationale Akteure zu gelten. Aus diesem Grund haben sich vor allem seit ca. 2005 verschiedene neue Anwendungsformen des Webs auch für die professionelle PR stark erweitert. Neben der eigenen Website und ggf. einem Weblog bedienen Organisationen nun vor allem auch Angebote, die außerhalb des Hoheitsgebiets der Organisation selbst liegen, wie etwa Facebook, Twitter oder youtube. Damit unterwerfen sich nicht nur die Nutzer der Angebote sondern auch die Organisationen den Regeln der Dienste-Anbieter. Aus Perspektive des Datenschutzes und der informationellen Selbstbestimmung ist dies teilweise sehr problematisch, wie die Snowden-Dokumente des Jahres 2013 gezeigt haben. Entgegen der Annahme, dass Technologien für sich genommen „neutral" und erst durch ihre Nutzung in eine bestimmte Zielsetzung eingebunden werden, vertrete ich den Standpunkt, dass auch Technologien wie etwa das Internet oder Social Media gemäß spezifischer Grundannahmen verwendet werden, die häufig nur implizit vorliegen. Diesen Punkt diskutiere ich in Abschnitt drei im Rahmen der institutionellen Logiken genauer.

3 Institutionelle Logiken und Social Media

Das Konzept der institutionellen Logik hat eine lange Tradition in der stärker gesellschaftsorientierten neo-institutionellen Forschung. Ausgangspunkt war die Forderung von Friedland und Alford (1991), gesellschaftliche Wertedimensionen stärker bei der Analyse von Organisationen zu berücksichtigen. Aus anderen Disziplinen lässt sich diese Forderung als gesellschaftlicher Diskurs bzw. Dispositiv im Sinne Foucaults (Dreesen et al. 2012), Konvention (Boltanski und Thévenot 2006), Framing (Schmid-Petrie 2012), Ideologie (Meyer et al. 2009) oder systemischer Zwang (Saxer 2012) interpretieren. Ähnliches gilt für die Konzepte der Media Logic (Altheide und Snow 1979) bzw. Social Media Logic (van Dijk und Poell 2013) und der daraus abgeleiteten Mediatisierungsthese (Hepp 2013), die sich unabhängig davon entwickelt hat.

Ganz generell sind *institutionelle Logiken* gesellschaftliche Erwartungs- und Handlungsstrukturen, die auf Organisationen und Individuen wirken (Thornton et al. 2012). Sie manifestieren sich durch individuelles oder organisationales Handeln, die den impliziten Logiken eine materielle Form geben. So gesehen lassen sich institutionelle Logiken als „praktische Metaphysik" (Friedland 2012, S. 583) interpretieren. Im Gegensatz zu handlungs- oder strukturalistischen Ansätzen (Friedrichsmeier und Fürst 2013) hat der Neo-Institutionalismus eine dominante Akteursrolle meist abgelehnt. Durch den Fokus auf kognitive Strukturen wie Kategorie, Schema und Skript liegt das Erklärungsmoment nicht in von Subjekten internalisierten Wertestrukturen, sondern auf der übergreifenden Rationalität von Staat, Organisation und Gesellschaft. Diese schaffen die dominanten Narrative, die Verhalten und Handlungen legitimieren, etwa durch symbolische Kommunikation mit legitimiertem Vokabular. Die Motivation des Ansatzes institutioneller Logiken liegt im Versuch begründet, eine „nicht-funktionale Konzeption der Gesellschaft als möglicherweise in sich widersprüchliches System von Institutionen" zu entwerfen (Friedland und Alford 1991, S. 240). Je nach Untersuchungsperspektive (Mikro-, Meso- oder Makroebene) sind dabei unterschiedliche Analysen möglich, die auch für die Kommunikationswissenschaft neue Erklärungsmomente liefern können. So zeigen z. B. Alvarez et al. (2005) dass Filmemacher ihre Einzigartigkeit (künstlerische Logik) durchaus mit Profitorientierung (ökonomische Logik) verbinden können, um einen hohen Distinktionsgewinn zu erreichen. Zu einer ähnlichen Überlegung kommen Rao und Giorgi (2006), die davon ausgehen, dass Entrepreneure durch entsprechende Framing-Aktivitäten institutionelle Logiken manipulieren und ausnützen können, indem sie z. B. bestehende Logiken subversiv verändern oder sich ihnen anpassen können. Institutionelle Logiken lösen Veränderungen aus, die sich z. B. auf die Geschäftsmodelle von Verlagen auswirken (Thornton et al. 2005). Deutlich wird an den genannten Beispielen, dass implizite Annahmen und Wertevorstellungen sich auf die materiellen Prozesse von Organisationen auswirken. Doch wie werden die institutionellen Logiken sichtbar? Sie hinterlassen vielfältige kommunikative Spuren wie etwa Berichte, Dokumente, Reden, Statements aber auch Strukturen, Regeln und Prozesse, die der Analyse offen stehen. Entscheidend ist dabei, Regeln, Strukturen und (kommunikative) Prozesse nicht aus einer funktionalen Perspektive als zielgerichteten Selbstzweck der Organisation zu verstehen, sondern als Manifestation tieferliegender und häufig nur wenig explizit gemachter Glaubenssätze. Meyer und Höllerer (2010) haben herausgearbeitet, wie sich das Konzept der Shareholder-Value in Österreich in der medialen Wahrnehmung durch den Einsatz von Framing-Aktivitäten verschiedener Akteure in der letzten Dekade verändert hat.

Die Beispiele zeigen: Institutionelle Logiken manifestieren sich durch symbolische Kommunikationsformen und können miteinander in Wettbewerb stehen, wobei meist eine Ausprägung als dominante Variante gelten kann. Im nächsten Teil des Kapitels wird das Konzept der Medienlogik zunächst auf den Bereich der sozialen Medien angewandt (Abschn. 3.1) und darauf aufbauend zwei dominante institutionelle Logiken abgeleitet: die Logik der kalifornischen Ideologie (Abschn. 3.2) und die Logik der Emanzipation (Abschn. 3.2).

3.1 Logik der sozialen Medien

Um das Phänomen sozialer Medien und deren Konsequenzen für die PR besser zu verstehen, eignet sich der theoretische Zugriff von van Dijk und Poell (2013), die den klassischen Ansatz der Medienlogik (Altheide und Snow 1979) nach knapp 25 Jahren für die veränderte Medienlandschaft aktualisieren. Es sind vor allem vier Eigenschaften, die eine *neue* Medienlogik definieren: Erstens die *Programmierbarkeit* (programmability) der Online-Angebote, zweitens eine Orientierung an *Popularität und Empfehlungen* (popularity), drittens deren *gegenseitige Verbindungen* und Querverweise durch Konnektivität (connectivity) und viertens eine komplette *Datendurchdringung* (datafication) der Nutzerdaten. Zu den Punkten im Einzelnen (vgl. van Dijk und Poell 2013, S. 5 ff.):

1. Moderne soziale Medien sind *programmierbar* und können durch lernende Algorithmen Inhalte an den Interessen ihrer Nutzer ausrichten. Mehr noch, sie können auch die Aufmerksamkeit und das Interesse der Nutzer aufgrund vergangener Handlungen extrapolieren und Vorschläge für zukünftige Handlungen machen. Bekannt sind z. B. die amazon-Empfehlungen für zukünftige Käufe, der Verweis auf mögliche Freunde bei Facebook oder die Empfehlung für zukünftige Geschäftskontakte bei Karrierenetzwerken wie linkedin oder xing. Diese Technologie wird zunehmend für inhalteorientierte Medien eingesetzt, die teilweise von den Nutzern selbst beeinflusst werden können.

2. In der Logik der sozialen Medien wird *Popularität* ein zentraler Wert, der sich über Kennzahlen quantifizieren lässt. Die Anzahl der Erwähnungen der „hits", „likes" oder „mentions" macht Unterscheidungen und daraus abgeleitet Bewertungen deutlich. Daraus ergeben sich unbewusste und bewusste Versuche, die Ranglisten und Metriken möglichst positiv zu beeinflussen. Damit wird auch die bisherige Machthierarchie der Akteure aufgehoben: Einzelpersonen oder kleine Gruppen können mit geschickter Themenwahl die Medienagenda mitbestimmen.

3. Soziale Medien definieren sich durch *Konnektivität*. Im Gegensatz zu einer reinen Verbreitungslogik der traditionellen Massenmedien entstehen neue Medien erst durch die gegenseitige Vernetzung und Querbezüge ihrer Nutzer. Statt soziodemographischer Merkmale für Zielgruppen oder Publika der klassischen Massenmedien bilden sich Online-Gemeinschaften aufgrund gegenseitiger Interessen, die z. B. themenzentriert sein können und sich in losen Netzwerken ausdrücken. Die Vernetzung wird durch die Logiken der Programmierbarkeit und Popularität unterstützt: Viele Anwendungen und Dienste verweisen durch Algorithmen auf Produkte, Personen oder Positionen, die für den Nutzer interessant sein könnten.

4. Die Anbieter sozialer Medien leben von der „Verdatung" (datafication) oder Nutzung sämtlicher Daten ihrer Anwender. Im Gegensatz zu klassischen Massenmedien, die umfangreiche Rezipientenforschung betreiben müssen, sammeln und speichern die Anbieter sozialer Medien die Daten ihrer Nutzer und werten diese aus. Alle drei oben genannten Logiken basieren darauf, dass Nutzer maschinenlesbare Daten hinterlassen, die durch Algorithmen ausgewertet werden können. Mit immer größeren Nutzerzahlen und Datenmengen können Auswertungen zunehmend in Echtzeit den Nutzern zurückgespiegelt werden, was sich wiederum auf deren Nutzungsverhalten auswirkt (Stichwort predictive analytics).

Diese vier Punkte ermöglichen eine differenzierte Analyse moderner Onlinekommunikation in Zeiten von Social Media. Im Gegensatz zur wertvollen Analyse einzelner Instrumente wie Facebook, Twitter, Google, Youtube oder Pinterest in Einzelfallstudien liegt hier der Blick auf der Geschäfts- und Medienlogik, nach der diese Angebote operieren. Dabei darf nicht außer Acht gelassen werden, dass viele Angebote zwar auf den ersten Blick kostenfrei erscheinen, aber mit dem Ziel der Gewinnmaximierung börsennotierter Unternehmen betrieben werden. Durch die quasi-Monopolstellung kommerzieller Anbieter in ihrem jeweiligen Feld unterwerfen sich viele Kommunikationsabteilungen den Nutzungsbedingungen dieser Dienste. Entweder im Wissen, was sie tun oder ohne eine ausreichende Reflexion. Denn hier greift der normative Druck der (unterstellten) Erwartungshaltung der Nutzer: Kann eine Kommunikationsabteilung heute auf eine Online-Präsenz verzichten, oder ist der angenommene Erwartungsdruck und der erwartete Nutzen so hoch, dass keine Handlungsalternative zu den kommerziellen Diensten erwägt wird? Eine Ausnahme stellen selbstverantwortete Angebote wie etwa Corporate Blogs dar, die direkt von Organisationen betrieben werden. Für die meisten anderen Dienste gibt es zwar open-source Alternativen zu den kommerziellen Anbietern. Aber aufgrund der geringen Nutzerzahl sind diese meist nicht attraktiv genug, um in der Breite zum Einsatz zu kommen.

Zusätzlich zur Abhängigkeit von kommerziellen Anbietern kommt die Bedeutung der Metadaten hinzu. Spätestens seit der Offenlegung der Snowden-Dokumente im Jahr 2013 (http://www.theguardian.com/world/the-nsa-files) wurde klar, dass sämtliche Onlinekommunikation prinzipiell gespeichert und ausgewertet werden kann. Neben der scheinbaren Einzelnutzung sind es vor allem die Metadaten, die bei jeder Online-Nutzung hinterlassen werden, die ein systematisches „Profiling" des Nutzungsverhaltens ermöglicht. Diese algorithmische Programmierung des Verhaltens wird zunehmend kritisch diskutiert (Schirrmacher 2013; Bunz 2012), von vielen Kommunikationsabteilungen mangels Alternativen aber ignoriert. Denn mit immer einfacheren Nutzungsmöglichkeiten zur Auswertung des Onlineverhaltens wird auch die Onlinekommunikation immer stärker strategisch agieren und aufgrund der Datenbasis gezielte Kommunikationsangebote entwickeln. Diese Entwicklung steht aber erst am Anfang. Die letzten Jahre waren vor allem durch die raschen technologischen Innovationen eine permanente Experimentierphase, aus der sich nur langsam strategische Handlungsoptionen wie etwa Social-Media-Guidelines, Online-Trend-Monitoring (Schultze und Postler 2008) oder komplette Strategien der Onlinekommunikation (Jodeleit 2012) herausgebildet haben. Viele dieser Vorschläge sind primär anwendungsorientiert und vernachlässigen dabei die tieferliegenden Annahmen über Social Media, die in den beiden nächsten Abschnitten kontrastiert wird.

3.2 Die Logik der kalifornischen Ideologie

Das Konzept der kalifornischen Ideologie basiert auf einem Aufsatz der britischen Sozialwissenschaftler Richard Barbrook und Andy Cameron (1996). Ihre Ausgangsthese war, dass die lang erwartete Konvergenz von Massenmedien, Computern und Telekommunikation in „Hypermedia" bzw. heute das Social Web nur durch eine spezifische Mischung verschiedener kultureller Strömungen im Silicon Valley bzw. Kalifornien entstehen konnte. Sie nennen dies eine „bizarre Fusion" der kulturellen

Tab. 1 Mission Statements führender Social Media Unternehmen. (Quelle: Eigene Darstellung, Zugriff auf Websites 01.02.2014)

Unternehmen	Mission Statement
Google	„... die Information der Welt zu organisieren und für alle zu jeder Zeit zugänglich und nützlich zu machen." (http://www.google.com/about/company)
Facebook	„... to give people the power to share and make the world more open and connected." (https://www.facebook.com/facebook?v=info)
Twitter	„Our mission: To give everyone the power to create and share ideas and information instantly, without barriers." (https://about.twitter.com/company)
Youtube	„... provides a forum for people to connect, inform, and inspire others across the globe and acts as a distribution platform for original content creators and advertisers large and small." (http://www.youtube.com/yt/about/)
Yahoo	„By infusing our products with beauty and personality driven by our users, every Yahoo experience feels made to order." (http://info.yahoo.com/about-us)

Bohème der Späthippies aus dem Großraum San Francisco und der neo-liberalen Geisteshaltung von Wagniskapitalisten. Die prägenden Figuren der Gründungsfirmen des Silicon Valley wie Steve Jobs (Apple), Larry Ellison (Oracle) und Bill Gates (Microsoft) waren stark durch diese Haltung geprägt. Für die heute dominierenden Unternehmen wie Facebook (Marc Zuckerberg), Google (Sergey Brin und Larry Page) oder Twitter (Biz Stone und Jack Dorsey) gilt dies besonders. Sie definieren ein positiv-liberales Weltbild in ihren Mission Statements (Tab. 1):

Mission Statements sind in erster Linie rhetorische Werkzeuge, die das Selbstverständnis und die kulturelle Prägung einer Organisation widerspiegeln (van Dijk und Nieborg 2009). Die Auswahl zeigt, dass der ökonomische Zweck der Organisation überhaupt nicht im Vordergrund steht, sondern die Freiheitsrhetorik des Netzes (Ermächtigung, Emanzipation, Vernetzung, Individualisierung, Öffnung) als primärer Wesenszweck der Organisation beschrieben wird. Diese Befreiungsrhetorik hat eine lange Tradition: Barbrook und Cameron arbeiten heraus, dass die spezifische Publikationskultur des Silicon Valley, insbesondere das Magazin „Wired" (gegründet 1994 von Kevin Kelly) als wichtige Diskussions- und Distributionsplattform des kalifornischen Ideologie vorantrieb. Zusammengefasst ist die kalifornische Ideologie eine Geisteshaltung, die technischen Fortschritt und Innovation als Mittel zur freiheitlichen Entfaltung der Wirtschaft (und teilweise auch der Kultur) ansieht.

Kritisch beschreibt der Internet-Kritiker Morozov diese Positionen. Am Beispiel des sozialen Wandels im Nahen und Mittleren Osten („Arabellion") zeichnet er nach, dass die Annahmen der Befreiung und Demokratisierung durch Technologie nicht eingetreten sind und sich vielmehr ins Gegenteil gedreht haben (2011). Für ihn sind die Annahmen der oben genannten Protagonisten der kalifornischen Ideologie Ausdruck eines Weltbilds, das alle Probleme durch Technologie lösen könne: „techno-solutionism" (2013). Zweitens würde das Internet als technologische Lösung überhöht und die damit verbundenen Kosten an Infrastruktur, vor allem aber die offenen Fragen einer politischen Regelung der Nutzung nicht gelöst werden. Für Morozov: „internet-centrism". In einer Erweiterung der kalifornischen Ideologie verweist Morozov auch auf die ahistorische Gegenwartsorientierung („presentism"). Auf diese Eigenschaft verweist auch Rushkoff (2013), der ähnlich wie die Poststrukturalisten den Zusammenbruch der „grand narratives" beklagt und stattdessen auf die Fragmentierung zeitlicher und inhaltlicher Prozesse durch das Netz hinweist.

In der Entwicklung der Online-PR lassen sich viele Aspekte der kalifornischen Ideologie nachzeichnen. Insbesondere die Orientierung an technologischen Lösungen und der Innovationswettbewerb um die Nutzung der neuesten Dienste für die Zwecke der PR sind der Vorstellung geschuldet, dass soziale Medien viele Probleme der PR einfach lösen könnten. Ohne ein tiefergehendes Verständnis der Logik sozialer Medien folgte so mancher Kommunikator dem Sirenengesang digitaler Medien, ohne für die Herausforderungen entsprechend gewappnet zu sein: für viele Kommunikatoren ist Social Media noch immer eine „terra incognita" (Zerfass et al. 2013).

3.3 Die emanzipatorische Utopie: das Netz als befreiendes Universalmedium

Die Orientierung am Dialog war in der PR-Forschung meist eine normative Konzeption, die unter Dialog Verständigung und Partizipation in einem habermasianischen Sinne versteht. Mit dem Social Web bzw. den Instrumenten des Web 2.0 sei eine Kommunikation möglich, die am ehesten an Vorstellung eines herrschaftsfreien Diskurs anschließe (Münker 2009). Das auch in der PR-Literatur häufig zitierte „Cluetrain-Manifesto" (Levine et al. 2000) hat stark idealistisch-phänomenologische Wurzeln und beschreibt diskursiv-emergente Phänomene des Dialogs und Austauschs. Diese werden häufig von Unternehmen als primäre Handlungslogik des Web 2.0 beschrieben, die z. B. in ihren Selbstdarstellungen vor allem auf die Stärke der Gemeinschaft Gleichgesinnter („Crowd") abzielen (van Dijk und Nieborg 2009). In Anlehnung an die 95 Thesen Martin Luthers beschreiben die Autoren des Cluetrain-Manifesto, wie vernetzte Märkte Kommunikation und Geschäftsprozesse verändern. So fordern sie z. B. in These 25: „Die Unternehmen müssen heruntersteigen von ihren Elfenbeintürmen und mit den Menschen reden, mit denen sie Beziehungen aufbauen wollen" oder mit These 39: „Menschliche Gemeinschaften entstehen aus Diskursen – aus menschlichen Gesprächen über menschliche Anliegen" (www.cluetrain.com/auf-deutsch.html). Mit dem Netz, so die Vertreter dieser Position, könne der Einzelne aus seiner Isolation ausbrechen, verfüge jeder über die Möglichkeit, sich an einem weltweiten Diskurs zu beteiligen und zu vernetzen. Somit besteht prinzipiell die Möglichkeit, Inhalte auszutauschen und unter Umständen auch eine Gegenöffentlichkeit herzustellen.

Die grundlegenden Annahmen der emanzipatorischen Logik haben verschiedene Wurzeln. Häufig verweisen Autoren auf die Ideen Brechts (1932), McLuhans (1964) oder Ongs (1982). Brecht schlug vor, den Distributionsapparat Radio in einen „Kommunikationsapparat" umzudeuten, der den Dialog ermögliche. Für McLuhan sollen Medien den kognitiven Apparat des Menschen erweitern. Ähnlich argumentiert Ong, der bereits im Medium der Schrift eine Umdeutung gesellschaftlicher und kultureller Muster feststellte. Zusammenfassen lässt sich dies im Konzept der „Gutenberg-Klammer (Gutenberg Parenthesis)" (Petitt 2012). Der Begriff wurde von einer Gruppe dänischer Geschichtswissenschaftler geprägt, die die These aufgestellt haben, dass die Kombination aus Alphabetisierung und Drucktechnologie erstmals ein stabiles Medium in der Breite zur Stabilisierung der dominanten Kultur bzw. Autorität ermöglichte. Zuvor war die Kultur überwiegend mündlich geprägt und orientierte sich am prozessualen Fluss flüchtiger Kommunikation (Reden, Theater, Lieder, etc.). Übertragen auf die emanzipatorische Logik des Netzes schließt das Social Web an die prozesshafte Sprachkultur vor dem Buchdruck wieder an. Durch die Vielzahl verschiedener Stimmen/Positionen werden etablierte Autoritäten in Frage gestellt und gegebenenfalls korrigiert (Wikipedia), der Zugang zu Kommunikationsmitteln steht prinzipiell jedem offen.

Der emanzipatorische Ansatz lässt sich am ehesten in diskurs- bzw. verständigungsorientierten Ansätzen der Online-PR erkennen. Weniger die funktionale Zielerreichung, sondern vielmehr die tatsächliche Verständigung im habermasianischen Sinn steht hierbei im Fokus. Durch das potenzielle Aktivierungspotenzial sozialer Medien erfordert diese Art der Kommunikation viele organisationale Ressourcen, da die Teilnahme an Diskursangeboten rapide wachsen kann.

Tab. 2 Vergleich der kalifornischen Ideologie mit der emanzipatorischen Logik

	Kalifornische Ideologie	Emanzipatorische logik
Wurzeln	Neoliberalismus, Technikdeterminismus, Hackerethik	Frankfurter Schule, kritische Internetforschung, Hackerethik
Verhältnis zur Technologie	deterministischer Selbstzweck	Werkzeug der Emanzipation
Beispiele	Google, Facebook, Twitter	Wikipedia, Diaspora, lokale Netze
Kommunikationsmodus	monologisch, mit technischen Feedbackschleifen	konstitutiv-emergent, auf Verständigung abzielend
Ziel	Quantifizierbarkeit (funktionale Logik)	Qualität (normativ-diskursive Logik)
Zeitdimension	Beschleunigung	Verlangsamung
Sachdimension	Austausch/Quantifizierbarkeit	Dialog/Verständigung
Sozialdimension	Individuum	Gemeinschaft
Konsequenzen für Online-PR	Dialog als technizistische Interaktionslösung	Dialog als diskursiven Verständigungsprozess

3.4 Die Logiken im Vergleich

Ein Vergleich der beiden Logiken zeigt, dass beide auf den gleichen technologischen Kern zurückgreifen, die sozialkulturelle Einordnung aber deutlich voneinander abweicht (Tab. 2). Die kalifornische Ideologie sieht Technik vor allem als technologischen Selbstzweck, der individuelle Freiheitsräume vergrößern, zugleich aber auch die Berechenbarkeit des Handelns ermöglicht. Für die Kommunikation wird der Dialog zur technizistischen Interaktionslösung. Die meisten der großen Internet-Unternehmen wie Google, Facebook oder Twitter arbeiten nach dieser Logik. Im Gegensatz dazu setzt die emanzipatorische Logik Technologie nicht aus Effizienzgründen ein, sondern zielt auf eine Verständigung. Teils nutzen die Vertreter dieser Logik dafür ähnliche technologische Plattformen, verwenden diese aber unter einer anderen Zielsetzung, nämlich der diskursiven Aushandlung.

4 Plädoyer für eine kritische Online-PR-Forschung

Der Beitrag hatte das Ziel, den Dialogbegriff in der Online-PR zu hinterfragen. In der Diskussion hat sich herauskristallisiert, dass der Dialogbegriff unterschiedlich eingesetzt wird. Mit dem Konzept der Social-Media-Logik werden die institutionellen Rahmenfaktoren berücksichtigt, die jede Form der Onlinekommunikation heute maßgeblich beeinflussen. Als grobes Ordnungskriterium lassen sich das technikdeterministische Konzept der kalifornischen Ideologie von der normativ geprägten emanzipatorischen Logik unterscheiden. Beide Ausprägungen finden sich in der operativen Umsetzung von Onlinekommunikation wieder. Beide Perspektiven eint als kanonische Texte eine Interpretationsoffenheit, die sie aufgrund ihrer Unverbindlichkeit als Legitimationsgrundlage für die PR attraktiv macht. Die Inhalte beider Denkschulen lassen sich bis heute in einer eher idealistischen Freiheitsrhetorik des Netzes und einer eher skeptischen Kritik des Technikdeterminismus nachzeichnen und determinieren dadurch auch den Diskurs der Onlinekommunikation mit. Dieser letzte Abschnitt soll kurz den Forschungsstand reflektieren und einen Ausblick in die Zukunft geben.

In der deutschsprachigen PR-Forschung überwiegt eine funktionale Orientierung, die PR verstärkt als Kommunikationsmanagement versteht (grundlegend Nothhaft 2011). Managementkonzepte sind in ihren Grundmustern auf Zielerfüllung angelegt, d. h. es werden Messgrößen definiert, die nach einer bestimmten Zeit überprüft werden. Wie mit jeder technologischen Innovation liegen auch für die Onlinekommunikation neue Kennzahlen und Evaluationsmöglichkeiten vor. Mit der direkten Messbarkeit von Interaktionen verfügen Kommunikatoren über Werkzeuge, die ihre Arbeit unmittelbar sichtbar und überprüfbar machen können. In Anlehnung an die Entwicklungen von Managementinstrumenten wie der Balanced Scorecard oder Marketinginstrumenten werden KPIs – Key Performance Indicators – definiert, die als Steuerungskriterium eingesetzt werden können. Typische Maße können etwa likes, mentions, hits, clicks, links, comments, followers, etc. sein (Fiege 2013). Mit der Digitalisierung gewinnt die Evaluation und Messbarkeit von Online-Kommunikationsmaßnahmen eine völlig neue Bedeutung, denn jede Online-Interaktion wird protokolliert und gemessen. Damit wird unter Umständen auch der Inhalt des Dialogs geopfert: Es geht nur noch begrenzt um diskursives Ringen um Verständigung, sondern vielmehr darum, möglichst viele Interaktionen und Feedbacks zu erzeugen, die als Dialog erscheinen mögen. Der Dialog wird dann auf eine technische Leistung reduziert, die mit möglichst optimalen Ressourceneinsatz vollzogen wird.

Bislang nur wenig diskutiert wird die Automatisierung dieser Interaktion. Wie zu Beginn erläutert, gewinnt die Programmierbarkeit, also der gezielte Einsatz von Algorithmen zunehmend an Bedeutung. Es ist anzunehmen, dass in wenigen Jahren das Sprach- und Textverständnis von Interaktionsangeboten maschinell ausgelesen werden kann (Steiner 2013; MacCormick und Bishop 2013). Was heute noch im Maschinenraum des Dialogs, also z. B. in Callcentern oder von Community Managern betrieben wird, kann in einigen Jahren von Algorithmen erledigt werden und zwar so gut, dass es selbst versierte Nutzer nicht merken werden. Damit verändert sich auch die Rolle der PR zunehmend. Was im Marketing unter Marketing Automation als Reaktion auf zunehmend große Datenströme (Stichwort: Big Data) verstanden wird, wird so oder in ähnlicher Form auch für die PR eintreffen. Inhalte lassen sich dann teilweise automatisch für bestimmte Stakeholder anpassen und für Suchmaschinen entsprechend optimieren. Um diese Prozesse von Seiten der PR-Forschung entsprechend (kritisch) zu begleiten, ist ein erweitertes Verständnis von Programmiersprachen, Netzeffekten und Algorithmen notwendig, das bislang nur in Ansätzen vorliegt.

Auf der anderen Seite steht die emanzipatorische Logik, die es ressourcenarmen Gruppen ermöglicht, genau die gleichen Instrumente der sozialen Medien z. B. zur Vernetzung, zum Diskurs und zur Mobilisierung einzusetzen (Castells 2012). Manche soziale Bewegungen sind inzwischen komplett digitalisiert und wirken nur im digitalen Raum wie etwa die Anonymous-Bewegung. Trotz einem verstärkten Engagement in der Forschung (z. B. Nuernbergk 2013) nimmt eine kritische Perspektive in der Online-PR-Forschung bislang nur einen geringen Platz ein. Seit den Enthüllungen von Julian Assange und Edward Snowden ist ein aktiver Diskussionsprozess um die Rolle der Netzpolitik in Schwung gekommen. Fragen der Privatsphäre und die Rolle der großen Internetkonzerne werden zunehmend von der Politik auf die Tagesordnung gesetzt. Der Ausgang der Debatte ist zur Zeit nicht absehbar. In der Diskussion um Social Media werden inzwischen verstärkt kritische Perspektiven laut (etwa Fuchs 2014; McChesney 2013 oder van Dijck 2013).

Es ist an der Zeit, dass die PR-Forschung die Möglichkeiten der Onlinekommunikation jenseits einer funktionalen Orientierung begreift. Mit dem Konzept der institutionellen Logik, das bewusst gesellschaftliche Rahmenbedingungen wie etwa Kultur, Politik oder Wirtschaft in die Erklärung integriert, liegt ein möglicher Rahmen dafür vor.

Literatur

Altheide, D. L., & Snow, R. P. (1979). *Media logic*. London: Sage.
Alvarez, J. L., Mazza, C., Pedersen, J. S., & Svenjenova, S. (2005). Shielding idiosyncrasy from isomorphic pressures: Towards optimal distinctiveness in European filmmaking. *Organization, 12*(6), 863–888.
Barbrook, R., & Cameron, A. (1996). The Californian ideology. *Science as Culture, 6*(26), 44–72.
Bentele, G., Steinmann, H., & Zerfaß, A. (1996). *Dialogorientierte Unternehmenskommunikation. Grundlagen, Praxiserfahrungen, Perspektiven*. Berlin: Vistas.

Boelter, D., & Hütt, H. (2012). Dialogkommunikation und Partizipation: Wandel einer kommunikativen Praxis. In A. Zerfaß & T. Pleil (Hrsg.), *Handbuch Online-PR. Strategische Kommunikation in Internet und Social Web* (S. 395–407). Konstanz: UVK.

Boltanski, L., & Thévenot, L. (2006). *On justification: Economies of worth.* Princeton: Princeton University Press.

Brecht, B. (1932). Der Rundfunk als Kommunikationsapparat. Rede über die Funktion des Rundfunks. In E. Hauptmann (Hrsg.), *Gesammte Werke, Bd. 18. Schriften zur Literatur und Kunst* (Bd 1, S. 127–134). Frankfurt a. M.: Suhrkamp.

Bunz, M. (2012). *Die stille Revolution: Wie Algorithmen Wissen, Arbeit, Öffentlichkeit und Politik verändern, ohne dabei viel Lärm zu machen.* Frankfurt a. M.: Suhrkamp.

Burkart, R. (2013). Verständigungsorientierte Öffentlichkeitsarbeit (VÖA) revisited: Das Konzept und eine selektive Rezeptionsbilanz aus zwei Jahrzehnten. In O. Hoffjann & S. Huck-Sandhu (Hrsg.), *UnVergessene Diskurse* (S. 437–464). Wiesbaden: Springer Fachmedien Wiesbaden.

Burkart, R., & Probst, S. (1991). Verständigungsorientierte Öffentlichkeitsarbeit: Eine kommunikationswissenschaftlich begründete Perspektive. *Publizistik, 35*(1), 56–76.

Castells, M. (2012). *Networks of outrage and hope. Social movements in the internet age.* Cambridge: Polity.

Dreesen, P., Kumięga, Ł., & Spieß, C. (2012). Diskurs und Dispositiv als Gegenstände interdisziplinärer Forschung. Zur Einführung in den Sammelband. In P. Dreesen, L. Kumięga, & C. Spieß (Hrsg.), *Mediendiskursanalyse* (S. 9–22). Wiesbaden: VS Verlag für Sozialwissenschaften.

Duhé, S., & Wright, D. K. (2013). Symmetry, social media, and the enduring imparative of two-way communication. In K. Sriramesh, A. Zerfass, & J.-N. Kim (Hrsg.), *Public relations and communication management: Current trends and emerging topics* (S. 93–107). New York: Routledge.

Fiege, R. (2013). *Social media balanced scorecard.* Wiesbaden: Springer Vieweg.

Franziskus. (2014). Schreiben des Heiligen Vaters zum 44. Welttag der sozialen Kommunikationsmittel am 01. Juni 2014. LA XLVIII GIORNATA MONDIALE DELLE COMUNICAZIONI SOCIALI, 23.01.2014. http://press.vatican.va/content/salastampa/de/bollettino/pubblico/2014/01/23/0051/00091.html#TESTO%20IN%20LINGUA%20TEDESCA. Zugegriffen: 23. Feb. 2014.

Friedland, R. (2012). Book review: The institutional logics perspective: A new approach to culture, structure, and process. *M@n@gement, 15*(5), 583–595.

Friedland, R., & Alford, R. R. (1991). Bringing society back in: symbols, practices, and institutional contradictions. In P. J. DiMaggio & W. W. Powell (Hrsg.), *The new institutionalism in organizational analysis* (S. 232–263). Chicago: University of Chicago Press

Friedrichsmeier, A., & Fürst, S. (2013). Welche Theorie der Organisation für welche PR-Forschung? In U. Röttger, V. Gehrau, & J. Preusse (Hrsg.), *Strategische Kommunikation* (S. 59–101). Wiesbaden: Springer Fachmedien Wiesbaden.

Fuchs, C. (2014). *Social media. A critical introduction.* London: Sage.

Fuchs, C. & Sandoval, M. (Hrsg.). (2014). *Critique, social media and the information society.* New York: Routledge.

Greenwood, R., Oliver, C., Sahlin, K., & Suddaby, R. (Hrsg.). (2008). *The Sage handbook of organizational institutionalism.* London: Sage.

Grunig, J. E. (1989). Symmetrical presuppositions as a framework for public relations theory. In C. H. Botan & V. J. Hazleton (Hrsg.), *Public relations theory* (S. 17–44). Hillsdale: Lawrence Erlbaum Associates.

Hasse, R., & Krücken, G. (2005). *Neo-Institutionalismus* (2. Aufl.). Bielefeld: transcript.

Hepp, A. (2013). Die kommunikativen Figurationen mediatisierter Welten: Zur Mediatisierung der kommunikativen Konstruktion von Wirklichkeit. In R. Keller, J. Reichertz, & H. Knoblauch (Hrsg.), *Kommunikativer Konstruktivismus* (S. 97–120). Wiesbaden: Springer Fachmedien Wiesbaden.

Hoffjann, O., & Gusko, J. (2013). *Der Partizipationsmythos. Wie Verbände Facebook, Twitter und Co nutzen.* Frankfurt a. M.: Otto-Brenner-Stiftung.

Jodeleit, B. (2012). *Social media relations* (2. Aufl.). Heidelberg: dpunkt.

Kent, M. L., & Taylor, M. (1998). Building dialogic relationships through the world wide web. *Public Relations Review, 24*(3), 321–334.

Levine, R., Locke, C., Searls, D., & Weinberger, D. (2000). *The Cluetrain Manifesto: The end of business as usual.* Cambridge: Perseus.

MacCormick, J., & Bishop, C. (2013). *Nine Algorithms that changed the future. The ingenious ideas that drive today's computers.* Princeton: Princeton University Press.

McChesney, R. W. (2013). *Digital disconnect. How capitalism is turning the Internet against democracy.* New York: The New Press.

McLuhan, M. (1964). *Understanding media: The extensions of man.* New York: McGraw-Hill.

Meyer, R. E., & Höllerer, M. A. (2010). Meaning structures in a contested issue field: A topographic map of shareholder value in Austria. *Academy of Management Journal, 53*(6), 1241–1262.

Meyer, J. W., & Rowan, B. (1977). Institutionalized organizations: Formal structure as myth and ceremony. *The American Journal of Sociology, 83*(2), 340–363.

Meyer, R. E., Sahlin, K., Ventresca, M. J., & Walgenbach, P. (Hrsg.). (2009). *Institutions and ideology. Research in the sociology of organizations.* Bingley: Emerald.

Moreno, Á., Zerfass, A., Tench, R., Vercic, D., & Verhoeven, P. (2009). European communication monitor current developments, issues and tendencies of the professional practice of public relations in Europe. *Public Relations Review, 35*, 79–82.

Morozov, E. (2011). *The net delusion. The dark side of internet freedom.* Jackson: PublicAffairs.

Morozov, E. (2013). *To save everything click here.* London: Pinguin.

Münker, S. (2009). *Emergenz digitaler Öffentlichkeiten. Die sozialen Medien im Web 2.0.* Frankfurt a. M.: Suhrkamp.

Nothhaft, H. (2011). *Kommunikationsmanagement als professionelle Kommunikationspraxis.* Wiesbaden: VS Verlag für Sozialwissenschaften.

Nuernbergk, C. (2013). *Anschlusskommunikation in der Netzöffentlichkeit.* Baden-Baden: Nomos.

Ong, W. (1982). *Orality and literacy. The technolizing of the word.* London: Taylor und Francis.

Petitt, T. (2012). Bracketing the Gutenberg Parenthesis. *Explorations in Media Ecology, 11*(2), 95–114.

Pieczka, M. (2011). Public relations as dialogic expertise? *Journal of Communication Management, 15*(2), 108–124.

Rao, H., & Giorgi, S. (2006). Code breaking: How entrepreneurs exploit cultural logics to generate institutional change. *Research in Organizational Behavior, 27*, 269–304.

Röttger, U., Gehrau, V., & Preusse, J. (2013). Strategische Kommunikation. In U. Röttger, V. Gehrau, & J. Preusse (Hrsg.), *Strategische Kommunikation* (S. 9–17). Wiesbaden: Springer Fachmedien Wiesbaden.

Rushkoff, D. (2013). *Present shock. When everything happens now.* New York: Pinguin.

Sandhu, S. (2012). *Public Relations und Legitimität. Der Beitrag des organisationalen Institutionalismus für die PR-Forschung.* Wiesbaden: Springer.

Sandhu, S. (2013). Krisen als soziale Konstruktion: Zur institutionellen Logik des Krisenmanagements und der Krisenkommunikation. In A. Thießen (Hrsg.), *Handbuch Krisenmanagement* (S. 93–113). Wiesbaden: Springer.

Saxer, U. (2012). *Mediengesellschaft. Eine kommunikationssoziologische Perspektive.* Wiesbaden: Springer.

Schirrmacher, F. (2013). *Ego: Das Spiel des Lebens.* München: Blessing.

Schmid-Petric, H. (2012). *Das Framing von Issues in Medien und Politik.* Wiesbaden: Springer.

Schmidt, J.-H. (2013). *Social media.* Wiesbaden: Springer.

Schultz, F., & Wehmeier, S. (2010). Online Relations. In W. Schweiger & K. Beck (Hrsg.), *Handbuch Online-Kommunikation* (S. 409–433). Wiesbaden: VS Verlag für Sozialwissenschaften.

Schultze, M., & Postler, A. (2008). Online-Trend-Monitoring bei der EnBW: Mit dem Ohr am Kunden. In A. Zerfaß, M. Welker, & J. Schmidt (Hrsg.), *Kommunikation, Partizipation und Wirkungen im Social Web* (Bd. 2, S. 370–382). Köln: von Halem.

Schulz, M. (2014). Technologischer Totalitarismus. Warum wir jetzt kämpfen müssen.: http://www.faz.net/aktuell/feuilleton/debatten/technologischer-totalitarismus-warum-wir-jetzt-kaempfen-muessen-12786805.html?printPagedArticle=true. Zugegriffen: 06 Feb. 2014.

Seidenglanz, R., & Westermann, A. (2013). Der Einfluss von Social Media auf die Dialogorientierung von Organisationskommunikation. Eine explorative Studie im europäischen Kontext. In D. Ingenhoff (Hrsg.), *Internationale PR-Forschung* (S. 137–157). Konstanz: UVK.

Solis, B., & Breakenridge, D. (2009). *Putting the public back in public relations.* Upper Saddle River: Pearson.

Steiner, C. (2013). *Automate this. How algorithms took over our markets, our jobs, and the world.* New York: Portfolio.

Szyszka, P. (1996). Kommunikationswissenschaftliche Perspektiven des Dialogbegriffs. In G. Bentele, H. Steinmann, & A. Zerfaß (Hrsg.), *Dialogorientierte Unternehmenskommunikation. Grundlagen, Praxiserfahrungen, Perspektiven* (S. 81–106). Berlin: Vistas.

Thornton, P. H., Jones, C., & Kury, K. (2005). Institutional logics and institutional change in organizations: Transformation in accounting, architecture, and publishing. *Research in the Sociology of Organizations, 27,* 125–170.

Thornton, P. H., Ocasio, W., & Lounsbury, M. (2012). *The institutional logics perspective.* Oxford: Oxford University Press.

van Dijck, J. (2013). *The culture of connectivity. A critical history of social media.* Oxford: Oxford University Press.

van Dijck, J., & Nieborg, D. (2009). Wikinomics and its discontents: a critical analysis of Web 2.0 business manifestos. *New Media und Society, 11*(4), 855–874.

van Dijck, J., & Poell, T. (2013). Understanding social media logic. *Media and Communication, 1*(1), 2–14.

Wehmeier, S. (2006). Dancers in the dark: The myth of rationality in public relations. *Public Relations Review, 32*(3), 213–220.

Wehmeier, S., & Röttger, U. (2012). Zur Institutionalisierung gesellschaftlicher Erwartungshaltungen am Beispiel von CSR. Eine kommunikationswissenschaftliche Skizze. In T. Quandt & B. Scheufele (Hrsg.), *Ebenen der Kommunikation* (S. 195–216). Wiesbaden: VS Verlag für Sozialwissenschaften.

Würz, T. (2012). *Corporate Stakeholder Communications: Neoinstitutionalistische Perspektiven einer stakeholderorientierten Unternehmenskommunikation.* Wiesbaden: Gabler.

Zerfaß, A., & Boelter, D. (2005). *Die neuen Meinungsmacher.* Graz: Nausner und Nausner.

Zerfaß, A. & Pleil, T. (Hrsg.). (2012). *Handbuch Online-PR. Strategische Kommunikation in Internet und Social Web.* Konstanz: UVK.

Zerfass, A., Verhoeven, P., Tench, R., Moreno, A., & Vercic, D. (2011). European Communication Monitor 2011. Empirical Insights into Strategic Communication in Europe. Results of an Empirical Study in 43 Countries (Chart Version). http://www.communicationmonitor.eu/ECM2011-Results-ChartVersion.pdf. Zugegriffen: 01. Sep. 2012.

Zerfass, A., Vercic, D., Verhoeven, P., Moreno, A., & Tench, R. (2012). European Communication Monitor 2012. Challenges and Competencies for Strategic Communication. Results of an Empirical Survey in 42 Countries. http://www.communicationmonitor.eu. Zugegriffen: 01. Sep. 2012.

Zerfass, A., Moreno, A., Tench, R., Vercic, D., & Verhoeven, P. (2013). *European Communication Monitor 2013. A Changing Landscape – Managing Crises, Digital Communication and CEO Positioning in Europe. Results of a Survey in 43 Countries.* Bruxelles: EACD/EUPRERA/Helios Media.

Kein Dialog im Social Web?
Eine vergleichende Untersuchung zur Dialogorientierung von deutschen und US-amerikanischen Nonprofit-Organisationen im partizipativen Internet

Ansgar Zerfaß und Miriam Droller

1 Einleitung

Das Social Web ermöglicht Organisationen, in einen direkten Dialog mit ihren Bezugsgruppen zu treten und auf diese Weise Stakeholder-Beziehungen aufzubauen und zu pflegen. Für Nonprofit-Organisationen (NPOs) spielt das Beziehungsmanagement auf Grund ihres spezifischen Zielsystems sowie ihrer nicht-schlüssigen Tauschbeziehungen eine besondere Rolle. Die in diesem Beitrag vorgestellte, international vergleichende Studie untersucht, ob und wie NPOs das Social Web tatsächlich zur dialogischen Kommunikation mit ihren externen Stakeholdern nutzen. Damit wird einerseits ein thereotisch relevantes Thema des Kommunikationsmanagements beleuchtet, zugleich aber auch ein bedeutsamer Bereich des Berufsfelds jenseits der häufig analysierten Kommunikation von (Groß-)Unternehmen in den Mittelpunkt gerückt. Mittels einer quantitativen Online-Inhaltsanalyse der Social-Media-Kommunikation von 100 NPOs wurde die Dialogkommunikation umfassend analysiert. Bis dato existierten lediglich einzelne Studien, die die Existenz

A. Zerfaß (✉)
Leipzig, Deutschland
E-Mail: zerfass@uni-leipzig.de

M. Droller
Eschborn, Deutschland
E-Mail: miriam.droller@giz.de

O. Hoffjann, T. Pleil (Hrsg.), *Strategische Onlinekommunikation*,
DOI 10.1007/978-3-658-03396-5_5, © Springer Fachmedien Wiesbaden 2015

von Social Media, nicht jedoch die tatsächlich stattfindenden Dialoge zwischen Organisationen und ihren externen Stakeholdern im Social Web untersuchen (vgl. u. a. Yeon et al. 2005; Ingenhoff und Koelling 2010; Jun 2011; Sommerfeldt 2011). Die hier vorliegende Studie hat gezeigt, dass prinzipiell dialogorientierte Social-Media-Plattformen von NPOs in den meisten Fällen keineswegs dialogisch genutzt werden. Sofern Dialoge zustande kommen, handelt es sich in der Regel um eine einseitige Kommentierung durch Nutzer. Beiträge von US-amerikanischen NPOs werden signifikant häufiger bewertet und kommentiert als Beiträge deutscher NPOs. Dennoch wird dies kaum aufgegriffen und US-amerikanische Organisationen realisieren nicht viel häufiger als deutsche NPOs intensivere Stakeholder-Dialoge. Der Beitrag stellt die Ergebnisse im Einzelnen vor und zieht die Schlussfolgerung, dass Organisationen vor allem zusätzliches, qualifiziertes Personal einstellen und einen vorwiegend argumentativen Kommunikationsstil wählen sollten, wenn sie einen Dialog im Social Web anstreben.

2 Dialogkommunikation im Social Web: Eine Chance für NPOs?

2.1 Die besondere Bedeutung von (Social-Web-)Dialogen für NPOs

Nonprofit-Organisationen weisen ein Zielsystem auf, das sich grundlegend von demjenigen erwerbswirtschaftlicher Unternehmen unterscheidet. Während bei letztgenannten die Erzielung von Gewinn an oberster Stelle steht (erwerbswirtschaftliche Ziele), verfolgen NPOs primär bedarfswirtschaftliche Ziele. Das heißt, der Zweck einer NPO ist die „Erbringung spezifischer Leistungen zur Deckung eines bestimmten Bedarfes abgrenzbarer Leistungsempfänger" (Schwarz et al. 2009, S. 19; im Original teilweise hervorgehoben). Im Gegensatz zu den gut messbaren, monetären Zielen erwerbswirtschaftlicher Unternehmen (z. B. Gewinn- oder Umsatzmaximierung) sind die komplexen Zielsysteme von NPOs überwiegend qualitativer Natur (z. B. Hungerbekämpfung in Entwicklungsländern) (vgl. Bruhn 2009, S. 1155; Horak und Heimerl 2007, S. 175; Lewis 2005, S. 250). Außerdem weisen NPOs – im Gegensatz zu erwerbswirtschaftlichen Unternehmen – häufig nicht-schlüssige Tauschbeziehungen auf, das heißt, „dass bei einer Leistungserbringung häufig kein direkter Gegenleistungsrückfluss in entsprechendem Wert erfolgt" (Bornholdt et al. 2006, S. 26). Viele NPOs finanzieren sich demnach nicht über den Absatz von Gütern und Dienstleistungen, sondern sind von externen

Kapitalgebern abhängig (vgl. Littich 2007, S. 322–323). Damit verfügen verschiedenste Stakeholder über einen maßgeblichen Einfluss auf die Zielerreichung der Organisationen und das Beziehungsmanagement spielt für NPOs eine besondere Rolle (vgl. Horak et al. 2007, S. 197; Bruhn 2005, S. 395): Die vielschichtigen Beziehungen zu (potentiellen) Freiwilligen, Spendern, Mitarbeitern etc. bilden „das Kapital von NPOs" (Bornholdt et al. 2006, S. 22), aus dem sie ihre Ressourcen in Form von Ehrenämtern, Spenden, Know-how usw. beziehen. Da es bei den meisten Stakeholder-Beziehungen von NPOs an Koordinationsmechanismen wie Geld, Macht etc. mangelt, spielt Kommunikation allgemein und speziell Dialogkommunikation eine wesentliche Rolle für die soziale Integration und damit für die Zielerreichung dieser Organisationen (vgl. Zerfaß 2010, S. 114–138).

In der Praxis wie in der wissenschaftlichen Literatur wird in jüngster Zeit das Internet bzw. speziell das Social Web als große Chance für die Nonprofit-Kommunikation postuliert. Das Web 2.0 bietet einen idealen Nährboden für den Aufbau und die Pflege des komplexen Beziehungsgeflechts von NPOs (vgl. Pleil 2007, S. 7; Greenberg und MacAulay 2009, S. 74), denn das Social Web bietet NPOs auch über räumliche Grenzen hinweg die Möglichkeit, in einen Dialog mit relevanten Stakeholdern zu treten und auf diese Weise strategisch wichtige Beziehungen aufzubauen und zu pflegen. Außerdem können Bezugsgruppen angesprochen werden, die über andere (klassische) Wege der Kommunikation bisher nicht erreicht bzw. mobilisiert werden konnten. In Zeiten sinkender Aufmerksamkeit bei gleichzeitig steigender Konkurrenz um Spender und Ehrenamtliche könnte sich der dialogische Beziehungsaufbau im Social Web damit als strategischer Erfolgsfaktor für NPOs herauskristallisieren.

Empirische Studien haben allerdings gezeigt, dass das Internet und auch das Social Web von den meisten NPOs überwiegend als zusätzlicher Kanal zur Informationsverbreitung (monologische Kommunikation) genutzt wird. Die Mehrzahl der NPOs bietet Feedbackmöglichkeiten im Internet an; die Bereitschaft, sich tatsächlich auf eine dialogische Kommunikation einzulassen, ist jedoch begrenzt (vgl. Taylor et al. 2001; Kang und Norton 2004; Reber und Kim 2006; Waters 2007; Yeon et al. 2005; Ingenhoff und Koelling 2010; Jun 2011; Sommerfeldt 2011; Seltzer und Mitrook 2007; Waters et al. 2009; Bortree und Seltzer 2009; Waters und Jamal 2011; Greenberg und MacAulay 2009). Als größte Hürde für den intensiven Einsatz von Social-Web-Anwendungen gelten unter deutschen Kommunikationsverantwortlichen die notwendigen personellen und finanziellen Ressourcen (vgl. Fink et al. 2011, S. 21).

2.2 Dialogpotenzial der Onlinekommunikation

Das klassische unidirektionale und massenmediale Internet (Web 1.0) hat bereits seit einiger Zeit einen festen Platz im Alltag der meisten Deutschen eingenommen (vgl. Eimeren und Frees 2011). Seit wenigen Jahren nutzen immer mehr Nutzer darüber hinaus das sogenannte Social Web (auch Web 2.0), das ihnen neue Formen der Interaktion und Kommunikation ermöglicht. Das Social Web besteht aus „webbasierten Anwendungen, die für Menschen den Informationsaustausch, den Beziehungsaufbau und deren Pflege, die Kommunikation und die kollaborative Zusammenarbeit in einem gesellschaftlichen oder gemeinschaftlichen Kontext unterstützen, sowie den Daten, die dabei entstehen und den Beziehungen zwischen Menschen, die diese Anwendungen nutzen" (Ebersbach et al. 2011, S. 35). Über Social-Web-Anwendungen (auch Social Software oder Social Media) können bisher passive Rezipienten im Internet zu aktiven Produzenten von Inhalten (User Generated Content) werden (vgl. Kaplan und Haenlein 2010, S. 61). Die Nutzung von Social Software ist erst in den USA und kurze Zeit später in Europa populär geworden (vgl. Hippner 2006, S. 7). Daher überrascht es nicht, dass die aktuelle Social-Web-Nutzung bei US-amerikanischen Internetnutzern stärker ausgeprägt ist als in Deutschland.

Aufgrund ihrer partizipativen Ausrichtung (z. B. Kommentar- und Bewertungsfunktion) und ihrer Benutzerfreundlichkeit (Usability), ermöglichen Social-Web-Anwendungen relativ einfach den Aufbau von Online-Dialogen (vgl. Beck 2010) – der Einsatz von Social Software wird in Praxis und Wissenschaft sogar häufig mit Dialogkommunikation gleichgesetzt (vgl. Zerfaß und Pleil 2012, S. 40). Dabei muss jedoch beachtet werden, dass Social-Web-Anwendungen lediglich ein Dialogpotenzial bergen, die Realisierung dialogischer Kommunikationsprozesse hängt hingegen entscheidend vom tatsächlichen Gebrauch ab (vgl. Neuberger und Pleil 2006, S. 10). Das Social Web bzw. der damit einhergehende Wandel gesellschaftlicher Kommunikationsstrukturen beeinflusst zwangsläufig auch sämtliche Organisationen und ihre professionellen Kommunikatoren, die als öffentliche Akteure in einem ständigen Austauschverhältnis mit ihren Stakeholdern stehen (vgl. Welker und Zerfaß 2008, S. 12). Unabhängig davon, ob Organisationen aktiv über Social Software kommunizieren oder nicht, sind die veränderten Rahmenbedingungen der öffentlichen Kommunikation und Meinungsbildung für sie von grundsätzlicher Relevanz. Neben zahlreichen Risiken bietet das Social Web der Organisationskommunikation auch diverse Chancen (vgl. Welker und Zerfaß 2008, S. 12; Fink et al. 2011). Eine dieser Chancen ist die neuartige Möglichkeit der Dialogkommunikation und damit eines direkten Beziehungsmanagements mit relevanten Bezugsgruppen (vgl. Macnamara 2010, S. 22–23; Zerfaß und Sandhu 2008, S. 296). Dialoge können dabei

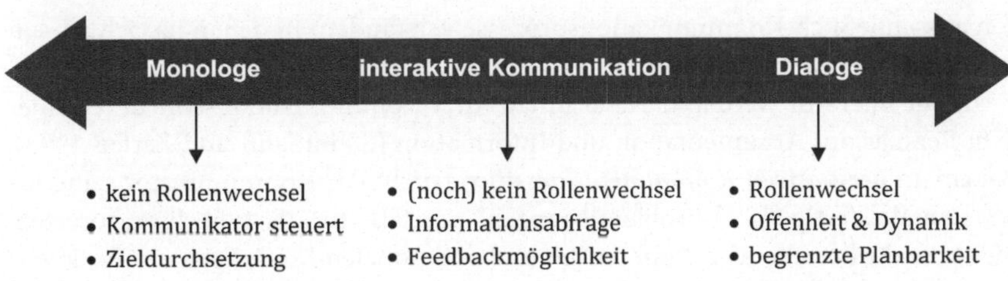

Abb. 1 Abgrenzung des Dialogbegriffs. (Quelle: Eigene Darstellung in Anlehnung an Zerfaß 1996)

sowohl über organisationseigene Social-Web-Anwendungen auf den Websites der Organisationen (z. B. Weblogs) als auch über externe Social-Web-Dienste (z. B. YouTube) realisiert werden (vgl. Zerfaß und Sandhu 2008, S. 297).

2.3 Abgrenzung des Dialogbegriffs

Da in der Alltagssprache sowie in der wissenschaftlichen Literatur kein einheitliches Verständnis des Dialogbegriffs existiert (vgl. Zerfaß 1996, S. 26; Szyszka 1996, S. 81) ist es für den vorliegenden Beitrag wichtig, eine trennscharfe Definition der Dialogkommunikation vorzunehmen. Im Folgenden wird zwischen dialogischer, monologischer und interaktiver Kommunikation unterschieden (vgl. Abb. 1):

Dialoge sind dadurch gekennzeichnet, dass im Kommunikationsprozess ein Rollenwechsel zwischen Kommunikator und Rezipient stattfindet, während *Monologe* in erster Linie vom Kommunikator gesteuert werden und eine konstante Rollenverteilung aufweisen (vgl. Lueken 1996, S. 63; Zerfaß 2010, S. 157). Eine Sonderstellung nehmen interaktive Kommunikationsprozesse ein, „die dem Rezipienten eine gezielte Informationsabfrage oder ein direktes Feedback ermöglichen" (Bentele et al. 1996, S. 452), wie beispielsweise eine Kommentarfunktion zu einem Blog-Beitrag. Bei der interaktiven Kommunikation liegt kein Dialog im oben definierten Sinne vor, da die Kommunikation von einem Akteur ausgeht bzw. gesteuert wird und (noch) kein Rollenwechsel zwischen Kommunikator und Rezipient stattfindet. Allerdings kann eine interaktive Kommunikation gegebenenfalls eine dialogische Kommunikation anbahnen, da sie „oft nur ein erster Schritt [ist], der zu einem wechselseitigen Austausch führen soll" (Bentele et al. 1996, S. 452). Im Rahmen dieser Studie werden interaktive Kommunikationsprozesse sowie weitere Faktoren, die einen Dialog begünstigen als *dialogorientierte Kommunikation* bezeichnet. Unter dialogischer Kommunikation werden hingegen ausschließlich Kommunikationsprozesse verstanden, in denen tatsächlich ein Rollenwechsel zwischen Kommunikator und Rezipient stattfindet.

In der Literatur werden darüber hinaus drei Kommunikationsstile unterschieden: Persuasion, Argumentation und Information (Steinmann und Zerfaß 1995). Bei einem *persuasiven Kommunikationsstil* versucht der Kommunikator seine Interessen als „fertige [...] Problemlösungen" (Zerfaß 2010, S. 186) durchzusetzen, indem er die bestehenden Präferenzen und emotionalen Bindungen des Rezipienten ausnutzt (vgl. Kuhlmann 1993). Dazu ist nicht unbedingt ein Dialog notwendig, da die Interessen bzw. potentiellen Gegenargumente des Kommunikationspartners „nur als objektive Rahmenbedingungen betrachtet werden" (Zerfaß 1996, S. 29). Anders ist dies beim *argumentativen Kommunikationsstil,* bei dem es dem Rezipienten ermöglicht werden soll, die Berechtigung einer Forderung bzw. den Wahrheitsgehalt einer Aussage einzusehen und zu überprüfen, um strittige Aspekte gemeinsam zu klären (vgl. Kuhlmann 1993; Lueken 1996; Zerfaß 2010, S. 184–185). Der Kommunikator strebt dabei „eine völlig freie, nur auf die eigene Einsicht" (Kuhlmann 1993, S. 41, im Original kursiv) zurückgehende Überzeugung des Rezipienten an. Ziel ist es, einen Konsens herzustellen, der auf einem gemeinsamen Problemlösungsprozess beruht (vgl. Lorenzen 1980, S. 76; Lueken 1996, S. 75–76). Die dazu notwendige gegenseitige Vorstellung und Prüfung von Argumenten, Wertvorstellungen und Interessen kann ausschließlich in einem dialogischen Kommunikationsprozess realisiert werden (vgl. Zerfaß 2010, S. 185). Das scheinbar primäre Ziel des *informativen Kommunikationsstils* ist nicht eine Einflussnahme, wie bei der Persuasion oder Argumentation, sondern eine Bedeutungsvermittlung bzw. Information – jedoch wird meist unbewusst auch eine Einflussnahme angestrebt. Grundsätzlich ist die Bedeutungsvermittlung Bestandteil jedes Kommunikationsprozesses (s. o.), jedoch erfährt die Informationsverbreitung eine eigenständige Bedeutung, sobald sich eine Mitteilungshandlung an diverse Rezipienten richtet, die aufgrund heterogener Interessen und Kontextbedingungen auf unterschiedliche Weise beeinflusst werden (vgl. Zerfaß 2010; Janich 1992).

2.4 Dialogischer Beziehungsaufbau im Internet nach Kent und Taylor

Bereits Ende der 1990er Jahre postulierten Kent und Taylor die Dialogkommunikation im Internet als geeignetes Mittel, mit dem Organisationen Beziehungen zu relevanten Stakeholdern aufbauen und pflegen können (vgl. Kent und Taylor 1998, 2002). Der auf dem Relationship-Management-Ansatz basierende theoretische Bezugsrahmen wird bis heute vor allem in der angloamerikanischen PR-Wissenschaft häufig zitiert. Kent und Taylor (1998) identifizierten fünf aus der Theorie ab-geleitete Prinzipien für einen erfolgreichen dialogischen Beziehungsaufbau über Organisations-Websites, die eine Art Leitfaden für Kommunikationsverantwort-liche darstellen: Das erste Prinzip der *Dialogschleife* (Dialogic Loop) postuliert Feedbackmöglichkeiten (z. B. über eine E-Mail-Adresse) als geeigneten Beginn einer dialogischen Kommunikation zwischen Organisationen und ihren Bezugs-gruppen im Internet. Die bloße Bereitstellung von Feedbackmöglichkeiten auf Websites reicht jedoch nicht aus, es muss seitens der Organisation sicher gestellt werden, dass zeitnah, kompetent und professionell auf Anfragen reagiert wird. Dem zweiten Prinzip der *Informationsnützlichkeit* (Usefulness of Information) zu-folge, sollen Informationen so strukturiert werden, dass sie von den jeweils daran interessierten Stakeholdern einfach gefunden werden können. Die automatische Verbreitung von Informationen (z. B. Mailing-Liste) ist aus Sicht von Kent und Taylor der individuellen Anfrage nach Informationen durch einzelne User vorzu-ziehen. Damit das dritte Prinzip der *Initiierung wiederholter Besuche* (Generation of Return Visits) erfüllt wird, müssen die Inhalte der Website ständig aktualisiert werden. Neben der einseitigen Informationsverbreitung (z. B. Downloads) sollten auch Elemente interaktiver Kommunikation (z. B. Foren) zum Einsatz kommen. Das vierte Prinzip der *einfach bedienbaren Benutzeroberflächen* (Intuitiveness/Ease of the Interface) besagt, dass eine Website so gestaltet werden sollte, dass sie für den User leicht erschließbar und verständlich ist (z. B. durch übersichtliche In-haltsverzeichnisse). Der Fokus sollte auf der Organisation, dem Produkt bzw. der Information liegen und nicht auf grafischen Spielereien.[1] Das fünfte und letzte Prin-zip der *Besucherbindung* (Rule of Conservation of Visitors) weist darauf hin, dass Besucher einer Website durch die Integration externer Links verloren gehen kön-nen. Online-Werbung sollte so platziert werden, dass sie vom Website-Besucher nicht als störend bzw. ablenkend empfunden wird und ihn möglichst nicht auf fremde Websites lotst.

Bei näherer Betrachtung der fünf Prinzipien für einen dialogischen Beziehungs-aufbau im Internet nach Kent und Taylor (1998) fällt auf, dass die Autoren inter-aktive Kommunikationsprozesse mit dialogischer Kommunikation gleichsetzen. Wie bereits dargestellt wurde, ermöglichen interaktive Kommunikationsprozesse lediglich eine gezielte Informationsabfrage oder ein direktes Feedback, stellen je-doch (noch) keinen Dialog im Sinne eines Rollenwechsels zwischen Kommunikator und Rezipient dar. Die fünf Prinzipien führen vielmehr zur Schaffung günstiger

---

[1] Diesbezüglich wird als Hauptargument von Kent und Taylor (1998, S. 329) die lange Lade-zeit von Bildern und Grafiken im Internet angeführt, was aus heutiger Sicht aufgrund weit verbreiteter schneller Internetverbindungen jedoch als veraltet angesehen werden muss.

Dialogbedingungen im Internet und werden daher im Folgenden als dialogorientierte Kommunikation verstanden – ob jedoch tatsächlich ein Dialog zwischen Organisationen und ihren Bezugsgruppen zustande kommt, hängt vom jeweiligen Nutzungsverhalten der Akteure ab.[2] Darüber hinaus muss der Ansatz von Kent und Taylor aus heutiger Sicht modifiziert bzw. erweitert werden. Im Jahr 1998 befanden sich das Internet sowie die Internetnutzung noch in einem anderen Stadium als heute. Während die Autoren ihre Ausführungen lediglich auf klassische Organisations-Websites beziehen, gewinnen wie oben ausgeführt seit einigen Jahren interaktive Social-Web-Anwendungen – sowohl auf Organisations-Websites (z. B. Weblogs) als auch in Form von externen Diensten (z. B. Facebook) – an Bedeutung und müssen bezüglich des dialogischen Beziehungsaufbaus im Internet aus heutiger Sicht mit bedacht werden. Einige der von Kent und Taylor (1998) formulierten Prinzipien lassen sich jedoch nicht oder nur bedingt auf diese neuen Social-Software-Angebote übertragen.

3 Erkenntnisinteresse, Forschungsstand und Forschungsfragen

Vor dem Hintergrund des Social-Web-Dialogpotenzials sowie der Besonderheiten der Nonprofit-Kommunikation, lag das Erkenntnisinteresse der vorliegenden Studie darin zu analysieren, inwieweit NPOs im Social Web tatsächlich einen Dialog aufbauen und damit das partizipative Internet zum dialogischen Beziehungsmanagement mit ihren externen Stakeholdern einsetzen. Da US-amerikanische Internetnutzer und Organisationen generell als Vorreiter der Social-Web-Kommunikation gelten, ist es zudem interessant, den Social-Software-Einsatz von NPOs in Deutschland und den USA miteinander zu vergleichen. Ziel war es, den Status quo der Dialogkommunikation von deutschen und US-amerikanischen NPOs im Social Web abzubilden. Darüber hinaus wurden weitere unabhängige Variablen identifiziert, die die dialogische Kommunikation zwischen NPOs und ihren Stakeholdern im Social Web beeinflussen.

Die (kommunikations-)wissenschaftliche Forschung behandelt die Dialogkommunikation von NPOs im Social Web bis dato nur unzureichend: Die Nonprofit-Kommunikation wird generell stiefmütterlich behandelt (vgl. Jones-Bodie 2008,

---

[2] Lediglich der Aspekt der zeitnahen Organisationsantwort auf Rezipientenfeedback (erstes Prinzip) kann der dialogischen Kommunikation zugeordnet werden.

S. 2–3; Lewis 2005, S. 240). Demzufolge existieren auch relativ wenige empirische Studien zur Onlinekommunikation bzw. speziell zum Einsatz von Social Software durch NPOs. Die überwiegend US-amerikanischen wissenschaftlichen Untersuchungen in diesem Bereich beschränken sich meist auf eine Analyse von Organisations-Websites und schließen damit die Präsenz der Organisationen auf externen Social-Web-Plattformen aus (vgl. u. a. Taylor et al. 2001; Kent et al. 2003; Kang und Norton 2004; Reber und Kim 2006). Außerdem findet eine detaillierte Analyse der eingesetzten Social-Web-Anwendungen sowie der tatsächlich realisierten dialogischen Kommunikationsprozesse kaum statt (vgl. u. a. Yeon et al. 2005; Ingenhoff und Koelling 2010; Jun 2011; Sommerfeldt 2011). Die meisten inhaltsanalytischen Untersuchungen zum Thema NPOs im Internet bzw. speziell im Social Web beziehen sich auf US-amerikanische Organisationen. Außerdem existieren einzelne Studien zu NPOs in der Schweiz, Deutschland, Kanada und China (vgl. u. a. Ingenhoff und Koelling 2010; Kiefer 2009; Greenberg und MacAulay 2009; Yang und Taylor 2010). Eine vergleichende Untersuchung der Social-Web-Präsenz deutscher und US-amerikanischer Organisationen lag bis dato nicht vor. Die vorliegende Untersuchung knüpft an bisherige Studien zum Thema NPOs im Internet, insbesondere im Social Web, an und leistet damit einen Beitrag zur Schließung dieser Forschungslücken.

Aus dem erläuterten Erkenntnisinteresse sowie den Defiziten der bisher publizierten Untersuchungen zum Thema, ergaben sich drei Forschungsfragen:

F1 *Inwieweit nutzen NPOs in ihrer externen Kommunikation das Dialogpotenzial des Social Web?*

F2 *Wie unterscheidet sich die Dialogorientierung deutscher und US-amerikanischer NPOs im Social Web?*

F2 *Welche unabhängigen Variablen beeinflussen die Dialogorientierung von NPOs im Social Web?*

Zu diesen Forschungsfragen wurden acht theorie- sowie empiriegeleitete Hypothesen entwickelt:

H1 *NPOs setzen häufiger Social-Web-Anwendungen ein, die eine rein monologische Kommunikation ermöglichen als Anwendungen mit Feedbackmöglichkeiten.*

H2 *Weniger als 20 % der NPOs realisieren über Social-Web-Anwendungen dialogische Kommunikationsprozesse mit mehr als einem Rollenwechsel zwischen den Organisationen und ihren Stakeholdern.*

> H3   *Weniger als zehn Prozent der NPOs reagieren noch am selben Tag auf Nutzerfeedback in Social-Web-Anwendungen.*
>
> H4   *US-amerikanische NPOs setzen mehr Social-Web-Anwendungen mit Feedbackmöglichkeiten ein als deutsche NPOs.*
>
> H5   *Mehr US-amerikanische als deutsche NPOs realisieren über Social-Web-Anwendungen dialogische Kommunikationsprozesse mit mehr als einem Rollenwechsel.*
>
> H6   *US-amerikanische NPOs reagieren schneller auf Nutzerfeedback in Social-Web-Anwendungen als deutsche Organisationen.*
>
> H7   *Je mehr Vollzeitmitarbeiter in der Onlinekommunikation oder speziell der Social-Web-Kommunikation beschäftigt sind, desto mehr dialogorientierte bzw. dialogische Kommunikation realisiert die NPO im Social Web.*
>
> H8   *Social-Web-Beiträge der NPOs, die einen argumentativen Kommunikationsstil aufweisen, werden häufiger durch Nutzer kommentiert als Beiträge mit einem persuasiven oder informativen Kommunikationsstil..*

4   Methodik

Zur Überprüfung der Hypothesen wurde ein formal-deskriptiver Ansatz angewendet: Die von NPOs eingesetzten Social-Web-Anwendungen und die in diesen Anwendungen stattfindenden Kommunikationsprozesse wurden gemessen, indem sie erfasst, beschrieben und kategorisiert wurden. Als Methode der empirischen Sozialforschung wurde für die vorliegende Untersuchung die quantitative Inhaltsanalyse gewählt (vgl. Früh 2011), da formale und inhaltliche Merkmale „großer Textmengen" (Brosius et al. 2009, S. 143) erfasst wurden.

Da weder in Deutschland noch in den USA ein vollständiges zentrales Register sämtlicher NPOs existiert, schied sowohl eine Vollerhebung der Grundgesamtheit als auch die Ziehung einer Zufallsstichprobe aus. Deshalb wurde als alternatives Verfahren für die vorliegende Untersuchung eine bewusste Auswahl der Untersuchungsgruppe vorgenommen. Die Wahl fiel auf die Entwicklungszusammenarbeit. Dazu wurden die Mitgliederlisten der beiden NPO-Dachverbände Verband Entwicklungspolitik deutscher Nichtregierungsorganisationen e. V. (VENRO) sowie InterAction herangezogen. Es wurden bewusst zwei Dachverbände ausgewählt, die NPOs aus nahezu dem gleichen thematischen Tätigkeitsfeld umfassen, um eine möglichst hohe Vergleichbarkeit der ausgewählten deutschen und US-amerikanischen Organisationen sicher zu stellen. Da anzunehmen ist, dass die Professionalität der Organisationskommunikation unter anderem von der Größe der Organisationen abhängt, wurden aus den Mitgliederlisten der beiden Dachverbände VENRO und InterAction jeweils die 50 größten NPOs ausgewählt. Als Auswahlkriterium wurden die Gesamteinnahmen der Organisationen im Jahr 2009 festgelegt (Quotenauswahl). Insgesamt wurden somit 100 NPOs in die Inhaltsanalyse aufgenommen.

Der Untersuchungszeitraum für die vorliegende Inhaltsanalyse wurde auf drei Monate festgelegt (Juni bis August 2011). Dieser relativ kurze Untersuchungszeitraum ist dadurch gerechtfertigt, dass Social-Web-Inhalte ein relativ schnelllebiger bzw. häufig aktualisierter Forschungsgegenstand sind. Außerdem ist auf Grund der breiten Nutzung von Social Software durch deutsche und US-amerikanische NPOs davon auszugehen, dass bereits in einem dreimonatigen Untersuchungszeitraum relativ viele Social-Web-Inhalte veröffentlicht werden. Anzumerken ist jedoch, dass die vorliegende empirische Untersuchung mit dem gewählten Untersuchungszeitraum lediglich eine Momentaufnahme der dialogischen Kommunikation von NPOs im Social Web darstellt (vgl. Welker et al. 2010, S. 25).

Da bis dato keine empirische Untersuchung mit einem vergleichbaren Studiendesign existiert, konnte im Rahmen der vorliegenden Untersuchung nicht auf ein bereits bestehendes Kategoriensystem zurückgegriffen werden. Aus diesem Grund wurde ein eigenes Kategoriensystem entwickelt. Als theoretische Basis dienten die Prinzipien für einen erfolgreichen dialogischen Beziehungsaufbau im Internet nach Kent und Taylor (1998), die teilweise bereits in anderen Studien zum Thema NPOs im Internet operationalisiert wurden. Allerdings muss hier beachtet werden, dass sich die Prinzipien von Kent und Taylor (1998) auf Websites im Web 1.0-Stadium beziehen und nicht ohne Weiteres auf die Strukturen des aktuellen Social Web übertragen werden können. Deshalb wurden Kents und Taylors (1998) Prinzipien mittels der theoretischen Erkenntnisse zu den Grundlagen, Funktionen und Anwendungen des Social Web für das Kategoriensystem modifiziert bzw. erweitert. Je nach untersuchter Social-Web-Anwendung ließen sich die ersten drei Prinzipien operationalisieren. Das vierte und fünfte Prinzip wurden nicht operationalisiert, da diese Prinzipien zum Teil auf veralteten Bedingungen des Internets beruhen bzw. sich mit der Logik und den Funktionalitäten der untersuchten Social-Web-Anwendungen nicht vereinbaren lassen. Da in der vorliegenden Untersuchung darüber hinaus die tatsächlich stattfindende Dialogkommunikation im Social Web erhoben werden sollte, wurden zusätzliche Kategorien zu dialogischen Kommunikationsprozessen in den einzelnen Social-Web-Anwendungen entwickelt. Dabei wurde auf die dargestellte Abgrenzung des Dialogbegriffs zurückgegriffen.

Anders als in bisherigen Studien zum Thema NPOs im Internet bzw. speziell im Social Web wurde ein umfassendes Forschungsdesign gewählt, in dem sowohl Social Software auf den Organisations-Websites (RSS-Feeds, Tagclouds, Wikis, Podcasts, Vodcasts, Blogs, Social Plugins) als auch externe Social-Web-Präsenzen der NPOs (exemplarisch YouTube, Facebook, Twitter) in die Untersuchung einbezogen wurden.[3] Insgesamt wurden bis zu 875 Variablen pro Organisation codiert.[4] Für die 100 analysierten NPOs wurden insgesamt 29 Podcastbeiträge, 39 Vodcastbeiträge, 567 Weblogbeiträge, 421 YouTube-Videos, 1.151 Facebook-Posts, 35 Facebook-Diskussionsthemen sowie 987 Tweets bei Twitter näher erfasst.

Zur Verdichtung der inhaltsanalytischen Ergebnisse wurde darüber hinaus ein *Social-Web-Dialog-Index (SWDI)* entwickelt (vgl. Abb. 2), der als Benchmark für die Dialogkommunikation von Organisationen im Social Web dient.

Der SWDI setzt sich aus vier Teilindizes zusammen: dem *Website-Dialog-Index (WDI)*, dem *YouTube-Dialog-Index (YTDI)*, dem *Facebook-Dialog-Index (FDI)* und dem *Twitter-Dialog-Index (TDI)*. Der WDI integriert die organisationseigenen Social-Web-Anwendungen Podcasts, Vodcasts und Blogs. Diese Anwendungen bilden keine eigenständigen Teilindizes, da sie alle auf der Plattform der Organisations-Website eingebunden werden. Daneben werden Teilindizes für die externen Social-Web-Plattformen YouTube (YTDI), Facebook (FDI) und Twitter (TDI) berechnet. Auch innerhalb dieser externen Dienste lassen sich einzelne Anwendungen unterscheiden, die jedoch auf der jeweiligen Plattform integriert werden (z. B. Posts, Info-Seite und Diskussionen-App auf Facebook). Die Teilindizes werden durch acht theoriegeleitete Indexvariablen berechnet, die auf den ersten drei Prinzipien für einen erfolgreichen dialogischen Beziehungsaufbau im Internet nach Kent und Taylor (1998) sowie der theoretischen Abgrenzung des Dialogbegriffs beruhen. Aufgrund spezifischer Eigenschaften der einzelnen Social-Web-Anwendungen kommen nicht bei jedem Teilindex sämtliche Indexvariablen zum Einsatz. Die Variablen, die das Maß der tatsächlich stattfindenden dialogischen Kommunikation im Social Web erfassen (Nutzerbewertungen, Nutzerkommentare, Organisationsantworten und schnelle Reaktion der Organisation) werden doppelt gewichtet. Damit wird verhindert, dass eine Organisation, die lediglich sämtliche Faktoren zur Schaffung günstiger Dialogbedingungen (dialogorientierte

---

[3] Die Auswahl der in die Untersuchung aufgenommenen organisationseigenen und externen Social-Web-Anwendungen basiert auf allgemeinen Nutzerzahlen sowie bisherigen Studienergebnissen.

[4] Diese relativ hohe Variablenanzahl ergibt sich daraus, dass für die Untersuchungsgruppe von 100 Organisationen (Fälle) bis zu 15 Beiträge pro Social-Web-Anwendung mittels mehrerer Varibalen näher erfasst wurden.

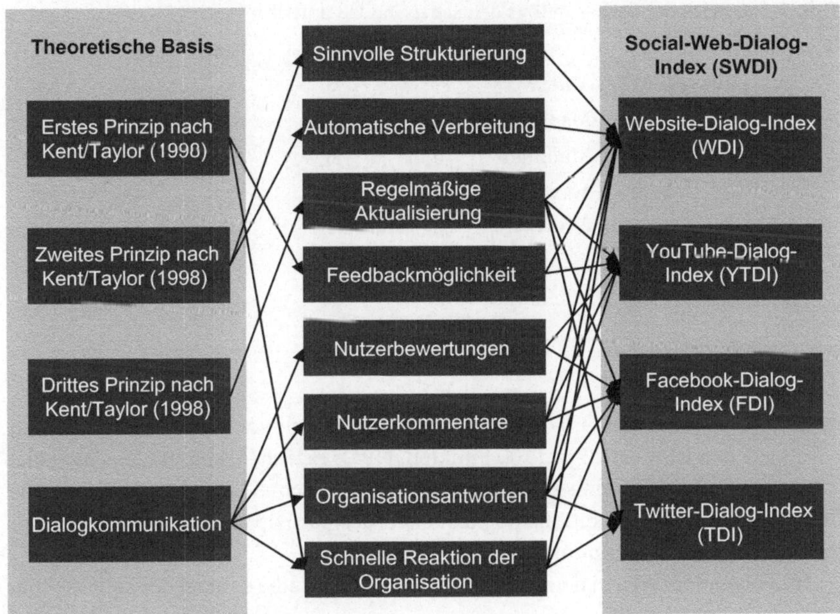

Abb. 2 Social-Web-Dialog-Index

Kommunikation) berücksichtigt (sinnvolle Strukturierung, automatische Verbreitung, regelmäßige Aktualisierung und Feedbackmöglichkeit) höhere Indexwerte erzielt, als eine Organisation, die tatsächlich dialogische Kommunikationsprozesse über ihre Social-Web-Anwendungen realisiert. Die einzelnen Teilindizes können Werte zwischen null und 100 annehmen. Es handelt sich somit um geschlossene Indizes, die eine höhere Vergleichbarkeit der Indexwerte sicherstellen als offene Indizes, deren Werte durch einzelne Ausreißer verzerrt werden können. Auch der SWDI wird auf maximal 100 Punkte begrenzt, indem die Summe der Teilindizes durch die Anzahl derselben dividiert wird.

5 Ergebnisse

Insgesamt betrachtet hat die empirische Untersuchung ergeben, dass NPOs das Dialogpotenzial des Social Web kaum ausschöpfen. Dieses Ergebnis manifestiert sich auch im Social-Web-Dialog-Index (SWDI) (vgl. Tab. 1): Der SWDI-Mittelwert

Tab. 1 Vergleich der Dialog-Indizes deutscher und US-amerikanischer NPOs

Hauptsitz der NPO		SWDI	WDI	YTDI	FDI	TDI
Deutschland (N = 50)	*Mittelwert*	*11*	*5*	*15*	*17*	*8*
	Median	8	0	14	17	5
	Minimum	0	0	0	0	0
	Maximum	32	25	50	47	40
USA (N = 50)	*Mittelwert*	*22*	*10*	*21*	*33*	*24*
	Median	22	12	22	31	25
	Minimum	3	0	0	0	0
	Maximum	45	42	67	81	55

liegt bei den deutschen Organisationen lediglich bei elf von 100 Punkten, bei den NPOs aus den USA bei 22 von 100 Punkten. NPOs beider Länder nutzen das Social Web damit stärker als neuen Verlautbarungskanal denn als Dialogplattform. Die dialogischen Kommunikationsmöglichkeiten des partizipativen Internets wurden zum Untersuchungszeitpunkt kaum ausgeschöpft.

Im Folgenden werden detaillierte Ergebnisse der Studie entlang der aufgestellten Hypothesen dargestellt:

▶ H1: NPOs setzen häufiger Social-Web-Anwendungen ein, die eine rein monologische Kommunikation ermöglichen als Anwendungen mit Feedbackmöglichkeiten.

Mehr als die Hälfte (67,2 %) der erfassten Social-Web-Anwendungen auf den NPO-Websites ermöglichen eine interaktive Kommunikation. Der Mittelwert der organisationseigenen, interaktiven Social-Web-Anwendungen beträgt 2,44 (Median: zwei Anwendungen), dabei variiert die Anzahl an interaktiver Social Software pro Organisation zwischen null (Minimum) und sieben Anwendungen (Maximum).

Bei YouTube muss zwischen Feedbackmöglichkeiten auf der YouTube-Kanalseite und Feedbackmöglichkeiten zu einzelnen YouTube-Videos unterschieden werden. Auf den YouTube-Kanalseiten bietet die breite Mehrheit der NPOs (70 NPOs; 81,4 % der NPOs mit YouTube-Kanal; $N = 86$) eine Kanalkommentarfunktion für Nutzer an. Darüber hinaus können die Betreiber eines YouTube-Kanals für jedes einzelne hochgeladene Video festlegen, ob eine Bewertungs-, Videoantwort- und/oder Kommentarfunktion für Nutzer eingerichtet wird. Die meisten der analysierten YouTube-Videos (98,3 %; $N = 421$) können durch Nutzer bewertet werden.

Unter den Organisationen, die im Untersuchungszeitraum YouTube-Videos über ihren Kanal hochgeladen haben ($N = 65$ NPOs), lässt lediglich eine Organisation (1,5 %) überhaupt keine Bewertungen zu ihren Videos zu. Die meisten NPOs (62 NPOs; 95,4 %) geben den Nutzern stets die Möglichkeit ihre Videos zu bewerten, zwei Organisationen (3,1 %) lassen bei manchen Videos Bewertungen zu, bei anderen nicht. Darüber hinaus besteht die Möglichkeit, Videoantworten zu hochgeladenen Videos zu erlauben.[5] Die meisten analysierten YouTube-Videos der NPOs (91,7 %) lassen Videoantworten zu. Dabei richten 84,6 % der Organisationen (55 NPOs) immer und 12,3 % (acht NPOs) teilweise eine Videoantwortmöglichkeit ein. Lediglich zwei NPOs (3,1 %) haben die Videoantwortfunktion bei sämtlichen hochgeladenen Videos deaktiviert. Auch eine Kommentarfunktion ist bei den meisten analysierten YouTube-Videos (91,9 %) vorhanden. Die Mehrheit der NPOs (54 NPOs; 83,1 %) gibt den Nutzern stets die Möglichkeit, ihre Videos zu kommentieren, 12,3 % (acht NPOs) räumen den Nutzern teilweise eine Kommentarfunktion ein. Lediglich drei Organisationen (4,6 %) unterbinden die Kommentarfunktion bei sämtlichen hochgeladenen Videos.

Beim Social-Networking-Dienst Facebook und beim Microblog Twitter ist stets eine Feedbackmöglichkeit gegeben, da es technisch nicht möglich ist, diese zu unterbinden.[6]

Hypothese 1 kann somit für organisationseigene und für externe Social-Web-Anwendungen falsifiziert werden.

▶ H2: Weniger als 20 % der NPOs realisieren über Social-Web-Anwendungen dialogische Kommunikationsprozesse mit mehr als einem Rollenwechsel zwischen den Organisationen und ihren Stakeholdern.

Über die Podcasts der NPOs entstehen kaum dialogische Kommunikationsprozesse. Lediglich eine Organisation weist in ihrem Podcast Nutzerkommentare auf, die jedoch von der Organisation unbeantwortet bleiben. Das bedeutet, dass keine der analysierten NPOs über Podcasts dialogische Kommunikationsprozesse mit

---

[5] Bei Videoantworten handelt es sich um Videos, die von Nutzern als Antwort auf das ursprüngliche Organisationsvideo hochgeladen und mit diesem verlinkt werden.

[6] Bei Facebook können Organisationen zwar Nutzer-Posts auf der eigenen Fanpage unterbinden, jedoch kann die Kommentar- bzw. Bewertungsfunktion der Organisations-Posts nicht abgeschaltet werden. Somit erhalten die Nutzer grundsätzlich zu jedem Organisations-Post Feedbackmöglichkeiten. Über Twitter kann theoretisch jeder Nutzer Organisations-Posts weiterleiten (Retweet) bzw. die Organisationen über das @-Zeichen direkt mit einem Tweet adressieren. Diese Funktionen können von den Organisationen nicht unterbunden werden.

Tab. 2 Dialoge mit mehr als einem Rollenwechsel über organisationseigene und externe Social-Web-Anwendungen von NPOs

Social-Web-Anwendung	Anteil der NPOs, die Dialoge mit mehr als einem Rollenwechsel realisieren (%) ($N = 100$)	Minimale Anzahl der Antworten von NPOs	Maximale Anzahl der Antworten von NPOs
Podcast	0	0	0
Vodcast	0	0	0
Webblog	16	0	2
YouTube Kanal	2	0	1
YouTube Videos	5	0	24
Facebook Posts	49	0	5
Facebook Diskussionen-App	1	0	2
Twitter Antwort-Tweets an Nutzer	31	0	7
Twitter Antwort-Tweets an Organisationen	30	0	4

mehr als einem Rollenwechsel realisiert (vgl. Tab. 2). Darüber hinaus tritt keine NPO im Untersuchungszeitraum über ihren Vodcast in einen dialogischen Kommunikationsprozess mit Stakeholdern. Ein Drittel der analysierten Organisationen realisiert im Untersuchungszeitraum über eigene Weblogs Stakeholder-Dialoge. Dabei werden 118 (21,9 %) der insgesamt 538 analysierten Blogbeiträge mit Kommentarmöglichkeit durch Nutzer kommentiert. Jedoch reagieren lediglich 16 % der Organisationen auf Nutzerkommentare zu Blogbeiträgen mit eigenen Antwortkommentaren und realisieren somit dialogische Kommunikationsprozesse mit mehr als einem Rollenwechsel. Innerhalb der 118 Blogbeiträge, die durch Nutzer kommentiert wurden, erfolgt nur bei 22 Beiträgen (18,6 %) eine Organisationsreaktion in Form von Antwortkommentaren.

Auf YouTube können dialogische Kommunikationsprozesse unter anderem über die Kanalkommentarfunktion realisiert werden. Von den 70 NPOs, die eine Kanalkommentarmöglichkeit in ihrem YouTube-Kanal anbieten, haben im Untersuchungszeitraum lediglich 25 Organisationen Nutzerkanalkommentare erhalten. Nur zwei Organisationen antworten auf Nutzerkanalkommentare und realisieren somit über ihren YouTube-Kanal Dialoge mit mehr als einem Rollenwechsel. Auch die meisten analysierten YouTube-Videos (91,9 %) weisen eine Kommentarfunktion auf, über die theoretisch dialogische Kommunikationsprozesse mit mehr als einem Rollenwechsel realisiert werden können. Lediglich bei bei den Videos von 33 Organisationen haben Nutzer von dieser Funktion Gebrauch gemacht. Dabei handelt es sich um 99 Videos (25,6 % der Videos mit Kommentarmöglichkeit; N = 387), die tatsächlich durch Nutzer kommentiert wurden. Lediglich fünf Organisationen reagieren auf Nutzerkommentare zu ihren YouTube-Videos und realisieren somit dialogische Kommunikationsprozesse mit mehr als einem Rollenwechsel. Allerdings nutzen auch diese Organisationen die Dialogmöglichkeit nicht konsequent: Diese Organisationen posten nur bei acht Videos mit Nutzerkommentaren (8,1 %; N = 99) eigene Kommentare. Dabei handelt es sich meist lediglich um einen bis vier Organisationskommentare pro Video; ein einziges Video weist 24 Organisationskommentare auf.

Auf Facebook können die organisationseigenen Posts stets durch Nutzer kommentiert werden. Die meisten Organisationen (72 %) erhalten Nutzerkommentare zu ihren Facebook-Posts. Dabei wurden insgesamt im Untersuchungszeitraum 43,8 % der analysierten Posts durch Nutzer kommentiert. Knapp die Hälfte der analysierten NPOs (49 %) reagiert auf Nutzerkommentare zu Facebook-Posts mit eigenen Antwortkommentaren und baut damit Dialoge mit mehr als einem Rollenwechsel auf. Dabei werden jedoch lediglich 24 % der durch Nutzer kommentierten Facebook-Posts ebenfalls durch die Organisationen kommentiert. In den meisten Fällen (90 Posts; 17,9 %) reagieren die NPOs lediglich mit einem Antwortkommentar; maximal werden fünf Organisationskommentare als Antwort auf Nutzerkommentare zu Posts veröffentlicht. Darüber hinaus besteht auf Facebook die Möglichkeit, über eine Diskussionen-App Stakeholder-Dialoge aufzubauen. Eine solche Diskussionen-App wird jedoch lediglich von 28 Organisationen eingesetzt. Nur in sechs Fällen waren innerhalb der Diskussionen-Apps im Untersuchungszeitraum Diskussionsthemen vorhanden. An den analysierten Diskussionsthemen beteiligten sich zudem in 91,4 % der Fälle (N = 35) ausschließlich Facebook-Nutzer. Nur ein Diskussionsthema einer Organisation weist sowohl eine Beteiligung der Facebook-Nutzer als auch der Organisation auf und stellt damit einen dialogischen Kommunikationsprozess mit mehr als einem Rollenwechsel zwischen der Organisation und Stakeholdern dar.

Über die Twitter-Kanäle der Organisationen werden überwiegend Tweets veröffentlicht, die Hashtags (479 Tweets; 48,5 %; N = 987), Links (791 Tweets; 80,1 %) und/oder Retweets (123 Tweets; 12,5 %) enthalten. Lediglich bei 64 der analysierten Tweets (6,5 %) handelt es sich um Antwort-Tweets an Nutzer und bei 47 Tweets (4,8 %) um Antwort-Tweets an andere Organisationen. Diese Antwort-Tweets an Nutzer bzw. Organisationen stellen dialogische Kommunikationsprozesse mit mehr als einem Rollenwechsel zwischen den Organisationen und ihren Stakeholdern dar. 31 Organisationen twittern Antwort-Tweets an Nutzer. Dabei veröffentlichen die meisten dieser NPOs (16 Organisationen) lediglich einen Nutzer-Antwort-Tweet, maximal werden sieben Antwort-Tweets an Nutzer versendet. Außerdem senden 30 Organisationen Antwort-Tweets an Organisationen. Dabei handelt es sich jedoch in den meisten Fällen (18 NPOs) lediglich um einen Organisations-Antwort-Tweet im dreimonatigen Untersuchungszeitraum. Maximal versenden die NPOs vier Antwort-Tweets an Organisationen.

Hypothese 2 kann somit lediglich für Facebook (Posts) sowie Twitter (Antwort-Tweets an Nutzer und Organisationen) nicht falsifiziert werden. Über Podcasts, Vodcasts, Webblogs und YouTube realisieren wesentlich weniger als 20 % der NPOs Dialoge mit mehr als einem Rollenwechsel.

▶   H3: Weniger als zehn Prozent der NPOs reagieren noch am selben Tag
    auf Nutzerfeedback in Social-Web-Anwendungen.

Da die analysierten Podcast- und Vodcastbeiträge im Untersuchungszeitraum keine Organisationskommentare als Antworten auf Nutzerkommentare aufweisen, können auf den NPO-Websites lediglich die Organisationskommentare zu Blogbeiträgen analysiert werden. Zwar reagieren die Organisationen auch auf durch Nutzer kommentierte Blogbeiträge lediglich in 18,6 % der Fälle ($N = 118$ kommentierte Beiträge), jedoch kann festgestellt werden, dass diese Antworten relativ schnell erfolgen: Die Mehrheit der Kommentare von Organisationen auf Nutzerkommentare wird noch am gleichen Tag gepostet (40,9 %; $N = 22$). Dabei handelt es sich um acht Organisationen ($N = 100$), die im Untersuchungszeitraum ein- bis zweimal am selben Tag der Nutzerkommentare reagieren.

Da auf YouTube nur relativ ungenaue Zeitangaben zur Veröffentlichung von Kommentaren angegeben werden, kann für die externen Plattformen lediglich die Reaktionsgeschwindigkeit der Organisationen auf Facebook und Twitter analysiert werden. Die Organisationen reagieren bei 24 % der durch Nutzer kommentierten Facebook-Posts mit Antwortkommentaren. Diese erfolgen in 68,6 % der Fälle noch am selben Tag. Dabei handelt es sich um 39 Organisationen, die mindestens einmal noch am selben Tag auf Facebook-Nutzerkommentare reagieren. Die meisten dieser Organisationen tun dies jedoch lediglich einmal (18 NPOs) bzw. zweimal (zehn NPOs) innerhalb des Analysezeitraums. Lediglich elf Organisationen antworten drei- bis maximal achtmal noch am selben Tag auf Nutzerkommentare.

Innerhalb der analysierten Tweets handelt es sich bei 6,5 % der Tweets um Antwort-Tweets an Nutzer und bei 4,8 % um Antwort-Tweets an Organisationen. Diese Antwort-Tweets erfolgen in 62,5 % der Fälle noch am selben Tag der Nutzer- bzw. Organisations-Tweets. Dabei reagieren 17 der analysierten Organisationen (17 %) auf Nutzer- bzw. Organisations-Tweets mindestens einmal noch am selben

Tag mit Antwort-Tweets. Die meisten dieser Organisationen (elf NPOs) tun dies jedoch nur einmal, lediglich sechs Organisationen veröffentlichen zwei- bis viermal noch am selben Tag Antwort-Tweets.

Hypothese 3 kann somit nur teilweise falsifiziert werden. Über Webblogs reagieren tatsächlich weniger als zehn Prozent der NPOs noch am gleichen Tag auf Nutzerfeedback, über Facebook und Twitter sind es hingegen mehr.

▶   H4: US-amerikanische NPOs setzen mehr Social-Web-Anwendungen
    mit Feedbackmöglichkeiten ein als deutsche NPOs.

Während die deutschen Organisationen durchschnittlich lediglich 1,96 interaktive Anwendungen auf ihren Websites einbinden, weisen die US-amerikanischen Organisationen im Schnitt 2,92 organisationseigene, interaktive Anwendungen auf (vgl. Tab. 3). Der Unterschied der durchschnittlichen Anzahl organisationseigener interaktiver Social Software zwischen deutschen und US-amerikanischen Organisationen ist auf dem 0,05-Niveau signifikant.

Insgesamt betrachtet setzen US-amerikanische Organisationen durchschnittlich etwas häufiger interaktive externe Social-Web-Plattformen ein (2,84 Plattformen) als deutsche NPOs (2,18 Plattformen) (vgl. Tab. 4). Während fünf deutsche NPOs überhaupt keine interaktive externe Social Software nutzen, verfügen sämtliche US-amerikanische Organisationen über mindestens zwei interaktive externe Social-Web-Präsenzen. Der relativ geringe Unterschied in der Anzahl interaktiver externer Social-Web-Präsenzen zwischen deutschen und US-amerikanischen Organisationen ist auf dem 0,01-Niveau signifikant.

Hypothese 4 kann somit nicht falsifiziert werden, wobei anzumerken ist, dass der Länderunterschied bezüglich der interaktiven organisationseigenen Social-Web-Anwendungen größer ausfällt als bei den interaktiven externen Social-Web-Plattformen.

Tab. 3 Zahl der von NPOs eingesetzten, interaktiven Social-Web-Anwendungen auf eigenen Websites

	Mittelwert	Median	Min.	Max.	Standardabweichung	Varianz
Deutsche NPOs ($N = 50$)	1,96	1	0	5	2,010	4,039
US-amerikanische NPOs ($N = 50$)	2,92	3,50	0	7	2,202	4,851

Tab. 4 Zahl der von NPOs eingesetzten externen Social-Web-Anwendungen

	Mittelwert	Median	Min.	Max.	Standardabweichung	Varianz
Deutsche NPOs ($N = 50$)	2,18	3,00	0	4	1,101	1,212
US-amerikanische NPOs ($N = 50$)	2,84	3,00	2	4	0,422	0,178

▶ H5: Mehr US-amerikanische als deutsche NPOs realisieren über Social-Web-Anwendungen dialogische Kommunikationsprozesse mit mehr als einem Rollenwechsel.

Obwohl US-amerikanische NPOs die Bandbreite der zur Verfügung stehenden organisationseigenen und externen Social-Web-Anwendungen besser ausschöpfen als deutsche Organisationen und zudem häufiger Feedbackmöglichkeiten freischalten, treten sie kaum öfter in intensive Social-Web-Dialoge als deutsche Organisationen. Hypothese 5 kann nur teilweise falsifiziert werden. Über Weblogs, Facebook-Präsenzen und Twitter-Kanäle entstehen bei US-amerikanischen NPOs häufiger dialogische Kommunikationsprozesse mit mehr als einem Rollenwechsel als bei deutschen NPO (vgl. Tab. 5). Hierbei muss jedoch beachtet werden, dass es sich überwiegend um geringfügige Unterschiede zwischen den deutschen und US-amerikanischen Organisationen handelt, die meist nicht signifikant sind. Über den Microblogging-Dienst Twitter realisieren jedoch deutlich mehr US-amerikanische (54 bzw. 36 %) als deutsche NPOs (acht bzw. 24 %) Dialoge mit mehr als einem Rollenwechseln. Bezüglich der analysierten Podcasts und Vodcasts kann Hypothese 5 hingegen falsifiziert werden, da bei keinem der analysierten Angebote ein Stakeholder-Dialog mit mehr als einem Rollenwechsel entsteht. Auch für YouTube kann Hypothese 5 falsifiziert werden: Deutsche NPOs treten häufiger über die Video- bzw. Kanalkommentarfunktion (acht bzw. vier Prozent) in dialogische Kommunikationsprozesse mit mehr als einem Rollenwechsel als US-amerikanische Organisationen (zwei bzw. null Prozent).

Insgesamt betrachtet kommentieren und/oder bewerten US-amerikanische Internetnutzer wesentlich häufiger Social-Web-Beiträge der Organisationen als deutsche Nutzer. Dieser Befund deckt sich mit anderen Studienergebnissen zur Social-Web-Nutzung in Deutschland und den USA. Die höhere Social-Web-Aktivität in den USA ist wahrscheinlich darauf zurückzuführen, dass Social Software dort bereits seit Längerem etabliert ist. Wie bereits erläutert, ist die Entstehung von Dialog im Social Web maßgeblich von der tatsächlichen Partizipation der Nutzer abhängig. Obwohl die US-amerikanischen Organisationen eine wesent-

Tab. 5 Anteil der NPOs, die Dialoge mit mehr als einem Rollenwechsel über Social Software realisieren

Social-Web-Anwendung	Anteil deutscher NPOs (%) ($N = 50$)	Anteil US-amerikanischer NPOs (%) ($N = 50$)
Podcast	0	0
Vodcast	0	0
Webblog	14	16
YouTube Kanal	4	0
YouTube Videos	8	2
Facebook Posts	40	58
Facebook Diskussionen-App	0	2
Twitter Antwort-Tweets an Nutzer	8	54
Twitter Antwort-Tweets an Organisationen	24	36

lich höhere Partizipation ihrer Stakeholder im Social Web verzeichnen, reagieren diese NPOs kaum häufiger als deutsche Organisationen auf Nutzer-Feedback zu ihren Social-Web-Beiträgen. Das heißt, dass US-amerikanische NPOs zwar wesentlich häufiger als deutsche NPOs Dialoge mit einem Rollenwechsel anstoßen, eine Weiterführung des Dialogs aber in beiden Ländern selten vorkommt.

▶ H6: US-amerikanische NPOs reagieren schneller auf Nutzerfeedback in Social-Web-Anwendungen als deutsche Organisationen.

US-amerikanische Organisationen reagieren insgesamt betrachtet schneller auf Nutzerkommentare zu Blogbeiträgen als deutsche NPOs: Die Hälfte der erhobenen US-amerikanischen Antworten ($N = $ zehn) erfolgt noch am selben Tag der Nutzerkommentare, während bei den erhobenen deutschen Reaktionen lediglich ein Drittel ($N = $ zwölf) noch am selben Tag gepostet wird. Dabei antworten lediglich drei von 50 deutschen Organisationen noch am selben Tag auf die jeweils ersten Nutzerkommentare zu Blogbeiträgen, unter den US-amerikanischen Organisationen sind es hingegen fünf der 50 untersuchten Organisationen. Auch über die Facebook-Präsenzen und Twitter-Kanäle reagieren US-amerikanische Organisationen insgesamt betrachtet schneller als deutsche NPOs: 73,9 % der erhobenen US-amerikanischen Antworten auf Nutzerkommentare zu Facebook-Posts ($N = 69$) erfolgen noch am selben Tag der Nutzerkommentare, während unter den deutschen Organisationen 61,5 % der Organisationsreaktionen ($N = 52$) genauso schnell gepostet werden. Dabei antworten 23 US-amerikanische (46 %; $N = 50$)

und lediglich 16 deutsche NPOs (32 %; $N = 50$) mindestens einmal auf Post-Nutzerkommentare noch am selben Tag. Auch die über Twitter veröffentlichten Antwort-Tweets erfolgen bei US-amerikanischen Organisationen meist schneller als bei deutschen Organisationen: 65,9 % der Antworten US-amerikanischer NPOs ($N = 44$) werden noch am selben Tag publiziert, während die deutschen Organisationen lediglich 25 % ihrer Antwort-Tweets noch am selben Tag twittern ($N = $ vier). Dabei handelt es sich um eine deutsche Organisation (zwei Prozent; $N = 50$) und um 16 US-amerikanische Organisationen (32 %; $N = 50$), die zumindest einmal noch am selben Tag mit Antwort-Tweets reagieren. Hypothese 6 kann somit nicht falsifziert werden.

▶ H7: Je mehr Vollzeitmitarbeiter in der Onlinekommunikation oder speziell der Social-Web-Kommunikation beschäftigt sind, desto mehr dialogorientierte bzw. dialogische Kommunikation realisiert die NPO im Social Web.

Da die in der vorliegenden Studie untersuchten deutschen Nonprofit-Organisationen wesentlich weniger Vollzeitmitarbeiter in den Bereichen Onlinekommunikation sowie speziell Social Web beschäftigen als die US-amerikanischen NPOs, wurden zwischen den Mitarbeiterzahlen und dem SWDI partielle Korrelationen unter Kontrolle der Länderzugehörigkeit der Organisationen berechnet.[7] Demnach bestehen mittlere positive Zusammenhänge zwischen der Anzahl der Vollzeitmitarbeiter in der Onlinekommunikation ($r = 0{,}483$) bzw. in der Social-Web-Kommunikation ($r = 0{,}458$) und den SWDI-Werten der NPOs, die auf dem 0,01-Niveau signifikant sind. Auch zwischen fast allen Teilindizes und den Mitarbeiterzahlen konnten signifikante positive schwache bis mittlere Korrelationen nachgewiesen werden. Hypothese 7 kann somit nicht falsifiziert werden.

▶ H8: Social-Web-Beiträge der NPOs, die einen argumentativen Kommunikationsstil aufweisen, werden häufiger durch Nutzer kommentiert als Beiträge mit einem persuasiven oder informativen Kommunikationsstil.

Bezüglich der organisationseigenen Social-Web-Anwendungen kann für Blogs ein Zusammenhang zwischen dem Kommunikationsstil der Beiträge und der An-

---

[7] Die analysierten Organisationen wurden per E-Mail angeschrieben und um die Angabe der Voll- und Teilzeitmitarbeiter in den Bereichen Onlinekommunikation sowie speziell Social-Web-Kommunikation gebeten. Von den angeschriebenen 100 Organisationen haben insgesamt 53 NPOs geantwortet, darunter 34 deutsche und 19 US-amerikanische NPOs.

zahl an Nutzerkommentaren geprüft werden. Bei den erhobenen Podcasts und Vodcasts war dies aufgrund der Fallzahlen nicht möglich. Innerhalb der analysierten Blogbeiträge mit Kommentarmöglichkeit ($N = 538$) weisen die Beiträge mit einem argumentativen Kommunikationsstil im Schnitt wesentlich mehr Nutzerkommentare auf (MW: 4,14 Kommentare) als die Beiträge mit einem persuasiven (MW: 0,49 Kommentare) oder informativen Kommunikationsstil (MW: 0,29 Kommentare). Den Mann-Whitney U-Tests zufolge sind die Unterschiede in der Nutzerkommentaranzahl zwischen der Beitragsgruppe mit einem argumentativen Kommunikationsstil und den Gruppen mit persuasiven oder informativen Kommunikationsstil auf dem 0,01-Niveau signifikant.

Bezüglich der untersuchten externen Social-Web-Anwendungen kann der Zusammenhang zwischen dem Kommunikationsstil und der Zahl der Nutzerkommentare für Facebook geprüft werden. Die Anzahl der analysierten YouTube-Videos mit argumentativem Kommunikationsstil war zu gering und über Twitter sind keine Nutzerkommentare möglich. Von den analysierten Facebook-Posts der Organisationen wurden Beiträge mit einem argumentativen Kommunikationsstil durchschnittlich deutlich häufiger durch Nutzer kommentiert (MW: 16,49 Kommentare) als Posts mit einem persuasiven (MW: 4,38 Kommentare) oder informativen Kommunikationsstil (MW: 1,51 Kommentare). Die Unterschiede zwischen allen drei Beitragsgruppen sind auf dem 0,01-Niveau signifikant.

Hypothese 8 kann somit nicht falsifiziert werden. Die Organisationen verwenden jedoch in ihren Social-Web-Beiträgen im Sample relativ selten einen argumentativen Kommunikationsstil: Lediglich 3,9 % der Blogbeiträge mit Kommentarmöglichkeit und 9,73 % der Facebook-Posts weisen einen argumentativen Kommunikationsstil auf. Mit Abstand am häufigsten setzen die NPOs einen persuasiven Kommunikationsstil in ihren Social-Web-Beiträgen ein.

6 Schlussfolgerungen und Perspektiven

Insgesamt betrachtet hat die empirische Untersuchung ergeben, dass die strategische Kommunikation von Nonprofit-Organisationen (NPOs) im Social Web durch eine überwiegend monologische bzw. interaktive Kommunikation gekennzeichnet ist. Dabei wird das Dialogpotenzial externer Social-Web-Plattformen tendenziell besser ausgeschöpft als das organisationseigener Social Software. Sofern Dialoge zustande kommen, handelt es sich in der Regel um eine einseitige Kommentierung durch Nutzer (Dialoge mit einem Rollenwechsel). Intensivere Dialoge oder gar Argumentationen mit mehreren Rollenwechseln zwischen den Organisationen und ihren Bezugsgruppen werden kaum realisiert. Für die meisten Organisationen scheinen beim Einsatz von Social Software nicht Stakeholder-Dialoge, sondern eine bessere multimediale Präsentation und Verbreitung ihrer Botschaften im Vordergrund zu stehen. Obwohl die Social-Web-Beiträge von US-amerikanischen NPOs deutlich häufiger durch Nutzer kommentiert werden, antworten sie – ebenso wie deutsche Organisationen – nur relativ selten auf dieses Nutzerfeedback – wobei im Rahmen dieser Studie nicht untersucht wurde, inwiefern sich an die jeweilige Kommunikationssituation eine Fortführung des Austauschs angeboten hätte. NPOs beider Länder nutzen das Social Web damit vielmehr als neuen Verlautbarungskanal, denn als Dialogplattform. Die dialogischen Kommunikationsmöglichkeiten des partizipativen Internets werden momentan kaum ausgeschöpft. Hierbei muss jedoch beachtet werden, dass dies selbstverständlich auch der strategischen Ausrichtung der jeweiligen Kommunikationspolitik oder der Organisationen geschuldet sein kann. Denn dialogische Kommunikation ist nicht prinzipiell besser als monologische Kommunikation, sondern muss als „situative[s] Element einer strategischen Kommunikationspolitik" (Zerfaß 1996, S. 24) betrachtet werden. Darüber hinaus hat die Studie gezeigt, dass zwei zentrale unabhängige Variablen in Bezug auf die Dialogkommunikation von NPOs im Social Web die personellen Ressourcen sowie der eingesetzte Kommunikationsstil sind. Je mehr Personal im Bereich Onlinekommunikation bzw. speziell Social Web eingesetzt und je häufiger ein argumentativer Kommunikationsstil angewendet wird, desto eher entstehen Dialoge.

Weitere Gründe für die kaum ausgeprägte dialogische Kommunikation der NPOs im Social Web können anhand der inhaltsanalytischen Ergebnisse lediglich vermutet und mit Ergebnissen anderer Studien begründet werden: Eine der Hürden könnte die Sorge der NPOs vor einem Kontrollverlust sein (Linke und Zerfass 2013, S. 279), denn Dialogkommunikation ist stets durch Offenheit und nicht vorhersehbare Dynamik gekennzeichnet. Den meisten Kommunikationsverantwortlichen dürfte es schwer fallen, ihre strategische Steuerungsmöglichkeit teilweise aus der Hand zu geben. Dabei gilt es jedoch zu beachten, dass ein potentieller Kontrollverlust der Organisation über die Kommunikation unabhängig von ihrem aktiven Engagement im Social Web ist. Social-Web-Dialoge über Organisationen können selbstverständlich auch ohne Beteiligung der NPOs zwischen Nutzern entstehen. Umso wichtiger erscheint es, dass Organisationen die Social-Web-Diskussionen über sie im Auge behalten (Social-Web-Monitoring) und gegebenenfalls durch eine aktive dialogische Kommunikation Einfluss auf deren Verlauf nehmen. Außerdem setzt dialogische Kommunikation im Social Web eine tendenziell offene, partizipative Organisationskultur voraus. Starre Hierarchien könnten ein Motiv dafür sein, weshalb sich die Organisationen im Social Web kaum auf Stakeholder-Dialoge einlassen.

Bezüglich der Aussagekraft der Untersuchungsergebnisse sei schließlich auf einige Einschränkungen hingewiesen: In der durchgeführten empirischen Studie konnte lediglich ein Ausschnitt des heterogenen Nonprofit-Sektors untersucht werden. Das bedeutet, dass die Ergebnisse in erster Linie Gültigkeit für die 100 analysierten Organisationen besitzen, darüber hinaus können die Befunde unter Vorbehalt auf weitere große NPOs aus dem Bereich der internationalen Entwicklungszusammenarbeit übertragen werden. Außerdem wurde in der vorliegenden Studie lediglich ein Teil des Social Web untersucht, die Auswahl der analysierten organisationseigenen und externen Social-Web-Anwendungen erfolgte anhand von allgemeinen Nutzerzahlen und bisherigen Studienergebnissen zum Thema. Mittels Stakeholder-Befragungen sollte überprüft werden, welche Social-Web-Plattformen speziell von den Bezugsgruppen der NPOs genutzt werden und über welche dieser Plattformen sie den Dialog suchen. Mit dem gewählten Untersuchungsdesign konnte darüber hinaus lediglich eine Momentaufnahme der Dialogkommunikation im Social Web dargestellt werden. Da es sich beim Social Web um ein sehr dynamisches und schnelllebiges Feld handelt, besitzen die Ergebnisse lediglich eine zeitlich begrenzte Gültigkeit.

Die hier vorgestellte Studie führt zu einigen Forschungsdesideraten: Als Basis der vorliegenden Studie wurde unter anderem Kents und Taylors (1998, 2002) theoretischer Bezugsrahmen für einen dialogischen Beziehungsaufbau im Internet herangezogen. Ob die Umsetzung der theoretisch hergeleiteten Prinzipien jedoch von Rezipienten tatsächlich als dialogorientiert empfunden wird, sollte in Nutzerbefragungen und gegebenenfalls experimentellen Studien verifiziert werden. Die durchgeführte Online-Inhaltsanalyse lässt keine Rückschlüsse auf die Wirkung der (vermeintlich) dialogorientierten Kommunikation bei Rezipienten zu. Gegebenenfalls könnten zukünftige Untersuchungen zudem weitere Faktoren identifizieren, die eine dialogische Kommunikation zwischen Organisationen und ihren Stakeholdern im Social Web begünstigen.

Damit wird deutlich, dass der vorliegende Beitrag lediglich einen ersten, explorativen Schritt darstellt, das Thema dialogischer Beziehungsaufbau von NPOs im Social Web darzustellen. Dennoch wird der PR-Wissenschaft durch die hier vorgestellte Methode ein international anschlussfähiges Erhebungsinstrument an die Hand gegeben, mit dem die Dialogkommunikation von Organisationen aller Art über organisationseigene und externe Social Software systematisch erfasst werden kann. Das entwickelte Kategoriensystem kann dazu genutzt werden, bestehende Social-Web-Angebote in sämtlichen Branchen zu analysieren und hinsichtlich der Stimulierung von Dialogen zu optimieren. Darüber hinaus leisten die Untersuchungsergebnisse einen Beitrag zur Debatte um die strategische Kommunikation in Internet und Social Web (Zerfaß und Pleil 2012), da empirisch nachgewiesen werden konnte, dass der Einsatz von dialogorientierter Social Software nicht zwangsläufig zu dialogischer Kommunikation zwischen Organisationen und ihren Stakeholdern führt.

Literatur

Beck, K. (2010). Soziologie der Online-Kommunikation. In K. Beck & W. Schweiger (Hrsg.), *Handbuch Onlinekommunikation* (S. 15–35). Wiesbaden: VS Verlag für Sozialwissenschaften.

Bentele, G., Steinmann, H., & Zerfaß, A. (1996). Dialogorientierte Unternehmenskommunikation. Ein Handlungsprogramm für die Kommunikationspraxis. In G. Bentele, H. Steinmann, & A. Zerfaß (Hrsg.), *Dialogorientierte Unternehmenskommunikation* (S. 447–463). Berlin: Vistas.

Bornholdt, M., Noll, C., & Ruck, M. F. (2006). Zur Weiterentwicklung des Sozialmarketings. Warum Marketing im Nonprofit-Bereich als das Management von Stakeholdern verstanden werden sollte. In M. F. Ruck, C. Noll, & M. Bornholdt (Hrsg.), *Sozialmarketing als Stakeholder-Management* (S. 21–37). Bern: Haupt.

Bortree, D. S., & Seltzer, T. (2009). Dialogic strategies and outcomes: An analysis of environmental advocacy groups' Facebook profiles. *Public Relations Review, 35*(3), 317–319.

Brosius, H.-B., Koschel, F., & Haas, A. (2009). *Methoden der empirischen Kommunikationsforschung* (5. Aufl.). Wiesbaden: VS Verlag für Sozialwissenschaften.

Bruhn, M. (2005). *Marketing für Nonprofit-Organisationen.* Stuttgart: Kohlhammer.

Bruhn, M. (2009). Kommunikationspolitik für Nonprofit-Organisationen. In M. Bruhn, F.-R. Esch, & T. Langner (Hrsg.), *Handbuch Kommunikation* (S. 1153–1176). Wiesbaden: Gabler.

Ebersbach, A., Glaser, M., & Heigl, R. (2011). *Social Web* (2. Aufl.). Konstanz: UVK.

Eimeren, B., & Frees, B. (2011). Drei von vier Deutschen im Netz – ein Ende des digitalen Grabens in Sicht? Ergebnisse der ARD/ZDF-Onlinestudie 2011. *Media Perspektiven, 7/8,* 334–349.

Fink, S., Zerfaß, A., & Linke, A. (2011). *Social Media Governance 2011 – Kompetenzen, Strukturen und Strategien von Unternehmen, Behörden und Non-Profit-Organisationen für die Online-Kommunikation im Social Web. Ergebnisse einer empirischen Studie bei Kommunikationsverantwortlichen.* Leipzig, Wiesbaden: Universität Leipzig/FFPR. http://www.slideshare.net/communicationmanagement. Zugegriffen: 8. Dez. 2013.

Früh, W. (2011). *Inhaltsanalyse* (7. Aufl.). Konstanz: UVK.

Greenberg, J., & MacAulay, M. (2009). NPO 2.0? Exploring the web presence of environmental nonprofit organizations in Canada. *Global Media Journal (Canadian Edition), 2*(1), 63–88.

Hippner, H. (2006). Bedeutung, Anwendungen und Einsatzpotenziale von Social Software. *HMD Praxis der Wirtschaftsinformatik, 43*(252), 6–16.

Horak, C., & Heimerl, P. (2007). Management von NPOs – Eine Einführung. In C. Badelt (Hrsg.), *Handbuch der Nonprofit Organisation* (4. Aufl., S. 167–177). Stuttgart: Schäffer-Poeschel.

Horak, C., Matul, C., & Scheuch, F. (2007). Ziele und Strategien von NPOs. In C. Badelt (Hrsg.), *Handbuch der Nonprofit Organisation ion* (4. Aufl., S. 178–201). Stuttgart: Schäffer-Poeschel.

Ingenhoff, D., & Koelling, A. M. (2010). Web sites as a dialogic tool for charitable fundraising NPOs: A comparative study. *International Journal of Strategic Communication, 4*(3), 171–188.

Janich, P. (1992). *Grenzen der Naturwissenschaft. Erkennen als Handeln.* München: C. H. Beck.

Jones-Bodie, A. (2008). *Public relations and the nonprofit-sector: An examination of research possibilities.* Paper presented at the annual meeting of the 94th Annual Convention of the National Communication Association, San Diego.

Jun, J. (2011). How climate change organizations utilize websites for public relations. *Public Relations Review, 37*(3), 245–249.

Kang, S., & Norton, H. E. (2004). Nonprofit organizations' use of the World Wide Web: are they sufficiently fulfilling organizational goals? *Public Relations Review, 30*(3), 279–284.

Kaplan, A. M., & Haenlein, M. (2010). Users of the world, unite! The challenges and opportunities of social media. *Business Horizons, 53*(1), 59–68.

Kent, M. L., & Taylor, M. (1998). Building dialogic relationships through the World Wide Web. *Public Relations Review, 24*(3), 321–334.

Kent, M. L., & Taylor, M. (2002). Toward a dialogic theory of public relations. *Public Relations Review, 28*(1), 21–37.

Kent, M. L., Taylor, M., & White, W. J. (2003). The relationship between web site design and organizational responsiveness to stakeholders. *Public Relations Review, 29*(1), 63–77.

Kiefer, K. (2009). *NGOs im Social Web. Eine inhaltsanalytische Untersuchung zum Einsatz und Potential von Social Media für die Öffentlichkeitsarbeit von gemeinnützigen Organisationen. Unveröffentlichte Masterarbeit am Institut für Journalistik und Kommunikationsforschung.* Hannover: Hochschule für Musik Theater und Medien.

Kuhlmann, W. (1993). Zum Spannungsfeld Überreden – Überzeugen. In W. Armbrecht, H. Avenarius, & U. Zabel (Hrsg.), *Image und PR. Kann Image Gegenstand einer Public Relations-Wissenschaft sein?* (S. 37–53). Opladen: Westdeutscher Verlag.

Lewis, L. (2005). The civil society sector: A review of critical issues and research agenda for organizational communication scholars. *Management Communication Quarterly, 19*(2), 238–267.

Linke, A., & Zerfass, A. (2013). Social media governance: Regulatory frameworks for successful online communications. *Journal of Communication Management, 17*(3), 270–286.

Littich, E. (2007). Finanzierung von NPOs. In C. Badelt (Hrsg.), *Handbuch der Nonprofit Organisation* (4. Aufl., S. 322–339). Stuttgart: Schäffer-Poeschel.

Lorenzen, P. (1980). Rationale Grammatik. In C. F. Gethmann (Hrsg.), *Theorie des wissenschaftlichen Argumentierens* (S. 73–94). Frankfurt a. M. Main: Suhrkamp.

Lueken, G.-L. (1996). Philosophische Überlegungen zu Dialog, Diskurs und strategischem Handeln. In G. Bentele, H. Steinmann, & A. Zerfaß (Hrsg.), *Dialogorientierte Unternehmenskommunikation* (S. 59–79). Berlin: Vistas.

Macnamara, J. (2010). Public relations and the social: How practitioners are using, or abusing, social media. *Asia Pacific Public Relations Journal, 11*(1), 21–39.

Neuberger, C., & Pleil, T. (2006). *Online-Public Relations: Forschungsbilanz nach einem Jahrzehnt*. http://www.de.scribd.com/doc/100124234. Zugegriffen: 8. Dez. 2013.

Pleil, T. (2007). Zuhören und Multiplikatoren gewinnen. Nonprofit-PR: Öffentliche Debatte als Herausforderung. *StiftungsWelt, 4,* 6–7.

Reber, B. H., & Kim, J. K. (2006). How activist groups use websites in media relations: Evaluating online press rooms. *Journal of Public Relations Research, 18*(4), 313–333.

Schwarz, P., Purtschert, R., Giroud, C., & Schauer, R. (2009). *Das Freiburger Management-Modell für Nonprofit-Organisationen (NPO)* (6. Aufl.). Bern: Haupt.

Seltzer, T., & Mitrook, M. A. (2007). The dialogic potential of weblogs in relationship building. *Public Relations Review, 33*(2), 227–229.

Sommerfeldt, E. (2011). Activist online resource mobilization: Relationship building features that fulfill resource dependencies. *Public Relations Review, 37*(4), 429–431.

Steinmann, H., & Zerfaß, A. (1995). Management der integrierten Unternehmenskommunikation: Konzeptionelle Grundlagen und strategische Implikationen. In R. Ahrens, H. Scherer, & A. Zerfaß (Hrsg.), *Integriertes Kommunikationsmanagement* (S. 11–50). Frankfurt a. M.: IMK.

Szyszka, P. (1996). Kommunikationswissenschaftliche Perspektive des Dialogbegriffs. In G. Bentele, H. Steinmann, & A. Zerfaß (Hrsg.), *Dialogorientierte Unternehmenskommunikation* (S. 81–106). Berlin: Vistas.

Taylor, M., Kent, M. L., & White, W. J. (2001). How activist organizations are using the Internet to build relationships. *Public Relations Review, 27*(3), 263–284.

Waters, R. D. (2007). Nonprofits organization's use of the internet. A content analysis of communication trends on the internet sites of the Philanthropy 400. *Nonprofit Management & Leadership, 18*(1), 59–76.

Waters, R. D., & Jamal, J. Y. (2011). Tweet, tweet, tweet: A content analysis of nonprofit organizations' Twitter updates. *Public Relations Review, 37*(3), 321–324.

Waters, R. D., Burnett, E., Lamm, A., & Lucas, J. (2009). Engaging stakeholders through social networking: How nonprofit organizations are using Facebook. *Public Relations Review, 35*(2),102–106.

Welker, M., & Zerfaß, A. (2008). Einleitung: Social Web in Journalismus, Politik und Wirtschaft. In A. Zerfaß, M. Welker, & J. Schmidt (Hrsg.), *Kommunikation, Partizipation und Wirkungen im Social Web. Bd. 2: Strategien und Anwendungen: Perspektiven für Wirtschaft, Politik und Publizistik* (S. 12–18). Köln: Halem.

Welker, M., Wünsch, C., Böcking, S., Bock, A., Friedemann, A., & Herbers, M. (2010). Die Online-Inhaltsanalyse: Methodische Herausforderungen, aber ohne Alternative. In M. Welker & C. Wünsch (Hrsg.), *Die Online-Inhaltsanalyse. Forschungsobjekt Internet* (S. 9–30). Köln: Halem.

Yang, A., & Taylor, M. (2010). Relationship-building by Chinese ENGOs' websites: Education, not activation. *Public Relations Review, 36*(4), 342–351.

Yeon, H. M., Choi, Y., & Kiousis, S. (2005). Interactive communication features on nonprofit organizations' webpages for the practice of excellence in public relations. *Journal of Website Promotion, 1*(4), 61–83.

Zerfaß, A. (1996). Dialogkommunikation und strategische Unternehmensführung. In G. Bentele, H. Steinmann, & A. Zerfaß (Hrsg.), *Dialogorientierte Unternehmenskommunikation* (S. 23–58). Berlin: Vistas.

Zerfaß, A. (2010). *Unternehmensführung und Öffentlichkeitsarbeit. Grundlegung einer Theorie der Unternehmenskommunikation und Public Relations* (3. Aufl.). Wiesbaden: VS Verlag für Sozialwissenschaften.

Zerfaß, A., & Pleil, T. (2012). Strategische Kommunikation in Internet und Social Web. In A. Zerfaß & T. Pleil (Hrsg.), *Handbuch Online-PR. Strategische Kommunikation in Internet und Social Web* (S. 39–82). Konstanz: UVK.

Zerfaß, A., & Sandhu, S. (2008). Interaktive Kommunikation, Social Web und Open Innovation: Herausforderungen und Wirkungen im Unternehmenskontext. In A. Zerfaß, M. Welker, & J. Schmidt (Hrsg.), *Kommunikation, Partizipation und Wirkungen im Social Web. Bd. 2. Strategien und Anwendungen: Perspektiven für Wirtschaft, Politik und Publizistik* (S. 283–310). Köln: Halem.

Beteiligung und Dialog durch Facebook? Theoretische Überlegungen und empirische Befunde zur Nutzung von Facebook-Fanseiten als Dialogplattform in der Marken-PR

Kerstin Thummes und Maja Malik

1 Einleitung

Interaktion und Dialog auf Augenhöhe – das sind große Versprechen, die mit dem Einsatz sozialer Medien in der strategischen Kommunikation von Organisationen einhergehen. Nicht nur der expandierende Markt für Berufsfortbildungen im Social Media Management schürt solche Erwartungen. Auch im wissenschaftlichen Fachdiskurs werden die Chancen für stärkere Dialog- und Verständigungsorientierung in der PR durch neue, interaktive Öffentlichkeiten im Web 2.0 diskutiert (vgl. Koch und Richter 2008; McCorkindale 2012; Macnamara und Zerfass 2012; Schultz und Wehmeier 2010).

Da der Dialog eine ausgesprochen komplexe und voraussetzungsreiche Kommunikationsform ist, stellt sich allerdings die Frage, inwiefern er über die technisch vermittelten Plattformen der sozialen Medien überhaupt zustande kommt. Eignen sich beispielsweise soziale Netzwerke, die vorwiegend im privaten Umfeld genutzt werden (vgl. Boyd und Ellison 2008, S. 221; Pleil und Bastian 2012, S. 313), für die Anbahnung von Interaktionen mit Unternehmen? Darüber hinaus sind dialogorientierte Strategien für Unternehmen mit diversen Risiken verbunden (vgl. Röttger et al. 2011, S. 171–172). Wagen es Unternehmen trotzdem, in sozialen Netzwerken

K. Thummes (✉)
Fribourg, Schweiz
E-Mail: kerstin.thummes@unifr.ch

M. Malik
Münster, Deutschland
E-Mail: maja.malik@uni-muenster.de

O. Hoffjann, T. Pleil (Hrsg.), *Strategische Onlinekommunikation*,
DOI 10.1007/978-3-658-03396-5_6, © Springer Fachmedien Wiesbaden 2015

die Voraussetzungen für Dialoge zu schaffen und gehen Anspruchsgruppen auf entsprechende Kommunikationsangebote ein?

Diesen Fragen geht der vorliegende Beitrag nach, indem er verschieden anspruchsvolle Dialogtypen in der Marken-PR modelliert und deren Einsatz im Rahmen einer Inhaltsanalyse von Facebook-Fanseiten überprüft. Ziel ist es, Ideal und Wirklichkeit des Dialogs zwischen Unternehmen und ihren Anspruchsgruppen in sozialen Netzwerken zu vergleichen. Die Untersuchung erfolgt unter der übergeordneten Forschungsfrage: *Inwiefern führt Marken-PR über Facebook zur Beteiligung der Nutzer am Dialog?*

Zur Einordnung des Dialogs ins Feld der Marken-PR wird zunächst der verständigungsorientierte Ansatz nach Burkart (2008) mit den von Szyszka (1996) analysierten Dialogtypen – Fassadentyp, Realtyp, Idealtyp – verknüpft. Das so entstehende Dialogmodell der PR bildet ein breites Spektrum mehr oder weniger dialogischer Interaktionen ab, in dem Kommunikationsvorgänge in sozialen Netzwerken verortet werden können (Abschn. 2). Auf der Grundlage des aktuellen Forschungsstands zur strategischen Kommunikation in sozialen Medien werden im zweiten Schritt die Voraussetzungen sowie die Chancen und Risiken dialogischer Online-PR diskutiert (Abschn. 3). Daran anschließend können die Leitfragen der Inhaltsanalyse spezifiziert und die Dialogtypen operationalisiert werden (Abschn. 4). Im Ergebnis zeigt eine Inhaltsanalyse der Posts und Kommentare auf 39 Facebook-Fanseiten deutscher Marken ein differenziertes Bild der Beteiligung von Unternehmen und Nutzern an dialogischen Interaktionen (Abschn. 5) und stellt das Ideal eines verständigungsorientierten Dialogs in der Online-PR in Frage (Abschn. 6).

2 Dialog und Beteiligung in der Marken-PR

Angesichts der eingangs formulierten Zweifel stellt sich die Frage, in welcher Form Dialog in der Marken-PR umgesetzt wird und zu einer Beteiligung unternehmerischer Anspruchsgruppen anregen kann. Dazu wird zunächst die Rolle des Dialogs in der Marken-PR untersucht (Abschn. 2.1), bevor unterschiedlich komplexe Dialogtypen in einem Modell systematisiert werden (Abschn. 2.2).

2.1 Funktionen und Voraussetzungen des Dialogs in der Marken-PR

Der Dialog ist eine wechselseitige sprachliche Interaktion (vgl. Szyszka 1996, S. 88; Röttger et al. 2011, S. 169; Zerfaß und Pleil 2012, S. 43). Aus kommunikationswissenschaftlicher Perspektive stellt der Rollenwechsel ein zentrales Kennzeichen dialogischer Interaktionen dar (vgl. Röttger et al. 2011, S. 169). Demnach gehen die beteiligten Akteure abwechselnd aufeinander ein und beeinflussen einander, so dass kontinuierliche reflexive Prozesse den Dialog prägen (vgl. Szyszka 1996, S. 88). Eine weitere Eigenschaft des Dialogs ist seine Ergebnisoffenheit (vgl. ebd., S. 88). Sie impliziert, dass der Ausgang des Dialogs allein durch den wechselseitigen Austausch beeinflusst wird und somit weder vorhersehbar noch kontrollierbar ist.

Dialoge zielen zunächst darauf ab, „dem Empfänger ein Verstehen des gemeinten Sinns zu ermöglichen" (Szyszka 1996, S. 84). Darüber hinaus formulieren normative Konzepte des Dialogs das Ziel der Verständigung, also der „Herbeiführung eines Einverständnisses zwischen den beiden Kommunikationspartnern, das im wechselseitigen Verstehen, geteilten Wissen, gegenseitigen Vertrauen und wechselseitiger Akzeptanz besteht" (Burkart 2008, S. 225). Dieser Ansatz geht auf Habermas' (1987, S. 49, 413) Diskursbegriff zurück, demzufolge Verständigung nur unter Einhaltung der Geltungsansprüche Wahrheit, Wahrhaftigkeit und Richtigkeit sowie unter der Bedingung des herrschaftsfreien Diskurses erzielt werden kann. Dialoge, innerhalb derer Akteure hingegen versuchen, durch die gezielte Beeinflussung ihres Gegenübers ein vorbestimmtes Ergebnis herbeizuführen, fallen in den Bereich strategischer Kommunikation (vgl. ebd., S. 385). Diese Interaktionsform ist für Unternehmen kennzeichnend, da sie allein aufgrund der kollektiven Verfolgung einer vorbestimmten Zielsetzung existieren. Dennoch hat sich das Konzept des verständigungsorientierten Dialogs in der strategischen Kommunikation von Unternehmen und so auch in der Marken-PR etabliert.

Marken-PR soll Unternehmen bei der Erreichung ihrer Ziele unterstützen, indem sie die Unternehmensmarken in der Öffentlichkeit positioniert und profiliert (vgl. Luchtefeld 2011, S. 283; Szyszka 2009, S. 38). Als Bedeutungsträger vermitteln Marken prägende Eigenschaften eines Unternehmens oder seiner einzelnen Leistungen bzw. Produkte (vgl. Szyszka 2009, S. 21). Während sich die übergeordnete Marken-PR auf den symbolischen Nutzen des Markenträgers bezieht, beispielsweise auf Wertvorstellungen, hebt die Produkt-PR den funktional-technischen Nutzen hervor (vgl. Luchtefeld 2011, S. 151).

Das Interesse der Marken-PR am Dialog konzentriert sich auf sein Potential, die Markenbindung und die Markenreputation durch die Pflege persönlicher Beziehungen zu verbessern (vgl. Bentele und Hoepfner 2004, S. 1557; Luchtefeld 2011, S. 290). Prägenden Einfluss auf die Prominenz des Dialogbegriffs in der PR haben Grunig und Hunt (1984, S. 22) mit ihrem Modell symmetrischer Kommunikation genommen, das dialogische Formen des Beziehungsaufbaus als Ideal der PR manifestiert. Die Dialogorientierung gilt zudem als eine Möglichkeit für ethische PR. Sie setzt allerdings voraus, dass Unternehmen sich an dialogischen Grundprinzipen orientieren. Dazu gehören nach Kent und Taylor (2002, S. 24–30): 1) eine kollaborative Orientierung, mit der Unternehmen ihre Anspruchsgruppen als gleichberechtigte Gesprächspartner anerkennen; 2) die Bereitschaft, Anspruchsgruppen frühzeitig und kontinuierlich in die Diskussion relevanter Themen einzubeziehen; 3) die Fähigkeit, empathisch auf die Bedürfnisse der Gesprächspartner einzugehen; 4) die Akzeptanz von Risiken des Dialogs, wie der Verwundbarkeit durch Offenbarungen, und schließlich 5) der glaubwürdige Einsatz dafür, im Dialog Verständigung herzustellen.

Neben der Möglichkeit, solche Dialoge auf interpersonaler Ebene anzustoßen, heben Kent und Taylor (vgl. 2002, S. 32) das Potential des Internets hervor, das im Gegensatz zu klassischen Medien einen direkten Austausch in Echtzeit erlaubt. Auf der Idee einer umfassenden Dialogorientierung durch neue Formen der Onlinekommunikation gründet die Vision, die gesellschaftliche Integration von Unternehmen voranzutreiben und langfristig orientierte, ethische Entscheidungsprozesse in Unternehmen zu etablieren (vgl. Kent 2011).

Tatsächlich kann sich eine Dialogorientierung entsprechend der genannten Prinzipien positiv auf die Wahrnehmung und Bewertung von Organisationen und damit auch auf die Markenreputation auswirken (vgl. Bruning et al. 2008). Allerdings widerspricht die strategische Ausrichtung des Dialogs dem Anspruch offener und gleichberechtigter Kommunikationsbeziehungen zu den Anspruchsgruppen. Daher liegt die Vermutung nahe, dass Unternehmen sich nicht in vollem Umfang an den Grundprinzipien des Dialogs orientieren, um ihre Zielsetzungen ohne Einschränkungen durchsetzen zu können (vgl. Boelter und Hütt 2012, S. 397; Pleil 2012, S. 34; Theunissen und Noordin 2011, S. 7). Mit einer solchen Instrumentalisierung des Dialogs schwinden seine gesellschaftsbezogenen Potentiale.

Aufgrund der Differenzen zwischen den Prinzipien des Dialogs und der strategischen Ausrichtung der Marken-PR steht in Frage, ob die Idealform des Dialogs in der Marken-PR jemals erreicht wird. Für die vorliegende Untersuchung erscheint es deshalb sinnvoll, unterschiedlich anspruchsvolle Dialogtypen zu unterscheiden, so dass ein differenziertes Bild der Nutzerbeteiligung an Dialogen auf Facebook erfasst werden kann.

2.2 Modell der Dialogtypen in der Marken-PR

Eine Grundlage für die Systematisierung verschieden anspruchsvoller Dialogtypen bietet Szyszka (1996) an, indem er Dialoge des Fassadentyps, des Realtyps und des Idealtyps unterscheidet. Ersterer beschreibt instrumentalisierte Interaktionen, in denen Unternehmen eine Dialogorientierung vorgeben, ohne sich tatsächlich auf

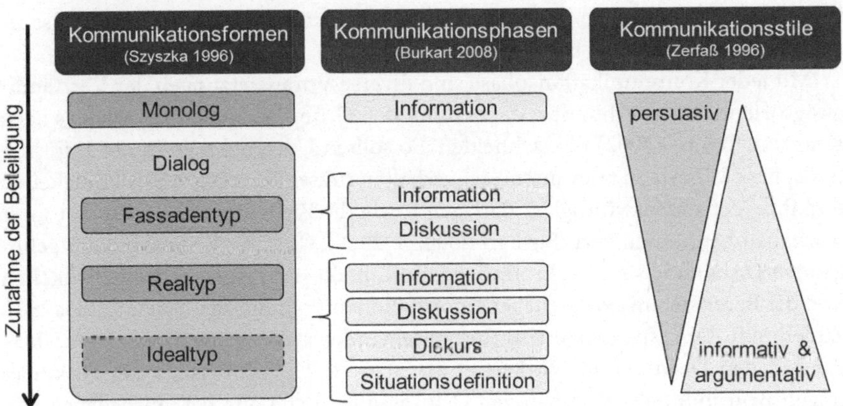

Abb. 1 Dialogtypen in der Marken-PR. (Quelle: Eigene Darstellung)

einen wechselseitigen Austausch einzulassen (vgl. ebd., S. 103). Unter den Realtyp fallen verständigungsorientierte Dialoge, in denen Unternehmen die Dialogprinzipien zwar weitgehend einhalten und auch die Bereitschaft zur Veränderung zeigen, ohne jedoch ihre strategische Ergebnisorientierung aufzugeben (vgl. ebd., S. 103). Erst beim Idealtyp wird auch das Kriterium der Ergebnisoffenheit vollständig erfüllt (vgl. ebd., S. 102–103). Dies widerspricht jedoch der strategisch ausgerichteten Marken-PR (vgl. ebd., S. 103), so dass der Idealtyp hier nicht weiter verfolgt wird. Jenseits des Fassadentyps liegt die Kommunikationsform des Monologs, der keinerlei dialogische Elemente aufweist. Er entspricht den PR-Modellen ‚Publicity‘ und ‚Informationstätigkeit‘ nach Grunig und Hunt (1984, S. 22). Alle vier Kommunikationsformen zusammengenommen bilden ein Spektrum mehr oder weniger dialogischer Interaktionstypen (s. Abb. 1, erste Spalte).

Um die Unterschiede zwischen den Kommunikationsformen zu spezifizieren, werden die Kommunikationsphasen der verständigungsorientierten Öffentlichkeitsarbeit nach Burkart (2008) hinzugezogen (s. Abb. 1, zweite Spalte). Während der Monolog nicht über die Informationsphase hinausgeht, in der Unternehmen ihren Anspruchsgruppen relevante Inhalte zur Verfügung stellen, kommt es bei Dialogen des Fassadentyps zur Diskussion im Sinne einer wechselseitigen Interaktion. Allerdings lassen Unternehmen keine Diskussion jenseits der bloßen Alltagskommunikation zu. Im Gegensatz dazu durchlaufen Dialoge des Realtyps alle Kommunikationsphasen. Wenn Anspruchsgruppen Zweifel an Geltungsansprüchen äußern, versuchen Unternehmen diese in der Diskursphase argumentativ auszuräumen (vgl. Burkart et al. 2010, S. 264). Durch die Angabe von Lösungsvorschlägen ermöglichen sie schließlich in der letzten Phase eine gemeinsame Situationsdefinition (vgl. Burkart 2008, S. 225–226).

Mit jeder Kommunikationsphase sind diverse Voraussetzungen der Verständigungsorientierung verbunden, die sich mit den Grundprinzipien des Dialogs nach Kent und Taylor (2002) überschneiden. So sollten Unternehmen in der Informationsphase Wissen zu relevanten Sachverhalten präsentieren, ihre Zuständigkeiten und ihre Vertrauenswürdigkeit darlegen sowie die Ziele und die Legitimität ihrer Vorhaben begründen (vgl. Burkart 2008, S. 230–231, 238). Kriterien einer gelingenden Diskussion sind die Eröffnung von Kontakt- und Austauschmöglichkeiten und die Bereitstellung zusätzlicher Informationen (vgl. Burkart 2008, S. 233, 238). Zudem gilt der respektvolle Umgang miteinander als Voraussetzung zum Übergang in den Diskurs (vgl. Burkart et al. 2010, S. 263). Innerhalb des Diskurses tragen Begründungen der strittigen Geltungsansprüche durch Wahrheitsbeweise, Wahrhaftigkeitsbekundungen oder Werturteile zur Verständigungsorientierung und Qualität des Dialogs bei (vgl. Burkart 2008, S. 230, 235, 238; Burkart et al. 2010, S. 261). Die Phase der Situationsdefinition setzt möglichst konkrete Lösungsvorschläge seitens des Unternehmens voraus (vgl. Burkart 2008, S. 236; Burkart et al. 2010, S. 262–263).

Schließlich unterscheiden sich die betrachteten Kommunikationsformen durch ihren Kommunikationsstil (s. Abb. 1, dritte Spalte). In Anlehnung an Zerfaß (1996, S. 29–30; Zerfaß und Pleil (2012, S. 43–44) dient ein persuasiver Kommunikationsstil dazu, Organisationsinteressen durchzusetzen, wohingegen ein argumentativer Stil auf die Überzeugung bzw. gemeinsame Klärung abzielt. Beim informativen Kommunikationsstil steht die Bedeutungsvermittlung an unterschiedliche Adressaten im Vordergrund, ohne eine gezielte Einflussnahme einzelner anzustreben (vgl. Zerfaß und Pleil 2012, S. 43–44). Während der Monolog stark durch eine persuasive Strategie geprägt ist, nimmt ein argumentativer und informativer Kommunikationsstil mit steigender Dialog- und Verständigungsorientierung zu. Es ist anzunehmen, dass die Beteiligung der Anspruchsgruppen am Dialog desto mehr wächst, je weniger persuasiv argumentiert wird (s. Abb. 1).

3 Dialogische Marken-PR in sozialen Medien

Im Anschluss an die Systematisierung verschiedener Dialogtypen in der Marken-PR gilt es im Sinne der Forschungsfrage zu prüfen, unter welchen spezifischen Voraussetzungen Dialog in der Online-PR zustande kommt (Abschn. 3.1) und welche Chancen und Risiken dialogische PR über soziale Medien eröffnet (Abschn. 3.2).

3.1 Voraussetzungen dialogischer Online-PR

In der Online-PR nutzen Organisationen das Internet und die Plattformen des Social Web als technische Infrastruktur zur strategischen Kommunikation mit ihren Anspruchsgruppen (vgl. Zerfaß und Pleil 2012, S. 47). Neben klassischen Formen der Massenkommunikation, beispielweise über Unternehmenswebsites, bietet das Internet mit dem Aufkommen sozialer Medien neue Kommunikationsmöglichkeiten, bei denen die interaktive Gestaltung und der Austausch von Inhalten durch alle Nutzer im Vordergrund steht (vgl. Kaplan und Haenlein 2010, S. 61; Pleil 2012, S. 25–26). Kommunikationspraktiker schätzen den erfolgreichen Einsatz sozialer Medien in der Online-PR als eine der wichtigsten Herausforderungen der Branche ein (vgl. Wright und Hinson 2013; Zerfaß et al. 2012). So nutzen bereits viele Unternehmen das weit verbreitete soziale Netzwerk Facebook (vgl. Macnamara und Zerfass 2012, S. 296.; McCorkindale 2012, S. 67; Pleil 2012, S. 26–27), über das Nutzer ihre Kontakte online pflegen und sichtbar machen (vgl. Boyd und Ellison 2007, S. 211).

Angesichts der besonderen Rahmenbedingungen müssen die grundsätzlichen Voraussetzungen für Dialoge (vgl. Abschn. 2) in der Online-PR spezifiziert werden. Mit Blick auf Websites stellen Kent und Taylor (1998) fünf Prinzipien dialogischer Online-PR auf. Erstens muss eine Dialogschleife, also eine Kontaktmöglichkeit eingerichtet werden, so dass Nutzer und Unternehmen miteinander interagieren können. „Fragen müssen zugelassen und Antworten dürfen nicht verweigert werden" (Burkart 2004, S. 177). Zweitens sollten relevante und gut strukturierte Informationen bereitgestellt werden, die die Interessen der Anspruchsgruppen berücksichtigen. Darüber hinaus kann die Nutzung von Web-Angeboten drittens durch regelmäßige Aktualisierungen und viertens durch übersichtliche, leicht navigierbare Oberflächen stimuliert werden. Fünftens sind störende Links und Banner zu vermeiden. In anschließenden Studien stellen die Autoren fest, dass Organisationen nur selten eine Dialogschleife auf ihren Websites einrichten und kaum auf Anfragen antworten (vgl. Kent et al. 2003, S. 72; Taylor et al. 2001, S. 273–274), obwohl Kommunikationsverantwortliche die Relevanz von Interaktionsmöglichkeiten auf Websites hoch einschätzen (vgl. Ryan 2003, S. 341).

Die Dialog-Prinzipien nach Kent und Taylor wurden in diversen Studien auf die PR-Kommunikation in sozialen Medien übertragen (vgl. Bortree und Seltzer 2009; Briones et al. 2011; DiStaso und McCorkindale 2013; Rybalko und Seltzer 2010). Das Prinzip der Dialogschleife muss in sozialen Medien um den Aspekt ergänzt werden, dass Organisationen durch regelmäßige Meldungen (Posts) selbst Dialoge anregen (vgl. Bortree und Seltzer 2009, S. 318). In sozialen Netzwerken stellt sich die Frage, ob die Nutzung der populären Funktionen Like und Share bereits als Dialog gilt.

Dem eingeführten Begriffsverständnis folgend liegt ein Dialog erst im Fall einer individuellen Kommentierung vor (vgl. Elter 2013, S. 206). Schließlich muss die Relevanz von Informationen um Kriterien wie die Einbindung von Fotos, Videos und externen Links erweitert werden (vgl. Waters et al. 2009, S. 103). Qualitative inhaltliche Merkmale wie der Bezug auf Geltungsansprüche werden in bisherigen Studien vernachlässigt, die die Dialogorientierung eines Angebots primär an der Anzahl von Posts, Kommentaren, Likes und Unternehmensantworten festmachen (vgl. Bortree und Seltzer 2009; Elter 2013; Men und Tsai 2012).

3.2 Chancen und Risiken der Marken-PR in sozialen Medien

Soziale Medien eröffnen durch ihr hohes Maß an Interaktivität auf den ersten Blick ein ideales Umfeld für dialogische Interaktionen, die dem vorgestellten Realtyp entsprechen. In der strategischen Kommunikation werden folglich hohe Erwartungen in Bezug auf dialogorientierte Ziele wie dem Aufbau von Vertrauen, der kollektiven Innovation von Produkten und der raschen Lösung von Konflikten mit der Nutzung von sozialen Medien verbunden (vgl. Schultz und Wehmeier 2010; Westermann und Schmid 2012). Kommunikationsverantwortliche versprechen sich, öffentliche Aufmerksamkeit und Unterstützung für eine Marke zu gewinnen, junge Zielgruppen zu erreichen und zugleich kritische Gegenstimmen frühzeitig zu erkennen (vgl. Briones et al. 2011, S. 39–40; Henderson und Bowley 2010, S. 244). Eine Vielzahl von Studien zur Online-PR deutet darauf hin, dass solche Erwartungen nur selten bzw. nur mit Einschränkungen erfüllt werden (im Überblick: Schultz und Wehmeier 2010). Auch Dialoge kommen über soziale Medien lediglich begrenzt zustande (vgl. Bortree und Seltzer 2009; Muralidharan et al. 2011; Merritt et al. 2012). Wenn dies gelingt, dann eher im Rahmen kurzfristiger Kampagnen als zur langfristigen Beziehungspflege (vgl. Henderson und Bowley 2010, S. 248). Auf Facebook nutzen beispielsweise Nonprofit-Organisationen nur wenige der multimedialen und interaktiven Möglichkeiten (vgl. Waters et al. 2009) und Unternehmen in den USA antworten nur zur Hälfte auf Nutzeranfragen (vgl. DiStaso und McCorkindale 2013; Men und Tsai 2012). Auch in der Kommunikation von Parteien entstehen kaum Dialoge, weil Nutzer sich nur zurückhaltend mit Kommentaren beteiligen (vgl. Elter 2013).

Eine mögliche Ursache für die Diskrepanz zwischen Anspruch und Wirklichkeit der Nutzung sozialer Medien in der PR sind die Risiken dialogischer Interaktionen. Dialoge erzeugen Legitimationsdruck, der sich auf andere Handlungsfelder als von Unternehmen beabsichtigt ausweiten kann (vgl. Röttger et al. 2011, S. 171–172). Im ungünstigen Fall nimmt die betroffene Marke durch die unzureichende Erfüllung selbst erweckter Erwartungen Schaden. In der Onlinekommunikation spielt zudem die Forderung nach Transparenz eine ausschlaggebende Rolle (vgl. McCorkindale 2012, S. 69–70; Schultz und Wehmeier 2010, S. 413; Pleil 2012, S. 32), der weder Privatpersonen noch Organisationen in vollem Umfang nachkommen können (vgl. Thummes 2013). Daher neigen Unternehmen im Sinne des vorgestellten Fassadentyps zu verschleiernden Inszenierungen, um ihre Selbstdarstellungs- und Absatzinteressen durchzusetzen, was wiederum den Informationsbedürfnissen der Nutzer entgegensteht und die Glaubwürdigkeit von Marken beschädigt (vgl. Christensen und Langer 2009; Schultz und Wehmeier 2010, S. 424; Szyszka 2009, S. 48).

Bei sozialen Netzwerken entsteht zusätzliches Konfliktpotential dadurch, dass Organisationen in das private Kommunikationsumfeld der Nutzer vordringen (vgl. Boyd und Ellison 2008, S. 221; Henderson und Bowley 2010, S. 252; Macnamara und Zerfass 2012, S. 301). Zudem besteht in sozialen Medien die Gefahr der schnellen Verbreitung negativer Informationen und Meinungen über eine Marke, die sich im Extremfall zu einem sogenannten „Shitstorm" zuspitzen (vgl. Folger und Röttger in diesem Bd.). Unternehmen können entsprechende Kommunikationsvorgänge kaum kontrollieren und müssen im Zweifel eine Verschärfung von Diskrepanzen mit Anspruchsgruppen hinnehmen (vgl. Macnamara und Zerfass 2012, S. 300; Röttger et al. 2011, S. 171–172; Theunissen und Noordin 2011, S. 11). Während über klassische Dialoge nur eine begrenzte Anzahl von Personen adressiert wird (vgl. Stoker und Tusinski 2006, S. 161), sind Interaktionen in sozialen Medien für ein breites Publikum einsehbar. Dies führt zum einen dazu, dass ein verständigungsorientierter Dialog mit der einen Gruppe Konflikte mit einer anderen Gruppe hervorrufen oder verschärfen kann (vgl. Theunissen und Noordin 2011, S. 11). Zum anderen lässt sich die Identität der Nutzer kaum nachvollziehen, so dass für Organisationen weitgehend unklar bleibt, mit wem sie kommunizieren.

Insgesamt wird deutlich, dass Marken-PR über soziale Medien zwar viele Chancen bietet, aber auch mit erheblichen Risiken verbunden ist. Insofern erscheint es fragwürdig, ob Unternehmen bereit sind, die Voraussetzungen für dialogische Interaktionen im Sinne des Realtyps zu erfüllen und inwieweit Nutzer bereit sind, sich an Dialogen auf Facebook-Fanseiten zu beteiligen.

4 Methodisches Vorgehen

Auf Basis des diskutierten Forschungsstands kann die eingangs formulierte Forschungsfrage präzisiert und operationalisiert werden (Abschn. 4.1). Durch eine Inhaltsanalyse ausgewählter Facebook-Fanseiten wird die Forschungsfrage dann empirisch untersucht (Abschn. 4.2).

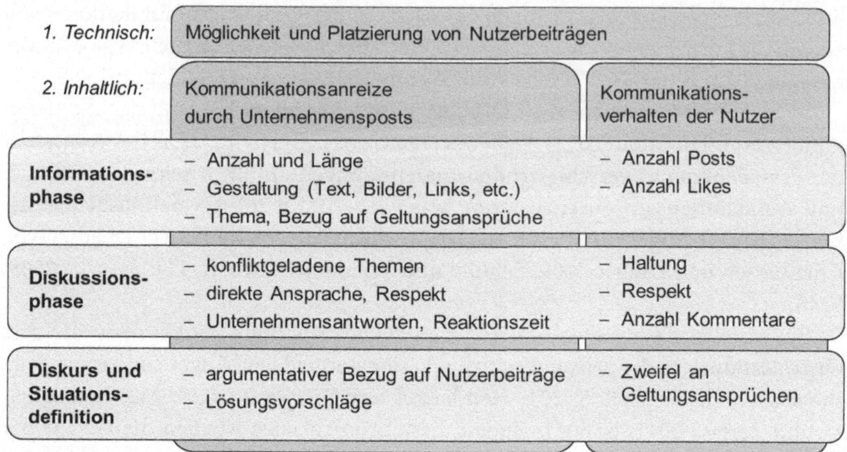

Abb. 2 Operationalisierung der Voraussetzungen für dialogische Interaktionen auf Facebook-Fanseiten. (Quelle: Eigene Darstellung)

4.1 Forschungsfragen und Operationalisierung

Im Anschluss an die aufgezeigten Risiken der Marken-PR über soziale Medien wird die Interaktion zwischen Unternehmen und Nutzern auf Facebook-Fanseiten anhand von zwei Leitfragen ausgewertet:

▶ RQ1: Inwiefern erfüllen Facebook-Fanseiten von Unternehmens- und Produktmarken technische und inhaltliche Voraussetzungen für eine Beteiligung der Nutzer am Dialog?
RQ2: Inwiefern werden die Möglichkeiten zur Interaktion von Facebook-Nutzern und Unternehmen genutzt, um miteinander in Dialog zu treten?

Die technischen und inhaltlichen Voraussetzungen für eine Beteiligung am Dialog wurden in Anlehnung an die vorgestellten Kriterien von Burkart (2008) und Kent und Taylor (1998) zusammengestellt und den jeweiligen Kommunikationsphasen der Interaktion zugeordnet (s. Abb. 2). Dabei liegt ein Bezug auf die drei Geltungsansprüche vor, wenn Unternehmen, „komplexe Sachverhalte transparent [...] machen" (Burkart 2004, S. 177), um den Anspruch auf Wahrheit zu unterstreichen sowie durch Expertenwissen, Sachkompetenz und zuverlässige Angaben

Vertrauenswürdigkeit herstellen (vgl. ebd., S. 178–179) und durch die offene Auseinandersetzung mit der eigenen Verantwortung für Legitimität sorgen (vgl. ebd., S. 181). Neben den Kommunikationsanreizen durch Unternehmen wird auch das Kommunikationsverhalten der Nutzer erfasst (s. Abb. 2). Die Likes zu einem Unternehmenspost sind der Informationsphase zugeordnet, da sie allein keine dialogische Äußerung darstellen. Durch die Äußerung von Kommentaren bzw. von Zweifeln an Geltungsansprüchen können die Nutzer hingegen einen Beitrag zur verständigungsorientierten Diskussions- bzw. Diskursphase leisten (vgl. Burkart et al. 2010, S. 265).

Die Untersuchung der ersten Leitfrage erlaubt die Ermittlung der Kommunikationsform der jeweiligen Interaktion: Werden weder die technischen noch die inhaltlichen Voraussetzungen erfüllt, liegt ein Monolog vor; werden zwar die technischen, nicht aber die inhaltlichen Voraussetzungen erfüllt, handelt es sich um den Fassadentyp; werden technische wie inhaltliche Voraussetzungen erfüllt, liegt der Realtyp des Dialogs vor. Mit der zweiten Leitfrage wird die Beteiligung der Nutzer durch Posts, Kommentare und Likes geprüft und schließlich der Zusammenhang zwischen den Voraussetzungen der Dialogorientierung und der Beteiligung der Nutzer analysiert.

4.2 Stichprobenbildung und Datenerhebung

Die Leitfragen wurden im Rahmen eines Forschungsseminars unter Leitung der Autorinnen inhaltsanalytisch untersucht. Grundgesamtheit der Studie sind alle Facebook-Fanseiten deutscher Unternehmens- und Produktmarken. Da eine systematische Erfassung dieser Seiten nicht existiert, wurde die Grundgesamtheit mit Hilfe des Monitoring-Dienstes „Socialbakers" bestimmt, welcher Monitoring- und Tracking-Tools für die Analyse sozialer Netzwerke anbietet. Für Markenauftritte in Deutschland notierte „Socialbakers" zum Erhebungszeitpunkt im November 2012 1.053 Seiten, die sich nach Fanzahlen sortieren ließen.[1] Hierbei wird die starke Diversität der Facebook-Fanseiten von Unternehmensmarken bereits sehr deutlich: Die Fanzahlen reichen zum Erhebungszeitpunkt von über zwei Millionen Fans der Seite des Versandhändlers „Amazon.de" bis zu vier Fans der Seite des App-Anbieters „Letter Jungle". Ebenso vielfältig sind die Branchen, die bei Facebook vertreten sind; sie reichen von Schokoladenherstellern über Technikanbieter bis zu

---

[1] Einschränkend gilt es zu bedenken, dass sich Unternehmen und Organisationen bei „Socialbakers" selbst registrieren, um in die Statistik einzugehen. Es werden auf dieser Seite also nicht alle Marken aus Deutschland geführt, die eine Facebook-Fanseite haben, sondern nur diejenigen, die sich selbst bei „Socialbakers" registriert haben.

Versicherungen und Modemarken. Dies gilt es bei der Analyse und Interpretation zu beachten.

Um die verschiedenen Größenordnungen der Seiten nach Fanzahlen zu berücksichtigen, und damit sowohl nutzungsstarke als auch nutzungsschwächere Markenauftritte bei Facebook zu berücksichtigen, wurde die Stichprobe der Inhaltsanalyse mittels einer nach Fanzahlen geschichteten, systematischen Zufallsauswahl gebildet. Die Auswahl umfasst – wegen des im Seminarkontext realisierbaren Codieraufwands – schließlich 39 Seiten aus allen Größenklassen und elf verschiedenen Branchen.

Die Seiten der Stichprobe wurden in der Untersuchungswoche vom 19–25. November 2012 mit dem Tool „Facepager" gespeichert. Als Untersuchungseinheiten ergaben sich 39 Seiten mit 279 Posts (davon 175 Unternehmensposts und 104 Nutzerposts) und insgesamt 5.331 Kommentaren. Diese wurden im Dezember 2012 von 13 studentischen Codiererinnen und Codierern analysiert. Zugrunde lag ein Codebuch, das die vielfältigen Interaktionsmöglichkeiten, die zwischen Unternehmen und Nutzern via Facebook offen stehen, in ihrer Gestaltung und Nutzung erfasst.

5 Ergebnisse

Mit den Ergebnissen der Analyse lässt sich im Sinne der ersten Leitfrage zeigen, inwiefern die Fanseiten von Unternehmen auf Facebook die technischen und inhaltlichen Voraussetzungen für einen Dialog mit den Nutzern erfüllen (Abschn. 5.1). Dann wird mit Bezug auf die zweite Leitfrage dargelegt, inwiefern die vorhandenen dialogischen Strukturen durch die Unternehmen und Nutzer tatsächlich angewandt werden (Abschn. 5.2). Abschließend lässt sich prüfen, inwiefern statistische Zusammenhänge zwischen den Voraussetzungen und der Nutzung der Facebook-Fanseiten bestehen (Abschn. 5.3).

5.1 Voraussetzungen für Dialog

Aus der Inhaltsanalyse der ausgewählten Fanseiten wird offensichtlich, dass die untersuchten Markenauftritte bei Facebook die technischen und inhaltlichen Voraussetzungen für eine Beteiligung der Nutzer an einem dem Realtyp entsprechenden Dialog nur mit Einschränkungen erfüllen.

Tab. 1 Sichtbarkeit der Nutzerposts auf Facebook-Fanseiten als technische Voraussetzung für Dialog

Sichtbarkeit der Nutzerposts auf Fanseiten ($n = 39$)	Absolut	In Prozent
Nicht sichtbar	4	10
In gesondertem Bereich sichtbar	23	59
In Chronik und gesondertem Bereich	12	31
Gesamt	*39*	*100*

5.1.1 Technische Voraussetzungen

Zwar sind die Posts von Nutzern bei einem überwiegenden Teil der Facebook-Fanseiten (35 von 39) sichtbar, wodurch technische Voraussetzungen für einen Dialog grundsätzlich gegeben sind (s. Tab. 1). Allerdings sind die Nutzerbeiträge nur bei weniger als einem Drittel der Seiten (12 von 39) gleichberechtigt zu den Unternehmensposts in die Hauptansicht der Fanseite (Chronik) integriert. Hier entsprechen die Voraussetzungen für einen Dialog dem Realtyp, während der Großteil der Seiten (23 von 39) die Nutzerbeiträge in einem gesonderten Bereich veröffentlicht und damit die Fanseite technisch eher auf einen Dialog des Fassadentyps ausrichtet.

Bei einem kleinen Teil der Fanseiten (4 von 39) werden Nutzerposts überhaupt nicht sichtbar. Hier sind die Voraussetzungen für einen Dialog technisch nicht gegeben; es wird durch die Gestaltung der Seite grundsätzlich eine monologische Kommunikation der Unternehmen angelegt, auch wenn weiterhin Nutzerbeiträge wie Kommentare oder Likes möglich sind. Diese sind allerdings weitaus weniger prominent auf der Seite sichtbar als Posts und lassen eher Reaktionen auf die Unternehmensveröffentlichungen erwarten als eigene Kommunikationsimpulse durch die Nutzer.

5.1.2 Inhaltliche Voraussetzungen: Informationsphase

Die inhaltlichen Voraussetzungen, die der Informationsphase zuzuordnen sind, wurden über die Anzahl und Gestaltung der Unternehmensposts erhoben (s. Tab. 2).

Bei der *Anzahl von Posts*, die die Unternehmen in der Untersuchungswoche veröffentlichten, sind deutliche Schwankungen erkennbar: Auf den 39 untersuchten Fanseiten wurden in der Untersuchungswoche zwischen 0 und 21 Unternehmensnachrichten gepostet. Auf immerhin einem knappen Sechstel der Seiten (6 von 39) wurde im Untersuchungszeitraum gar nicht gepostet. Hier haben die Unternehmen also überhaupt keine Kommunikation angestrebt. Ein weiteres Drittel der Fanseiten (12 von 39) hat in der Woche einen bis drei Posts veröffentlicht. Hier sind

Tab. 2 Anzahl der Unternehmensposts in der Untersuchungswoche auf den Facebook-Fanseiten

Fanseiten mit/ohne Unternehmensposts ($n = 39$)	Absolut	In Prozent
Ohne Post	6	15,5
1–3 Posts	12	31
4–7 Posts	14	36
8–13 Posts	6	15,5
14–25 Posts	1	2
Gesamt	*39*	*100*

kommunikative Anreize durch die Unternehmen als inhaltliche Voraussetzungen für Dialog nur sehr eingeschränkt vorhanden, so dass die Kommunikation des Unternehmens eher dem Fassadentyp zuzuordnen ist. Etwas mehr als die Hälfte der Unternehmen (21 von 39) postet mit mehr als vier Posts in der Untersuchungswoche mehrmals wöchentlich eine Nachricht, so dass hier immerhin von regelmäßigen Kommunikationsanreizen auszugehen ist. Aber ein gutes Drittel (14 von 39) dieser Unternehmen ist mit vier bis sieben Posts in einer Woche nicht besonders aktiv. Nur sieben Unternehmen, und damit nur ein knappes Fünftel der Stichprobe, veröffentlichen acht oder mehr Nachrichten pro Woche und lassen so einen angeregten Dialog erwarten.

Mit Blick auf die *Gestaltung* der Unternehmensposts zeigt sich, dass Unternehmen ihre Veröffentlichungen in fast der Hälfte der untersuchten Fälle (49 %) mit maximal 150 Zeichen auf SMS-Länge halten. Dies kann als Anreiz zum Dialog interpretiert werden, während sehr lange Texte eher als monologische Struktur zu verstehen sind. Allerdings schwankt die Länge der 175 untersuchten Unternehmensposts stark.

Dabei sind die Posts überwiegend mit Text (92 %) und mit Bildern (75 %), häufig auch mit Links (49 %) gestaltet, was die Nutzer zur Kommunikation anregen könnte. Das Teilen der Inhalte von anderen Seiten ist hingegen deutlich seltener Bestandteil der Unternehmensposts (16 %). Nur sehr selten setzen die Unternehmen Audio- und Videoelemente für ihre Kommunikation auf Facebook ein (je ca. 5 %). Hier zeigt sich eine gewisse Passivität der Unternehmen gegenüber den Kommunikationsmöglichkeiten, die Facebook bietet.

Inhaltlich befassen sich über die Hälfte der untersuchten Posts (55 %) mit produkt- oder unternehmensbezogenen *Themen* (s. Tab. 3). Es ist davon auszugehen, dass die Kommunikation zwischen Unternehmen und Nutzern in diesen Fällen eher dem Monolog oder dem Fassadentyp zuzuordnen ist, weil vermutlich

Tab. 3 Themen der
Unternehmensposts

Themen der Unternehmensposts ($n = 175$)	In Prozent
Produkt und/oder Unternehmen	55
Alltag	11,5
Events	10
Netzwelt	7
Service	4,5
Soziales und Kultur	4
Sport	1,5
Wissenschaft	1,5
Wirtschaft	1
Sonstiges	4
Gesamt	*100*

werbende bzw. strategische Interessen im Rahmen der Produkt-PR im Vordergrund stehen. Auszuschließen ist jedoch auch der Realtyp bei produkt- und unternehmensbezogenen Kommunikationsanreizen nicht.

Von den produkt- und unternehmensbezogenen Posts ist ein Teil eindeutig als Werbung zu klassifizieren (10 % aller Posts). Ein gleichgroßer Teil sind Gewinnspiele. Bei diesen Kommunikationsformen ist kein Dialog jenseits des Fassadentyps zu erwarten, weil sie persuasiv ausgerichtet und nicht grundsätzlich auf Austausch angelegt sind. Zugleich ist damit aber festzustellen, dass immerhin 80 % aller Unternehmenspost andere Formen als Werbung oder Gewinnspiele darstellen, also nicht der rein persuasiven Kommunikation zuzuordnen sind.

Dennoch sind die Themen der Posts nicht besonders vielfältig. Neben unternehmensbezogenen Themen werden vor allem Events (10 %) und Alltagsthemen (11,5 %)[2] behandelt – und damit Themen, die in Bezug auf eine dialogische Auseinandersetzung zwischen Unternehmen und Nutzern weniger relevant sind und keinen verständigungsorientierten Dialog im eingangs beschriebenen Sinne anregen.

Alle anderen Themenbereiche werden nur noch sehr selten (meist deutlich weniger als 5 % der Posts) gepostet. Auch Posts, die dem Bereich „Soziales und Kultur" zuzuordnen sind, machen nur einen geringen Teil der Posts aus (4 %). Noch seltener

---

[2] Posts aus dem Themenbereich „Alltag" befassen sich mit der Lebenswelt der Nutzer und beziehen sich etwa auf die Jahreszeit, das Wetter, Sternzeichen, Grüße an die Nutzer (z. B. „Schönes Wochenende!") oder allgemeine Fragen an diese (z. B. „Was habt ihr am Freitag gemacht?").

sind Wissenschaft, Wirtschaft oder Sport Themen der Posts (rund 1 %). Themen mit Gesellschaftsbezug werden in der Kommunikation zwischen Unternehmen und Nutzern via Facebook also kaum thematisiert.

Was die *Geltungsansprüche* angeht, so bezieht sich ein gutes Drittel der untersuchten Unternehmensposts (35,5 %) auf relevante Sachverhalte. Hier wurden Posts codiert, die einen starken Selbstbezug des Unternehmens aufweisen und über Produkte, Service, Innovationen etc. informieren (z. B. Eröffnung eines neuen Drogeriemarktes, der Launch eines neuen Duschgels, etc.). Damit wird – wenig überraschend – deutlich, dass Produktinformationen und Service ein wichtiger Bestandteil des Kommunikationsangebots von Unternehmen auf Facebook sind. Zugleich wird mit der Information über relevante Sachverhalte eine eingangs begründete Voraussetzung für Dialoge des Realtyps erfüllt.

Seltener hingegen finden sich Posts, die vertrauensstiftende Informationen thematisieren und damit Transparenz über das Unternehmen herstellen oder seine Verlässlichkeit darlegen. Ein knappes Viertel der Posts (23,5 %) stellt eine freundliche, personalisierte Darstellung des Unternehmens in den Vordergrund, thematisiert die Glaubwürdigkeit oder Wahrhaftigkeit des Unternehmens, um so eine Grundlage für einen verständigungsorientierten Dialog zu bilden.

Sehr selten veröffentlichen die Unternehmen legitimierende Informationen über die eigenen Normen und Werte. Nur jedes 15. Post (6,5 %) behandelt die Richtigkeit von Unternehmenshandlungen und bietet Anreiz dazu, die Legitimität des Unternehmens zu diskutieren.

5.1.3 Inhaltliche Voraussetzungen: Diskussionsphase

Als inhaltliche Voraussetzungen für Dialoge, die der Diskussionsphase zuzuordnen sind, wurden die Thematisierung von Konflikten, die Verwendung eines respektvollen Tons und einer direkten Ansprache der Nutzer in den Unternehmensposts untersucht. Dabei zeigt sich zum einen, dass *Konflikte* in der Markenkommunikation via Facebook fast gar nicht (1 %) thematisiert werden. Zum anderen wird deutlich, dass die *Ansprache der Nutzer* durch die Unternehmen auf Dialog abzielt: Die Nutzer werden in mehr als der Hälfte der Posts (58 %) direkt angesprochen. Der Ton der Texte ist fast immer *respektvoll* (98 %); die Ausnahme macht hier ausschließlich ein Bekleidungshersteller, der gelegentlich einen rauen Sprachstil verwendet.

Blickt man zusammenfassend auf die inhaltlichen und technischen Voraussetzungen für Dialoge bei der Kommunikation von Unternehmen auf Facebook, so zeigt sich, dass die Elemente der Informations- und Diskussionsphase als Voraussetzungen für Dialoge des Realtyps nur mit Einschränkung gegeben sind. Häufiger sind die technischen und inhaltlichen Merkmale von Monolog und Fassadentyp

Tab. 4 Nutzerbeiträge auf
Facebook-Fanseiten

Fanseiten mit/ohne Nutzerposts ($n = 39$)	In Prozent
Ohne	56,5
Bis zu 10 Posts	25,5
Mehr als 100 Posts	5
Unternehmensposts mit/ohne Nutzerkommentare ($n = 175$)	In Prozent
Ohne	35,5
Bis zu 10 Kommentare	36,5
Mehr als 100 Kommentare	8

beobachtbar: Die Unternehmen wirken durch insgesamt wenige Posts eher passiv und nutzen die verschiedenen Kommunikationsmöglichkeiten des Internets über Videos oder geteilte Inhalte nur wenig. Ebenso hat die Tatsache, dass die Nutzerposts nur selten gleichwertig in die Chronik integriert werden, zur Folge, dass die Markenauftritte eher zur Selbstdarstellung als zum Dialog genutzt werden können. Und auch die Themen, die in Unternehmensposts angesprochen werden und sich häufig auf Produkte und das Unternehmen selbst beziehen, sind wenig auf Dialoge über relevante Aspekte im Interesse gesellschaftlicher Anspruchsgruppen ausgerichtet.

5.2 Nutzung dialogischer Strukturen

Während also Unternehmen die technischen und inhaltlichen Möglichkeiten der Facebook-Kommunikation nicht umfassend einsetzen, werden diese auch durch die Nutzer kaum wahrgenommen. Mehr als die Hälfte der untersuchten Facebook-Fanseiten (22 von 39) weisen in der Untersuchungswoche keine *Posts durch Nutzer* auf (s. Tab. 4). Auf einem weiteren Viertel der Seiten (10 von 39) werden bis zu zehn Posts in der Woche durch die Nutzer veröffentlicht. Nur auf zwei Facebook-Fanseiten sind sehr aktive Nutzer mit mehr als 100 Posts in der Woche zu finden. Damit ist insgesamt eine recht geringe Aktivität der Nutzer zu verzeichnen, die eher zu einer monologischen Struktur der Facebook-Kommunikation führt.

Vergleichsweise aktiv sind die Nutzer im Bereich der *Kommentare* unter Unternehmensposts (s. Tab. 4). Ein gutes Drittel der 175 untersuchten Unternehmensposts (35,5 %) bleibt zwar ohne Nutzerreaktionen. Aber ein weiteres gutes Drittel der Posts (36,5 %) erhält bis zu zehn Kommentare. Auf ein gutes Viertel der Posts (28 %) werden mehr als zehn Nutzerkommentare gegeben, was rein quanti-

Tab. 5 Unternehmens-
antworten auf Nutzerbeiträge

Unternehmensantworten pro Post (n = 279)	In Prozent
Keine	72
Eine	20
Mehr als eine	8
Reaktionszeit der Unternehmensantworten auf Nutzerbeiträge (n = 112)	In Prozent
Innerhalb von 24 h	82
Innerhalb von 30 min	27

tativ als Nutzung der Interaktionsmöglichkeiten gedeutet werden kann. Bei einem kleinen Teil der Unternehmensposts (8 %) gibt es sogar eine angeregte Beteiligung durch die Nutzer mit mehr als einhundert Kommentaren.

Allerdings findet seitens der Unternehmen wenig *Anschlusskommunikation* statt. In fast drei Vierteln (72 %) der Kommentarspalten unter den 279 untersuchten Unternehmens- und Nutzerposts wurden in der Untersuchungswoche gar keine Unternehmensantworten veröffentlicht (s. Tab. 5). Hier herrschen also Monologe statt Dialoge vor. Auf ein Fünftel der Posts (20 %) folgt eine Antwort eines Unternehmens. Nur auf einen kleinen Teil der Posts (8 %) folgt mehr als eine Unternehmensantwort, so dass hier rein quantitativ ein Dialogprozess möglich sein kann. Dabei findet die Anschlusskommunikation durch die Unternehmen häufiger bei Nutzerposts als bei Nutzerkommentaren unter Unternehmensposts statt. Bei Unternehmensposts folgen seltener, dann aber eher mehrere Unternehmensantworten. Man könnte vermuten, dass es sich bei Nutzerposts eher um Serviceanfragen handelt, die mit wenig Aufwand beantwortet werden können. Da die Themen der Nutzerposts nicht erhoben wurden, lässt sich diese Vermutung jedoch nicht erhärten.

Diejenigen Unternehmen, die überhaupt auf Nutzerbeiträge reagieren, antworten in einem für einen Dialog angemessenen Zeitraum (s. Tab. 5). Zum großen Teil (82 %) werden die 112 erhobenen Unternehmensantworten innerhalb von 24 h nach einem Nutzerbeitrag gegeben. Ein gutes Viertel der Unternehmensantworten (27 %) erfolgt sogar innerhalb von 30 min nach Veröffentlichung des Nutzerbeitrags.

Bei der Nutzung der dialogischen Strukturen ist zudem der *Argumentationsstil* der Nutzerbeiträge relevant, und damit die Fragen, inwiefern die Nutzer ihre Beiträge mit einer zustimmenden oder kritischen Haltung und mit einem respektvollen

Tab. 6 Argumentationsstil der Nutzerbeiträge

Argumentationsstil	Nutzerposts in Prozent ($n = 104$)	Kommentare auf Unternehmensposts in Prozent ($n = 4.993$)
Zustimmende Haltung	33,5	40
Neutrale Haltung	45	20
Ablehnende Haltung	16	10
Respektvoller Ton	95	73
Zweifel an relevanten Sachverhalten	14	1,5
Zweifel an vertrauensstiftenden Informationen	7	1
Zweifel an legitimierenden Informationen	4	0,5

bzw. respektlosen Ton formulieren und auf welche Geltungsansprüche an das Unternehmen sie sich beziehen. Bei der *Haltung* der Nutzerbeiträge zeigt sich, dass diese überwiegend zustimmend (33,5 % der Posts und 40 % der Kommentare) oder neutral (45 bzw. 20 %) formuliert sind (s. Tab. 6). Der Ton der Nutzerposts und -kommentare fällt überwiegend *respektvoll* aus (95 bzw. 73 %). Ein kritischer Dialog oder eine abwertende Auseinandersetzung wird also seitens der Nutzer nicht angeregt. Dies zeigt sich auch daran, dass in den Nutzerbeiträgen nur wenige *Zweifel im Bereich der Geltungsansprüche* geäußert werden. Wenn Zweifel oder Kritik auftreten, dann am ehesten im Bereich der relevanten Sachverhalte, also in Bezug auf die Produkte oder Serviceinformationen des Unternehmens (14 bzw. 1,5 %). Noch weniger Zweifel beziehen sich auf vertrauensstiftende Informationen, also auf die Verlässlichkeit und Transparenz des Unternehmens (7 bzw. 1 %). Nur ganz selten formulieren die Nutzer Zweifel an legitimierenden Informationen, also an den Normen und Werten der Unternehmen (4 bzw. 0,5 %). Insgesamt gibt es auf den Facebook-Fanseiten der Unternehmen damit recht wenig Kritik durch die Nutzer, so dass die Diskursphase des Dialogs kaum erreicht werden kann.

Die 112 untersuchten *Antworten von Unternehmen* beziehen sich entsprechend selten (38 %) auf Nutzerbeiträge mit Ablehnung oder Zweifeln, sondern beinhalten vor allem neutrale Informationen. Ein großer Teil (70 %) der Unternehmensantworten enthält Lösungsvorschläge, die überwiegend (64 %) konkret ausfallen und so eine gemeinsame Situationsdefinition als Grundlage der Verständigung ermöglichen. Damit ist die Kommunikation in diesen (wenigen) Fällen als dialogisch zu bewerten. Da sich die Unternehmensantworten aber überwiegend auf Nutzerbeiträge ohne Zweifel (62 %) oder auf Beiträge mit Zweifeln an relevanten Sachverhalten

(21 %) beziehen, liegt die Vermutung nahe, dass sich die Kommunikation zwischen Unternehmen und Nutzern auf Facebook vor allem auf Servicethemen bezieht. Darauf deutet auch die *Dauer der Dialoge bzw. Kommentierungen* hin: Ein überwiegender Teil (56 %) der Kommunikation zwischen Unternehmen und Nutzern endet nach weniger als einem Tag. Dabei hält die Diskussion bei Unternehmensposts eher länger an als bei Nutzerposts; eine Beteiligung der Nutzer wird anscheinend eher dann angestoßen, wenn das Unternehmen Anreize setzt. Nutzerposts hingegen scheinen eher Serviceanfragen zu beinhalten, die schnell abzuhandeln sind. Oder sie behandeln Themen, die weder für das Unternehmen noch für andere Nutzer besondere Kommunikationsanreize darstellen.

5.3 Zusammenhang von Voraussetzungen und Nutzung

Neben der Beschreibung der technischen und inhaltlichen Voraussetzungen für Dialoge auf den Facebook-Markenseiten sowie der Nutzung der dialogischen Strukturen durch Unternehmen und Facebook-Nutzer erlauben es, die Daten zu prüfen, inwiefern statistisch Zusammenhänge zwischen den Voraussetzungen und der Nutzung bestehen – inwiefern also bessere Voraussetzungen für Dialoge auch zu einer intensiveren Nutzung der Dialogstrukturen führen.

Allerdings ergibt sich hierbei kein klar erkennbares Bild (s. Tab. 7). Signifikante Zusammenhänge – die jedoch nicht immer ein starkes Ausmaß erreichen – zeigen sich in folgenden Punkten:

- Je mehr Posts ein Unternehmen veröffentlicht, desto mehr *Likes* werden durch die Nutzer vergeben und desto mehr *Kommentare* erhält es. Unternehmen können also durch eigene Posts eine Beteiligung der Nutzer aktivieren – ein Ergebnis, das Elter (2013) vergleichbar für die Kommunikation politischer Parteien auf Facebook ermittelt hat.
- Je kürzer die Posts von Unternehmen sind, desto eher erhalten sie *Likes* durch die Nutzer. Unternehmen können also Reaktionen der Nutzer anregen, indem sie ihre Beiträge auf den Fanseiten kurz halten. Allerdings kann die Vergabe von *Likes* noch nicht als Hinweis auf dialogische Interaktion interpretiert werden.
- *Bilder* in Unternehmensposts haben deutlich mehr *Kommentare* und *Likes* durch die Nutzer zur Folge als Posts ohne Bilder. Unternehmen, die die Interaktion mit den Nutzern auf Facebook intensivieren wollen, sollten daher auf den Einsatz von Bildern in ihren Veröffentlichungen achten.

Tab. 7 Zusammenhang der inhaltlichen Voraussetzungen für Dialoge und der Nutzung dialogischer Strukturen

Voraussetzungen für Dialog in Unternehmensposts (n = 175)	Anzahl der Nutzerkommentare	Anzahl der Likes
Anzahl der Unternehmensposts[1a]	.372*	.671**
Länge der Unternehmensposts[1]	.092	−.179*
Reaktionszeit der Unternehmensantworten[1b]	−.240	−.248
Unternehmenspost mit Bild[2]	.367***	.529***
Themen der Unternehmensposts[3]	.357	.329
Gewinnspiele[2]	.345*	.512**
Werbung[2]	−.001	−.091
direkte Ansprache[2]	.288***	.177*
respektvolle Ansprache[2]	.327	.059
Bezug auf Geltungsansprüche		
Relevant[2]	.034	.042
Vertrauensstiftend[2]	−.078	−.029
Legitimierend[2]	.041	−.092

[1] Pearson
[2] Somers'd
[3] Eta
[a] Facebook-Fanseiten $n = 39$
[b] Unternehmensantworten $n = 112$

- Gewinnspiele rufen mehr Likes und Kommentare hervor als andere Themen. Unternehmen können folglich zwar die Nutzeraktivität auf ihren Fanseiten durch Gewinnspiele erhöhen. Allerdings erfüllen Gewinnspiele lediglich die Voraussetzungen des Fassadentyps und sind damit nicht als verständigungsorientiertes Angebot der Unternehmen zu interpretieren.
- Unternehmensposts, die die Nutzer direkt ansprechen, erhalten mehr Kommentare und Likes als Posts, die auf eine direkte Ansprache im Text verzichten. Unternehmen können also Reaktionen der Nutzer aktivieren, indem sie diese in ihren Veröffentlichungen direkt ansprechen.

Keine nachweisbaren Auswirkungen auf die Beteiligung der Nutzer hat es hingegen, wenn die Unternehmen schnell auf Nutzerbeiträge antworten, wenn sie die Nutzer respektvoll ansprechen oder wenn sie sich in ihren Posts auf Geltungsansprüche beziehen. Auch ein Zusammenhang zwischen den Themen der Posts und der Nutzerbeteiligung lässt sich mit dem vorhandenen Datenmaterial nicht zeigen. Dies liegt vor allem daran, dass einerseits die Streuung im Bereich der Kommentare und Likes sehr hoch ist und andererseits die Themengruppen teilweise nicht sehr stark besetzt sind. Um diese Zusammenhänge genauer zu prüfen, wäre daher eine größere Stichprobe erforderlich.

6   Diskussion und Fazit

Mit dem vorgeschlagenen Modell der Dialogtypen in der Marken-PR (s. Abb. 1) konnte die Kommunikation auf Facebook-Fanseiten differenziert im Hinblick auf das Ausmaß dialogischer Interaktionen erfasst werden. Hierbei erbrachte insbesondere die inhaltliche und sprachliche Analyse von Posts und Kommentaren neue Erkenntnisse hinsichtlich des Dialogpotentials sozialer Netzwerke.

Die Ergebnisse der Inhaltsanalyse bestätigen, dass Unternehmen die Potentiale des sozialen Netzwerks Facebook nur eingeschränkt nutzen, um die technischen und inhaltlichen Voraussetzungen für einen verständigungsorientierten Dialog zu schaffen. Ebenso gering fällt die Beteiligung der Nutzer aus. Folglich kann nur in seltenen Fällen der Realtyp des Dialogs nachgewiesen werden, da die dafür charakteristische Diskursphase allein in quantitativer Hinsicht kaum erreicht wird. Die Analysen der Themen und Geltungsansprüche verstärken den Eindruck eines vorherrschenden Fassadentyps in der Marken-PR: Strategisch ausgerichtete Themen mit Produkt- und Unternehmensbezug dominieren die meisten Posts; Geltungsansprüche werden selten von Unternehmen zur Argumentation und ebenso wenig von Nutzern zur Kritik angebracht. Diese inhaltlichen Merkmale sowie die kurze Dauer bestehender Dialoge führen zur Annahme, dass Facebook von Unternehmen hauptsächlich zur Produktinformation im Rahmen der Produkt-PR und für den Kundenservice eingesetzt wird. Hinweise auf eine verständigungsorientierte Marken-PR oder ein Bemühen um gesellschaftliche Integration durch engagierte Dialoge mit Anspruchsgruppen lassen sich hingegen kaum beobachten.

Die geringe Verbreitung von Dialogen des Realtyps kann auf verschiedene Gründe zurückgeführt werden. Die fehlende Thematisierung von Konflikten und Geltungsansprüchen deutet darauf hin, dass Unternehmen versuchen, die aufgeführten Risiken einer Dialogorientierung zu vermeiden, um die Markenreputation zu schützen. Auch Facebook-Nutzer scheinen nicht per se nach verständigungsorientierten Dialogen mit Unternehmen zu suchen, zeigen sie doch teils eine hohe Aktivität in Reaktion auf Angebote des Fassadentyps. Ihr Interesse richtet sich möglicherweise eher auf die persönliche Nutzenmaximierung beispielsweise über Gewinnspiele und Serviceanfragen, auf dialogische Interaktionen über Alltagsthemen und darüber hinaus auf die Kommunikation im privaten Umfeld.

So lassen die Ergebnisse der Inhaltsanalyse darauf schließen, dass nicht nur vonseiten der Unternehmen, sondern auch durch die Facebook-Nutzer vor allem Dialoge des Fassadentyps angestrebt werden. Damit können die Befunde als weiterer Beleg dafür gelesen werden, dass Facebook sich weniger als Forum für verständigungsorientierte Dialoge anbietet, sondern eher als Mittel zur Selbstdarstellung von Unternehmen und als Netzwerk der privaten Kommunikation von den Nutzern verwendet wird. Allerdings beruht der zugrundeliegende Datensatz auf einer nicht allzu großen Stichprobe und weist in einigen Teilen eine breite Streuung auf. Es erscheint daher sinnvoll, die Befunde mit einer größeren und weniger heterogenen Stichprobe auf eine stabilere Basis zu stellen.

Abschließend kann festgehalten werden, dass sich zwar einerseits die eingangs skizzierten Dialogpotentiale von sozialen Netzwerken hinsichtlich einer stärkeren Verständigungsorientierung in der Marken-PR kaum erfüllen, andererseits aber andere, bislang in der PR-Forschung vernachlässigte Potentiale dialogischer Interaktionen ausgeschöpft werden. Angesichts dieses Ergebnisses erscheint es sinnvoll, dialogische Interaktionen des Fassadentyps in der Online-PR stärker auszudifferenzieren. Die hohen Ansprüche des verständigungsorientierten Dialogbegriffs sind zwar in der Marken-PR in mancher Hinsicht erstrebenswert, beispielsweise bei der Bewältigung von Krisen und Konflikten; zugleich dürfen jedoch mögliche weitere Funktionen dialogischer Interaktionen, zum Beispiel im Rahmen der Produkt-PR und des Kundenservice, nicht vernachlässigt werden. Der hohe Anteil von Alltagsthemen in Unternehmens- und Nutzerposts und die positive Resonanz von Gewinnspielen deuten daraufhin, dass dialogische Interaktionen in der Marken-PR für Nutzer auch die Funktion der Unterhaltung erfüllen können, und damit ebenfalls ein Instrument der Beziehungspflege darstellen können. Innerhalb des Fassadentyps sollte daher differenziert werden zwischen dialogischen Interaktionen, in denen Unternehmen einseitig einen tiefergehenden Dialog verhindern und solchen, in denen Unternehmen und Nutzer gleichermaßen einen Dialog des Fassadentyps anstreben, wie etwa in der Alltagskommunikation. Somit ist die Idealvorstellung eines verständigungsorientierten Dialogs des Realtyps im Kontext der Marken-PR zu relativieren. Vielmehr sollten in der PR-Forschung auch Dialogtypen jenseits des Realtyps als Möglichkeit berücksichtigt werden, um im Rahmen der strategischen Kommunikation eine positive Beziehung zu Anspruchsgruppen aufzubauen.

Literatur

Bentele, G., & Hoepfner, J. (2004). Markenführung und Public Relations. In M. Bruhn (Hrsg.), *Handbuch Markenführung* (Bd. 2, 2. Aufl., S. 1535–1564). Wiesbaden: Gabler.

Boelter, D., & Hütt, H. (2012). Dialogkommunikation und Partizipation: Wandel einer kommunikativen Praxis. In A. Zerfaß & T. Pleil (Hrsg.), *Handbuch Online PR. Strategische Kommunikation in Internet und Social Web* (S. 395–407). Konstanz: UVK Verlagsgesellschaft.

Bortree, D. S., & Seltzer, T. (2009). Dialogic strategies and outcomes: An analysis of environmental advocacy groups' Facebook profiles. *Public Relations Review, 35*, 317–319.

Boyd, D. M., & Ellison, N. B. (2007). Social network sites: Definition, history, and scholarship. *Journal of Computer-Mediated Communication, 13*(1), 210–230.

Boyd, D. M., & Ellison, N. B. (2008). Social network sites: Definition, history, and scholarship. *Journal of Computer-Mediated Communication, 13*(1), 210–230.

Briones, R. L., Kuch, B., Fisher Liu, B., & Jin, Y. (2011). Keeping up with the digital age: How the American Red Cross uses social media to build relationships. *Public Relations Review, 37*, 37–43.

Bruning, S. D., Dials, M., & Shirka, A. (2008). Using dialogue to build organization – public relationships, engage publics, and positively affect organizational outcomes. *Public Relations Review, 34*(1), 25–31.

Burkart, R. (2004). Online-PR auf dem Prüfstand. Vorbereitende Überlegungen zur Evaluation von Websites. In J. Raupp (Hrsg.), *Quo vadis Public Relations? Auf dem Weg zum Kommunikationsmanagement. Bestandsaufnahmen und Entwicklungen* (S. 174–185). Wiesbaden: VS Verlag für Sozialwissenschaften.

Burkart, R. (2008). Verständigungsorientierte Öffentlichkeitsarbeit. In G. Bentele, R. Fröhlich, & P. Szyszka (Hrsg.), *Handbuch der Public Relations. Wissenschaftliche Grundlagen und berufliches Handeln* (S. 223–241). Wiesbaden: VS Verlag für Sozialwissenschaften.

Burkart, R., Rußmann, U., & Grimm, J. (2010). Wie verständigungsorientiert ist Journalismus? Ein empirischer Messversuch anhand der Berichterstattung über Europathemen im Rahmen des Nationalratswahlkampfes 2008 in Österreich. In H. Pöttker & C. Schwarzenegger (Hrsg.), *Europäische Öffentlichkeit und journalistische Verantwortung* (S. 256–281). Köln: Halem.

Christensen, L. T., & Langer, R. (2009). Public relations and the strategic use of transparency. consistency, hypocrisy, and corporate change. In R. L. Heath, E. L. Toth, & D. Waymer (Hrsg.), *Rhetorical and critical approaches to public relations II* (S. 129–153). New York: Routledge.

DiStaso, M., & McCorkindale, T. (2013). A benchmark analysis of the strategic use of social media for fortune's most admired u.s. companies on Facebook, Twitter and Youtube. *Public Relations Journal, 7*(1), 1–33.

Elter, A. (2013). Interaktion und Dialog? Eine quantitative Inhaltsanalyse der Aktivitäten deutscher Parteien bei Twitter und Facebook während der Landtagswahlkämpfe 2011. *Publizistik, 58*(2), 201–220.

Grunig, J. E., & Hunt, T. (1984). *Managing public relations.* Fort Worth: Harcourt.

Habermas, J. (1987). *Theorie des Kommunikativen Handelns. Bd. 1. Handlungsrationalität und gesellschaftliche Rationalisierung* (4., durchges. Aufl.). Frankfurt a. M.: Suhrkamp.

Henderson, A., & Bowley, R. (2010). Authentic dialogue? The role of "friendship" in a social media recruitment campaign. *Journal of Communication Management, 14*(3), 237–257.

Kaplan, A. M., & Haenlein, M. (2010). Users of the world, unite! The challenges and opportunities of social media. *Business Horizons, 53,* 59–68.

Kent, M. L. (2011). Public relations rhetoric: Criticism, dialogue, and the long now. *Management Communication Quarterly, 25*(3), 550–559.

Kent, M. L., & Taylor, M. (1998). Building dialogic relationships through the world wide web. *Public Relations Review, 24*(3), 21–37.

Kent, M. L., & Taylor, M. (2002). Toward a dialogic theory of public relations. *Public Relations Review, 28*(1), 321–334.

Kent, M. L., Taylor, M., & White, W. J. (2003). The relationship between web site design and organizational responsiveness to stakeholders. *Public Relations Review, 29,* 63–77.

Koch, M., & Richter, A. (2008). Social-Networking-Dienste im Unternehmenskontext: Grundlagen und Herausforderungen. In A. Zerfaß, M. Welker, & J. Schmidt (Hrsg.), *Kommunikation, Partizipation und Wirkungen im Social Web. Bd. 2: Strategien und Anwendungen: Perspektiven für Wirtschaft, Politik und Publizistik* (S. 352–369). Köln: Halem.

Luchtefeld, A. (2011). *Markenkommunikation mit Public Relations. Theoretische Exploration des Beitrags von Public Relations zur integrierten Kommunikation von Produktmarken.* Hamburg: Kovac.

Macnamara, J., & Zerfass, A. (2012). Social media communication in organizations: The challenges of balancing openness, strategy and management. *International Journal of Strategic Communication, 6*(4), 287–308.

McCorkindale, T. (2012). Follow me or be my friend. how organizations are using Twitter and Facebook to build relationships and to communicate transparently and authentically. In S. Duhé (Hrsg.), *New media in public relations* (3. Aufl., S. 67–74). New York: Peter Lang.

Men, L. R., & Tsai, W. S. (2012). How companies cultivate relationships with publics on social network sites. Evidence from China and The United States. In S. Duhé (Hrsg.), *New media in public relations* (3. Aufl., S. 75–85). New York: Peter Lang.

Merritt, S., Lawson, L., Mackey, D., & Waters, R. D. (2012). If you blog it, they will come. examining the role of dialogue and connectivity in the nonprofit blogosphere. In S. Duhé (Hrsg.), *New media in public relations* (3. Aufl., S. 157–168). New York: Peter Lang.

Muralidharan, S., Rasmussen, L., Patterson, D., & Shin, J. H. (2011). Hope for Haiti: An analysis of Facebook and Twitter usage during the earthquake relief efforts. *Public Relations Review, 37*(2), 175–177.

Pleil, T. (2012). Kommunikation in der digitalen Welt. In A. Zerfaß & T. Pleil (Hrsg.), *Handbuch Online PR. Strategische Kommunikation in Internet und Social Web* (S. 17–38). Konstanz: UVK Verlagsgesellschaft.

Pleil, T., & Bastian, M. (2012). Online-Communities im Kommunikationsmanagement. In A. Zerfaß & T. Pleil (Hrsg.), *Handbuch Online PR. Strategische Kommunikation in Internet und Social Web* (S. 309–323). Konstanz: UVK Verlagsgesellschaft.

Röttger, U., Preusse, J., & Schmitt, J. (2011). *Grundlagen der Public Relations. Eine kommunikationswissenschaftliche Einführung.* Wiesbaden: VS Verlag für sozialwissenschaften.

Ryan, M. (2003). Public relations and the web: Organizational problems, gender, and institution type. *Public Relations Review, 29,* 335–349.

Rybalko, S., & Seltzer, T. (2010). Dialogic communication in 140 characters or less: How Fortune 500 companies engage stakeholders using Twitter. *Public Relations Review, 36*, 336–341.

Schultz, F., & Wehmeier, S. (2010). Online relations. In W. Schweiger & K. Beck (Hrsg.), *Handbuch Onlinekommunikation* (S. 409–433). Wiesbaden: VS Verlag für sozialwissenschaften.

Stoker, K. L., & Tusinski, K. (2006). Reconsidering public relations' infatuation with dialogue. Why engagement and reconciliation can be more ethical than symmetry and reciprocity. *Journal of Mass Media Ethics, 21*(2–3), 156–176.

Szyszka, P. (1996). Kommunikationswissenschaftliche Perspektiven des Dialogbegriffs. In G. Bentele, H. Steinmann, & A. Zerfaß (Hrsg.), *Dialogorientierte Unternehmenskommunikation. Grundlagen – Praxis – Perspektiven. Serie Öffentlichkeitarbeit/Public Relations und Kommunikationsmanagement* (Bd. 4, S. 81–106). Berlin: VISTAS Verlag.

Szyszka, P. (2009). Die Leistung der PR-Arbeit in der Marken- und Produktkommunikation. In N. Janich (Hrsg.), *Marke und Gesellschaft. Markenkommunikation im Spannungsfeld von Werbung und Public Relations* (S. 17–52). Wiesbaden: VS Verlag für sozialwissenschaften.

Taylor, M., Kent, M. L., & White, W. J. (2001). How activist organizations are using the Internet to build relationships. *Public Relations Review, 27*, 263–284.

Theunissen, P., & Noordin, W. N. W. (2011). Revisiting the concept ‚dialogue' in public relations. *Public Relations Review, 38*(1), 5–13.

Thummes, K. (2013). Die Notwendigkeit schützender Täuschungen in der Online-Kommunikation. Zur Gratwanderung zwischen Ehrlichkeit und Ausgrenzung im Netz. In M. Emmer, A. Filipovic, & J. Schmidt J. (Hrsg.), *Echtheit, Wahrheit, Ehrlichkeit. Authentizität in der Online-Kommunikation* (S. 121–134). Weinheim: Beltz Juventa.

Waters, R. D., Burnett, E., Lamm, A., & Lucas, J. (2009). Engaging stakeholders through social networking: How nonprofit organizations are using Facebook. *Public Relations Review, 35*(2), 102–106.

Westermann, A., & Schmid, M. (2012). Public relations: Online-Kommunikation und Reputationsmanagement im gesellschaftlichen Umfeld. In A. Zerfaß & T. Pleil (Hrsg.), *Handbuch Online PR. Strategische Kommunikation in Internet und Social Web* (S. 173–184). Konstanz: UVK Verlagsgesellschaft.

Wright, D. K., & Hinson, M. D. (2013). An updated examination of social and emerging media use in public relations practice: A longitudinal analysis between 2006 and 2013. *Public Relations Journal, 7*(3). http://www.prsa.org/Intelligence/PRJournal/Vol7/No3/#.U8ZgOrGlsXg. Zugegriffen: 16. Juli. 2014.

Zerfaß, A. (1996). Dialogkommunikation und strategische Unternehmensführung. In G. Bentele, H. Steinmann, & A. Zerfaß (Hrsg.), *Dialogorientierte Unternehmenskommunikation. Grundlagen – Praxis – Perspektiven. Serie Öffentlichkeitarbeit/Public Relations und Kommunikationsmanagement* (Bd. 4, S. 23–58). Berlin: VISTAS Verlag.

Zerfaß, A., & Pleil, T. (2012). Strategische Kommunikation in Internet und Social Web. In A. Zerfaß & T. Pleil (Hrsg.), *Handbuch Online PR. Strategische Kommunikation in Internet und Social Web* (S. 39–85). Konstanz: UVK Verlagsgesellschaft.

Zerfass, A., Vercic, D., Verhoeven, P., Moreno, A., & Tench, R. (2012). *European communication monitor 2012. Challenges and competencies for strategic communication. Results of an empirical survey in 42 countries.* Brüssel: Helios.

Stakeholderdialog auf Facebook – Entschuldigung und Verantwortungsübernahme als vertrauensfördernde Reaktion auf Online-Beschwerden in sozialen Netzwerken

Christian Wiencierz, Ricarda Moll und Ulrike Röttger

1 Einleitung

Die fortschreitende Digitalisierung stellt die Unternehmenskommunikation vor neue Herausforderungen und zwingt diese zum Umdenken. Denn die Interaktivität der digitalen Kommunikationsmedien ermöglicht es den Rezipienten auch die Rolle von Kommunikatoren einzunehmen (vgl. Schulz 2004, S. 94). Für Stakeholder ist es einfacher denn je, ihren Unmut öffentlich zu äußern und sich zu beschweren, z. B. auf den öffentlichen Plattformen von Unternehmen in sozialen Netzwerken. Zudem erleichtern es die digitalen Kommunikationstechnologien den Nutzern solche Informationen zu suchen und zu rezipieren, die ihren individuellen Bedürfnissen und Interessen entsprechen (vgl. Schulz 2004, S. 94). Sie können sich entsprechend bei Bedarf umfassend über Unternehmen informieren, indem sie zum Beispiel die Erfahrungsberichte, Meinungen aber auch Beschwerden anderer Nutzer lesen. Im Fokus dieses Beitrags steht die Frage, welche Auswirkungen die Rezeption von Beschwerden sowie die daran anschließende Reaktion eines

C. Wiencierz (✉) · R. Moll · U. Röttger
Münster, Deutschland
E-Mail: christian.wiencierz@uni-muenster.de

R. Moll
E-Mail: ricarda.moll@uni-muenster.de

U. Röttger
E-Mail: ulrike.roettger@uni-muenster.de

O. Hoffjann, T. Pleil (Hrsg.), *Strategische Onlinekommunikation,*
DOI 10.1007/978-3-658-03396-5_7, © Springer Fachmedien Wiesbaden 2015

Unternehmens auf dessen Unternehmensseite in einem sozialen Netzwerk auf andere Nutzer als außenstehende Dritte haben.

In diesem Beitrag wird herausgestellt, dass Beschwerden und der Umgang mit diesen Beschwerden im digitalen Kontext für Unternehmen reputationsrelevant sind. Die Ergebnisse eines 2×2-Experiments[1] zeigen, dass die Aussprache einer wörtlichen Entschuldigung und die Übernahme der Verantwortung durch das Unternehmen als Reaktion auf eine Beschwerde im sozialen Netzwerk Facebook Vertrauenswürdigkeit beim Stakeholder herstellen kann. Die wahrgenommene Vertrauenswürdigkeit ist für Unternehmen deswegen wichtig, weil sie die Grundlage für die Bereitschaft der Stakeholder ist, dem Unternehmen zu vertrauen. Generell macht Vertrauen eine loyale Beziehung der Stakeholder zu diesen Unternehmen wahrscheinlicher (vgl. z. B. Morgan und Hunt 1994). Das Experiment zeigt zudem, dass eine Entschuldigung und die Übernahme von Verantwortung durch das Unternehmen die Vertrauenswürdigkeit positiv beeinflussen weil durch diese kommunikativen Handlungen Fairness im Zusammenhang mit einem Beschwerdeprozess wahrgenommen wird. Entsprechend nimmt die Unternehmenskommunikation eine entscheidende Rolle beim Aufbau von Vertrauen im Beschwerdefall ein.

2 Unternehmensseiten in sozialen Netzwerken als öffentliche Plattformen für Beschwerden und Unternehmenskritik

Nicht nur das Internet allgemein, sondern auch Social Media-Anwendungen sind heute bei vielen Deutschen fester Bestandteil ihres Alltags. Im Frühjahr 2013 waren über 77 % der über 14-Jährigen in Deutschland online (vgl. van Eimeren und Frees 2013, S. 358) und 24,73 Mio. Menschen, dies entspricht 46 % der Internetnutzer, hatten ein Profil in mindestens einer privaten Community (vgl. Busemann 2013, S. 391). Laut der ARD/ZDF-Onlinestudie 2013 (vgl. Busemann 2013) werden soziale Netzwerke im Internet besonders intensiv von Jüngeren genutzt: Während 87 % der 14- bis 19-Jährigen und 80 % der 20- bis 29-Jährigen soziale Netzwerke nutzen, sind dies nur 16 % bei den über 50-Jährigen. Das beliebteste soziale Netzwerk in Deutschland ist mit großem Abstand Facebook: Rund 23 Mio. Onliner ab 14 Jahren sind bei Facebook aktiv. Die Nutzung von sozialen Netzwerken ist nicht nur weit verbreitet, sondern auch hochfrequent: Durchschnittlich waren 60 % der Onlinenutzer mit einem Profil in einer privaten Community täglich online.

---

[1] Die Studie wurde mit Mitteln des DFG-Graduiertenkollegs 1712/1 „Vertrauen und Kommunikation in einer digitalisierten Welt" gefördert.

Die weite Verbreitung und intensive Nutzung von Facebook macht das soziale Netzwerk auch für Unternehmen attraktiv: Laut der Social Media-Governance-Studie 2011 setzen rund sieben von zehn Organisationen soziale Medien aktiv im Rahmen ihrer Unternehmenskommunikation ein (vgl. Fink et al. 2011, S. 6). Zahlreiche weitere Unternehmensbefragungen weisen darauf hin, dass Kommunikationsverantwortliche von Unternehmen sozialen Medien eine hohe und in Zukunft tendenziell steigende Bedeutung zuweisen (vgl. u. a. Rossmann 2012; Wright und Hinson 2012).

Soziale Netzwerke zeichnen sich durch die Möglichkeiten intensiver Formen der sozialen Vernetzung und Interaktion sowie die Optionen selbst gestaltbarer Nutzerprofile aus (vgl. Neuberger 2011, S. 45). Boyd und Ellison (2008, S. 211) definieren soziale Netzwerke als

> web-based services that allow individuals to 1) construct a public or semi-public profile within a bounded system, 2) articulate a list of other users with whom they share a connection, and 3) view and traverse their list of connections and those made by others within the system. The nature and nomenclature of these connections may vary from site to site.

Für Unternehmen, die in sozialen Netzwerken aktiv sind, sind die Möglichkeiten zur Interaktion und das Prinzip des User Generated Content auf der einen Seite eine Chance zur direkten Ansprache von Zielgruppen. Auf der anderen Seite stellen die in sozialen Netzwerken geltenden Prinzipien auch eine Herausforderung für die Unternehmenskommunikation dar: Unternehmensseiten in sozialen Netzwerken werden von Communitymitgliedern regelmäßig genutzt, um Kritik am Unternehmen zu äußern und auf Missstände hinzuweisen (vgl. Chu und Kim 2011; Cheung und Lee 2012). Für die Unternehmenskommunikation, die traditionell den Anspruch verfolgt, Form und Inhalte der unternehmenseigenen Publikationen umfassend zu steuern und zu kontrollieren, stellen Unternehmensseiten in sozialen Netzwerken insofern einen weitreichenden Paradigmenwechsel dar. Diese Unternehmensseiten führen zudem zu einer neuen Form der Transparenz: Vormals mehr oder weniger im Privaten verbleibende Kritik und Beschwerdedialoge zwischen Unternehmen und Stakeholdern werden nun öffentlich und für außenstehende Dritte sichtbar. Dies bedeutet zugleich, dass der Umgang von Unternehmen mit Beschwerden und Kritik in sozialen Netzwerken unmittelbar reputationsrelevant ist.

3 Grundlagen des Beschwerdemanagements

Die Wirkung von öffentlich geäußerten Meinungen im World Wide Web, z. B. in Form von Nutzerkommentaren, auf die Meinungsbildung und das Verhalten der Stakeholder wurde in zahlreichen Studien beschrieben (vgl. z. B. Gauri et al. 2008; Hennig-Thurau und Walsh 2003). Insbesondere scheinen negative Kommentare einen großen Effekt zu haben. Laut Chevalier und Mayzlin (2006) gibt es Hinweise darauf, dass eine zusätzliche negative Rezension durchschnittlich einen größeren Einfluss auf die Kaufentscheidung hat, als eine hinzukommende positive Rezension. Utz et al. (2012) konnten nachweisen, dass Nutzerkommentare ebenfalls einen starken Einfluss auf die wahrgenommene Vertrauenswürdigkeit von Online-Händlern haben.

Der Einfluss der Reaktionen von Unternehmen auf negative Nutzerkommentare und Kritik von Stakeholdern respektive Kunden war dagegen bisher nur vereinzelt Gegenstand der Forschung (vgl. z. B. Utz et al. 2009). Die Wirkung der Reaktionen von Unternehmen auf Beschwerden wurde bislang überwiegend bezogen auf die direkte eins-zu-eins-Kommunikation zwischen Unternehmen und einzelnen Kunden untersucht. In diesem Zusammenhang wird die Beschwerdezufriedenheit als ein zentrales Element des Beschwerdemanagements beschrieben, d. h. „die Zufriedenheit des Kunden mit der unternehmerischen Antwort auf seine Beschwerde" (Stauss 2013, S. 406). Beschwerdezufriedenheit bzw. -unzufriedenheit basiert auf dem Vergleich der Erwartungen an den Umgang des Unternehmens mit der Beschwerde und an das Beschwerdeergebnis sowie dem vom Kunden wahrgenommenen Umgang bzw. Ergebnis (vgl. Stauss 2013, S. 406–408).

Eine weitere Operationalisierung von Beschwerdezufriedenheit liefert die in der internationalen Forschung vielbeachtete *Justice Theory* (vgl. u.a. Blodgett und Tax 1993; Blodgett et al. 1997). Das *Justice-* oder *Fairness*-Konzept stammt aus der Sozialpsychologie und wird allgemein zur Erklärung der Reaktionen von Individuen in einer Vielzahl von Konfliktsituationen und speziell bezogen auf Beschwerdeprozesse von Kunden gegenüber Unternehmen angewandt (vgl. Blodgett et al. 1997, S. 188). Im Zentrum des Ansatzes steht die wahrgenommene Fairness, von der die Zufriedenheit mit dem Beschwerdeprozess maßgeblich abhängig ist. Im negativen Fall führt wahrgenommene Ungerechtigkeit bei der Behandlung von Beschwerden zu negativen Emotionen, negativem Word of Mouth, Unzufriedenheit und Abwendung vom Unternehmen (vgl. Wirtz und Mattila 2002; Blodgett et al. 1997, S. 186).

Es werden im Rahmen der *Justice Theory* die drei Dimensionen *Distributive Justice, Procedural Justice* und *Interactional Justice* unterschieden, anhand derer Kunden die Fairness der Reaktion eines Unternehmens auf eine Beschwerde beurteilen. *Distributive Justice* bezieht sich auf das Beschwerdeergebnis. Bedeutsam ist hier insbesondere, ob das Ergebnis als angemessen empfunden wird und ob eine

Gleichbehandlung der unterschiedlichen Beschwerdeführer bzw. Kunden wahrgenommen wird. *Procedural Justice* umfasst die dem Beschwerdeprozess zugrunde liegenden Regeln und Grundsätze – „the perceived fairness of the policies, procedures, and criteria used by decision makers in arriving at the outcome of a dispute or negotiation" (Blodgett et al. 1997, S. 189). Wesentliche Einflussfaktoren sind hier die Prozess- und Entscheidungskontrolle, Zugänglichkeit, Reaktionsschnelligkeit und Flexibilität des Unternehmens (vgl. Tax et al. 1998, S. 63). *Interactional Justice* bezieht sich auf die Interaktion und Kommunikation zwischen Servicemitarbeitern und Kunden während des Beschwerdeprozesses.

Zahlreiche empirische Befunde betonen die zentrale Rolle, die der Interaktion und Kommunikation im Beschwerdeprozess allgemein zukommt. Beide haben erheblichen Einfluss auf die Bewertung und Akzeptanz des Ergebnisses und die Zufriedenheit des Kunden (vgl. für einen Überblick Wirtz und Mattila 2002, S. 153). Beschwerdezufriedenheit kann eine verstärkte Bereitschaft zum positiven Word of Mouth bewirken (vgl. Stauss 2011, S. 451). Blodgett et al. (1997) kommen zu dem Ergebnis, dass Beschwerde führende Kunden, die eine hohe *Interactional Justice* wahrgenommen haben, eine geringe Bereitschaft zu negativem Word of Mouth zeigen.

Als relevante Einflussfaktoren zur Herstellung einer Interaktionsgerechtigkeit gelten neben Erläuterungen, Ehrlichkeit, Höflichkeit, Bemühen und Empathie (vgl. Tax et al. 1998, S. 63) auch Entschuldigungen (vgl. Wirtz und Mattila 2002, S. 151; Goodwin und Ross 1992). Boshof und Leong (1998, S. 26) bezeichnen im Kontext von Serviceproblemen Entschuldigungen für die entstandenen Unannehmlichkeiten als ersten Schritt zur Wiederherstellung eines wahrgenommenen Gleichgewichts zwischen Kunde und Unternehmen. Entschuldigungen signalisieren dem Kunden, dass das Unternehmen das Problem erkannt hat und sich kümmert (vgl. Boshof und Leong 2008, S. 42). Zudem sind sie eine schnell umsetzbare Reaktion des Unternehmens und sind daher gut geeignet, zeitnah Beunruhigung, aber auch bis zu einem gewissen Grad Wut und Ärger, bei Kunden zu entschärfen und z. B. negatives Word of Mouth zu verhindern. Nach Goodwin und Ross (1992, S. 160) sind Entschuldigungen besonders wirksam, wenn sie durch eine symbolische Geste der Versöhnung und eine Chance für die geschädigten Kunden, ihren Unmut kundtun zu können, begleitet werden.

Die positiven Effekte von Entschuldigungen wurden hinreichend belegt. Über den direkten Beschwerdedialog mit unzufriedenen Kunden hinaus zeigen sich positive Effekte sogar auch für Unternehmensreaktionen in bzw. nach allgemeinen Unternehmenskrisen (vgl. für einen Überblick Coombs und Holladay 2008; Hearit 2006). Ob und inwieweit Entschuldigungen allerdings unabhängig von weiteren lösungsbezogenen Angeboten des Unternehmens einen positiven Effekt haben, wird

in der Literatur unterschiedlich beurteilt und hängt u. a. von der Art des Beschwer-
degegenstandes und des Ausmaßes des Schadens auf Seiten des Kunden ab. Boshof
und Leong (1998, S. 43) bilanzieren in ihrer Studie zum Kundenservice: „However,
regardless of what or who is responsible for the service failure, service providers
are encouraged to apologize even if they cannot offer any tangible compensation."
In dieser Studie werden zwei Varianten von kommunikativen Mitteln berücksichtigt, mit denen Interaktionsgerechtigkeit hergestellt werden kann: Die wörtliche
Entschuldigung, in der der Begriff ‚Entschuldigung' fällt, und eine weitergehende
Variante in Form der Übernahme von Verantwortung. Der Unterschied liegt dar-
in, dass eine wörtliche Entschuldigung offen lässt, ob das Problem respektive der
Fehler auf unternehmensinterne oder -externe Faktoren zurückgeht. Die Verant-
wortungsübernahme stellt dagegen klar, dass der Fehler auf unternehmensinterne
Gründe zurückgeht. Von Interesse ist hier die Wirkung dieser kommunikativen
Handlungen als Reaktion auf eine Beschwerde auf die Vertrauenswürdigkeit eines Unternehmens. Der Grund für die Berücksichtigung von Vertrauen ist dessen
Bedeutung für die Beziehung zwischen einem Unternehmen und dessen Stakeholder, wie im nächsten Abschnitt verdeutlicht wird. Vereinzelt wurde bereits
die Bedeutung von Entschuldigungen für das Vertrauen in Organisationen theoretisch modelliert (Lewicki und Bunker 1996, S. 131–133) bzw. erforscht (Utz
et al. 2009; Tomlinson et al. 2004, S. 181). Die Untersuchung der Wirkung von
Entschuldigungen und Verantwortungsübernahmen auf Unternehmensseiten in
sozialen Netzwerken auf das Vertrauen außenstehender Dritter in Unternehmen
steht allerdings noch aus.

4 Vertrauen als Zielgröße der strategischen Kommunikation

Vertrauen kommt eine grundlegende Bedeutung in der Beziehung von Unternehmen zu ihren Stakeholdern zu und wird aus diesem Grund auch in der vorliegenden
Studie berücksichtigt. Das generelle Problem bei der Untersuchung von Vertrauen
ist allerdings, dass es kein einheitliches Verständnis darüber gibt, was unter dem Begriff konkret zu verstehen ist. Dementsprechend wird Vertrauen sehr unterschiedlich definiert und operationalisiert (vgl. Lewicki et al. 2006; Lewis und Weigert
1985). Für die Bestimmung des Vertrauensbegriffs für diese Studie werden die soziologischen Ausführungen von Luhmann (1968) und Kohring (2004) berücksichtigt, die Vertrauen allgemein respektive in Bezug auf den Journalismus beschrieben
haben. Weiterhin wird das aus der Organisationspsychologie stammende Vertrauenskonzept von Mayer et al. (1995; vgl. auch Schoorman et al. 2007) hinzugezogen.

Laut Luhmann (1968, S. 24) kann Vertrauen als „Wagnis" bezeichnet werden, weil für die Vertrauenshandlung zwar vorhandene Informationen berücksichtigt werden, aber nicht alle Informationen bekannt sind, und der Ausgang der Entscheidung ungewiss ist. Vertrauen ist somit „ein mittlerer Zustand zwischen Wissen und Nichtwissen" (Simmel 1958, S. 263). Es ist eine Hypothese, die als Grundlage für praktisches Handeln dient. Wird das unvollständige Wissen über das zukünftige Handeln anderer sozialer Akteure zum Problem, wird Vertrauen relevant (vgl. Kohring 2004, S. 91). Im Akt des Vertrauens bildet der Vertrauensgeber Erwartungen, auf deren Grundlage die Eigenhandlung mit der Fremdhandlung des Vertrauensobjekts verknüpft wird. Vertrauen ist demnach eine in die Zukunft gerichtete soziale Konstruktion. Ob Vertrauen gerechtfertigt ist oder nicht, zeigt sich erst nach der Vertrauenshandlung. Es besteht dabei immer die Möglichkeit, enttäuscht zu werden (vgl. Kohring 2004, S. 89–95). Deswegen ist Vertrauen eine „riskante Vorleistung" (Luhmann 1968, S. 21). Im Gegenzug wird durch Vertrauen das Risiko zukünftiger Handlungen kompensiert und soziale Komplexität reduziert (vgl. Kohring 2004, S. 130; Luhmann 1968, S. 95–96).

Der Faktor Risiko ist auch in dem aus der Organisationspsychologie stammenden Vertrauenskonzept von Mayer et al. (1995) zentral, mit dem das zwischenmenschliche Vertrauen innerhalb von Organisationen gemessen wurde. Denn wenn etwas für den Vertrauensgeber Wichtiges auf dem Spiel steht, und dieser bereit ist, dem Vertrauensnehmer in dieser Angelegenheit Vertrauen zu schenken, geht er ein Risiko ein und macht sich dadurch verletzlich. Vertrauen wird in diesem Ansatz definiert als „the willingness of a party to be vulnerable to the actions of another party based on the expectation that the other will perform a particular action important to the trustor, irrespective of the ability to monitor or control that other party" (Mayer et al. 1995, S. 712). In diesem Konzept ist Vertrauen ein Zustand. Die Einschätzung der Vertrauenswürdigkeit des Vertrauensobjekts bestimmt dabei, ob der Vertrauensgeber vertraut, also ob er das Risiko eingeht, oder nicht. Mayer et al. (1995, S. 717–720) beschreiben drei Antezedenzien, die die Vertrauenswürdigkeit des Vertrauensobjekts bestimmen: Fähigkeit, Wohlwollen und Integrität. Übertragen auf die Beziehung zwischen Stakeholder und Unternehmen wird bei der Bewertung der Fähigkeit eingeschätzt, ob das Unternehmen die Kompetenz, die Expertise oder das Sachverständnis hat, innerhalb einer bestimmten Domäne etwas für den Vertrauensgeber Wichtiges zu erreichen. Das zweite Antezedens Wohlwollen umschreibt die Einschätzung darüber, ob das Unternehmen dem Vertrauensgeber positiv eingestellt ist und entsprechend im Sinne des Vertrauensgebers handeln wird oder hauptsächlich egozentrische Profitmotive verfolgt. Der Faktor Integrität bezieht sich auf die Glaubwürdigkeit und die Wahrnehmung der Wertvorstellungen und Prinzipien des Unternehmens. Der faire Umgang mit Stakeholdern beeinflusst ebenfalls, ob das Unternehmen als integer wahrgenommen wird.

Unter Berücksichtigung der hier dargestellten theoretischen Ausführungen bedeutet dies zusammenfassend, dass sich Stakeholder verletzlich machen, wenn sie in eine Austauschbeziehung mit Unternehmen treten. Nehmen Stakeholder in der Austauschbeziehung ein Risiko wahr, bewerten sie auf Grundlage der Faktoren Fähigkeit, Wohlwollen und Integrität die Vertrauenswürdigkeit der Unternehmen. Sie schätzen ein, ob ihre Erwartungen von den Unternehmen erfüllt werden können oder nicht. Wird ein Unternehmen als vertrauenswürdig eingeschätzt, dann ist es wahrscheinlicher, dass die Stakeholder bereit sind diesem zu vertrauen, d. h. dass die Bereitschaft besteht, das Risiko in Form der Verknüpfung der Eigenhandlung mit der Fremdhandlung einzugehen. Die Vertrauenshandlung ist letztendlich das Eingehen des Risikos. Im Unterschied zu dem Vertrauenskonzept von Mayer et al. (1995) wird demnach Vertrauen in diesem Beitrag nicht nur als Zustand gesehen, sondern als Prozess, der auch mit einer Handlung verknüpft ist. Erst mit der Vertrauenshandlung, d. h. mit der Verknüpfung der Eigenhandlung mit der Fremdhandlung der Unternehmen, begeben sich die Stakeholder in eine gewisse Abhängigkeit und machen sich verletzlich. Sie treten in eine riskante Vorleistung. Dafür werden fehlende Informationen ersetzt und die Unsicherheit respektive das wahrgenommene Risiko toleriert, wenn die Stakeholder Unternehmen vertrauen.

Vertrauen sollte von Unternehmen als Zielgröße strategischer Kommunikation bedacht werden, weil Vertrauen vor allem durch die Selbstdarstellung des Vertrauensobjekts entsteht (vgl. Luhmann 1968, S. 37–39). Die Unternehmenskommunikation nimmt somit eine zentrale Rolle beim Vertrauensaufbau ein (vgl. Ball et al. 2004; Ledingham und Bruning 1998; Morgan und Hunt 1994). Unternehmenskritische Informationen auf Unternehmensseiten in sozialen Netzwerken, wie z. B. Beschwerden, können allerdings zu Vertrauensproblemen führen. Dementsprechend spricht Luhmann auch von der „Zerbrechlichkeit des Vertrauens" (Luhmann 1968, S. 27). Umso bedeutender sind Beschwerden, wenn noch keine eigenen Erfahrungen mit Unternehmen gemacht wurden, und diese keinen mehr oder weniger großen Kredit besitzen (vgl. Luhmann 1968, S. 28). In diesem Fall können Beschwerden von anderen Nutzern die einzigen Ersatzindikatoren sein, auf deren Grundlage die Vertrauenswürdigkeit von Unternehmen bewertet wird (vgl. Kohring 2004, S. 113). Eine Entschuldigung auf Unternehmensseiten in sozialen Netzwerken als Reaktion auf Beschwerden kann einen Reputationsschaden begrenzen, weil Vertrauen auf der zugeschriebenen Motivation des Handelns beruht (vgl. Luhmann 1968, S. 39).

Den bisherigen theoretischen und empirischen Arbeiten zufolge gilt Vertrauen generell als Schlüsselfaktor für eine beständige Beziehung zwischen Unternehmen und deren Stakeholdern (vgl. Hon und Grunig 1999; Ki und Hon 2007). Studien belegen den Einfluss von Vertrauen für die Bindung des Kunden an ein Unternehmen (vgl. Aurier und N'Goala 2010; Morgan und Hunt 1994; Sirdeshmukh et al.

2002) bzw. an Marken (vgl. Delgado-Ballester und Munuera-Alemán 2001). Zudem erhöht sich die Wahrscheinlichkeit eines positiven Word of Mouth, wenn dem Unternehmen vertraut wird (vgl. Sichtmann 2007). Allerdings hängt Vertrauen in Unternehmen auch entscheidend vom Kontext ab, in dem eine Geschäftsbeziehung gebildet wird (vgl. Grayson et al. 2008; Lewis und Weigert 1985; Shapiro 1987). Gerade im Online-Kontext wird die Bedeutung von Vertrauen betont, weil die Austauschbeziehung zwischen einer Organisation und deren Stakeholdern in der Umgebung des World Wide Web meist anonym und unpersönlich ist (vgl. McKnight und Chervany 2001). Dies gilt insbesondere bei Austauschbeziehungen mit unbekannten Unternehmen, mit denen noch keine direkten Erfahrungen gemacht wurden. Darüber hinaus besteht eine Ungewissheit über die Sicherheit der digitalen Strukturen, was die Austauschbeziehung im Online-Kontext für den Konsumenten zusätzlich riskant macht (vgl. McKnight und Chervany 2001; Mishra 1996).

5 Forschungsfrage

Auf Unternehmensseiten in sozialen Netzwerken sind sowohl Beschwerden als auch die Reaktionen der Unternehmen darauf öffentlich und für außenstehende Dritte sichtbar. Gleichzeitig zeigen Studien, dass Organisationen durch die Art und Weise der Ansprache der Stakeholder ihre wahrgenommene Vertrauenswürdigkeit beeinflussen können (vgl. z. B. Sichtmann 2007). Eine für das Kommunikationsmanagement relevante Frage ist folglich, ob die öffentliche Reaktion eines Unternehmens auf Beschwerden in sozialen Netzwerken wie Facebook auch eine Wirkung auf außenstehende Dritte hat. Diese Frage war bisher noch nicht Gegenstand kommunikationswissenschaftlicher Forschung. Im Fokus dieser Studie stehen die Aussprache einer wörtlichen Entschuldigung bzw. die Verantwortungsübernahme als zwei Strategien der Unternehmenskommunikation auf Beschwerden zu reagieren. Daraus ergibt sich folgende Forschungsfrage:

Welche Wirkung hat die Rezeption einer Kundenbeschwerde auf Facebook und die daran anschließende Reaktion des Unternehmens in Form einer Entschuldigung bzw. Verantwortungsübernahme auf die Wahrnehmung der Vertrauenswürdigkeit des Unternehmens durch andere Facebook-Nutzer als außenstehende Dritte?

Unter Berücksichtigung des bisherigen Forschungsstands wird angenommen, dass die Aussprache einer wörtlichen Entschuldigung als Reaktion von Unternehmen auf Beschwerden positiv auf die Vertrauenswürdigkeit der Unternehmen wirkt. Dagegen ist fraglich, wie Probanden die Verantwortungsübernahme bewerten. Denn die Übernahme der Verantwortung bedeutet das Eingeständnis von Fehlern, was auch kontraproduktiv wirken könnte. Ein solches Eingeständnis könnte als Unfähigkeit ausgelegt werden. Wird diese Reaktion von Stakeholdern allerdings positiv gewertet, so eine weitere Annahme, dann wird der Umgang mit der Beschwerde, wie im Fall der Entschuldigung, als fair wahrgenommen. Entsprechend würde eine Interaktionsgerechtigkeit hergestellt werden. Das wiederum wirkt sich letztendlich positiv auf die Vertrauenswürdigkeit des Unternehmens aus.

6 Methode

Da sich die Fragestellung der Studie auf Beschwerden in sozialen Netzwerken bezieht, sollte die Stichprobe eine Population regelmäßiger Nutzer solcher Seiten abbilden. Aus diesem Grund wurden die Teilnehmer der Studie überwiegend über Facebook, als momentan größtes soziales Netzwerk, rekrutiert. Die Befragung fand in der Zeit vom 13. bis 31.08.2013 statt. Der über ein Schneeballverfahren verbreitete Link leitete interessierte Nutzer zu einem Online-Fragebogen. Die Probanden wurden randomisiert den Experimentalbedingungen zugeordnet. Die Stichprobe umfasst 173 Personen (62 % weiblich, 34 % männlich) und ist im Durchschnitt 28,6 Jahre alt ($SD = 6{,}63$) mit einer Altersspanne von 19 bis 57 Jahren. In die Auswertung wurden auch sechs Probanden (4 %) einbezogen, die zwar den Fragebogen nicht beendet, jedoch die Fragen zu den zentralen abhängigen Variablen beantwortet haben.

6.1 Szenario

Als Untersuchungsgegenstand wurde das fiktive Online-Versandhaus YesMe mit einer großen Produktpalette beschrieben, das eine Facebook-Seite für die Kundenkommunikation betreibt. Die fiktive Facebook-Seite enthielt einen Beschwerdedialog zwischen dem Unternehmen und dem fiktiven Kunden Jürgen Maier. Die Beschwerde von Jürgen Maier bezog sich auf einen Rückzahlungsverzug: Jürgen Maier gibt an, vor einigen Monaten hochwertige Sportschuhe bestellt und diese aber aufgrund der zu kleinen Größe zurückgeschickt zu haben. Er habe dann monatelang auf die Rückerstattung seines Geldes gewartet. Auf die Beschwerde folgte die manipulierte Reaktion des Versandhauses YesMe. Die Wahl der Beschwerde für das vorliegende Design beruht auf einer vorherigen Recherche, in der Beschwerden auf Unternehmensseiten auf Facebook (u. a. Zalando, Redcoon und MediaMarkt) im Zeitraum vom 11. bis zum 14.06.2013 sowie die entsprechende Reaktionen der Unternehmen analysiert wurden.

6.2 Design

Die Studie wurde als Online-Befragung mit einem 2 (Entschuldigung vs. Nicht-Entschuldigung) × 2 (Verantwortungsübernahme vs. Nicht-Verantwortungsübernahme) Between-Subject-Design durchgeführt. In der sich auf die Beschwerde anschließenden Reaktion des Online-Versandhauses wurde manipuliert, ob sich das Unternehmen ausschließlich wörtlich entschuldigt („Wir möchten uns für diesen Vorfall bei dir entschuldigen."), ausschließlich die Verantwortung übernimmt („Offensichtlich ist uns ein Fehler unterlaufen. Wir bemühen uns, dass so ein Fehler in Zukunft nicht noch einmal passiert."), sich weder entschuldigt noch die Verantwortung übernimmt, oder sich sowohl entschuldigt als auch die Verantwortung für den Vorfall übernimmt (siehe Anhang). Allen Varianten gemeinsam ist das Bedauern über den Ablauf des Retour-Prozesses und die Aussprache der Hoffnung, Herrn Maier trotzdem weiterhin als Kunden begrüßen zu dürfen.

Mögliche Störfaktoren wurden unterdrückt bzw. kontrolliert. So wurde auf ein auffälliges Design der Unternehmensseite auf Facebook verzichtet. Faktoren wie z. B. die Anzahl der Fans der Unternehmensseite, die Uhrzeit der Antwort des Versandhauses, Gefällt mir-Angaben oder ein Porträtfoto von Jürgen Maier wurden nicht eingebaut. Diese Faktoren hätten die Wirkung der Entschuldigung und der Verantwortungsübernahme beeinflussen können.

6.3 Ablauf des Experiments

Zu Beginn der Untersuchung wurde den Probanden ein kurzer Informationstext über das fiktive Online-Versandhaus gezeigt. Nach den einleitenden Informationen bekamen sie zufällig eine der manipulierten Facebook-Seiten des Versandhauses zu sehen, mit der Bitte sich das Beschwerdeszenario durchzulesen. Es folgten die Manipulations-Checks, mit denen überprüft werden sollte, ob die Manipulationen auch als eine Entschuldigung bzw. eine Übernahme von Verantwortung verstanden wurden. Die Messung der Antezedenzien der wahrgenommenen Vertrauenswürdigkeit des Online-Versandhauses Fähigkeit, Wohlwollen und Integrität erfolgte in Anlehnung an das Erhebungsinstrument von Mayer und Davis (1999, S. 136), dessen Items zunächst auf den aktuellen Untersuchungsgegenstand angepasst wurden (siehe Anhang, Tab. 2). Die Cronbach's α-Werte von 0,72 für die Fähigkeit, von 0,86 für das Wohlwollen und von 0,88 für die Integrität belegen die Reliabilität des Messinstruments und zeigen eine hohe innere Konsistenz der einzelnen Faktoren. Nach der Bewertung der Vertrauenswürdigkeit folgten Items zur Messung der generellen Vertrauensneigung in Bezug auf Online-Versandhäuser (Cronbach's

$\alpha = 0{,}78$). Für diese Messung wurden Items von Mayer und Davis (1999) und von Ostendorf und Angleitner (2004) berücksichtigt, welche auf Online-Versandhäuser übertragen wurden (z. B. „Ich glaube, dass man gegenüber Online-Versandhäusern grundsätzlich vorsichtig sein sollte"). Die letzten Fragen bezogen sich auf die Facebook-Nutzung allgemein und auf das Beschwerdeverhalten in Facebook sowie abschließend auf die Soziodemografie. Der Fragebogen endete mit der Aufklärung darüber, dass die Probanden an einem Experiment teilgenommen hatten, in dem sie mit einer fiktiven Beschwerde eines fiktiven Nutzers sowie einer Reaktion eines nicht existierenden Online-Versandhauses konfrontiert wurden. Weiterhin erhielten sie die Möglichkeit, an einem Gewinnspiel teilzunehmen.

7 Ergebnisse

Zunächst wurde die randomisierte Zuordnung der Probanden in die Experimentalbedingungen überprüft, welche größtenteils erfolgreich war. So unterscheiden sich die Probanden in den verschiedenen Bedingungen nicht bezüglich ihres Alters. Bezüglich der Geschlechterverteilung ergibt sich für die Bedingung ‚Entschuldigung und keine Verantwortungsübernahme' ein etwas gleichmäßigeres Bild als in den übrigen Bedingungen, die mehr weibliche Teilnehmer enthalten.

7.1 Nutzung von Unternehmensseiten auf Facebook

Vor der Beantwortung der Forschungsfrage wird die Nutzung von Unternehmensseiten auf Facebook und das Beschwerdeverhalten der Probanden auf solchen Seiten dargestellt. Von den Befragten waren 66 % ($n = 114$) Fan einer oder mehrerer Unternehmens-, Produkt- oder Markenseiten auf Facebook. Wie Tab. 1 verdeutlicht, wird über Facebook vereinzelt Kontakt mit Unternehmen aufgenommen. Konkret schreiben 19 % der Probanden Beiträge auf Pinnwände der Unternehmensseiten und 16 % schicken dem Unternehmen private Nachrichten. Ungleich mehr Befragte setzen sich dagegen aktiv mit Meldungen von Unternehmen auseinander. 30 % kommentieren Meldungen des Unternehmens, 40 % teilen solche Meldungen und 55 % klicken die ‚Gefällt mir'-Funktion bei geposteten Meldungen eines Unternehmens.

Für die Relevanz der Forschungsfrage ist weiterhin von Interesse, ob Probanden Unternehmensseiten auf Facebook als Beschwerdeplattform nutzen: 10 % der Befragten gaben an, bereits mindestens einmal eine Beschwerde auf einer

Tab. 1 Nutzung von Unternehmensseiten auf Facebook ($N = 173$; Angaben in Prozent)

	Beiträge auf Pinnwand schreiben	Private Nachricht schreiben	Meldung kommentieren	Meldung teilen	Meldung liken
Nie	47	49	36	26	11
Selten	15	13	20	24	18
Manchmal	2	2	6	10	20
Häufig	2	1	4	4	16
Sehr häufig	–	–	–	2	1
Keine Nutzung von Unternehmensseiten	34	34	34	34	34

Unternehmens-, Produkt- oder Markenseite auf Facebook veröffentlicht zu haben. Auch wenn sich somit nur eine Minderheit der Befragten öffentlich auf Facebook bei Unternehmen beschwert, orientieren sie sich vor dem Kauf an Facebook-Einträgen anderer Nutzer. 27 % geben an sich selten, 13 % manchmal und 12 % häufig bis sehr häufig vor dem Einkauf an Einträgen anderer Nutzer zu orientieren.

7.2 Prüfung der Manipulationen

Die experimentelle Manipulation der Faktoren Entschuldigung und Verantwortungsübernahme war erfolgreich. Der auf einer Fünf-Likert-Skala zu bewertenden Aussage „Das Unternehmen YesMe hat sich für den Rückerstattungsfehler entschuldigt" stimmen die Probanden signifikant stärker zu, wenn das Unternehmen sich entschuldigt hat ($M = 3{,}91$, $SD = 1{,}35$), als wenn es dies nicht getan hat ($M = 2{,}58$, $SD = 1{,}55$), $t(171) = -6{,}02$, $p < 0{,}001$, $d = 0{,}92$. Ebenso stimmen die Probanden der Aussage „Das Unternehmen YesMe übernimmt für den Rückerstattungsfehler die Verantwortung" signifikant stärker zu, wenn das Unternehmen die Verantwortung übernommen hat ($M = 3{,}75$, $SD = 1{,}18$), als wenn es dies nicht getan hat ($M = 1{,}80$, $SD = 1{,}04$), $t(171) = -11{,}49$, $p < 0{,}001$, $d = 1.76$.

Gleichzeitig scheinen die Probanden jedoch die Verantwortungsübernahme auch als Entschuldigung interpretiert zu haben. So stimmen die Probanden der Aussage bzgl. der Entschuldigung ähnlich stark zu, wenn das Unternehmen sich nicht entschuldigt hat, jedoch die Verantwortung übernommen hat ($M = 3{,}64$, $SD = 1{,}31$), wie in der Bedingung, in der sich das Unternehmen entschuldigt aber nicht die Verantwortung übernommen hat ($M = 3{,}56$, $SD = 1{,}42$).

7.3 Vertrauenswürdigkeit durch Entschuldigung und Verantwortungsübernahme

Um den Effekt der unabhängigen Variablen Entschuldigung und Verantwortungsübernahme auf die Vertrauenswürdigkeit des Unternehmens YesMe zu untersuchen, wurden die Daten zunächst mit einer zweifaktoriellen univariaten ANCOVA analysiert.

Sowohl der Faktor Entschuldigung, $F(1, 169) = 5{,}56$, $p < 0{,}05$, $\eta_p^2 = 0{,}03$, als auch der Faktor Verantwortungsübernahme, $F(1, 169) = 25{,}13$, $p < 0{,}001$, $\eta_p^2 = 0{,}23$, sind signifikant. Ebenso ergibt die Analyse eine signifikante Interaktion der beiden Faktoren, $F(1, 169) = 6{,}53$, $p < 0{,}05$, $\eta_p^2 = 0{,}04$, sowie eine signifikante Aufklärung der Varianz durch die Kovariate Vertrauensneigung[2], $F(1, 169) = 9{,}76$, $p < 0{,}01$, $\eta_p^2 = 0{,}06$ (s. Abb. 1). Die Vertrauenswürdigkeit des Unternehmens ist signifikant höher, wenn das Unternehmen ausschließlich die Verantwortung für den Beschwerdeinhalt übernimmt ($M = 2{,}83$, $SD = 0{,}73$), als wenn es dies nicht macht ($M = 2{,}04$, $SD = 0{,}75$). Post-Hoc-Einzelvergleiche zeigen zudem, dass die Vertrauenswürdigkeit signifikant höher ist, wenn sich das Unternehmen wörtlich entschuldigt ($M = 2{,}27$, $SD = 0{,}77$), im Vergleich zu einer Reaktion, die weder eine Entschuldigung noch eine Verantwortungsübernahme enthält ($M = 1{,}79$, $SD = 0{,}66$), $p < 0{,}05$, $d = 0{,}67$). Wenn das Unternehmen hingegen die Verantwortung explizit übernimmt und sich zusätzlich entschuldigt ($M = 2{,}82$, $SD = 0{,}70$), steigert dies die Vertrauenswürdigkeit des Unternehmens nicht signifikant im Vergleich zu einer Reaktion, die zwar eine Verantwortungsübernahme aber keine Entschuldigung enthält ($M = 2{,}85$, SD $= 0{,}88$), $p > 0{,}05$.

7.4 Fairness als Mediator zwischen Verantwortungsübernahme und Vertrauenswürdigkeit

In einem nächsten Schritt wurde geprüft, ob der Einfluss von Verantwortungsübernahme auf die Vertrauenswürdigkeit des Unternehmens von der wahrgenommenen Fairness mediiert wird[3]. Dazu wurde zunächst Vertrauenswürdigkeit

---

[2] Die Analyseergebnisse ändern sich nur geringfügig, wenn *Vertrauensneigung* nicht als Kovariate in die Analyse mit einbezogen wird (Entschuldigung, $F(1, 169) = 4{,}66$, $p < 0{,}05$, $\eta_p^2 = 0{,}03$; Verantwortungsübernahme, $F(1, 169) = 27{,}94$, $p < 0{,}001$, $\eta_p^2 = 0{,}24$; Interaktion, $F(1, 169) = 2{,}84$, $p < {,}05$, $\eta_p^2 = 0{,}03$).

[3] Für den Prädiktor Entschuldigung wurde kein separates Mediatorenmodell getestet, weil die Verantwortungsübernahme auch als Entschuldigung verstanden wird (vgl. Prüfung der Manipulationen).

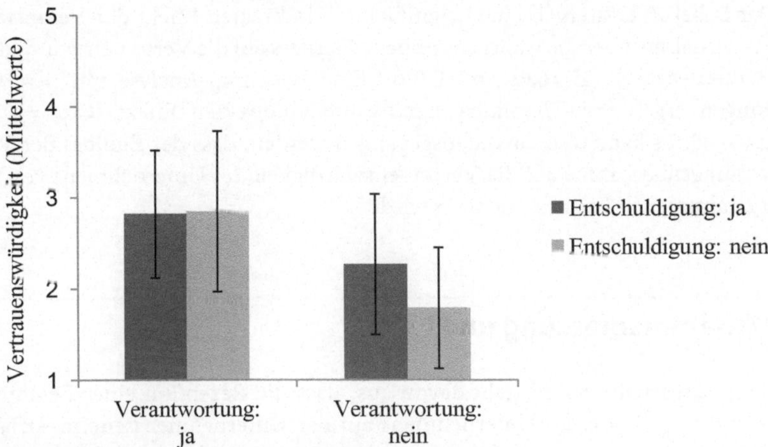

Abb. 1 Aggregierte Mittelwerte für die wahrgenommene Vertrauenswürdigkeit des Unternehmens YesMe in Abhängigkeit von der Reaktion des Unternehmens auf die kommunizierte Beschwerde. (Höhere Mittelwerte zeigen ein höheres Maß an wahrgenommener Vertrauenswürdigkeit an.)

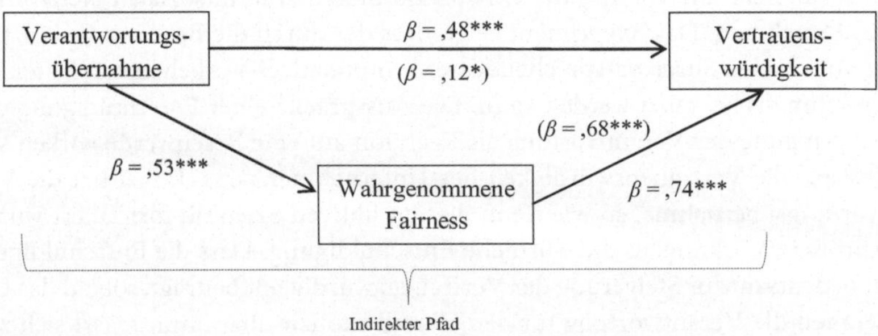

Abb. 2 Zusammenhang zwischen Verantwortungsübernahme und Vertrauenswürdigkeit mediiert über wahrgenommene Fairness. (Berichtet werden standardisierte Regressionskoeffizienten ($^{*}p < 0{,}05$; $^{***}p < 0{,}001$, $N = 173$))

durch Verantwortungsübernahme vorhergesagt. In einem zweiten Schritt wurde die wahrgenommene Fairness durch Verantwortungsübernahme vorhergesagt. In einem dritten Schritt wurde Vertrauenswürdigkeit durch wahrgenommene Fairness vorhergesagt. Schließlich wurde die Vertrauenswürdigkeit gleichzeitig durch die wahrgenommene Fairness und Verantwortungsübernahme vorhergesagt (vgl. in Klammern berichtete Ergebnisse in Abb. 2).

Der Sobel-Z-Test ergab einen signifikanten indirekten Effekt der Verantwortungsübernahme über die wahrgenommene Fairness auf die Vertrauenswürdigkeit des Unternehmens, $Z = 6{,}63$, $p < 0{,}001$. Eine Bootstrap-Analyse mit $m = 1000$ Ziehungen ergab ebenfalls einen signifikanten indirekten Effekt, $CI_{95-} = 0{,}45$, $CI_{95+} = 0{,}80$. Es kann also davon ausgegangen werden, dass der Einfluss der Verantwortungsübernahme auf die Vertrauenswürdigkeit des Unternehmens von der wahrgenommenen Fairness mediiert wird.

8 Zusammenfassung und Fazit

Die hier dargestellte Studie geht davon aus, dass die Rezeption einer Beschwerde samt der Reaktion des Unternehmens auf der Unternehmensseite in sozialen Netzwerken einen Einfluss auf die Meinungsbildung von außenstehenden Dritten hat. Die außenstehenden Dritten sind hier die Probanden, die an dem Experiment teilgenommen und das Beschwerdeszenario auf einer Facebook-Seite eines fiktiven Versandhauses gelesen haben. Das Ergebnis, dass ein Viertel der Befragten angibt, sich vor dem Einkauf manchmal an Einträgen anderer Nutzer zu orientieren, unterstreicht die Relevanz von negativen Nutzerkommentaren in sozialen Netzwerken für Unternehmen. Das Experiment zeigt, dass der durch die Beschwerde entstandene Rufschaden durch entsprechendes kommunikatives Vorgehen von Seiten des Unternehmens begrenzt werden kann. Die Aussprache einer Entschuldigung und die Übernahme der Verantwortung als Reaktion auf eine Beschwerde wirken sich positiv auf die Vertrauenswürdigkeit des Unternehmens aus. Dabei hat die Verantwortungsübernahme, so wie sie in diesem fiktiven Szenario formuliert wurde, eine größere Wirkung als die wörtliche Entschuldigung. Dass die Entschuldigung nicht bedeutsam zur Steigerung der Vertrauenswürdigkeit beiträgt, sobald das Unternehmen die Verantwortung für den Vorfall explizit übernimmt, lässt sich z. B. dadurch erklären, dass eine Verantwortungsübernahme eine Form der Entschuldigung zu implizieren scheint (vgl. Abschn. 7.2, „Prüfung der Manipulation"). Dies entspricht den Erkenntnissen von Tomlinson et al. (2004, S. 181), wonach eine Entschuldigung, in der interne Faktoren für den Fehler beschrieben werden, im Konfliktfall eine größere Wirkung im Hinblick auf die Wiederherstellung von Vertrauen hat, als eine, in der auf externe Faktoren verwiesen wird. Ein Grund dafür ist, dass bei Ersterer mehr persönliche Verantwortung übernommen wird als bei Letzterer, in der die Schuld von sich gewiesen wird. Unabhängig davon wird unter Berücksichtigung der *Justice Theory* durch die Übernahme der Verantwortung

Fairness wahrgenommen, was sich wiederum positiv auf die Vertrauenswürdigkeit des Unternehmens auswirkt.

Bei der Bewertung der Ergebnisse ist zu berücksichtigen, dass es sich um ein Experiment mit isolierten Bedingungen handelt. Im Alltag können neben der Beschwerde eine Vielzahl von Faktoren wirken, die hier als Störfaktoren isoliert bzw. stabil gehalten wurden. Solche Faktoren sind z. B. der Zeitpunkt der Reaktion des Unternehmens, andere mögliche Kommentare von Nutzern bis hin zu möglichen Erfahrungen mit Unternehmen und emotionalen Bindungen zu diesen. Die Art der Ansprache der Stakeholder und die gewählte Ausdrucksweise sind ebenfalls von großer Bedeutung. Von den unterschiedlichen Arten und Weisen, in denen Unternehmen auf Beschwerden auf Facebook-Seiten reagieren können, wurden in der vorliegenden Studie nur zwei Varianten untersucht. Um die Wirkung dieser und anderer Reaktionen von Unternehmen bzw. anderer Formulierungen zu analysieren, sind weitere Untersuchungen nötig.

Schließlich ist zu berücksichtigen, dass die Übernahme der Verantwortung nur begrenzt und wohlüberlegt eingesetzt werden kann, denn ein Schuldeingeständnis kann auch juristische Folgen in Form einer Haftung etc. nach sich ziehen. Allerdings zeigt die vorliegende Untersuchung, dass auch die ausschließliche Artikulation einer Entschuldigung ohne weitere Übernahme von Verantwortung einen zwar schwächeren, aber doch positiven Effekt auf die wahrgenommene Vertrauenswürdigkeit hat. Insofern sollten Unternehmen auch in den Fällen, in denen eine Verantwortungsübernahme aus rechtlichen oder anderen Gründen nicht möglich oder ratsam erscheint, eine Entschuldigung als Reaktion auf eine Beschwerde ernsthaft in Erwägung ziehen. Zudem sollten sie sich im Konfliktfall immer um einen fairen Umgang mit den Stakeholdern bemühen.

Neben der Sichtbarkeit des Handelns sind auch die Konsistenz der einzelnen Handlungen und die Frage, ob diese Handlungen mit den geäußerten Absichten übereinstimmen, für die wahrgenommene Vertrauenswürdigkeit entscheidend. „Vertrauenswürdig ist, wer bei dem bleibt, was er bewusst oder unbewusst über sich selbst mitgeteilt hat" (Luhmann 1968, S. 37). In Bezug auf die hier dargestellte Studie bedeutet dies, dass den Ankündigungen auch entsprechende Taten folgen müssen. Auf Unternehmensseiten in sozialen Netzwerken wird schnell offensichtlich, wie sich Unternehmen über längere Zeit hinweg verhalten. Bei sich wiederholenden Fehlern, immer wieder artikulierten Beschwerden und sich wiederholenden ähnlichen Entschuldigungen und behaupteten Verantwortungsübernahmen können daher Abnutzungseffekte auftreten. Reaktionen des Unternehmens ohne erkennbare Anstrengungen diese Fehler abzustellen wirken sich erwartbar negativ auf die Faktoren Fähigkeit, Wohlwollen und Integrität aus. In der Folge wird das Unternehmen nicht mehr als vertrauenswürdig wahrgenommen. Wollen Unternehmen vertrauenswürdig wirken, sollten die Handlungen mit den geäußerten Absichten übereinstimmen. Hier zeigt sich, wie wichtig zum einen eine konsequente Integration der Social Media-Aktivitäten in die Unternehmenskommunikation ist und welche Bedeutung zum anderen eine enge Verzahnung des Kommunikationsmanagements mit anderen Managementbereichen respektive der Organisationsleitung hat, um unabhängig davon, wo und wie Stakeholder mit einem Unternehmen in Kontakt kommen, konsistente, positive Erfahrungen zu ermöglichen.

Schließlich machen die hier dargestellten Ergebnisse deutlich, wie wichtig es ist, dass auf Unternehmensseite ein Bewusstsein für die Wirkung unterschiedlicher Reaktionen auf Beschwerden in sozialen Netzwerken existiert. Bereits kleine Unterschiede in der Reaktion des Unternehmens können einen deutlichen Effekt haben. Entsprechendes Wissen um die Wirkungen unterschiedlicher Antwortvarianten auf Beschwerden gehört daher zum Basis-Know-how einer jeden Social Media-Abteilung ebenso wie entsprechende Guidelines zum Umgang mit kritischen bzw. negativen Posts erforderlich sind.

Entschuldigungen sind im Umgang mit Kritik und Beschwerden sicherlich nicht als der Königsweg zu bezeichnen, aber es wird deutlich: Sich entschuldigen hilft und steigert die wahrgenommene Vertrauenswürdigkeit von Unternehmen.

9 Anhang

9.1 Beschwerdeszenario

Habe vor einigen Monaten Sportschuhe bei euch bestellt – und nicht gerade billige! Da die Schuhe zu klein waren, hab ich sie wieder zurück geschickt – und habe monatelang auf die Rückerstattung meines Geldes warten müssen!!! Total unverschämt, so geht das nicht! Ich kann echt niemandem empfehlen bei euch zu bestellen!

9.2 Reaktion YesMe (Manipulationen)

a) Entschuldigung
Hallo Jürgen, das ist natürlich kein schöner Ablauf. Wir möchten uns für diesen Vorfall bei dir entschuldigen. Wir hoffen trotzdem, dich in Zukunft wieder als unseren Kunden begrüßen zu dürfen.
b) Verantwortungsübernahme

Hallo Jürgen, das ist natürlich kein schöner Ablauf. Offensichtlich ist uns ein Fehler unterlaufen. Wir bemühen uns, dass so ein Fehler in Zukunft nicht noch einmal passiert. Wir hoffen trotzdem, dich in Zukunft wieder als unseren Kunden begrüßen zu dürfen.

c) Entschuldigung und Verantwortungsübernahme

Hallo Jürgen, das ist natürlich kein schöner Ablauf. Wir möchten uns für diesen Vorfall bei dir entschuldigen. Offensichtlich ist uns ein Fehler unterlaufen. Wir bemühen uns, dass so ein Fehler in Zukunft nicht noch einmal passiert. Wir hoffen trotzdem, dich in Zukunft wieder als unseren Kunden begrüßen zu dürfen.

d) keine Entschuldigung und keine Verantwortungsübernahme

Hallo Jürgen, das ist natürlich kein schöner Ablauf. Wir hoffen trotzdem, dich in Zukunft wieder als unseren Kunden begrüßen zu dürfen.

9.3 Vertrauenswürdigkeit

Tab. 2 Items zur Messung der Vertrauenswürdigkeit

Kompetenz
YesMe zeigt Kompetenz bei der Lösung des Rückerstattungsproblems
Ich traue YesMe zu, dass solche Rückerstattungsprobleme in Zukunft nicht mehr passieren
Wohlwollen
YesMe ist besorgt um das Wohlbefinden der Kunden
YesMe würde alles tun, um Schaden von den Kunden abzuwenden
YesMe berücksichtigt die Bedürfnisse der Kunden bei seinen Entscheidungen
YesMe weiß um die Bedürfnisse der Kunden
Integrität
Ich bin mir sicher, dass das Unternehmen YesMe sein Wort hält
Ich halte YesMe für glaubwürdig
YesMe strengt sich an, im Umgang mit seinen Kunden fair zu sein
Vernünftige Prinzipien scheinen das Verhalten von YesMe zu lenken
Antwortformat: 1 = „Stimme überhaupt nicht zu" bis 5 = „Stimme voll und ganz zu"

Literatur

Aurier, P., & N'Goala, G. (2010). The differing and mediating roles of trust and relationship commitment in service relationship maintenance and development. *Journal of the Academy of Marketing Science, 38*(3), 303–325.

Ball, D., Coelho, P. S., & Machás, A. (2004). The role of communication and trust in explaining customer loyalty. *European Journal of Marketing, 38*(9/10), 1272–1293.

Blodgett, J. G., & Tax, S. S. (1993). The effects of distributive and interactional justice on complainants' repatronage intentions and negative word-of-mouth intentions. *Journal of Consumer Satisfaction, Dissatisfaction and Complaining Behavior, 6,* 100–110.

Blodgett, J. G., Hill, D. J., & Tax, S. S. (1997). The effects of distributive, procedural and interactional justice on postcomplaint behavior. *Journal of Retailing, 73*(2), 185–210.

Boshoff, C., & Leong, J. (1998). Empowerment, attribution and apologising as dimensions ofservice recovery. An experimental study. *International Journal of Service Industry Management, 9*(1), 24–47.

Boyd, D. M., & Ellison, N. B. (2008). Social network sites: Definition, history, and scholarship. *Journal of Computer-Mediated Communication, 13,* 210–230.

Busemann, K. (2013). Wer nutzt was im Social Web? Ergebnisse der ARD/ZDF-Onlinestudie 2013. *Media Perspektiven, 7–8,* 391–399. http://www.media-perspektiven. de/uploads/tx_mppublications/0708-2013_Busemann.pdf. Zugegriffen: 15. Dez. 2013

Cheung, C. M. K., & Lee, M. K. O. (2012). What drives consumers to spread electronic word of mouth in online consumer-opinion platforms. *Decision Support Systems, 53*(1), 218–225.

Chevalier, J. A., & Mayzlin, D. (2006). The effect of word of mouth on sales: Online book reviews. *Journal of Marketing Research, 43*(3), 345–354.

Chu, S.-C., & Kim, Y. (2011). Determinants of consumer engagement in electronic word-of-mouth (eWOM) in social networking sites. *International Journal of Advertising, 30*(1), 47–75.

Coombs, W. T., & Holladay, S. J. (2008). Comparing apology to equivalent crisis response strategies: Clarifying apology's role and value in crisis communication. *Public Relations Review, 34*(3), 252–257.

Delgado-Ballester, E., & Munuera-Alemán, J. L. (2001). Brand trust in the context of consumer loyalty. *European Journal of Marketing, 35*(11/12), 1238–1258.

van Eimeren, B., & Frees, B. (2013). Rasanter Anstieg des Internetkonsums – Onliner fast drei Stunden täglich im Netz. Ergebnisse der ARD/ZDF-Onlinestudie 2013. *Media Perspektiven, 7–8,* 358–372. http://www.media-perspektiven.de/uploads/tx_ mppublications/0708-2013_Eimeren_Frees_01.pdf. Zugegriffen: 15. Dez. 2013.

Fink, S., Zerfaß, A., & Linke, A. (2011). *Social Media Governance 2011 – Kompetenzen, Strukturen und Strategien von Unternehmen, Behörden und Non-Profit-Organisationen für die Online-Kommunikation im Social Web.* Leipzig, Wiesbaden: Universität Leipzig/Fink & Fuchs Public Relations AG. slideshare.net/FFPR/social-media-governance-2011. Zugegriffen: 15. Dez. 2013.

Gauri, D. K., Bhatnagar, A., & Rao, R. (2008). Role of word-of-mouth in online store loyalty. *Communications of the ACM, 51*(3), 89–91.

Goodwin, C., & Ross, I. (1992). Consumer responses to rervice failures: Influence of procedural and interactional fairness perceptions. *Journal of Business Research, 25*(2), 149–163.

Grayson, K., Johnson, D., & Chen, D.-F. R. (2008). Is firm trust essential in a trusted environment? How trust in the business context influences customers. *Journal of Marketing Research, 45*(2), 241–256.

Hearit, K. M. (2006). *Crisis management by apology: Corporate response to allegations of wrong doing*. Mahwah: Lawrence Erlbaum.

Hennig-Thurau, T., & Walsh, G. (2003). Electronic word-of-mouth: Motives for and consequences of reading customer articulations on the internet. *International Journal of Electronic Commerce, 8*(2), 51–74.

Hon, L. C., & Grunig, J. E. (1999). Guidelines for measuring relationships in public relations. http://www.instituteforpr.org/research_single/guidelines_measuring_relationships. Zugegriffen: 25. Okt. 2013.

Ki, E.-J., & Hon, L. C. (2007). Reliability and validity of organization-public relationship measurement and linkages among relationship indicators in a membership organization. *Journalism & Mass Communication Quarterly, 84*(3), 419–438.

Kohring, M. (2004). *Vertrauen in Journalismus. Theorie und Empirie*. Konstanz: UVK Verlagsgesellschaft.

Ledingham, J. A., & Bruning, S. D. (1998). Relationship management in public relations: Dimensions of an organization-public relationship. *Public Relations Review, 24*(1), 55–65.

Lewicki, R. J., & Bunker, B. B. (1996). Developing and maintaining trust in working relationships. In R. M. Kramer & T. R. Tyler (Hrsg.), *Trust in organizations: Frontiers of theory and research* (S. 114–139). Thousand Oaks: Sage.

Lewicki, R. J., Tomlinson, E. C., & Gillespie, N. (2006). Models of interpersonal trust development: Theoretical approaches, empirical evidence, and future directions. *Journal of Management, 32*(6), 991–1022.

Lewis, J. D., & Weigert, A. (1985). Trust as a social reality. *Social Forces, 63*(4), 967–985.

Luhmann, N. (1968). *Vertrauen. Ein Mechanismus der Reduktion sozialer Komplexität*. Stuttgart: Ferdinand Enke Verlag.

Mayer, R. C., & Davis, J. H. (1999). The effect of the performance appraisal system on trust for management: A field quasi-experiment. *Journal of Applied Psychology, 84*(1), 123–136.

Mayer, R. C., Davis, J. H., & Schoorman, F. D. (1995). An integrative model of organizational trust. *Academy of Management Review, 20*(3), 709–734.

McKnight, D. H., & Chervany, N. L. (2001). What trust means in e-commerce customer relationships: An interdisciplinary conceptual typology. *International Journal of Electronic Commerce, 6*(2), 35–59.

Mishra, A. K. (1996). Organizational responses to crisis: The centrality of trust. In R. M. Kramer & T. R. Tyler (Hrsg.), *Trust in organizations. Frontiers of theory and research* (S. 261–287). Thousand Oaks: Sage.

Morgan, R. M., & Hunt, S. D. (1994). The commitment-trust theory of relationship marketing. *Journal of Marketing, 58*(3), 20–38.

Neuberger, C. (2011). Soziale Netzwerke im Internet. Kommunikationswissenschaftliche Einordnung und Forschungsüberblick. In C. Neuberger & V. Gehrau (Hrsg.), *StudiVZ – Diffusion, Nutzung und Wirkung eines sozialen Netzwerks im Internet* (S. 33–96). Wiesbaden: VS Verlag für Sozialwissenschaften.

Ostendorf, F., & Angleitner, A. (2004). *NEO-Persönlichkeitsinventar nach Costa und McCrae* (Rev. Fassung ed.). Göttingen: Hogrefe Verlag für Psychologie.

Rossmann, A. (2012). Märkte sind (noch) keine Gespräche. Unternehmen auf dem Weg in Social Media. „Next Corporate Communication" 2012. Studie der Universität St. Gallen in Kooperation mit Virtual Identity über die Perspektiven für die Anwendung von Social

Media in Unternehmen. http://de.slideshare.net/Virtual_Identity_AG/mrkte-sind-noch-keine-gesprche. Zugegriffen: 1. Dez. 2013.

Schoorman, F. D., Mayer, R. C., & Davis, J. H. (2007). An integrative model of organizational trust: Past, present, and future. *Academy of Management Review, 32*(2), 344–354.

Schulz, W. (2004). Reconstructing mediatization as an analytical concept. *European Journal of Communication, 19*(1), 87–101.

Shapiro, S. P. (1987). The social control of impersonal trust. *American Journal of Sociology, 93*(3), 623–658.

Sichtmann, C. (2007). An analysis of antecedents and consequences of trust in a corporate brand. *European Journal of Marketing, 41*(9/10), 999–1015.

Simmel, G. (1958). *Soziologie. Untersuchungen über die Formen der Vergesellschaftung* (4. Aufl., unveränd. Nachdr. der 3. Aufl. 1923 ed.). Berlin: Duncker & Humblot.

Sirdeshmukh, D., Singh, J., & Sabol, B. (2002). Consumer trust, value, and loyalty in relational exchanges. *Journal of Marketing, 66*(1), 15–37.

Stauss, B. (2011). Feedbackmanagement. In H. Hippner, B. Hubrich, & K. D. Wilde (Hrsg.), *Grundlagen des CRM. Strategie, Geschäftsprozesse und IT-Unterstützung* (S. 442–473). Wiesbaden: Gabler.

Stauss, B. (2013). Vermeidung von Kundenverlusten und Stärkung der Kundenbindung durch Beschwerdemanagement. In M. Bruhn & C. Homburg (Hrsg.), *Handbuch Kundenbindungsmanagement* (8. Aufl., S. 399–427). Wiesbaden: Gabler.

Tax, S. S., Brown, S. W., & Chandrashekaran, M. (1998). Customer evaluations of service complaint experiences: Implications for relationship rarketing. *Journal of Marketing, 62*(2), 60–76.

Tomlinson, E. C., Dineen, B. R., & Lewicki, R. J. (2004). The road to reconciliation: Antecedents of victim willingness to reconcile following a broken promise. *Journal of Management, 30*(2), 165–187.

Utz, S., Matzat, U., & Snijders, C. (2009). Online reputation systems: The effects of feedback comments and reactions on building and rebuilding trust in on-line auctions. *International Journal of Electronic Commerce, 13*(3), 95–118.

Utz, S., Kerkhof, P., & van den Bos, J. (2012). Consumers rule: How consumer reviews influence perceived trustworthiness of online stores. *Electronic Commerce Research and Applications, 11*(1), 49–58.

Wirtz, J., & Mattila, A. S. (2002). Consumer responses to compensation, speed of recovery and apology after a service failure. *International Journal of Service Industry Management, 15*(2), 150–166.

Wright, D. K., & Hinson, M. D. (2012). Examining how social and emerging media have been used in public relations between 2006 and 2012: A longitudinal analysis. *Public Relations Journal, 6*(4), 1–40. http://www.prsa.org/Intelligence/PRJournal/Documents/2012WrightHinson.pdf. Zugegriffen: 15. Dez. 2013.

Teil III
Überschätzte Risiken

Entstehung und Entwicklung von negativem Word-of-Mouth: Warum Facebook-Nutzer Shitstorms initiieren und unterstützen

Mona Folger und Ulrike Röttger

1 Einleitung

Zahlreiche Unternehmen haben in der jüngeren Vergangenheit erlebt, wie schnell in sozialen Netzwerken negative Kommentare hohe Aufmerksamkeit erzielen und zu einer weitreichenden Skandalisierung führen können: Im Februar 2013 verzeichnete der Online-Händler Amazon nach kritischen Medienberichten über die Situation von Leiharbeitern im Unternehmen Hunderte von negativen Kommentaren auf seiner Facebook-Seite. Vodafone Deutschland musste im Juli 2012 nach einer Beschwerde einer Nutzerin über eine zu hohe Telefonrechnung in nur vier Tagen rund 65.000 „Gefällt mir"-Angaben und 6.500 negative Kommentare registrieren. Und die ING-DiBa sah sich im Januar 2012 einer hitzigen Diskussion mit Tausenden von Kommentaren zum Thema Fleischkonsum und Massentierhaltung ausgesetzt, nachdem ihr Testimonial Dirk Nowitzki in einem Werbespot in der Metzgerei eine Wurst geschenkt bekam, welche stellvertretend für die Mehrleistung der Bank stehen sollte.

Für derartige massenhafte negative Kommentierungen auf sozialen Netzwerkseiten hat sich alltagssprachlich der Begriff *Shitstorm* etabliert. Welche qualitative und quantitative Bedeutung Shitstorms tatsächlich haben, ist bislang nicht systema-

M. Folger (✉)
Münster, Deutschland
E-Mail: monafolger@gmail.com

U. Röttger
Münster, Deutschland
E-Mail: ulrike.roettger@uni-muenster.de

O. Hoffjann, T. Pleil (Hrsg.), *Strategische Onlinekommunikation*,
DOI 10.1007/978-3-658-03396-5_8, © Springer Fachmedien Wiesbaden 2015

tisch analysiert worden. Unabhängig von der faktischen Relevanz von Shitstorms für Gesellschaft, Öffentlichkeit und Unternehmen zeigt sich, dass allein die Möglichkeit, Gegenstand von negativem Word-of-Mouth in sozialen Netzwerken zu werden, Unternehmen und deren Unternehmenskommunikation tief greifend beunruhigt und insofern für sie handlungsleitend und von hoher Relevanz ist. Die Vielzahl der derzeit angebotenen Fachtagungen und Workshops zum Thema Social Media-Krise ist nur ein Indikator dafür. Die Angst der Unternehmen vor Shitstorms liegt insbesondere auch in der Schnelligkeit und hohen Reichweite dieser Empörungskommunikation begründet, die zwar im Netz beginnt, aber keinesfalls darauf beschränkt bleibt. Vielfach werden Shitstorms von klassischen Massenmedien aufgegriffen und erreichen so eine breite allgemeine Öffentlichkeit.

Die eingangs genannten Beispiele verdeutlichen, dass neben grundlegenden ethischen Problemstellungen oftmals auch spezifische Unzufriedenheiten mit den Leistungen eines Unternehmens Auslöser für kollektive Empörungsstürme sind. So unterschiedlich die Anlässe sein können, ihnen gemeinsam ist, dass eine Ursprungskritik oder -beschwerde auf den Facebook-Seiten von Unternehmen und anderen Organisationen innerhalb eines kurzen Zeitraums vielfach aufgegriffen, unterstützt und durch zustimmende Kommentare anderer Facebook-Nutzer ergänzt wird. Welche Kritik unter welchen Bedingungen zu einem Shitstorm führt und was genau Facebook-Nutzer dazu bewegt, bestimmte Beschwerden zu unterstützen und andere wiederum zu ignorieren, ist bislang allerdings noch nicht systematisch erforscht worden. Um die Dynamik von Shitstorms besser verstehen zu können, befasst sich der folgende Beitrag daher mit den Motiven von Facebook-Nutzern, Beschwerden und Kritik an Organisationen auf Facebook zu verfassen bzw. zu unterstützen.

Im Folgenden werden dazu zunächst zentrale Charakteristika von Word-of-Mouth herausgearbeitet und Shitstorms als besondere Form der Skandalisierung im Netz beschrieben. Darauf aufbauend wird in Anlehnung an das sozial-kognitive Modell der Internetzuwendung von LaRose und Eastin (2004) ein Modell zur Analyse der Motive zur Initiierung und Unterstützung von negativem Word-of-Mouth in sozialen Netzwerken entwickelt. Die vorgestellten empirischen Befunde stammen aus einer im Frühjahr 2013 durchgeführten Online-Befragung von 347 Personen.[1]

---

[1] Die Befragung wurde im Rahmen der von Mona Folger am Institut für Kommunikationswissenschaft der WWU Münster im Jahr 2013 geschriebenen Masterarbeit „Entstehung und Entwicklung von Shitstorms: Motivation und Intention der Beteiligten am Beispiel von Facebook" durchgeführt. Die Argumentation dieses Textes orientiert sich in Teilen an der Masterarbeit (Folger 2014).

2 Word-of-Mouth als Reputationsrisiko

Wir betrachten Shitstorms im Folgenden als spezifisches Word-of-Mouth-Phänomen. Word-of-Mouth (WOM) ist keine neue Kommunikationsform des Internet-Zeitalters, sondern wurde u. a. in der betriebswirtschaftlichen Marketingliteratur schon lange vor Aufkommen des Internets behandelt (vgl. z. B. Arndt 1967). Ganz allgemein bezeichnet WOM den interpersonalen Meinungsaustausch unter Konsumenten, d. h. „an oral form of interpersonal non-commercial communication among acquaintances [. . .]" (Cheung und Lee 2012, S. 219).

Wesentliche Merkmale von WOM sind, dass die direkte Kommunikation zwischen einzelnen Konsumenten erfolgt, es sich sowohl auf positive wie auch negative Leistungen oder Eigenschaften von Unternehmen und deren Produkten beziehen kann und dass es nicht-kommerziell ist (vgl. Huber et al. 2011, S. 5; Nyilasy 2006). Gerade die Tatsache, dass die Kommunikation anbieterunabhängig und freiwillig erfolgt und nicht mit kommerziellen Absichten unterlegt ist, verleiht Word-of-Mouth grundsätzlich eine hohe Glaubwürdigkeit bei anderen Konsumenten (vgl. Schöler 2010, S. 376; Chu und Kim 2011, S. 48).

Mit Aufkommen des Internets bzw. des Social Web hat Word-of-Mouth erheblich an Bedeutung gewonnen, denn hier kann im Prinzip jeder Nutzer ungefiltert und öffentlich Bewertungen zu Unternehmen und deren Produkten bzw. Dienstleistungen abgeben (vgl. Köhler 2007, S. 246). WOM im Netz, auch als electronic Word-of-Mouth (eWOM) bezeichnet, umfasst „any positive or negative statement made by potential, actual or former customers about a product or company, which is made available to a multitude of people and institutions via the Internet" (Henning-Thurau et al. 2004, S. 39). Electronic WOM findet vor allem in Online-Diskussions-Foren, Newsgroups, Blogs und sozialen Netzwerken statt (vgl. Cheung und Lee 2012, S. 219).

Mit den neuen internetbasierten Kommunikationskanälen gehen qualitative Veränderungen des Word-of-Mouth einher, die teils sogar als Paradigmenwechsel (Cheung und Lee 2012, S. 219) bezeichnet werden. Im Kern sind die Veränderungen auf eine erheblich höhere Informationsdiffusion im Internet zurückzuführen: Der Meinungsaustausch kann schneller geführt werden und ist potenziell für mehr Menschen zugänglich (vgl. Radic und Posselt 2009, S. 263). Die große Reichweite von eWOM gilt als Hauptunterschied zur klassischen Mundpropaganda und bedeutet zugleich, dass eWOM nicht im privaten Raum verbleibt und damit intransparent für andere ist, sondern öffentlich erfolgt. Zudem wird eWOM theoretisch auf unbestimmte Zeit konserviert und bleibt dadurch dauerhaft sichtbar (vgl. Cheung und Lee 2012, S. 2; Huber et al. 2011, S. 18; Henning-Thurau et al. 2004, S. 39). Für eWOM sind neben dem Schreiben auch das Suchen und Weiterleiten von

Erfahrungsberichten bedeutsam: „In cyberspace [...] interactivity enables dynamic and interactive eWOM where a single person can take multiple roles of opinion provider, seeker and transmitter." (Chu und Kim 2011, S. 50).

Unterschiedliche Studien zeigen, dass traditionelles und elektronisches Word-of-Mouth Einfluss auf die Einstellungen und das (Kauf-)Verhalten von Konsumenten haben (vgl. Richins 1983; Cheung und Lee 2012; Huber et al. 2011). Zudem werden negative Erfahrungen mit einem Unternehmen bzw. seinen Produkten und Dienstleistungen bis zu vier Mal häufiger weitergetragen als positive Erlebnisse (vgl. Huber et al. 2011, S. 9; Wiegran und Harter 2002, S. 17–18; Köhler 2007, S. 246).

Der häufigste Auslöser für negative elektronische Mundpropaganda (negative electronic Word-of-Mouth hier als neWOM abgekürzt), die im Folgenden im Mittelpunkt steht, sind enttäuschte Erwartungen von Kunden, die ihre Unzufriedenheit durch mehr oder weniger gezielte Beschwerden ausdrücken (vgl. Brock 2009, S. 18–19, S. 68; Richins 1983, S. 70). Insbesondere die Facebook-Seiten von Unternehmen stellen dabei für unzufriedene Kunden eine einfache und effektvolle Möglichkeit dar, ihre Kritik zu verbreiten und sich mit anderen Betroffenen zusammenzuschließen (vgl. Köhler 2007, S. 24). Gleichzeitige Beschwerden direkt an das Unternehmen und öffentliches neWOM schließen sich dabei nicht aus. Negatives eWOM findet oftmals gerade dann statt, wenn ein Unternehmen auf die direkte Kritik seiner Kunden nicht reagiert oder diese aus deren Sicht nicht zufriedenstellend umgesetzt hat (vgl. Schöler 2010, S. 377).

Der Einfluss von negativen Erfahrungsberichten in sozialen Netzwerken auf Einstellungen und Kaufentscheidungen anderer (potenzieller) Kunden ist vor allem bei Produkten und Dienstleistungen hoch, die mit einem relativ hohen subjektiven Risiko verbunden werden (vgl. Wiegran und Harter 2002, S. 16–17; Huber et al. 2011, S. 11; vgl. auch Stauss und Seidel 2007, S. 593). Erfahrungsberichte z. B. in Foren, Verbrauchercommunities und auch auf Facebook erfüllen hier eine wichtige Orientierungsfunktion und können einen Beitrag zur Unsicherheitsreduktion leisten (vgl. Schöler 2010, S. 376). Besonders glaubwürdig und wirkungsvoll werden im Rahmen von negativem Word-of-Mouth Personen aus dem näheren privaten Umfeld eingeschätzt, aber auch Nutzern derselben Internet-Community (wie Facebook) wird grundsätzlich eine hohe Glaubwürdigkeit attestiert (vgl. Schöler 2010, S. 376–377; Köhler 2007, S. 252; Chu und Kim 2011, S. 48).

2.1 neWOM als spezifische Form der Skandalisierung

Aus Unternehmenssicht besteht das kritische Potenzial von negativen Kommentaren bei Facebook insbesondere darin, dass eine einzelne Kritik von anderen Facebook-Nutzern unterstützt und weiter verbreitet wird und so in relativ kurzer Zeit eine von vielen Menschen getragene Empörungswelle – ein Shitstorm – entstehen kann. Die Mechanismen, die bei Shitstorms greifen, entsprechen im Wesentlichen denen von Skandalisierungen.

Skandal bezeichnet im Sinne einer kommunikativen Zuschreibung „die im Laufe eines Definitions- und Kommunikationsprozesses entstehende öffentliche Wahrnehmung eines Sachverhaltes oder Ereignisses als empörungswürdigen Missstand und die daraus resultierende kollektive Empörung" (Siebert 2011, S. 22). Kollektive Empörung ist dabei die zentrale und notwendige Voraussetzung für die Entstehung eines Skandals – ohne kollektive Empörung keine Skandalisierung (vgl. Hondrich 2002, S. 16). Am Skandal beteiligt sind neben dem Skandalierten, dem eine moralische Verfehlung unterstellt wird, der Skandalierer, der die vermeintliche oder tatsächliche Verfehlung öffentlich macht, und ein Publikum, das auf die Veröffentlichung der Verfehlung empört reagiert. Traditionell agieren Medien in Skandalen als Skandalierer oder als Kommunikatoren, die Informationen zu (vermeintlichen) Missständen von „Skandalierern im vormedialen Raum – von einzelnen Personen [...] oder von Organisationen" (Kepplinger 2005, S. 27) aufgreifen und publik machen. Die Rolle der Medien im Kontext von Skandalen hat sich allerdings mit Aufkommen des Internets und des Social Webs erheblich verändert:

> Die [...] Enthüller der Skandalisierungsprozesse sind [...] nicht mehr [...] notwendig die professionellen Gatekeeper mit dem grundsätzlich eben doch gegebenen Interesse an Fragen von öffentlicher Relevanz, sondern auch Blogger, in Schwärmen oder Mobformationen auftretende Kollaborateure im Social Web, oder auch Einzelne, die den richtigen Moment erwischen, ihr ganz persönliches Thema einem aufnahmebereiten Weltpublikum vorzustellen. Jeder kann heute effektiv skandalisieren, wenn es ihm gelingt, Aufmerksamkeit zu erregen. (Pörksen und Detel 2012, S. 23)

Die für Skandale konstitutive kollektive Empörung entspricht in sozialen Netzwerken dem Unterstützen von neWOM, d. h. die kollektive Unterstützung einer Ursprungsbeschwerde ist notwendige Voraussetzung für die Entstehung eines Skandals im Social Web. Unterstützung kann bei Facebook erfolgen, indem andere Nutzer eine Ursprungsbeschwerde a) ‚liken', b) ‚teilen', c) unterstützend kommentieren oder d) einen ebenfalls negativen Erfahrungsbericht auf der jeweiligen Facebook-Seite veröffentlichen. Welche Sachverhalte, Ereignisse oder Handlungen in sozialen Netzwerken weitreichend skandalisiert werden und welche nicht, ist dabei ebenso unklar vorab zu bestimmen wie bei traditionellen ‚offline-Skandalen'.

So können bereits verhältnismäßig kleine Verfehlungen weitreichend skandalisiert werden, während relativ große Missstände unbeachtet bleiben. Zudem können Missstände gleicher Art sehr unterschiedlich bewertet und damit auch skandalisiert werden (vgl. Siebert 2011, S. 11–12; Siebert 2011, S. 22–23). Skandale weisen eine Eigendynamik und Eigengesetzlichkeit auf, die vorab nur zum Teil bestimmbar ist. So entsteht der Eindruck, dass häufig allein der Zufall entscheidet, welche Missstände von der Öffentlichkeit bzw. von anderen Facebook-Nutzern aufgegriffen und skandalisiert werden (vgl. Schütze 1985, S. 37–38; vgl. auch Siebert 2011, S. 32; vgl. auch Kepplinger 2005, S. 67):

> Lächerliche Einzelheiten, unbedeutende Vorfälle, Hinweise auf Geschehnisse, die bisher niemanden ernsthaft interessiert haben – im Strudel des virulenten Skandals gewinnen sie plötzlich einen tieferen Sinn. Lichter gehen auf, Zusammenhänge werden gesehen, wenigstens vermutet und konstruiert. [. . .] Aus all diesen Gründen entwickelt sich aus dem ursprünglichen Ärgernis und der ersten Reaktion darauf ein Agglomerat von Tochterskandalen. Große Skandale sind Anbausysteme von Ärgernissen. (Schütze 1985, S. 35–36)

Typisch für Skandale ist zudem, dass sie zeitlich meist von kurzer Dauer sind. Nach wenigen Wochen, häufig sogar schon nach wenigen Tagen verliert die Öffentlichkeit das Interesse und so schnell, wie der Skandal entstanden ist, ist er wieder vorbei: „Und dann beginnt [. . .] für die Mehrheit der Leser und Zuschauer das große Vergessen. Was bleibt, sind allenfalls Erinnerungsfetzen, Meinungen, gefühlte Wahrheiten." (Pörksen und Detel 2012, S. 21)

Die Motive zur Beteiligung an der Skandalisierung von Unternehmen auf Facebook können sehr unterschiedlich sein (vgl. Brock 2009, S. 18–19; vgl. auch Huber et al. 2011, S. 10; Stauss und Seidel 2007, S. 607–608). Vielfach spielen persönliche Ansprüche, die Facebook-Nutzer gegenüber einem Unternehmen haben, eine zentrale Rolle. In diesem Zusammenhang kann neWOM eine Ventilfunktion erfüllen und enttäuschten Kunden helfen, Frust abzubauen. Zudem geht es aber auch allgemeiner darum, Unternehmen zu einer Verhaltensänderung zu zwingen oder ihnen schaden zu wollen. Dabei ist in allen Fällen davon auszugehen, dass Internet-Nutzer vermutlich mit dem Druck der kollektiven Empörung kalkulieren, der sich für ein Unternehmen aufbaut, sobald die breite Öffentlichkeit von einem ihrer Fehltritte erfährt (vgl. Kramer und Neumann-Szyszka 2009, S. 75). Neben der genannten Beschwerde- und Kritikfunktion können zudem auch Selbstdarstellungsmotive – zum Beispiel, um sich mittels spezifischer Kritik an einem Unternehmen als Experte auf einem bestimmten Gebiet zu positionieren – eine Rolle spielen. Bei der eher passiven Lektüre von neWOM können ferner Informations- und Orientierungsbedürfnisse bedeutsam sein. Zudem spielen nicht nur selbstbezogene Motive eine Rolle, sondern es werden bei der Erstellung von neWOM auch altruistische Beweggründe unterstellt: Demnach beschweren Menschen sich öffentlich auf Facebook und Co., um andere (potenzielle) Kunden zu warnen, oder sogar, um dem jeweiligen Unternehmen durch ihr Feedback bei der Produktverbesserung zu helfen (vgl. Kramer und Neumann-Szyszka 2009, S. 75, 74; Stauss und Seidel 2007, S. 607). Oftmals sind aber nicht einzelne Motive, sondern ein Zusammenspiel mehrerer Motive entscheidend, wenn es um das Lesen oder Verfassen von neWOM geht (vgl. Stauss und Seidel 2007, S. 608).

Insgesamt stellt negative Mundpropaganda im Social Web ein schwer kontrollierbares Risiko für die Reputation, die Neukundengewinnung und schließlich auch für den (monetären) Erfolg eines Unternehmens dar (vgl. Brock 2009, S. 38). Die Bereitschaft von Stakeholdern zum Verfassen und Unterstützen von öffentlicher Kritik hat durch die „Bequemlichkeit der Artikulation" im Netz (Kramer und Neumann-Szyszka 2009, S. 75) zugenommen. Der bereits beschriebene Konservierungscharakter des Internets sorgt außerdem dafür, dass diese imageschädlichen Äußerungen dauerhaft zu finden sind und nicht – wie bei traditioneller negativer Mundpropaganda eher der Fall – schnell verpuffen.

Während die Motive zum Verfassen und Lesen von Beschwerden im Internet bereits erfasst worden sind, besteht vor allem in Bezug auf das Unterstützen von neWOM (‚Liken', Teilen und Kommentieren) noch eine erhebliche Lücke in der Forschung. An dieser Lücke setzt der vorliegende Beitrag an. Um mehr über die Entstehung und Entwicklung von negativem WOM im Netz herauszufinden, setzen wir daher nicht nur bei den Verfassern, sondern auch bei den Unterstützern von negativem Word-of-Mouth an.

3 Forschungsmodell

Die theoretische Basis für das Forschungsvorhaben bildet das sozial-kognitive Modell der Internetzuwendung von LaRose und Eastin (2004), welches sich wiederum auf die sozial-kognitive Theorie (kurz: SCT) von Bandura (1979) und den vielfach modifizierten Uses-and-Gratifications-Approach (kurz: UGA) stützt. Der UGA allein hat es in der Vergangenheit nicht geschafft, Internetnutzung ausreichend zu erklären, was unter anderem an der bloßen Übertragung der klassischen Mediennutzungsmotive auf das Internet liegen könnte. Da sich das Internet unter anderem durch sein Hauptmerkmal Interaktivität klar von den traditionellen Medien abgrenzt, wird es durch die ursprünglich abgefragten Motive nicht ausreichend abgebildet. Den speziellen Gegebenheiten des Internets versucht das sozial-kognitive Modell von LaRose und Eastin deshalb mit der Erweiterung des

UGA um Aspekte aus der SCT Rechnung zu tragen (vgl. La Rose et al. 2001). Es geht – wie bereits die SCT – von einem aktiven Menschen aus, der sowohl sein eigenes Verhalten als auch seine Umwelt beobachtet, reflektiert und evaluiert (vgl. Bandura 1979, S. 10). Diese direkten und indirekten Erfahrungen werden dann in einem nächsten Schritt rekursiv in neue Entscheidungen miteinbezogen (vgl. Bandura 1979, S. 10). Ursprünglich setzt sich das sozial-kognitive Modell aus den Konstrukten Ergebniserwartungen, Selbstwirksamkeit, Selbstregulation und Gewohnheit zusammen, welche den Faktor der aktiven Internetzuwendung beeinflussen und an dieser Stelle kurz erklärt werden sollen.

3.1 Ergebniserwartungen

Um das Verhalten von Menschen zu erklären, bezieht sich das sozial-kognitive Modell auf die Zukunft und damit auf die erwarteten Ergebnisse einer Handlung. Diese sogenannten Ergebniserwartungen werden dabei wiederum durch bekannte Kenntnisse aus der Vergangenheit bestimmt und stellen somit das Resultat eines Lernprozesses dar, in den Menschen sowohl ihre eigenen Erfahrungen als auch die Erfahrungen anderer miteinbeziehen (vgl. LaRose und Eastin 2004, S. 360–363). Insgesamt werden im Rahmen des sozial-kognitiven Modells sechs verschiedene Anreize definiert: Neuigkeitswahrnehmung, soziale Unterstützung und Kommunikation, sozialer Status, monetäre Aspekte, erfreuliche Aktivitäten und selbst-reaktive Anreize. Insbesondere der Variable sozialer Status – welche im UGA noch nicht berücksichtigt wurde – konnte ein starker Einfluss auf den Umfang der Mediennutzung nachgewiesen werden (vgl. Schenk 2007, S. 727). Auch die Variablen der übrigen Anreizkategorien korrelierten signifikant mit der abhängigen Variable Internetzuwendung; die Hypothese, dass erwartete Ergebnisse einen direkten Einfluss auf den Grad der Internetnutzung haben, konnte von LaRose und Eastin (2004, S. 369) im Rahmen ihrer Studie somit bestätigt werden.

3.2 Selbstwirksamkeit

Eine weitere, aus der SCT übernommene Variable ist das Konzept der Selbstwirksamkeitswahrnehmung oder -erwartung[2] (vgl. Schenk 2007, S. 726). Selbstwirk-

---

[2] In der Literatur werden für das Konstrukt ‚self-efficacy‘ sowohl der Begriff ‚Selbstwirksamkeit‘ als auch ‚Selbstwirksamkeitserwartung‘ und ‚Selbstwirksamkeitswahrnehmung‘ verwendet (vgl. Satow 2000, S. 11).

samkeit wird nach Bandura definiert als „people's judgments of their capabilities to organize and execute courses of action required to attain designated types of performances. It is concerned not with the skills one has but with the judgments of what one can do with whatever skills one posseses." (1986, S. 391) Es besteht demnach ein Unterschied zwischen den tatsächlichen Fähigkeiten einer Person und ihrem Glauben, diese Fähigkeiten zu besitzen und somit entsprechend handeln zu können. Letzteres entscheidet dabei wesentlich, ob und wie intensiv wir uns einer Aufgabe stellen (vgl. Bandura 1986, S. 394; Satow 2000, S. 11–12). Menschen mit hoher Selbstwirksamkeitserwartung werden einen höheren Aufwand betreiben, um eine entsprechende Aktivität auszuführen als Menschen mit geringer Selbstwirksamkeitserwartung (vgl. LaRose et al. 2001, S. 398; Trepte & Reinecke 2010, S. 222). Vor allem in Bezug auf ein neues und technisch anspruchsvolles Medium wie das Internet können relevante Unterschiede in Bezug auf die wahrgenommene Selbstwirksamkeit bestehen, weshalb auch dieser Komponente einen Einfluss auf den Grad der Internetnutzung unterstellt wird (vgl. LaRose und Eastin 2000). Dabei interessiert nicht nur der direkte Einfluss von Selbstwirksamkeit auf die Mediennutzung, sondern auch die Korrelation mit den Ergebniserwartungen; es wird vermutet, dass Menschen mit hoher empfundener Internet-Selbstwirksamkeit eher erwarten, positive Ergebnisse zu erreichen und sich somit auch mehr anstrengen als Personen mit geringer Internet-Selbstwirksamkeit (vgl. Satow 2000, S. 12; LaRose und Eastin 2000). Die vermuteten Korrelationen zwischen Internet-Selbstwirksamkeit und dem Grad der Internetnutzung sowie den Ergebniserwartungen konnten von LaRose und Eastin (2004, S. 36) nachgewiesen und bestätigt werden.

3.3 Selbstregulation

Eine Gemeinsamkeit des UGA und der SCT bildet die Annahme, dass der Mensch im Alltag eine aktive und evaluierende Rolle einnimmt, was ihn vor der stumpfen und kollektiven Reaktion auf einen Stimulus bewahrt:

> [S]elf-regulation describes how individuals monitor their own behavior (self-monitoring), judge it in relation to personal and social standards (judgmental process), and apply self-reactive incentives to moderate their behavior (self-reaction). (LaRose und Eastin 2004, S. 362)

LaRose und Eastin betrachten Selbstregulation vor allem in einem negativen Zusammenhang: mangelhafte Selbstregulation (vgl. LaRose und Eastin 2004, S. 362). Dieser führt bei weiter abnehmender Selbstkontrolle zunächst zu einem Zustand der Gewohnheit und kann schließlich in einem unkontrollierten Ansteigen der Mediennutzung resultieren – von LaRose und Eastin definiert als Internet-Sucht (vgl. LaRose et al. 2003, S. 232; LaRose et al. 2001, S. 399). Mit Hilfe ihrer Befragung konnten Hypothesen bezüglich vorhandener Zusammenhänge zwischen mangelhafter Selbstregulation und dem Grad der Internetzuwendung, zwischen mangelhafter Selbstregulation und dem Grad der gewohnheitsmäßigen Internetnutzung sowie zwischen mangelhafter Selbstregulation und selbst-reaktiven Ergebniserwartungen (z. B. Entspannung) bestätigt werden (vgl. LaRose et al. 2001, S. 369–371).

3.4 Gewohnheit

Gewohnheitsmäßige Handlungen stellen wiederkehrende Verhaltensmuster dar und wurden in früheren UGA-Untersuchungen größtenteils über Gratifikationsdimensionen abgefragt, wodurch aber nur wenig Varianz in der abhängigen Variable Mediennutzung erklärt werden konnte (vgl. LaRose und Eastin 2004, S. 362–363). LaRose und Eastin dagegen operationalisierten Gewohnheit als eigenständige Variable, wodurch es ihnen gelang, deren Erklärungskraft signifikant zu erhöhen. Konkret wurde ein Zusammenhang zwischen Gewohnheit und Ergebniserwartungen sowie zwischen Gewohnheit und Selbstwirksamkeit vermutet, bestätigen konnten LaRose und Eastin letztendlich eine Korrelation von Gewohnheit und Selbstwirksamkeit (vgl. LaRose und Eastin 2004, S. 362–363, S. 371–373).

Insgesamt ist es LaRose und Eastin gelungen, ein Modell zu entwickeln, das eine gute Voraussage von Mediennutzung ermöglicht: Das sozial-kognitive Modell erklärt rund 42 % der Varianz in der abhängigen Variable Internetnutzung (vgl. Jers 2012, S. 104). Im Rahmen der aktuellen Studie wird das Basismodell gemäß des Forschungsgegenstands zu neWOM modifiziert. Konkret bedeutet das zum einen, dass die Konstrukte Selbstregulation und Gewohnheit nicht berücksichtigt werden, da ihre Untersuchung im Zusammenhang mit neWOM nicht sinnvoll erscheint. Zum anderen wird das Modell um die Aspekte Glaubwürdigkeit sowie kollektive Wirksamkeit ergänzt.

3.5 Glaubwürdigkeit

Glaubwürdigkeit wird in der Literatur überwiegend als Zuschreibungsprozess verstanden und ist somit grundsätzlich von dem jeweiligen Rezipienten abhängig (vgl. Nawratil 1999, S. 15; Krotz 1999, S. 126). Darüber hinaus kann sich Glaubwürdigkeit u. a. auf eine Botschaft, eine Quelle oder ein Medium beziehen und wird nach

Wirth folgendermaßen definiert: „Glaubwürdigkeit kann als prinzipielle Bereitschaft verstanden werden, Botschaften eines bestimmten Objektes als zutreffend zu akzeptieren und bis zu einem gewissen Grad in das eigene Meinungs- und Einstellungsspektrum zu übernehmen [...]" (1999, S. 55). In Bezug auf elektronische Mundpropaganda, kann eWOM-Glaubwürdigkeit beschrieben werden als „the extent to which one perceives a recommendation/review as believable, true, or factual" (Cheung et al. 2009, S. 12).

Im Rahmen der vorliegenden Untersuchung soll anhand einer inhalts- und quellenorientierten Glaubwürdigkeitsbeurteilung überprüft werden, was eine Beschwerde auf Facebook beinhalten, wie sie aufgebaut und von wem sie verfasst worden sein muss, um von anderen Facebook-Nutzern unterstützt zu werden. Die Relevanz von Glaubwürdigkeits-Zuschreibungen durch Rezipienten während der Medienkommunikation wird auch von Krotz (1999, S. 126) betont, „weil dies für ihr konkretes Wissen und Handeln von Bedeutung ist oder sein kann". Insbesondere Beurteilungen im Internet können von einer potenziell unbeschränkten Zahl von Nutzern verfasst werden, wobei die Richtigkeit nicht überprüft werden kann. Die Bedeutung von Glaubwürdigkeit nimmt im Kontext von (n)eWOM demnach noch einmal zu (vgl. Cheung et al. 2009, S. 9). Diese Relevanz konnte in früheren Untersuchungen bereits bestätigt werden. In ihrer Studie zur Akzeptanz von Bewertungsportalen als Basis für Electronic Word-of-Mouth konnten Huber et al. (2011) beispielsweise die Annahme bestätigen, dass Glaubwürdigkeit über die Nutzungseinstellung auf die Nutzungsabsicht einwirkt. Der Zusammenhang von Glaubwürdigkeit oder auch wahrgenommener Vertrauenswürdigkeit und Expertise und elektronischer Mundpropaganda wurde außerdem von Chu und Kim (2011) sowie aktuell auch von Lis und Korchmar (2013) untersucht und bestätigt.

3.6　Kollektive Wirksamkeit

Das Konzept der kollektiven Wirksamkeit wurde erstmals 1986 von Bandura in die SCT aufgenommen. Im Gegensatz zur Selbstwirksamkeit – welche sich auf das Individuum konzentriert – beeinflusst es, „what people choose to do as a group, how much effort they put into it, and their staying power when group efforts fail to produce results." (Bandura 1986, S. 449) Betont wird im Zusammenhang mit kollektiver Wirksamkeit die Tatsache, dass Menschen in der heutigen Zeit häufig aufeinander angewiesen sind, um gewisse Ziele zu erreichen. Das gilt vor allem dann, wenn sie in ihrem Vorhaben auf Widerstand einflussreicher Kontrahenten treffen (vgl. Bandura 2000, S. 75). Dabei ist es durchaus möglich, dass in Bezug auf die kollektive Handlung verschiedene Einzelinteressen der Beteiligten bestehen, die aber zu einem gemeinsamen Ziel verschmelzen (vgl. Bandura 1986, S. 451). Personen mit großer kollektiver Wirksamkeit werden hierbei analog zur Selbstwirksamkeit mehr Anstrengung unternehmen, das Ziel zu erreichen, als Personen mit geringer kollektiver Wirksamkeit (vgl. Bandura 1986, S. 452). Beeinflusst wird die wahrgenommene kollektive Wirksamkeit durch Feedback – oder anders gesagt: durch Erfahrung – und wirkt sich ihrerseits sowohl auf die Ergebniserwartungen als auch direkt auf die Ausführung der Gruppenaktivität aus (vgl. Jung und Sosik 2003, S. 383–385).

Beide Konstrukte – sowohl Glaubwürdigkeit als auch kollektive Wirksamkeit – wurden in der Vergangenheit bereits im Rahmen der SCT von Bandura untersucht, weshalb eine Passung mit dem Modell von LaRose und Eastin gewährleistet scheint. Während Glaubwürdigkeit bereits im Zusammenhang mit Mediennutzung und sogar eWOM untersucht wurde, wird der Aspekt kollektive Wirksamkeit im Rahmen dieser Studie erstmalig auf den Kontext der Mediennutzung übertragen. Vorhandene Untersuchungen von kollektiver Wirksamkeit im Zusammenhang mit politischem und sozialem Aktivismus (vgl. Bandura 1986, S. 450) weisen allerdings inhaltliche Parallelen zu der aktuellen Thematik auf. Eine Ergänzung um diesen Aspekt erscheint somit in doppelter Hinsicht sinnvoll.

4 Forschungsfragen und Hypothesen

Die zentrale Forschungsfrage, „Welche Motive verfolgen Facebook-Nutzer bei dem Verfassen und Unterstützen von negativem electronic Word-of-Mouth auf Facebook?", wird in dieser Studie ausschließlich im Zusammenhang mit den Ergebniserwartungen untersucht. Die ursprünglichen Internet-Ergebniserwartungen von LaRose und Eastin (2004) werden auf das Thema neWOM übertragen und neWOM-spezifische Ergebniserwartungen aus den Bereichen Reziprozität und Problemlösung ergänzt. Die Relevanz der ergänzten Ergebniserwartungen wurde unter anderem im Rahmen von qualitativen Interviews mit erfahrenen neWOM-Verfassern und -Unterstützern herausgestellt, welche im Vorfeld der aktuellen Untersuchung geführt wurden.[3] Angelehnt an frühere eWOM-Studien wird die Ergebniserwartung ‚erfreuliche Aktivitäten' darüber hinaus als Altruismus in das neue Modell übernommen (vgl. Huber et al. 2012, S. 55).

---

[3] Die Interviews wurden im Rahmen dieser Studie als Recherche-Interviews geführt und dienten zur explorativen Erschließung des Themas (siehe auch Abschn. 4.).

Gemäß der skizzierten theoretischen Vorannahmen (vgl. LaRose und Eastin 2004; Bandura 1986) wird ein Zusammenhang zwischen den Konstrukten Selbstwirksamkeit und Ergebniserwartungen sowie zwischen kollektiver Wirksamkeit und Ergebniserwartungen vermutet, was in der zweiten Forschungsfrage thematisiert wird: „Welchen Einfluss haben die Konstrukte Selbstwirksamkeit und kollektive Wirksamkeit auf das Verfassen und Unterstützen von negativem electronic Word-of-Mouth auf Facebook?". Die entsprechenden Hypothesen lauten[4]:

▶ *H1$_{v,u}$: Je höher die neWOM-Selbstwirksamkeit, desto größer sind auch die neWOM-Ergebniserwartungen.*
H2$_{v,u}$: Je höher die kollektive neWOM-Wirksamkeit, desto größer sind auch die neWOM-Ergebniserwartungen.

Darüber hinaus wird angenommen, dass sich die neWOM-Selbstwirksamkeit, die kollektive neWOM-Wirksamkeit und schließlich auch die neWOM-Ergebniserwartungen auf die jeweilige neWOM-Aktivität auswirken:

▶ *H3v,u: Je höher die neWOM-Selbstwirksamkeit, desto größer ist auch die neWOM-Aktivität auf Facebook.*
H4v,u: Je höher die kollektive neWOM-Wirksamkeit, desto größer ist auch die neWOM-Aktivität auf Facebook.
H5v,u: Je höher die neWOM-Ergebniserwartungen, desto größer ist auch die neWOM-Aktivität auf Facebook.

Schließlich wird gemäß den Ausführungen zum Forschungsgegenstand und den theoretischen Hintergründen (vgl. Huber et al. 2011) auch ein Einfluss von der Glaubwürdigkeit einer neWOM-Aussage auf die neWOM-Ergebniserwartungen und die neWOM-Aktivität unterstellt, was in einer dritten Forschungsfrage resultiert: „In welchem Zusammenhang steht der Faktor Glaubwürdigkeit mit der Unterstützung von negativem electronic Word-of-Mouth auf Facebook?". Die genannten Zusammenhänge lassen sich nur in Bezug auf das Unterstützen von neWOM logisch begründen, weshalb die Hypothesen auch nur für diese Modellversion (u) gelten:

---

[4] Die zusätzliche Nummerierung der Hypothesen mit v und u soll deutlich machen, dass diese Hypothesen sowohl für das „Verfassen von neWOM" (v) als auch für das „Unterstützen von neWOM" (u) gelten. Die Hypothesen müssen für beide Aktivitäten getrennt überprüft werden, da ihnen jeweils individuell formulierte Variablen zugrunde liegen und sie von unterschiedlichen Stichproben beantwortet werden. Somit ergeben sich zwei Versionen des Theoriemodells.

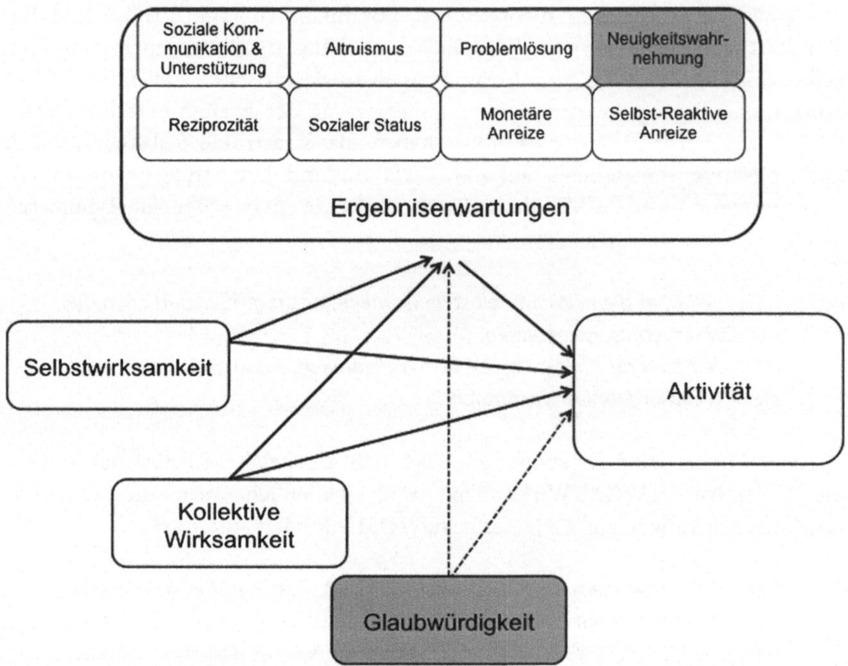

Abb. 1 Forschungsmodell „neWOM auf Facebook"

▶   *H6u: Je größer die wahrgenommene Glaubwürdigkeit einer neWOM-Aussage, desto größer sind auch die neWOM-Ergebniserwartungen.*
H7u: Je größer die empfundene Glaubwürdigkeit einer neWOM-Aussage, desto größer ist auch die neWOM-Aktivität auf Facebook.

Die in den Hypothesen vermuteten Zusammenhänge werden in Abb. 1 „neWOM auf Facebook"[5] zusammenfassend dargestellt.

---

[5] Auf die Benennung der einzelnen Komponenten mit dem Zusatz „neWOM" wurde in dem Modell verzichtet, um eine bessere Lesbarkeit zu gewährleisten. Die Konstrukte beziehen sich nichtsdestotrotz konkret auf den Gegenstand der negativen elektronischen Mundpropaganda auf Facebook. Da weiterhin die Ergebniserwartung Neuigkeitswahrnehmung und das Konstrukt Glaubwürdigkeit nur eingeschränkt – für die Version „Unterstützen von neWOM" – gelten, werden sie grau unterlegt und gestrichelt dargestellt.

5   Untersuchungsdesign

Die im Modell skizzierten Zusammenhänge werden im Folgenden anhand eines standardisierten Online-Fragebogens empirisch überprüft. Unterstützt wird die Wahl durch die Tatsache, dass Elemente des sozial-kognitiven Modells auch in vergangenen Studien auf diese Art abgefragt wurden. Aufgrund der vorhandenen Befunde zur Facebook-Nutzung und auch zum Verfassen elektronischer Mundpropaganda war eine explorative Vorarbeit nur noch speziell in Bezug auf das Unterstützen von neWOM und das neue Phänomen Shitstorm notwendig. In diesem Zusammenhang wurden vorbereitend qualitative Recherche-Interviews geführt, in denen Erfahrungswerte und Motive zum Verfassen und Unterstützen von neWOM auf Facebook thematisiert wurden. Die Ergebnisse wurden in die Fragebogenkonstruktion einbezogen.

Der Fragebogen ist in sechs Teile gegliedert: 1) Spezifika der jeweiligen allgemeinen Facebook-Nutzung, 2) Erfahrungen im Bereich Verfassen von neWOM auf Facebook, 3) Unterstützen von neWOM anderer Facebook-Nutzer, 4) Fragen zu dem Konstrukt Glaubwürdigkeit, 5) Selbstwirksamkeit und kollektive Wirksamkeit und 6) soziodemographische Daten.

Um den Fragebogen vorab zu überprüfen, wurde er im Rahmen eines Pretests von zehn Personen unterschiedlichen Alters und Geschlechts auf inhaltliche, formale und Verständnisfehler sowie seine Bearbeitungsdauer kontrolliert. Insgesamt war der Fragebogen inhaltlich grundsätzlich verständlich und es wurden nur kleinere Änderungen an den Formulierungen sowie eine Kürzung vorgenommen.

Die Daten der Online-Befragung wurden in dem Zeitraum vom 4.2.2013 bis 4.3.2013 erhoben. Der Link zur Befragung wurde teilweise per E-Mail, über relevante XING-Gruppen, Twitter und hauptsächlich über Facebook verbreitet. Auch konnte er auf weiteren passenden Webseiten platziert werden. Abzüglich der unvollständigen und irrelevanten Antworten wurde so eine Ad-hoc-Stichprobe von 347 Personen erreicht, die den Fragebogen vollständig ausgefüllt haben. Die Stichprobe gliedert sich dabei in 80 Personen, die neWOM bereits selbst auf Facebook veröffentlicht haben und 110 Personen, die neWOM auf Facebook bereits unterstützt haben. Die restlichen Personen haben bislang ausschließlich Erfahrung im Lesen von neWOM auf Facebook und dienen in der weiteren Untersuchung als Kontrollgruppe.

6 Ergebnisse

Im Folgenden werden die Forschungsfragen einzeln bearbeitet. Dabei wird sich im ersten Teil auf die Ergebniserwartungen konzentriert, die Aufschluss über die Motivation von neWOM-Verfassern und -Unterstützern geben. Anschließend werden die Zusammenhänge der Konstrukte Selbstwirksamkeit, kollektive Wirksamkeit und schließlich auch Glaubwürdigkeit mit den Ergebniserwartungen und der jeweiligen neWOM-Aktivität überprüft.

6.1 Motivation der neWOM-Beteiligten

Zur Beantwortung der Frage nach den Motiven von Facebook-Nutzern, negatives electronic Word-of-Mouth auf Facebook zu verfassen bzw. zu unterstützen, werden die Ergebniserwartungen der neWOM-Verfasser und -Unterstützer einzeln betrachtet. Zusätzlich können auch Angaben zu dem Inhalt der neWOM-Beiträge bereits Hinweise auf die Motivation zur öffentlichen Beschwerde geben.

6.1.1 Motivation der neWOM-Verfasser

Die neWOM-Verfasser (n = 80) beschweren sich am häufigsten über schlechten Service oder ein schlechtes Produkt (73,8 %). Knapp ein Drittel der befragten Personen (32,5 %) beklagt sich außerdem über ein unzureichendes Beschwerdemanagement auf anderen Service-Kanälen (Telefon, E-Mail, Brief) und ein Viertel empört sich über das allgemeine, beispielsweise umweltschädliche, Verhalten von Unternehmen. Schließlich stellen zu hohe Preise oder Preiserhöhungen für 8,8 % der neWOM-Verfasser einen legitimen Beschwerdegrund dar. Betrachtet man also den Inhalt von neWOM auf Facebook, wird deutlich, dass die meisten Beschwerden produkt- oder servicebezogen sind. Zudem zeigt sich, dass der öffentliche Beschwerdeweg im sozialen Netzwerk häufig erst beschritten wird, nachdem klassische Service-Kanäle versagt haben.

Die Ergebniserwartungen der neWOM-Verfasser (n = 80) kann man weiterhin mit Hilfe eines Vergleichs der Item- sowie Faktor-Mittelwerte[6] (siehe Tab. 1) in folgende Reihenfolge bringen: Der Faktor Problemlösung (M = 4,13; SD = 0,71) stellt den stärksten Motivator dar, neWOM auf Facebook zu veröffentlichen. Demnach verfassen die Befragten öffentliche Beschwerden auf Facebook-Seiten, weil sie möchten, „dass sich das betreffende Unternehmen dazu äußert"

---

[6] Die Antworten zu den Ergebniserwartungen der Befragten wurden auf einer fünfstufigen Likert-Skala von „1 = trifft gar nicht zu" zu bis „5 = trifft voll zu" dargestellt.

Tab. 1 Faktor- und Itemmittelwerte der neWOM$_v$-Ergebniserwartungen (n = 80)

Faktoren	M(v) SD(v)	Items	M(v) SD(v)
Problemlösung	M = 4,13 SD = 0,71	1. Weil ich möchte, dass sich das betreffende Unternehmen dazu äußert	M = 4,34; SD = 0,87
		2. Weil ich möchte, dass Unternehmen von meiner Unzufriedenheit Kenntnis nehmen	M = 4,29; SD = 0,99
		3. Weil ich mir davon eine Lösung des Problems verspreche	M = 3,76; SD = 1,01
Soziale Unterstützung und Kommunikation	M = 3,31 SD = 1,06	1. Weil ich so sehen kann, ob ich die einzige Person bin, die damit ein Problem hat	M = 3,54; SD = 1,28
		2. Weil ich hoffe, dass andere Facebook-User mich unterstützen	M = 3,09; SD = 1,25
Altruismus	M = 2,94 SD = 1,14	1. Weil ich andere Facebook-User vor dem Unternehmen/dem Produkt/der Marke warnen möchte	M = 3,14; SD = 1,23
		2. Weil es sich gut anfühlt, andere Facebook-User davor zu bewahren, den gleichen Fehler zu machen	M = 2,75; SD = 1,30
Reziprozität	M = 2,44 SD = 0,98	1. Weil ich erwarte, dass andere mich genauso auf Facebook vor negativen Erfahrung warnen	M = 2,89; SD = 1,14
		2. Weil ich weiß, dass andere Facebook-User das auch tun	M = 2,00; SD = 1,27
Sozialer Status	M = 2,42 SD = 0,94	1. Um andere Facebook-User zu finden, die meine Meinung respektieren	M = 1,75; SD = 1,03
		2. Weil ich hoffe, dass andere Facebook-User mich unterstützen	M = 3,09; SD = 1,25
Selbst-reaktive Anreize	M = 1,99 SD = 0,86	1. Weil ich Frust abbauen möchte	M = 2,74; SD = 0,71
		2. Um Langeweile zu vertreiben	M = 1,24; SD = 0,66
Monetäre Anreize	M = 1,51 SD = 0,58	1. Weil ich mir davon einen Rabatt bzw. eine Entschädigung erhoffe	M = 1,99; SD = 1,13
		2. Weil ich dafür bezahlt werde	M = 1,03; SD = 0,22

Die Antworten zu den Ergebniserwartungen der Befragten wurden auf einer fünfstufigen Likert-Skala von „1 = trifft gar nicht zu" zu bis „5 = trifft voll zu" erhoben

(M = 4,34; SD = 0,87) und „dass die Unternehmen von [ihrer] Unzufriedenheit Kenntnis nehmen." (M = 4,29; SD = 0,99). Damit einher geht der Wunsch, „eine Lösung des Problems" zu erhalten (M = 3,76; SD = 1,01). Dem Faktor Problemlösung folgen die Ergebniserwartungen soziale Unterstützung und Kommunikation (M = 3,31; SD = 1,06) sowie Altruismus (M = 2,94; SD = 1,14). Die Verfasser von neWOM erhoffen sich von ihren Beiträgen und den Reaktionen darauf Orientierung und wollen sehen, „ob [sie] die einzige Person [sind], die [dieses] Problem hat" (M = 3,54; SD = 1,28). Ebenso möchten die Befragten teilweise „andere Facebook-User vor dem Unternehmen, dem Produkt oder der Marke warnen" (M = 3,14; SD = −1,23) und hoffen, „dass andere Facebook-User [sie] unterstützen." (M = 3,09; SD = 1,25). Das Konstrukt Altruismus stellt sich allerdings leicht widersprüchlich dar, indem eines der dazugehörigen Items teilweise bis eher wichtig und das andere eher unwichtig bewertet wird, was auf eine möglicherweise nicht einwandfreie interne Konsistenz des Faktors hinweist. Weiterhin haben die Faktoren Reziprozität (M = 2,44; SD = 0,98) und sozialer Status (M = 2,42; SD = 0,94) einen ähnlichen, nur mittelmäßigen Einfluss auf das Verfassen von neWOM. Schließlich stellen sowohl selbst-reaktive (M = 1,99; SD = 0,86) als auch monetäre Anreize (M = 1,51; SD = 0,58) einen wenig bis gar nicht überzeugenden Motivator dar, neWOM auf Facebook zu verfassen.

6.1.2 Motivation der neWOM-Unterstützer

Betrachtet man nun die Unterstützer von neWOM (n = 110), stellt sich ihre Motivation in Bezug auf ihre Beteiligung an Beschwerden auf Facebook relativ ähnlich zu der der neWOM-Verfasser dar (siehe Tab. 2): Grundsätzlich scheinen für die neWOM-Unterstützer demnach auch die Ergebniserwartungen aus dem Bereich Problemlösung (M = 3,30; SD = 1,10) die wichtigste Rolle zu spielen. Somit wurde sich an den Beschwerden anderer Facebook-Nutzer beteiligt, weil man „dieselben Probleme hatte" (M = 3,68; SD = 1,17), sich „über das Problem auch beschwert hätte" (M = 3,58; SD = 1,17), „das Unternehmen zu einer (anderen) Reaktion animieren wollte" (M = 3,44; SD = 1,32) oder „Frust ablassen wollte, wenn Unternehmen nicht bzw. schlecht reagiert haben" (M = 3,15; SD = 1,31). Damit trägt gleichzeitig auch die Komponente soziale Unterstützung und Kommunikation (M = 2,70; SD = 0,65) zumindest teilweise zur Unterstützung von neWOM anderer Facebook-Nutzer bei. Eine weiterer Grund, neWOM auf Facebook durch ‚Liken', Teilen oder Kommentieren zu unterstützen, liegt in der Neuigkeitswahrnehmung der Beiträge (M = 3,10; SD = 1,10). Somit wurden entsprechende Beschwerden „teilweise" bis „eher" ‚geliked' oder kommentiert, weil die neWOM-Unterstützer „durch die Beschwerde Informationen erhalten haben, die [sie] sonst nirgendwo bekommen würden" (M = 3,16; SD = 1,29), oder „die Informationen [sie] davor bewahren, den gleichen Fehler zu machen" (M = 3,05; SD = 1,29).

Tab. 2 Faktor- und Itemmittelwerte der $neWOM_u$-Ergebniserwartungen (n = 110)

Faktoren	M(v) SD(v)	Items	M(v) SD(v)
Problemlösung	$M = 3,30$ $SD = 1,10$	1. Weil ich das Unternehmen zu einer (anderen) Reaktion animieren wollte	$M = 3,44$ $SD = 1,32$
		2. Weil ich frustriert bin, wenn Unternehmen nicht antworten	$M = 3,15$ $SD = 1,31$
Neuigkeitswahrnehmung	$M = 3,10$ $SD = 1,10$	1. Weil ich durch die Beschwerde Informationen erhalten habe, die ich sonst nirgendwo bekommen hätte	$M = 3,16$ $SD = 1,29$
		2. Weil die Information mich davor bewahrt hat, den gleichen Fehler zu machen	$M = 3,05$ $SD = 1,29$
Soziale Unterstützung und Kommunikation	$M = 2,70$ $SD = 0,65$	1. Weil ich dieselben Probleme hatte	$M = 3,68$ $SD = 1,17$
		2. Weil ich mich über das Problem auch beschwert hätte	$M = 3,58$ $SD = 1,17$
		3. Um mitreden zu können	$M = 1,94$ $SD = 1,11$
		4. Weil Freunde von mir das auch gemacht haben	$M = 1,61$ $SD = 0,92$
Selbst-reaktive Anreize	$M = 2,60$ $SD = 0,90$	1. Weil ich frustriert bin, wenn Unternehmen nicht/schlecht reagieren	$M = 3,15$ $SD = 1,31$
		2. Weil ich die Beschwerde originell/witzig fand	$M = 2,95$ $SD = 1,43$
		3. Um Langeweile zu vertreiben	$M = 1,62$ $SD = 0,93$
Altruismus	$M = 2,45$ $SD = 1,17$	1. Weil es sich gut anfühlt, anderen Facebook-User zu helfen	$M = 2,45$ $SD = 1,17$
Reziprozität	$M = 2,27$ $SD = 0,98$	1. Weil ich auch erwarte, dass Facebook-User auf meine Beschwerden reagieren	$M = 2,42$ $SD = 1,18$
		2. Weil mir in der Vergangenheit auch geholfen wurde	$M = 2,11$ $SD = 1,14$
Monetäre Anreize	$M = 2,04$ $SD = 0,70$	1. Weil meine Unterstützung ohne finanziellen Aufwand möglich war	$M = 3,04$ $SD = 1,40$
		2. Weil ich dafür bezahlt wurde	$M = 1,05$ $SD = 0,25$
Sozialer Status	$M = 1,33$ $SD = 0,67$	1. Weil ich glaube, dass es mein Ansehen unter Gleichgesinnten auf Facebook steigert	$M = 1,33$ $SD = 0,67$

Die Antworten zu den Ergebniserwartungen der Befragten wurden auf einer fünfstufigen Likert-Skala von „1 = trifft gar nicht zu" zu bis „5 = trifft voll zu" erhoben

Weniger motivierend sind selbst-reaktive Anreize ($M = 2{,}60$; $SD = 0{,}90$), Altruismus ($M = 2{,}45$; $SD = 1{,}17$), Reziprozität ($M = 2{,}27$; $SD = 0{,}98$) und monetäre Anreize ($M = 2{,}04$; $SD = 0{,}70$). Keine Relevanz hat in der Stichprobe der Faktor sozialer Status ($M = 1{,}33$; $SD = 0{,}67$).

Insgesamt kann man bezüglich der Ergebniserwartungen an neWOM auf Facebook festhalten, dass die Faktoren Problemlösung sowie soziale Kommunikation und Unterstützung für beide beteiligten Gruppen eine wichtige Rolle spielen, wobei die Problemlösung als Motivator eindeutig dominiert. Hinzu kommen zum einen der Faktor Altruismus für die neWOM-Verfasser und zum anderen der Faktor Neuigkeitswahrnehmung für die neWOM-Unterstützer.

6.2 Einfluss von Selbstwirksamkeit und kollektiver Wirksamkeit

Auch im Hinblick auf die zweite Forschungsfrage zum Einfluss der Konstrukte Selbstwirksamkeit und kollektive Wirksamkeit auf das Verfassen und Unterstützen von negativem electronic Word-of-Mouth werden die neWOM-Verfasser und die neWOM-Unterstützer wieder separat voneinander analysiert, da ihren Ergebnissen teilweise unterschiedliche Items zugrunde liegen.

6.2.1 Einfluss von Selbstwirksamkeit und kollektiver Wirksamkeit auf das Verfassen von neWOM

Die neWOM-Verfasser schätzen ihre spezifischen Fähigkeiten, Beschwerden auf Facebook zu veröffentlichen recht gut ein, was sich in einem Selbstwirksamkeits-Gesamtmittelwert von $M = 3{,}85$ ($SD = 0{,}82$) widerspiegelt. Auch die kollektive neWOM-Wirksamkeit dieser Gruppe ist relativ hoch ($M = 3{,}85$; $SD = 0{,}81$), was bedeutet, dass die neWOM-Verfasser größtenteils davon überzeugt sind, mit Hilfe von anderen Facebook-Nutzern ihr Beschwerde-Ziel zu erreichen.

Zur Beantwortung der Forschungsfrage werden die Hypothesen mit Hilfe einer Korrelationsanalyse nach Kendalls Tau-b überprüft. Die Wahl der Methode ergibt sich aus der Verletzung mehrerer Prämissen, die eine lineare Regression oder eine Korrelation nach Pearson verhindern. Die erste zu prüfende Hypothese beschäftigt sich mit dem Zusammenhang zwischen $neWOM_v$-Selbstwirksamkeit und $neWOM_v$-Ergebniserwartungen:

▶ *H1v: Je höher die neWOM$_v$-Selbstwirksamkeit, desto größer sind auch die neWOM$_v$-Ergebniserwartungen.*

Der errechnete Korrelationskoeffizient für den Zusammenhang zwischen neWOM$_v$-Selbstwirksamkeit und neWOM$_v$-Ergebniserwartungen ist mit $\tau_b = 0{,}23$ gering, aber mit $p < 0{,}01$ hoch signifikant und somit auch in der Grundgesamtheit zu erwarten. Ein geringer positiver Zusammenhang zwischen neWOM$_v$-Selbstwirksamkeit und neWOM$_v$-Ergebniserwartungen kann demnach bestätigt werden, was gleichzeitig zu einer Annahme von H1$_v$ führt. Neben dem Zusammenhang von neWOM$_v$-Selbstwirksamkeit und neWOM$_v$-Ergebniserwartungen ist außerdem der Einfluss von kollektiver neWOM-Wirksamkeit auf die neWOM$_v$-Ergebniserwartungen von Interesse:

▶ *H2v: Je höher die kollektive neWOM$_v$-Wirksamkeit, desto größer sind auch die neWOM$_v$-Ergebniserwartungen.*

Nach Berechnung des Wertes für Kendalls Tau-b kann man von einer positiven Korrelation der Konstrukte ausgehen. Die Stärke der Korrelation von kollektiver neWOM$_v$-Wirksamkeit und neWOM$_v$-Ergebniserwartungen ist mit $\tau_b = 0{,}4$ höher als die zwischen neWOM$_v$-Selbstwirksamkeit und neWOM$_v$-Ergebniserwartungen. Die Korrelation ist auf einem Niveau von $p < 0{,}01$ hoch signifikant und dementsprechend genauso auf die Grundgesamtheit übertragbar. H2$_v$ kann ebenfalls bestätigt werden.

Die Hypothesen H3$_v$ bis H5$_v$ thematisieren den jeweils unterstellten Zusammenhang zwischen neWOM$_v$-Selbstwirksamkeit, kollektiver neWOM-Wirksamkeit, neWOM$_v$-Ergebniserwartungen und neWOM$_v$-Aktivität. In Anlehnung an Jers (2012, S. 304) wird neWOM$_v$-Aktivität dabei über die neWOM$_v$-Häufigkeit operationalisiert, da diese einen wesentlichen Teil der Aktivität ausmacht:

▶ *H3v: Je höher die neWOMv-Selbstwirksamkeit, desto größer ist auch die neWOMv-Aktivität auf Facebook.*
H4v: Je höher die kollektive neWOM-Wirksamkeit, desto größer ist auch die neWOMv-Aktivität auf Facebook.
H5v: Je höher die neWOMv-Ergebniserwartungen, desto größer ist auch die neWOMv-Aktivität auf Facebook.

Die Ergebnisse zeigen, dass keines der Konstrukte neWOM$_v$-Selbstwirksamkeit, kollektive neWOM-Wirksamkeit und neWOM$_v$-Ergebniserwartungen signifikante

Zusammenhänge mit der neWOM$_v$-Aktivität aufweisen kann. Die Hypothesen H3$_v$, H4$_v$ und H5$_v$ können demnach nicht bestätigt werden.

6.2.2 Einfluss von Selbstwirksamkeit und kollektiver Wirksamkeit auf das Unterstützen von neWOM

Als nächstes werden nun die neWOM-Unterstützer betrachtet: Auch diese Gruppe (n = 66)[7] besitzt Vertrauen in ihre Fähigkeiten im Zusammenhang mit der Unterstützung von Beschwerden auf Facebook. Ihre relativ hohe wahrgenommene Selbstwirksamkeit zeigt sich in einem Gesamt-Mittelwert von M = 3,63 (SD = 0,77). Betrachtet man die kollektive Wirksamkeitsempfindung der neWOM-Unterstützer, so stellt sich diese mit einem Mittelwert von M = 3,67 (SD = 0,63) ähnlich hoch dar wie die der neWOM-Verfasser.

Zur Überprüfung der Hypothesen H1$_u$ und H2$_u$ wird, analog zu der Gruppe der neWOM-Verfasser, der jeweilige Einfluss von neWOM$_u$-Selbstwirksamkeit und kollektiver neWOM-Wirksamkeit auf die neWOM$_u$-Ergebniserwartungen untersucht:

▶ *H1u: Je höher die neWOMu-Selbstwirksamkeit, desto größer sind auch die neWOMu-Ergebniserwartungen.*
H2u: Je höher die kollektive neWOM-Wirksamkeit, desto größer sind auch die neWOMu-Ergebniserwartungen.

Die Korrelationsanalyse nach Kendalls Tau-b weist für die Untersuchung von H1u auf einen geringen positiven Zusammenhang (τ_b = 0,27) zwischen der neWOMu-Selbstwirksamkeit und den neWOMu-Ergebniserwartungen hin, der darüber hinaus hoch signifikant (p < 0,01) ist. Die Hypothese H1u kann somit bestätigt werden. Auch die kollektive neWOM-Wirksamkeit korreliert positiv und hoch signifikant (p < 0,01) mit den neWOMu-Ergebniserwartungen, allerdings mit einem Wert von τ_b = 0,20 noch schwächer als die neWOMu-Selbstwirksamkeit. H2u lässt sich trotz des geringen Wertes folglich ebenfalls bestätigen. In welchem Zusammenhang die neWOMu-Aktivität auf Facebook jeweils mit den Konstrukten neWOMu-Selbstwirksamkeit, kollektive neWOM-Wirksamkeit und neWOM$_u$-Ergebniserwartungen steht, wird anhand *der folgenden Hypothesen untersucht:*

---

[7] Die geringere Stichprobe der neWOM-Unterstützer ergibt sich an dieser Stelle aus dem Abziehen aller Personen, die sowohl schon einmal neWOM verfasst als auch schon einmal unterstützt haben. Dadurch soll eine Verzerrung der Werte in Richtung der reinen neWOM-Verfasser (n = 80) verhindert werden.

> *H3u: Je höher die neWOMu-Selbstwirksamkeit, desto größer ist auch die neWOMu-Aktivität auf Facebook.*
> *H4u: Je höher die kollektive neWOM-Wirksamkeit, desto größer ist auch die neWOMu-Aktivität auf Facebook.*
> *H5u: Je größer die neWOMu-Ergebniserwartungen, desto größer ist auch die neWOMu-Aktivität auf Facebook.*

Die Untersuchung der Hypothesen $H3_u$ und $H4_u$ hat keine signifikanten Ergebnisse hervorgebracht. Ein Zusammenhang zwischen $neWOM_u$-Selbstwirksamkeit oder kollektiver neWOM-Wirksamkeit mit der $neWOM_u$-Aktivität kann somit nicht nachgewiesen werden. Bei den Unterstützern von neWOM führt weder eine höhere neWOM-bezogene Selbstwirksamkeit noch eine höhere kollektive Wirksamkeit dazu, dass häufiger neWOM unterstützt wird. Die Hypothesen $H3_u$ und $H4_u$ müssen daher abgelehnt werden. Für die Betrachtung von neWOMu-Ergebniserwartungen und neWOMu-Aktivität ergibt sich hingegen ein positiver Rangkorrelationskoeffizient, der zwar sehr gering ausfällt ($\tau_b = 0{,}17$), aber dennoch signifikant ist ($p < 0{,}05$). Ein Zusammenhang gemäß H5u kann also bestätigt werden: Je höher die Ergebniserwartungen der neWOM-Unterstützer ausfallen, desto häufiger entschließen sie sich dazu, neWOM auf Facebook zu unterstützen.

6.3 Einfluss von Glaubwürdigkeit auf das Unterstützen von neWOM

Zusätzlich zum Einfluss von Selbstwirksamkeit und kollektiver Wirksamkeit wird abschließend der Zusammenhang von der wahrgenommenen Glaubwürdigkeit einer neWOM-Aussage und den $neWOM_u$-Ergebniserwartungen sowie der $neWOM_u$-Aktivität untersucht:

> *H6: Je größer die wahrgenommene Glaubwürdigkeit einer neWOM-Aussage, desto größer sind auch die neWOM$_u$-Ergebniserwartungen.*
> *H7: Je größer die empfundene Glaubwürdigkeit einer neWOM-Aussage, desto größer ist auch die neWOM$_u$-Aktivität auf Facebook.*

Erneut wird eine Hypothesenüberprüfung mittels Korrelationsanalyse nach Kendalls Tau-b durchgeführt. Mit einem hohen Signifikanzniveau ($p < 0{,}01$) kann für die Konstrukte Glaubwürdigkeit und $neWOM_u$-Ergebniserwartungen ein positiver Zusammenhang der Stärke $\tau_b = 0{,}34$ nachgewiesen werden, was implizit eine Bestätigung von H6 bedeutet. Die Hypothese H7 dagegen kann aufgrund fehlender signifikanter Ergebnisse nicht bestätigt und somit kein Zusammenhang zwischen neWOM-Glaubwürdigkeit und der neWOM$_u$-Aktivität nachgewiesen werden.

Insgesamt lässt sich für die Hypothesenüberprüfung der neWOM-Unterstützer an dieser Stelle festhalten, dass die neWOM$_u$-Ergebniserwartungen als einziger – wenn auch geringer – direkter Einfluss auf die neWOM$_u$-Aktivität zu erkennen sind. Allerdings wirken sich alle anderen Konstrukte (neWOM$_u$-Selbstwirksamkeit, kollektive neWOM-Wirksamkeit sowie neWOM-Glaubwürdigkeit) jeweils auf die neWOM$_u$-Ergebniserwartungen aus, womit ein indirekter Zusammenhang mit der neWOM$_u$-Aktivität gegeben ist.

7 Zusammenfassung und Fazit

Die Befunde der vorliegenden Studie verweisen auf unterschiedliche Motive und Interessenlagen im Kontext von neWOM. Zum einen wird deutlich, dass neWOM auf Facebook sehr häufig in Folge einer gescheiterten Kunden- bzw. Stakeholderkommunikation von Unternehmen entsteht, die nicht (angemessen) auf die Belange ihrer Stakeholder eingegangen sind. Das heißt auch, dass neWOM-Verfasser nicht per se fundamentale Unternehmenskritiker sind, die dem Unternehmen schaden wollen. In der Regel haben neWOM-Verfasser ein konkretes Problem und die Erwartung einer Problemlösung ist für sie ein sehr starkes Motiv, eine Beschwerde auf der Facebook-Seite eines Unternehmens zu veröffentlichen. Sie erhoffen sich insbesondere einen Dialog mit dem Unternehmen, in dem auf ihre Belange eingegangen wird. Hier bieten sich viele positive Ansatzpunkte für die Unternehmenskommunikation, denn die vorliegenden Befunde legen nahe, dass es sich bei einer sehr großen Zahl von neWOM-Verfassern um Menschen handelt, die am Unternehmen und dessen Produkten bzw. Leistungen sehr interessiert sind und ein hohes Involvement aufweisen.

Zum anderen beteiligen sich viele Facebook-Nutzer an Shitstorms, weil sie generell mit Unternehmen und deren Umgang mit Kunden bzw. Stakeholdern unzufrieden sind. Es geht nicht nur um eine konkrete Problemlösung, sondern auch darum, zu versuchen, Unternehmen etwas entgegenzusetzen und sie in die Schranken zu weisen.

Bedeutsam ist dabei die Tatsache, dass neWOM/Beschwerden von Facebook-Nutzern gegenüber Unternehmen grundsätzlich als sehr glaubwürdig und damit auch als unterstützenswert angesehen werden. Besonders glaubwürdig sind dabei Beschwerden, die auf eigenen Erfahrungen der jeweiligen Autoren basieren und sehr ausführlich dargestellt werden.

Die Studie zeigt deutlich, dass sich Facebook-Nutzer ihrer kollektiven Macht bewusst sind. Dies führt nicht selten zu einem David gegen Goliath-Reflex, bei dem die Facebook-Öffentlichkeit sich gemeinsam gegen das sonst übermächtige Unternehmen stellt, sich empört und seine Fehler anprangert. Facebook-Nutzer initiieren und unterstützen neWOM, weil sie daran glauben, so den Druck auf Unternehmen in Richtung Dialog und einer erhofften Problemlösung verstärken zu können, d. h. Verfasser und Unterstützer besitzen eine hohe kollektive neWOM-Wirksamkeit. Zugleich verfügen Verfasser und Unterstützer von neWOM über eine hohe neWOM-Selbstwirksamkeit: Sie sind zuversichtlich, ihre Beschwerden derart wirksam gestalten zu können, dass sie ihre Ziele erreichen – sei es, andere Facebook-Nutzer zu warnen oder zu motivieren oder eine Reaktion von Unternehmen zu provozieren.

Die vorliegenden Befunde verdeutlichen, dass sich Unternehmen kaum vor wertenden Aussagen auf ihren Facebook-Seiten schützen können, da diese zur sozialen Orientierung beitragen. Im günstigsten Fall sind die wertenden Aussagen positiv und können einen Imagegewinn für das Unternehmen bedeuten. Sieht ein Unternehmen sich aber mit Beschwerden konfrontiert, sollte es zeitnah und vor allem auch öffentlich sichtbar mit den Kunden in einen Dialog treten. Viele Facebooknutzer empören sich vor allem dann, wenn sie eine ungerechte Behandlung, schlechten Service oder Ignoranz wittern – mag das ursprüngliche Anliegen auch noch so klein sein. Eine schnelle und transparente Klärung des Problems kann der kollektiven Empörung vorbeugen und zeigen, dass das Unternehmen die Gegebenheiten des Internets und die neue Macht der Verbraucher anerkennt – der Kunde ist auch online König!

Die Anforderungen, denen sich Unternehmen im Umgang mit neWOM stellen müssen, verdeutlichen einmal mehr die Bedeutung eines integrativen Ansatzes der Unternehmenskommunikation. Dies meint erstens, dass Unternehmenskommunikation alle kommunikativen Berührungspunkte des Unternehmens mit seinen Stakeholdern konzeptionell und operativ berücksichtigen muss. Dies meint zweitens, dass die Onlinekommunikation des Unternehmens bzw. das Kommunikationsmanagement entscheidungsmächtig ausgestaltet sein muss – dies sowohl bezogen auf die nötigen personellen Ressourcen als auch bezogen auf eine hierarchische Einbindung, die weitreichende Informationszugänge und Entscheidungskompetenzen absichert. Schließlich meint dies drittens, dass die Unternehmenskommunikation sich in Zukunft vom primären Denken und Agieren in der Logik von Kanälen bzw. Medien verabschieden sollte: Es spricht viel dafür, dass sich in Zukunft neue Organisationsformen des Kommunikationsmanagements dauerhaft etablieren werden, die weniger nach Medien und Kanälen, sondern stärker nach Themen, Problemfeldern und Zielgruppen organisiert sind.

Literatur

Arndt, J. (1967). Role of product-related converstaions in the diffusion of a new product. *Journal of Marketing Research, 4*(3), 291–295.

Bandura, A. (1979). *Sozial-kognitive Lerntheorie*. Stuttgart: Klett-Cotta.

Bandura, A. (1986). *Social foundations of thought and action. A social cognitive theory.* New Jersey: Prentice-Hall, Inc.

Bandura, A. (2000). Exercise of human agency through collective efficacy. *Current Directions in Psychological Science, 9*(2), 75–78.

Brock, C. (2009). *Beschwerdeverhalten und Kundenbindung. Erfolgswirkungen und Management der Kundenbeschwerde.* Wiesbaden: Gabler.

Cheung, C. M. K., & Lee, M. K. O. (2012). What drives consumers to spread electronic word of mouth in online consumer-opinion platforms. *Decision Support Systems, 53*(1), 218–225.

Cheung, M. Y., Luo, C., Sia, C. L., & Chen, H. (2009). Credibility of electronic Word-of-Mouth: Informational and normative determinants of on-line consumer recommendations. *International Journal of Electronic Commerce, 13*(4), 9–38.

Chu, S.-C., & Kim, Y. (2011). Determinants of consumer engagement in electronic Word-of-Mouth (eWOM) in social networking sites. *International Journal of Advertising, 30*(1), 47–75.

Folger, M. (2014). *Entstehung und Entwicklung von Shitstorms: Motivation und Intention der Beteiligten am Beispiel von Facebook.* Berlin: Bundesverband deutscher Pressesprecher (BdP).

Henning-Thurau, T., Gwinner, K. P., Walsh, G., & Gremler, D. D. (2004). Electronic Word-of-Mouth via consumer-opinion platforms: What motivates consumers to articulate themselves on the internet? *Journal of Interactive Marketing, 18*(1), 38–52.

Hondrich, K. O. (2002). *Enthüllung und Entrüstung. Eine Phänomenologie des politischen Skandals.* Frankfurt a. M.: Suhrkamp.

Huber, F., Krönung, S., Meyer, F., & Vollmann, S. (2011). *Akzeptanz von Bewertungsportalen als Basis von Electronic Word-of-Mouth. Eine empirische Studie zur interpersonellen Kommunikation im Web 2.0.* Lohmar: Josef Eul.

Huber, F., Lenzen, M., & Daum, A. (2012). *Viral Marketing erfolgreich nutzen. Eine empirische Analyse zur Erklärung der Weiterleitungsabsicht für Werbespots.* Lohmar: Josef Eul.

Jers, C. (2012). *Konsumieren, Partizipieren und Produzieren im Web 2.0. Ein sozial-kognitives Modell zur Erklärung der Nutzungsaktivität.* Köln: Herbert von Halem.

Jung, D. I., & Sosik, J. J. (2003). Group potency and collective efficacy: Examining their predictive validity, level of analysists, and effects of performance feedback on future group performance. *Group & Organization Management, 28*(3), 366–391.

Kepplinger, H. M. (2005). *Die Mechanismen der Skandalierung. Die Macht der Medien und die Möglichkeiten der Betroffenen.* München: Olzog.

Köhler, T. (2007). Netzaktivismus. Herausforderung für die Unternehmenskommunikation. In S. Baringhorst, V. Kneip, A. März, & J. Niesyto (Hrsg.), *Politik mit dem Einkaufswagen. Unternehmen und Konsumenten als Bürger in der globalen Mediengesellschaft* (S. 245–268). Bielefeld: Transcript.

Kramer, J. W., & Neumann-Szyszka, J. (2009). *Aktuelle Entwicklungen im Dienstleistungsmarketing.* Bremen: Europäischer Hochschulverlag.

Krotz, F. (1999). Anonymität als Chance und Glaubwürdigkeit als Problem. Überlegungen zu einigen elementaren Eigenschaften von Kommunikation unter den Bedingungen und Möglichkeiten im Internet. In P. Rössler & W. Wirth (Hrsg.), *Glaubwürdigkeit im Internet. Fragestellungen, Modelle, empirische Befunde* (S. 125–140). München: Reinhard Fischer.

LaRose, R., & Eastin, M. S. (2000). Internet self-efficacy and the psychology of the digital divide. *Journal of Computer Mediated Communication, 6*(1). http://www.onlinelibrary.wiley.com/doi/10.1111/j.1083-6101.2000.tb00110.x/full. Zugegriffen: 30. März 2013.

LaRose, R., & Eastin, M. S. (2004). A social cognitive theory of internet uses and gratifications: Toward a new model of media attendance. *Journal of Broadcasting & Electronic Media, 48*(3), 358–377.

LaRose, R., Mastro, D., & Eastin, M. S. (2001). Understanding internet usage: A social-cognitive approach to uses and gratifications. *Social Science Computer Review, 19*, 395–413.

LaRose, R., Lin, C. A., & Eastin, M. S. (2003). Unregulated internet usage: Addiction, habit, or deficient self-regulation? *Media Psychology, 5*, 225–253.

Lis, B., & Korchmar, S. (2013). *Digitales Empfehlungsmarketing. Konzeption, Theorien und Determinanten zur Glaubwürdigkeit des Electronic Word-of-Mouth (EWOM)*. Wiesbaden: Springer.

Nawratil, U. (1999). Glaubwürdigkeit als Faktor im Prozeß medialer Kommunikation. In P. Rössler & W. Wirth (Hrsg.), *Glaubwürdigkeit im Internet. Fragestellungen, Modelle, empirische Befunde* (S. 15–32). München: Reinhard Fischer.

Nyilasy, G. (2006). Word-of-Mouth: What we really know – And what we don't. In J. Kirby & P. Mardsen (Hrsg.), *Connected marketing: The viral, buzz and Word-of-Mouth revolution* (S. 161–184). Oxford: Elsevier Ltd.

Pörksen, B., & Detel, H. (2012). *Der entfesselte Skandal. Das Ende der Kontrolle im digitalen Zeitalter*. Köln: Herbert von Halem.

Radic, D., & Posselt, T. (2009). Word-of-Mouth Kommunikation. In M. Bruhn, F. Esch, & T. Langner (Hrsg.), *Handbuch Kommunikation* (S. 251–266). Wiesbaden: Gabler.

Richins, M. L. (1983). Negative word-of-mouth by dissatisfied consumers: A pilot study. *The Journal of Marketing, 47*(1), 68–78.

Satow, L. (2000). *Klassenklima und Selbstwirksamkeitsentwicklung. Eine Längsschnittstudie in der Sekundarstufe 1*. [Online Publikation]. Berlin: Freie Universität Berlin. Verfügbar unter: http://www.diss.fu-berlin.de/diss/receive/FUDISS_thesis_000000000271. Zugegriffen: 17. April. 2013.

Schenk, M. (2007). *Medienwirkungsforschung*. Tübingen: Mohr Siebeck.

Schöler, A. (2010). Negative Mundpropaganda durch Beschwerden. In A. M. Schüller & T. Schwarz (Hrsg.), *Leitfaden WOM-Marketing: Online & offline-neue Kunden gewinnen durch Empfehlungsmarketing, Viral Marketing, Social Media Marketing, Advocating und Buzz* (S. 375–388). Waghäusel: marketing-BÖRSE.

Schütze, C. (1985). *Skandal. Eine Psychologie des Unerhörten*. Bern: Scherz.

Siebert, S. (2011). *Angeprangert! Medien als Motor öffentlicher Empörung*. Marburg: Tectum.

Stauss, B., & Seidel, W. (2007). *Beschwerdemanagement. Unzufriedene Kunden als profitable Zielgruppe*. München: Carl Hanser.

Trepte, S., & Reinecke, L. (2010). Unterhaltung online – Motive, Erleben, Effekte. In W. Schweiger & K. Beck (Hrsg.), *Handbuch Online-Kommunikation* (S. 211–232). Wiesbaden: VS Verlag für Sozialwissenschaften.

Wiegran, G., & Harter, G. (2002). *Kunden-Feedback im Internet. Strukturiert erfassen, schnell beantworten, systematisch auswerten.* Wiesbaden: Gabler.

Wirth, W. (1999). Methodologische und konzeptionelle Aspekte der Glaubwürdigkeitsforschung. In P. Rössler & W. Wirth (Hrsg.), *Glaubwürdigkeit im Internet. Fragestellungen, Modelle, empirische Befunde* (S. 47–66). München: Reinhard Fischer.

Wenn der „Shitstorm" überschwappt – Eine Analyse digitaler Spillover in der deutschen Print- und Onlineberichterstattung

Sascha Himmelreich und Sabine Einwiller

1 Einleitung

„Digitale Druckwelle" (Rosenbach 2012), „Der Sturm der Entrüstung im Netz" (fr-online.de 2012), „Amazon im Shitstorm" (Langenau 2013) – die Beispiele aus der massenmedialen Print- und Onlineberichterstattung sind zahlreich, in denen Organisationen oder Personen des öffentlichen Lebens als Gegenstand der Entrüstung kritischer Netzöffentlichkeiten thematisiert werden. Unternehmerische Entscheidungen werden zunehmend in Frage gestellt und unter Beteiligung einer kritischen Öffentlichkeit diskutiert (vgl. Zühlsdorf 2002, S. 15). Hierfür wird vermehrt das Internet genutzt, wo Organisationen „von unterschiedlichen Akteuren attackiert (werden), die im Netz ihrer Kritik, ihrem Unmut und ihrem Protest freien Lauf lassen" (Köhler 2008, S. 235). Durch seinen prinzipiell freien Zugang fördert das Internet neue Protestkulturen und begünstigt die Formierung von kritischen Gegenöffentlichkeiten (vgl. Wimmer 2007, S. 215–217).

Häufen sich kritische Aussagen im Internet innerhalb eines kurzen Zeitraums, droht die Gefahr eines sogenannten „Shitstorms", bei dem in kurzer Zeit online eine Vielzahl an kritischen Aussagen getätigt wird, die aggressiv, beleidigend oder bedrohend sind (vgl. Lobo 2010). Diese digitale Form von Protest seitens kritischer Personen oder Öffentlichkeiten gefährdet die Reputation der attackierten Organisation oder Person und erhöht das Risiko, das diese in eine Krise gerät. Das

S. Himmelreich (✉) · S. Einwiller
Institut für Publizistik, Johannes Gutenberg-Universität Mainz, Mainz, Deutschland
E-Mail: sascha.himmelreich@uni-mainz.de

S. Einwiller
E-Mail: einwiller@uni-mainz.de

O. Hoffjann, T. Pleil (Hrsg.), *Strategische Onlinekommunikation*,
DOI 10.1007/978-3-658-03396-5_9, © Springer Fachmedien Wiesbaden 2015

Gefahrenpotenzial steigt, wenn die Inhalte des digitalen Proteststurms Eingang in die massenmediale Berichterstattung finden und somit potentiell einen deutlich größeren Rezipientenkreis erreichen (vgl. Schultz und Wehmeier 2010, S. 423). Da das Internet vermehrt durch Journalisten zu Recherchezwecken genutzt wird (vgl. Neuberger et al. 2009, S. 296–297), ist die Gefahr eines digitalen Spillovers, bei dem die online geäußerte Kritik nicht-professioneller Internetnutzer in die traditionelle Medienberichterstattung diffundiert, sehr real. Wissenschaftliche Befunde zur Diffusion kritischer Online-Proteste aus dem Internet in etablierte Massenmedien sind jedoch rar, ein Zustand der bereits vor einigen Jahren von Schulz und Malchow (2008, S. 77) beklagt wurde.

Mit der vorliegenden Arbeit wollen wir einen Beitrag dazu leisten, die Forschungslücke zur Diffusion kritischer Online-Proteste in die etablierten Massenmedien ein wenig zu schließen. Aufgehängt am Phänomen des Shitstorms wird der Frage nachgegangen, wie häufig und in welcher Art und Weise Journalisten über derartige Ereignisse berichten. Um diese übergeordnete Fragestellung zu beantworten, wurde eine quantitative Inhaltsanalyse von deutschen Printmedien und deren Online-Ablegern durchgeführt. In der Literatur zu Online-Kritik stehen meist Unternehmen im Mittelpunkt der Betrachtung. In der vorliegenden Studie werden neben verschiedenartigen Organisationen wie Unternehmen, politischen Parteien oder Vereinen, auch Personen des öffentlichen Lebens wie Politiker oder Kulturschaffende, als mögliche Zielscheiben digitaler Kritik betrachtet.

Nach einer Darstellung, welche Veränderungen digitale Öffentlichkeiten für die potenziellen Kritikobjekte mit sich bringen, wird auf digitale Kritik im Speziellen eingegangen. Es folgt ein Blick auf die Bedeutung des Internets für den traditionellen Journalismus und in diesem Zusammenhang auf die Diffusion digitaler Medieninhalte in die etablierten Massenmedien. Schließlich werden die empirische Untersuchung und deren zentrale Ergebnisse vorgestellt und eine abschließende Reflexion vorgenommen.

2 Theoretische und konzeptionelle Grundlagen

2.1 Veränderungen durch neue digitale Öffentlichkeiten

Für Organisationen gelten „Öffentlichkeit und öffentliche Meinung [. . .] sowohl als Rahmenbedingung für Organisationshandeln als auch als wesentliche Zielgröße" (Röttger et al. 2011, S. 76). Für die Entstehung von immateriellen Vermögenswerten wie Reputation spielt Öffentlichkeit eine bedeutende Rolle, denn Reputation ist eine kollektive Wahrnehmung und Bewertung eines Objekts auf bestimmten Attributen, die aus dem öffentlichen und persönlichen Austausch individueller Images resultiert (Einwiller 2014, S. 376). Diese Attribute betreffen im Falle einer erwerbswirtschaftlichen Organisation beispielsweise dessen Produkte und Leistungen, dessen soziales und ökologisches Verantwortungsbewusstsein oder das dort herrschende Arbeitsplatzumfeld (vgl. Fombrun et al. 2000, S. 253). Den Medien wird im Prozess der Reputationskonstitution eine zentrale Bedeutung zugesprochen, denn als wichtigstes Zugangsportal zur Gesellschaft hat die Medienarena einen großen Anteil daran, dass sich Menschen überhaupt ein Bild beispielsweise von der Wirtschaft und den hier thematisierten Unternehmen machen können (Eisenegger 2005, S. 45). Die Inhalte aus den Medien diffundieren dann wiederum in die persönliche Kommunikation, was deren Wirkung zusätzlich verstärkt.

Nach wie vor nimmt die massenmedial hergestellte Öffentlichkeit bei der Vermittlung gesellschaftlicher Anliegen und der Themensetzung eine zentrale Rolle ein. Lange Zeit war der Zugang zu dieser Ebene der öffentlichen Kommunikation jedoch beschränkt, und nicht jedermann konnte gleichermaßen daran teilhaben. Das hat sich durch das Internet mit seinen offenen Zugangs- und Partizipationsmöglichkeiten geändert (vgl. Köhler 2008, S. 235). Auch für die Entstehung von Reputation spielen die Möglichkeiten des medienvermittelten Austauschs zwischen einzelnen Individuen im Internet eine zunehmend wichtige Rolle. Hier werden Themen und Meinungen diskutiert, oft bevor die etablierten Massenmedien darüber berichten (vgl. Becker 2012, S. 365). Insbesondere das Social Web hat mit seinen unterschiedlichen Anwendungen zu einschneidenden Veränderungen der öffentlichen Kommunikation geführt. Unter Social Web werden webbasierte Anwendungen verstanden, die „den Informationsaustausch, den Beziehungsaufbau und deren Pflege, die Kommunikation und die Zusammenarbeit" zwischen den Nutzern erleichtern und unterstützen (Ebersbach et al. 2008, S. 31).

Organisationen sehen sich in Zeiten des Social Webs folglich mit einer neuen Form von Öffentlichkeit konfrontiert. Dieser vormediale Raum ist neben die klassische Medienöffentlichkeit getreten. Bei ihm handelt es sich um netzwerkartige Mikroöffentlichkeiten, in denen neue Wege der Diskussion und Vernetzungen zwischen den Kommunikationsakteuren existieren. Sie können schnell entstehen und genauso schnell wieder verschwinden und basieren auf der Grundlage sozialer Beziehungen (vgl. Pleil 2012, S. 20). In diesem Zusammenhang ist auch von der Formierung persönlicher Öffentlichkeiten die Rede, welche dadurch entstehen, dass Nutzer Themen subjektiver Relevanz zugänglich machen. Persönliche Öffentlichkeiten sind dabei persistent, die Informationen sind also dauerhaft gespeichert, duplizierbar und durchsuchbar, da sie in der Regel durch Suchmaschinen auffindbar sind (vgl. Schmidt 2009, S. 106–108). Das Social Web bietet vielfache

Möglichkeiten zu partizipieren. Der ehemals meist passive Konsument von Informationen nimmt eine zunehmend aktive Rolle ein und gewinnt durch das Erstellen und Verbreiten von Inhalten auch als aktiver Nutzer an Bedeutung (vgl. Schmidt 2008, S. 25–27). Das Erstellen von Inhalten im Internet durch die Nutzer wird unter dem Begriff „user-generated-content" zusammengefasst. Das ist „content created or produced by the general public rather than by paid professionals and primarily distributed on the internet" (Daugherty et al. 2008, S. 16). Der Nutzer kann zum „Aktivposten" werden (Renker 2008, S. 40) und nimmt eine entscheidende Rolle bei der Kanalisierung der Aufmerksamkeit ein (vgl. Schmidt 2008, S. 33).

Die Internetnutzung in Deutschland ist von einer starken Dynamik geprägt. Knapp 77 % der Deutschen ab 14 Jahren nutzten im Frühjahr 2013 zumindest gelegentlich das Internet. Auch die verschiedenen Social Web-Anwendungen wie Wikipedia, Videoportale wie Youtube oder private Online-Netzwerke wie Facebook verzeichnen nach wie vor steigende Nutzungszahlen (vgl. van Eimeren und Frees 2013, S. 364). Ein weiterer Trend, der in diesem Zusammenhang eine Rolle spielt ist die Internetnutzung über mobile Endgeräte. Inzwischen greifen rund zwei Drittel der Deutschen auch über Laptops, Tablet-PCs oder Smartphones auf das Internet zu. Die Nutzung des mobilen Internets erfolgt dabei in Abhängigkeit von den verschiedenen Anwendungen und insbesondere auch vom Anwendungsort (vgl. van Eimeren 2013, S. 386).

Neben Chancen einer situationsspezifischen Zielgruppenansprache birgt diese Entwicklung nicht zuletzt auch Risiken für die Kommunikation von Organisationen oder öffentlichen Personen mit ihren Anspruchsgruppen. Die Angriffsfläche hat sich vergrößert und damit steigt auch deren Krisenanfälligkeit (Köhler 2008, S. 237). Im Folgenden soll auf verschiedene Formen digitaler Kritik eingegangen werden, von denen diese Objekte betroffen sein können.

2.2 Kritik im Internet und das Phänomen des Shitstorms

Das Internet und hierin insbesondere das Social Web unterstützen durch ihre spezifischen Eigenschaften die Formierung aktiver Teilöffentlichkeiten. Darunter verstehen Grunig und Hunt (1984) ein „loosely structured system whose members detect the same problem or issue, interact either face to face or through mediated channels, and behave as though they were one body" (S. 144). Issues sind Themen, die Relevanz für eine Organisation besitzen, bei denen eine Erwartungslücke seitens der Anspruchsgruppen besteht, die unterschiedlich interpretiert werden können, Konfliktpotenzial besitzen und von öffentlichem Interesse sind (vgl. Ingenhoff und Röttger 2008, S. 329). Im Internet und insbesondere im Social Web finden Kritiker geeignete Plattformen, um Unterstützung für ihre kritische Meinung zu bestimmten Issues zu generieren und aktive Teil- oder Gegenöffentlichkeiten zu formieren. Unterstützend wirkt dabei das starke Mobilisierungspotenzial des Internet (vgl. Wimmer 2008, S. 215).

Durch die neuen Informations- und Kommunikationsstrukturen wurde die Stellung des kritischen Bürgers durch neue Formen von Wissensproduktion, Gemeinschaftsbildung oder Möglichkeiten zur Informationssuche gestärkt (vgl. Baringhorst et al. 2007, S. 21). Der elektronische Austausch von Information, das Verbreiten von eigenen Meinungen, das Kommentieren und Bewerten durch Internetnutzer findet auf unterschiedlichsten Plattformen, Anwendungen und Seiten im Internet statt, beispielsweise auf Weblogs, in Diskussions-Foren, auf Bewertungs-Plattformen, auf Händler-Seiten, Newsgroups und sozialen Online Netzwerken (vgl. Cheung und Lee 2012, S. 219). Damit verbunden ist ein Risikopotenzial für Organisationen. Negative Inhalte können sich rasend schnell verbreiten, wodurch die Reaktions- und Handlungszeit beeinflusst wird (vgl. Becker 2012, S. 366–367). Insbesondere die vernetzten Strukturen des Social Webs führen zu einer „Beschleunigung öffentlicher Kommunikation" (Schenk et al. 2008, S. 248).

Häufen sich negativ-kritische Aussagen zu einer Organisation oder Person innerhalb einer sehr kurzen Zeit, so ist von einem Shitstorm die Rede. Populär machte den in diesem Sinne verwendeten Begriff der deutsche Netzaktivist und Publizist Sascha Lobo. In einer Rede auf der Internetkonferenz re:publica bezeichnete er einen Shitstorm als ein Internet-Phänomen, bei dem in einem „kurzem Zeitraum eine subjektiv große Anzahl von kritischen Äußerungen getätigt wird, von denen sich zumindest ein Teil vom ursprünglichen Thema ablöst und stattdessen aggressiv, beleidigend, bedrohend oder anders attackierend geführt wird" (Lobo 2010; vgl. auch Lobo 2013). In 2011 wurde der Begriff zum Anglizismus des Jahres gekürt. In der Erklärung der Jury heißt es, dass das Wort Shitstorm eine klare Bedeutungsdifferenzierung gegenüber Wörtern wie Kritik, Protest, Sturm der Entrüstung ermögliche und eine Lücke im deutschen Wortschatz fülle, die sich durch Veränderungen in der öffentlichen Diskussionskultur aufgetan habe (anglizismusdesjahres.de 2011). In 2012 wurde der Anglizismus sogar in den Duden aufgenommen. Im Englischen hat Shitstorm eine breitere Konnotation als eine extrem unangenehme Situation, jedoch ohne expliziten Medien- oder Internetbezug (vgl. Flach 2011). Im englischsprachigen Raum findet der Begriff in der öffentlichen Kommunikation kaum Verwendung, da er als derb und unflätig wahrgenommen wird. Dass das Wort Shitstorm in Deutschland in den Duden aufgenommen wurde und sogar von der Kanzlerin öffentlich verwendet werden kann, ist für Angelsachsen nur schwer fassbar (BBC 2013).

Für das Shitstorm-Phänomen verwenden Pfeffer et al. (2014) in der englisch-sprachigen Literatur den Begriff „online firestorm". Sie verstehen darunter „the sudden discharge of large quantities of messages containing negative WOM and complaint behavior against a person, company, or group in social media networks" (Pfeffer et al. 2014, S. 2). Im Vergleich zur Definition von Lobo (2010) wird in der von Pfeffer und Kollegen auch ein mögliches Bezugsobjekt angeführt, über das sich negativ-kritisch geäußert wird, nämlich eine Person, ein Unternehmen oder eine sonstige Gruppe. Außerdem wird durch den Fokus auf Word of Mouth-Kommunikation (WOM), die den interpersonalen Austausch von Informationen zwischen nicht kommerziellen Kommunikatoren bezeichnet (vgl. Arndt 1967, S. 190), der Kommunikatorenkreis auf nicht-professionelle eingegrenzt. WOM kann in unterschiedlicher Tonalität auftreten (positiv, neutral und negativ) und basiert auf der subjektiven Beurteilung einer Situation durch den jeweiligen Kom-munikator (vgl. Richins 1983, S. 697; Sundaram et al. 1998, S. 527). Negative WOM (NWOM) umfasst dabei Berichte über unangenehme Erfahrungen, aber auch Ver-leumdungen und die Verbreitung von kritischen Gerüchten (vgl. Anderson 1998, S. 6).

Die elektronische Form von WOM wird als electronic Word-of-Mouth (eWOM) bezeichnet und kann definiert werden als „any positive or negative statement made by potential, actual, or former customers about a product or company, which is made available to a multitude of people and institutions via the internet" (Hennig-Thurau et al. 2004, S. 39). Diese Definition fokussiert die Marketing-Perspektive des eWOM-Begriffs, indem nur Kundenbewertungen eines Produkts als eWOM ver-standen werden. Das greift jedoch zu kurz, und in der vorliegenden Arbeit werden nicht nur Unternehmen sondern jegliche Art von Organisationen sowie natürliche Personen als mögliche Objekte von eWOM betrachtet. Darüber hinaus können die Aussagen nicht nur von Kunden sondern von jedem Internetnutzer stam-men. Im Kontext digitaler Kritik ist insbesondere eWOM in negativer Ausprägung (NeWOM) relevant.

NeWOM kann auf unterschiedlichen Kanälen auftreten: Neben Verbraucher-portalen wie Yelp oder Ciao bieten insbesondere soziale Online-Netzwerke wie Facebook oder Google + eine Plattform zum Äußern digitaler Kritik (vgl. Hennig-Thurau et al. 2004, S. 39–40; Chu 2011, S. 29–31). Der Empfängerkreis der geäußerten Kritik ist nicht immer eindeutig zu bestimmen, da die Kommunika-tion im Internet in einem öffentlichen Kontext im Sinne einer netzwerkartigen Kommunikation stattfinden kann, in der Leistungs- und Publikumsrollen wech-seln (vgl. Pleil 2005, S. 260). Eine zentrale Form digitaler Kritik an Organisationen sind Online-Beschwerden. Unter Beschwerden verstehen Stauss und Seidel (2007) „Artikulationen von Unzufriedenheit, die gegenüber Unternehmen oder auch Drittinstitutionen mit dem Zweck geäußert werden, auf ein subjektiv als schädigend empfundenes Verhalten eines Anbieters aufmerksam zu machen, Wiedergutmachung für erlittene Beeinträchtigungen zu erreichen und/oder eine Änderung des kritisierten Verhaltens zu bewirken" (S. 49). Eine grundlegende Ursache für Beschwerden ist Unzufriedenheit (vgl. Anderson 1998, S. 6). Im Internet geäußerte Beschwerden sind ein öffentliches Phänomen (vgl. Ward und Ostrom 2006, S. 220). Es existieren beispielsweise spezielle Beschwerde-Webseiten wie www.pissedconsumer.com , auf denen unzufriedene Kunden ihren Unmut kundtun. Konsumenten nutzen Online-Beschwerde-Foren häufig als ersten Versuch, eine formale Beschwerde zu äußern (vgl. Harrison-Walker 2001, S. 403).

Doch im Internet geäußerte Kritik muss nicht aus einer Konsumenten-Beziehung resultieren. Kritik am Handeln von Organisationen kann auch ethisch-moralischer Natur sein. Im Falle von Wirtschaftsunternehmen kann es dabei beispielsweise um Kritik an Arbeits- und Produktionsbedingungen in Entwicklungsländern gehen oder um unvorhersehbare Risiken von Gen-Technik für Mensch und Umwelt (vgl. Zühlsdorf 2002, S. 23). Durch den offenen Zugang zum Internet und die Partizipationsmöglichkeiten der Internetnutzer wurde das Netz bereits zu seinen Anfangszeiten für Kampagnen gegen politische Institutionen aber auch gegen Großunternehmen genutzt (vgl. Castells 2001, S. 38–39). Klassische Protestformen der Offline-Welt wie Demonstrationen oder Unterschriftensammlungen finden nunmehr auch in der digitalen Welt in Form von Online-Petitionen, Protestbriefen oder Boykottaufrufen statt (vgl. März 2010, S. 223).

Zusammenfassend ist unter einem Shitstorm hier eine Situation zu verstehen, in der sich innerhalb kurzer Zeit in den unterschiedlichsten Anwendungen des Social Webs eine große Menge an kritischen Kommentaren über eine Organisation oder Person verbreitet, wodurch die Reputation des angegriffenen Objekts gefährdet wird. Eine besondere Relevanz erhält im Internet geäußerte Kritik für Organisationen dann, wenn die digitale Kritik in die traditionelle Medienberichterstattung diffundiert, da sich hierdurch deren Reichweite stark erhöht wodurch die Krisengefahr ansteigt. Das Phänomen des digitalen Spillovers behandelt der folgende Abschnitt.

2.3 Digitaler Spillover

Durch die Entstehung des Social Webs verlaufen öffentliche Thematisierungsprozesse in einer anderen Form, als dies in Zeiten klassischer massenmedialer Kommunikation der Fall war (vgl. Emmer und Wolling 2010, S. 47). Dadurch dass heutzutage potentiell jeder mit Internetzugang öffentlich kommunizieren und seine Ansichten zeit- und raumübergreifend einem breiten Publikum zugänglich machen kann, ist die Gatekeeper-Funktion der etablierten Massenmedien einer Veränderung unterworfen. Eine damit einhergehende These lautet, dass die Onlinekommunikation das Thematisierungsmonopol der etablierten Massenmedien brechen kann (vgl. Baum und Groeling 2008, S. 346). Doch was kennzeichnet das Verhältnis zwischen user-generated-content im Social Web und den traditioneller Medienberichterstattung?

Der traditionelle Journalismus und die Massenmedien unterliegen einer zunehmenden Technisierung und Ökonomisierung. Damit verbunden sind gravierende Auswirkungen auf den journalistischen Arbeitsalltag, wie etwa ein steigender Zeit- und Kostendruck (vgl. Pointner 2010, S. 28). Die Zeit, die Journalisten täglich für die Recherche aufwenden, ist in den vergangenen Jahren kontinuierlich gesunken (vgl. Weischenberg et al. 2006, S. 354). Gleichzeitig bietet das Internet neue Möglichkeiten zur journalistischen Recherche (vgl. Neuberger und Welker 2008, S. 21). Gemäß einer Studie aus dem Jahr 2008 wenden deutsche Journalisten durchschnittlich 78 min am Tag für die computergestützte Recherche auf (vgl. Machill et al. 2008, S. 521). Neben der Online-Enzyklopädie Wikipedia spielen dabei insbesondere Suchmaschinen wie Google eine zentrale Rolle. Die Anwendungen werden insbesondere zur Recherche von Hintergrundwissen und Fakten zu einem Thema, zum Gegenprüfen von Informationen oder zur Suche nach Kontaktdaten genutzt (vgl. Neuberger et al. 2009, S. 312–318). Es ist stark anzunehmen, dass sich die Nutzung des Internets zu Recherchezwecken bis dato intensiviert hat.

Die Auswirkungen der Digitalisierung auf den traditionellen Journalismus spielen auch im Kontext der Kritik an Organisationen und öffentlichen Personen eine Rolle. Zwar kommt den etablierten Massenmedien in „der Vermittlung gesellschaftlicher Anliegen und der Etablierung von (krisenhaltigen) Themen […] nach wie vor eine Schlüsselrolle zu" (Köhler 2008, S. 235). Dennoch können auch Akteure in den neuen Medien kritische Themen öffentlich diskutieren und verbreiten. Dabei besteht die Gefahr, dass Themen aus der digitalen Welt in die Berichterstattung etablierter Massenmedien diffundieren. Wenn digitale user-generierte Kritik Eingang in die massenmediale Berichterstattung erfährt und dadurch einen potentiell viel größeren Rezipientenkreis erreicht, steigt die Gefahr eines negativen Einflusses auf die Reputation für das Shitstorm-Objekt (vgl. Schultz und Wehmeier 2010, S. 423) und die Gefahr, dass sich daraus eine Krise entwickelt.

Das Eintreten Nutzer-generierter Kritik in die massenmediale Berichterstattung wird als Spillover-Effekt bezeichnet. Mathes und Pfetsch (1991) verwendeten diesen Terminus für den Fall, dass eine Initialberichterstattung über ein sogenanntes „counter issue" in einem alternativen Medium durch etablierte Medien aufgegriffen wird. Die ursprünglichen Beiträge wirken dabei als Stimulus für eine weitere

Berichterstattung in etablierten Medien (vgl. Mathes und Pfetsch 1991, S. 33). Das Phänomen des Spillovers wird hier auf den Internet- und Social Web-Kontext übertragen. Unter einem digitalen Spillover wird folgendes verstanden:

Ein digitaler Spillover negativer Inhalte liegt vor, wenn kritische Äußerungen über eine Organisation oder Person, die nicht-professionelle Kommunikatoren im Internet publiziert haben, in die Berichterstattung etablierter Massenmedien diffundieren und dort eine Folgeberichterstattung auslösen.

Im Rahmen der vorliegenden Studie wird untersucht, welche kritischen Inhalte und Themen, die im Kontext eines Shitstorms in den unterschiedlichsten Kommunikationskanälen des Internets verbreitet werden, von Journalisten in deren Berichterstattung aufgegriffen werden. Außerdem ist die Häufigkeit von Interesse, mit der Shitstorms in der traditionellen Medienberichterstattung thematisiert werden. Es ergeben sich folgende Forschungsfragen:

▶   *FF1: Wie häufig wird das Shitstorm-Phänomen von Journalisten in der deutschen Print- und Onlineberichterstattung aufgegriffen?*
FF2: In welcher Weise wird von Journalisten über Shitstorms berichtet (Inhalte, Tonalität)?

2.4   Kommunikative Reaktionsmöglichkeiten bei digitalen Spillovers

Ein Shitstorm gefährdet die Reputation des Shitstorm-Objekts, vor allem wenn dessen Inhalte von Journalisten aufgegriffen werden, denn „reputations are fragile assets that can easily be destroyed by media-hyped NWOM" (Williams et al. 2012, S. 11). Damit steigt die Krisenanfälligkeit, und die betroffene Organisation oder Person erfährt eine Para-Krise, „a publicly visible crisis threat that charges an organization with irresponsible or unethical behavior" (Coombs und Holladay 2012, S. 409), die sich zu einer akuten Krise auswachsen kann. Becker spricht von einer Social Media-Krise wenn ein Issue im Social Web an die Öffentlichkeit gelangt und sich dadurch eine latente zu einer akuten Krise wandelt (vgl. Becker 2012, S. 371). Krisen definiert Bentele (2008) als „nicht intendierte, unvorhergesehene und negativproblematische Situationen, in die Organisationen (oder Einzelpersonen) geraten und die bis zur Existenzbedrohung gehen können" (S. 114).

Um die Gefahr einer Krise abzuwehren, können Organisationen oder auch Personen verschiedene Kommunikationsstrategien anwenden. Coombs schlägt im Rahmen seiner Situational Crisis Communication Theory (SCCT) verschiedene situationsspezifische kommunikative Antwortstrategien vor (Coombs 2007, S. 170).

Tab. 1 Kommunikative Antwortstrategien im Krisenkontext. (Quelle: Coombs 2007, S. 170)

Primäre Antwortstrategien in der Krise
Leugnende Antwortstrategien *Ankläger angreifen (attack the accuser)*: Der Person oder Gruppen entgegentreten, die behauptet, dass bei der Organisation etwas falsch läuft *Leugnen (denial)*: behaupten, dass es keine Krise gibt *Sündenbock (scapegoat)*: Eine Person oder Gruppe außerhalb der Organisation für die Krise verantwortlich machen
Abschwächende Antwortstrategien *Rausreden (excuse)*: die Verantwortung der Organisation herunterspielen, in dem Absicht geleugnet wird und/oder Kontrolle über krisenauslösende Ereignisse negiert wird *Verharmlosen (justification)*: den wahrgenommenen entstandenen Schaden herunterspielen
Wiederherstellende Antwortstrategien *Entschädigen (compensation)*: Geld oder Geschenke für Opfer der Krise anbieten *Entschuldigen (apology)*: darauf hinweisen, dass die Organisation volle Verantwortung für die Krise übernimmt und die Anspruchsgruppen um Verzeihung bitten
Sekundäre Antwortstrategien in der Krise
Unterstützende Antwortstrategien *Erinnern (reminder)*: an das Gute erinnern, das Organisation in der Vergangenheit geleistet hat *Einschmeicheln (ingratiation)*: Anspruchsgruppen loben und/oder an gute Taten der Organisation erinnern *Opferrolle (victimage)*: aufzeigen, dass die Organisation auch ein Oper der Krise ist

Mit Hilfe dieser Antwortstrategien kann eine Krise bekämpft oder eine Krisengefahr verringert werden. Tabelle 1 gibt einen Überblick über die von Coombs vorgeschlagenen kommunikativen Antwortstrategien im Krisenkontext.

Ziel der kommunikativen Antwortstrategien ist es, negative Effekte einer Krise zu reduzieren und negativem Einstellungswandel oder Verhalten seitens der Anspruchsgruppen der Organisation vorzubeugen (vgl. Coombs 2007, S. 170). Im Rahmen der vorliegenden Untersuchung soll ermittelt werden, ob kommunikative Antwortstrategien in die journalistische Berichterstattung über Shitstorms einfließen und, wenn ja, welche das sind.

> *FF3: Welche kommunikativen Antwortstrategien der attackierten Organisationen oder Personen werden in der journalistischen Berichterstattung über Shitstorms aufgegriffen?*

3 Empirische Untersuchung

3.1 Untersuchungsmethodik

Gegenstand der Untersuchung ist die Diffusion von NeWOM über Organisationen oder Personen in die etablierten Massenmedien. Aufgehängt am Phänomen des Shitstorms wird der Frage nachgegangen, wie häufig (FF1) und in welcher Art und Weise (FF2) Journalisten über derartige Ereignisse berichten und ob reaktive Aussagen der Shitstorm-Objekte in der Berichterstattung aufgegriffen werden (FF3).

Zur Beantwortung der Forschungsfragen wurde eine quantitative Inhaltsanalyse von elf etablierten deutschen Printmedien und deren Online-Ablegern durchgeführt. Das Mediensample besteht aus den überregionalen Qualitätszeitungen Frankfurter Allgemeine Zeitung (FAZ), Frankfurter Rundschau (FR), Handelsblatt (HB), Süddeutsche Zeitung (SZ), Tageszeitung (taz) und Die Welt, den Wochenzeitungen Frankfurter Allgemeine Sonntagszeitung (FAS) und Die Zeit, sowie aus den Nachrichtenmagazinen Der Spiegel, Focus und Stern. Zusätzlich wurden die Online-Ableger der ausgewählten Printmedien untersucht.[1] In die Untersuchung einbezogen wurden alle Artikel, die zwischen dem 14. April 2010 und dem 31. Oktober 2012 in den ausgewählten Medien erschienen sind und in denen der Begriff Shitstorm in verschiedenen Schreibweisen mindestens einmal explizit genannt wurde. Das Anfangsdatum der Untersuchung markiert die Erwähnung des Begriffs durch den Netzaktivisten Sascha Lobo auf der Internetkonferenz re:publica, wodurch Lobo zur Verbreitung des Begriffs beitrug (vgl. Lobo 2010, 2013). Kodiert wurde auf Beitrags- und auf Aussagenebene. Auf Aussagenebene wurden die behandelten Themen kodiert. Für Organisationen geschah dies anhand der Reputationsdimensionen nach Formbrun und Kollegen (vgl. Fombrun et al. 2000, S. 253; Wiedmann et al. 2007, S. 324–325). Die Kodierung der personenrelevanten Themen erfolgte gemäß der Persönlichkeitsmerkmale nach Wilke und Reinemann (vgl. Wilke und Reinemann 2000, S. 93).

Vor der Hauptuntersuchung wurde eine Voruntersuchung durchgeführt, um die Reliabilität der Datenerhebung zu überprüfen. Auf Basis der Ergebnisse der Voruntersuchung wurde das Kategoriensystem nochmals überarbeitet. Die erneute Reliabilitätsanalyse ergab sowohl für die Inter- als auch für die Intrakoderreliabilität akzeptable Werte für die verschiedenen Kategorien (Krippendorffs Alpha zwischen .70 und 1.00).

---

[1] Alle ausgewählten Medien bis auf die FAS, zu der keine gesonderte Online-Ausgabe existiert.

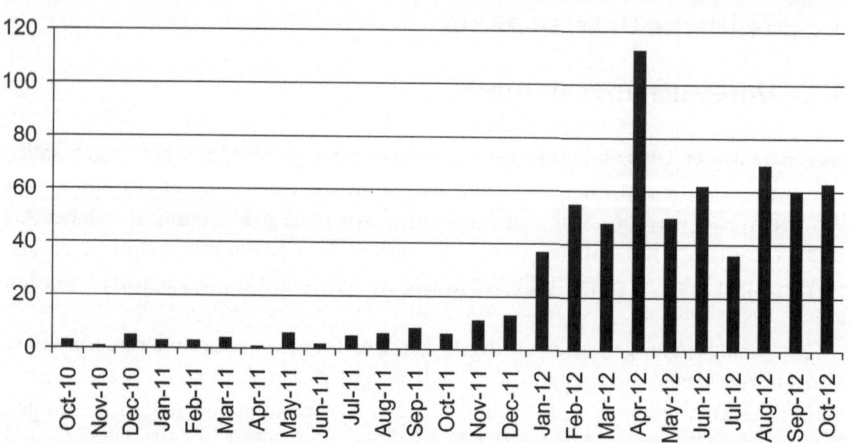

Abb. 1 Anzahl Artikel (N = 564) in etablierten Medien (online und print), die den Begriff Shitstorm enthalten (04/2010 – 10/2012); von April bis September 2010 kam der Begriff im Sample nicht vor.

3.2 Ergebnisse

Im Untersuchungszeitraum von April 2010 bis Oktober 2012 erschienen in den untersuchten Medien insgesamt 564 Artikel, die den Begriff Shitstorm enthalten. Bei einer Betrachtung der kumulierten Anzahl der veröffentlichten Artikel lässt sich ein exponentieller Anstieg im Zeitverlauf erkennen (siehe Abb. 1). Während von April bis Dezember 2010 gerade einmal acht Artikel in den untersuchten Medien erschienen, waren es im gesamten Jahr 2011 bereits 36 Artikel, die dem Aufgreifkriterium entsprachen. Im Jahr 2012 wurde der Begriff bis Oktober in insgesamt 480 Artikeln genannt, das heißt ungefähr 60 mal so häufig wie zwei Jahre zuvor.

Knapp 60 % (338 von 564 Beiträgen) der Artikel erschienen in den Online-Ablegern der untersuchten Medien. Demnach verbreiteten sich kritische Themen aus der Online-Welt auch stärker online, was auch mit der häufigeren Aktualisierung der Onlinemedien zu tun hat. Die meisten Online-Artikel erschienen auf spiegel.de ($n = 51$), die meisten Printartikel mit jeweils 38 Fällen in der taz bzw. der Süddeutschen Zeitung. Abbildung 2 gibt einen Überblick über die Häufigkeit der Nennungen in den Printausgaben und den entsprechenden Online-Ablegern der untersuchten Medien.

In 341 der 564 Artikel wurde der Begriff „Shitstorm" nur genannt, oder er hatte keine zentrale Bedeutung im Beitrag. In den übrigen 223 der 564 Artikel

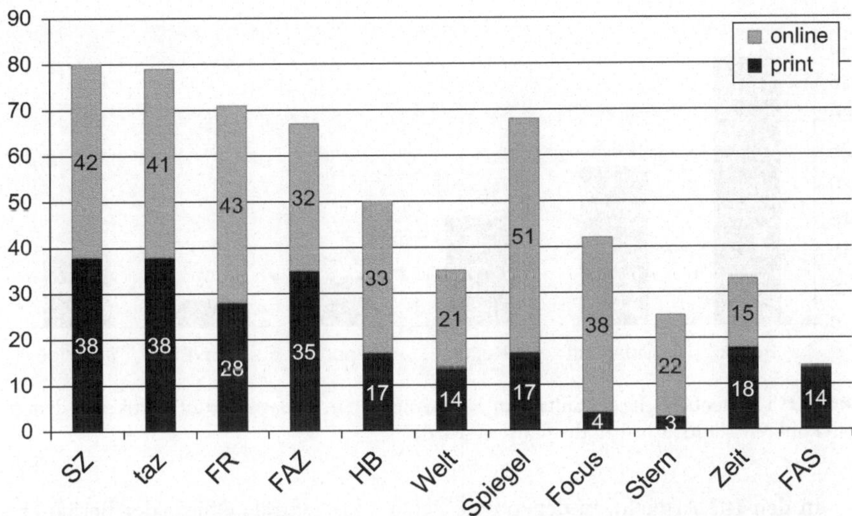

Abb. 2 Anzahl Artikel (N = 564) in etablierten Medien (print und online), die den Begriff Shitstorm enthalten.

hingegen ging es um einen konkreten Fall eines Shitstorms, also um ein konkretes Ereignis, bei dem eine Organisation oder eine Person Gegenstand negativ-kritischer Äußerungen in digitalen Kommunikationskanälen war. Inhaltlich entstammten 39 % dieser zentralen Shitstorm-Fälle dem Themenbereich Politik ($n = 86$). In 23 % der Beiträge ($n = 52$) ging es um Wirtschaft und in 16 % um kulturelle Themen ($n = 36$) (siehe Abb. 3).

Zentrales Objekt der dargestellten Shitstorm-Fälle waren in 121 Beiträgen Organisationen und in 102 Beiträgen Personen. In 29 % der Artikel, in denen Organisationen das zentrale Objekt der Berichterstattung waren, standen Parteien im Fokus der Berichterstattung ($n = 35$), in 23 % ging es um Dienstleistungsunternehmen ($n = 28$) und in 12 % ($n = 15$) um Unternehmen aus dem IT- und Medienbereich. Die am häufigsten thematisierte politische Partei waren die Piraten ($n = 13$), also eine Partei, deren primärer Fokus auf netzpolitischen Themen liegt. Um die FDP ($n = 6$) und CDU ($n = 3$) drehten sich weniger Fälle. Des Weiteren waren die Bank ING-DiBa ($n = 9$), der Telekommunikationsdienstleister Vodafone ($n = 7$) und der Fußballverein Werder Bremen ($n = 7$) besonders häufig im Zentrum der dargestellten Shitstorm-Fälle.

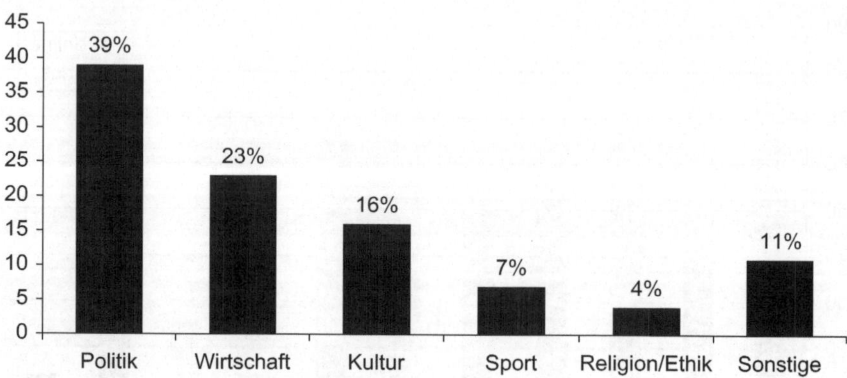

Abb. 3 Themenbereiche der Shitstorm-Fälle; Angaben in %; Basis N = 223 Artikel, in denen ein konkreter Shitstorm-Fall thematisiert wurde

In den 102 Artikeln, in denen eine Person das zentrale Objekt der Berichterstattung war, handelte es sich in knapp der Hälfte der Fälle um Politiker ($n = 50$). Des Weiteren waren in 18 % der Artikel Künstler ($n = 19$) und in 16 % Journalisten oder Bürgerjournalisten ($n = 16$) zentrales Objekt des aufgegriffenen Shitstorms. Am häufigsten war Julia Schramm ($n = 8$), ehemaliges Bundesvorstandsmitglied der Piratenpartei, zentrales Objekt der Berichterstattung. Schramm erntete in 2012 massive Kritik, als sie ein Buch im Knaus-Verlag veröffentlichte. Kritisiert wurde insbesondere, dass sie als Politikerin einer Partei, die sich für den freien Zugang zu Informationen einsetzt, ein Buch bei einem Großverlag publiziert, der gegen den kostenfreien Download des Werkes juristisch vorging (vgl. Reinbold 2012). Neben Schramm waren noch vermehrt der CDU-Bundespolitiker Ansgar Heveling ($n = 7$) und der Schlagersänger Michael Wendler ($n = 5$) Gegenstand zentraler Shitstorm-Fälle über Personen.

Die Tonalität der Artikel wurde auf einer 5-stufigen Rating-Skala erhoben, die anschließend 3-stufig (positiv, ambivalent, negativ) rekodiert wurde. In 47 % der 223 Artikel zu einem Shitstorm-Fall ($n = 105$) wurde das zentrale Objekt negativ dargestellt, in nur 11 % ($n = 25$) positiv. Eine ambivalente Darstellung erfolgte in 42 % ($n = 93$) der Artikel. Neben der Tonalität des Gesamtbeitrags wurden auf Aussagenebene alle wertenden Aussagen über die zentralen Shitstorm-Objekte erhoben. Insgesamt fanden sich in den 223 Artikeln zu konkreten Shitstorm-Fällen 166 wertende Aussagen über die thematisierten Personen oder Organisationen. Davon waren knapp 16 % ($n = 27$) eher positive oder eindeutig positive Aussagen und knapp 2 % ($n = 3$) ambivalente Aussagen. Die restlichen 82 % der wertenden Aussagen waren entweder eher negativ oder eindeutig negativ ($n = 136$). Die dabei angesprochenen Themen wurden als Mehrfachantworten erhoben. Bei den Organisationen waren in diesem Zusammenhang die am häufigsten kritisierten Reputationsattribute emotionale Aspekte ($n = 30$) und Produkte oder Dienstleistungen ($n = 22$). Bei den Personen wurden auf Aussagenebene insbesondere Persönlichkeitsdimensionen ($n = 51$) oder Grundhaltungen ($n = 44$) kritisiert. Das sind insbesondere Persönlichkeitscharakteristika sowie moralische Einstellungen und Werte der jeweiligen Person.

Wie gut es den thematisierten Organisationen bzw. Personen gelungen ist, für ihre eigene Position Gehör zu finden, zeigt die Auswertung der genannten Antwortstrategien. In 76 der 223 Artikel zu konkreten Shitstorm-Fällen konnten insgesamt 117 Antworten der zentralen Objekte identifiziert werden. Von den attackierten Organisationen waren es 45 von 121, also 37 %, die mit einer Antwortstrategie ebenfalls Gehör fanden. Von den Personen waren es mit 30 % (31 von 102) etwas weniger. Ein positiver Zusammenhang zwischen der Kommunikation einer Antwortstrategie und der Tonalität des Beitrags konnte jedoch nicht festgestellt werden. Dieser war sogar leicht negativ, was darauf hinweist, dass die Beiträge mit aufgegriffener Antwortstrategie insgesamt eher negativer im Ton waren als diejenigen, in denen das Shitstorm-Objekt nicht zu Wort kam (Spearman Rho $= -0,14$, $p < 0,05$).

Die am häufigsten kritisierte Partei, die Piraten, kam in 5 von 13 Beiträgen zu Wort ($2 \times$ Spiegel und je $1 \times$ Spiegel Online, taz.de und faz.net), die FDP in 3 von 6 (je $1 \times$ Spiegel, Spiegel Online und stern.de) und die CDU in keinem der 3 Beiträge. Von den Politikern wurde Julia Schramms Replik in 3 der 8 Fälle aufgenommen (je $1 \times$ Handelsblatt, stern.de und sueddeutsche.de); bei Ansgar Heveling war dies nur einmal der Fall (sueddeutsche.de). Sigmar Gabriel, der wegen seiner Israelkritik im März 2012 ins Kreuzfeuer der Kritik geriet, konnte hingegen in allen vier registrierten Fällen auch selbst zu Wort kommen (je $1 \times$ FR und sueddeutsche.de und $2 \times$ fr-online). Von den Wirtschaftsunternehmen war Adidas besonders erfolgreich, seine Antworten zu platzieren. In allen drei Beiträgen kam auch der Sportartikelhersteller zu Wort ($2 \times$ handelsblatt.com und $1 \times$ stern.de). Vodafone fand in 4 von 7 Beiträgen Gehör (je $1 \times$ Handelsblatt, handelsblatt.com, Focus online und fr-online), die ING Diba nur in einem von 9 (sueddeutsche.de).

Eine vergleichende Analyse der Print- und Online-Ausgaben ergibt, dass kommunikative Antwortstrategien vermehrt online aufgegriffen wurden. Während 23 % der Printbeiträge, die über einen konkreten Shitstorm-Fall berichteten, eine Antwortstrategie beinhalteten, waren dies bei den Online-Ablegern 40 % der Beiträge (Cramer-V $= 0,18$, $p < 0,01$).

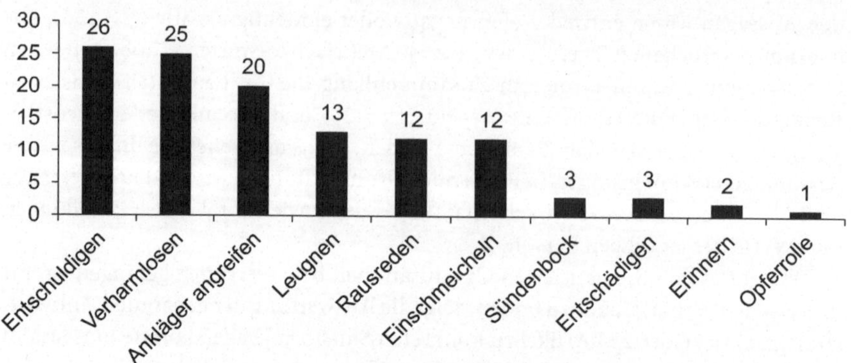

Abb. 4 Anzahl reaktiver Aussagen zentraler Shitstorm-Objekte, N = 117

Die am häufigsten aufgegriffenen kommunikativen Antwortstrategien waren Entschuldigungen ($n = 26$), in denen die Verantwortung für das kritisierte Verhalten übernommen wurde, sowie Verharmlosungen ($n = 25$), bei denen der entstandene Schaden herunter gespielt wurde. Darüber hinaus konnten noch Angriffe auf die Ankläger ($n = 20$) und Leugnen ($n = 13$) als häufige kommunikative Antwortstrategien auf Kritik identifiziert werden. Andere Aussagen wie etwa ein Erinnern an frühere gute Taten oder das Anbieten von Entschädigungen kamen nur selten in den Artikeln zu konkreten Shitstorm-Fällen vor. Abbildung 4 zeigt die Häufigkeit, mit der die unterschiedlichen kommunikativen Antwortstrategien im Sample vorkamen.

Die Analyse der Zusammenhänge zwischen dem Vorhandensein einer spezifischen Antwortstrategien und der Tonalität des Gesamtbeitrags zeigt, dass ein signifikant negativer Zusammenhang nur im Falle der Antwortstrategie „Ankläger angreifen" auftritt (Spearman Rho $= - 0,15$, $p < 0,05$) und im Falle der Strategie des Einschmeichelns sogar ein signifikant positiver (Spearman Rho $= 0,14$, $p < 0,05$). Der Zusammenhang zwischen den übrigen Kommunikationsstrategien mit einer Fallzahl von mindestens $n = 12$ ist schwach negativ, jedoch nicht signifikant (Entschuldigen $\rho = - 0,07$, Verharmlosen $\rho = - 0,08$, Leugnen $\rho = - 0,10$, Rausreden $\rho = - 0,10$).

4 Abschließende Diskussion und Limitationen

Die digitalen Kommunikationsmöglichkeiten, allen voran die Anwendungen des Social Webs, fördern das Entstehen digitaler Teilöffentlichkeiten und ermöglichen es diesen, ihre Meinungen zu veröffentlichen und weiterzuverbreiten. Existiert eine

Unzufriedenheit und Erwartungslücke bezüglich eines bestimmten Themas, die mit einer Organisation oder öffentlichen Person zusammenhängen, und kann dafür das Interesse und die Unterstützung einer großen Zahl an Internetnutzern generiert werden, so besteht die Gefahr, dass es zu einem Shitstorm kommt. Dabei verbreitet sich innerhalb kurzer Zeit online eine große Menge an kritischen Kommentaren über eine Organisation oder Person, wodurch die Reputation des angegriffenen Objekts gefährdet wird. Besonders gefährlich wird es für das Shitstorm-Objekt im Falle eines digitalen Spillovers, wenn die Kritik von Journalisten aufgegriffen wird und in die traditionelle Medienberichterstattung diffundiert, da dadurch die Reichweite und auch die Krisengefahr ansteigt.

Die empirische Untersuchung von elf etablierten deutschen Printmedien und deren Online-Ablegern im Zeitraum von April 2010 bis Oktober 2012 hat gezeigt, dass der Begriff Shitstorm einen enormen Nutzungszuwachs verzeichnet. Im Jahr 2012 wurde dieses „English rude word" (BBC 2013) endgültig salonfähig und hat als Fachbegriff Einzug in die deutsche Medienberichterstattung gehalten. Dazu beigetragen hat zweifelsohne der Eintrag des Begriffs in den Duden sowie die Wahl von Shitstorm zum Anglizismus des Jahres 2011. Von den betrachteten Onlinemedien berichtete Spiegel Online mit Abstand am häufigsten über das Shitstorm-Phänomen. Aber auch die etablierten Qualitätstageszeitungen griffen Shitstorms auf, allen voran die Süddeutsche Zeitung und die taz. Konservativere Tageszeitungen wie das Handelsblatt oder Die Welt berichteten seltener darüber. In den Beiträgen, in denen es um einen konkreten Shitstorm-Fall ging, waren Organisationen etwas häufiger im Kreuzfeuer der Kritik als Personen. Die Shitstorm-Fälle entstammten mehrheitlich dem politischen Bereich, gefolgt von der Wirtschaft und dem Kultursektor. Dies liegt auch daran, dass die Hälfte der kritisierten Einzelpersonen Politiker waren. Einzelpersonen aus der Wirtschaft zogen im untersuchten Zeitraum nur sehr selten den Unmut der digitalen Öffentlichkeit auf sich. Wenn es um Wirtschaft ging, dann wurden die Unternehmen kritisiert und nicht einzelne Manager. Dies unterstreicht, dass Politiker im Vergleich zu Unternehmensmanagern die exponierteren Personen des öffentlichen Lebens sind.

Im Vergleich zu den Organisationen ist es den Einzelpersonen weniger gut gelungen, für ihre eigene Position in den Beiträgen ebenfalls Gehör zu finden. Dies kann daran liegen, dass die Kommunikationsfunktion in Organisationen professioneller ausgestattet ist; auf einen Stab von Kommunikationsverantwortlichen, wie er beispielsweise Adidas zur Verfügung steht, konnte die Politikerin Julia Schramm bei dem Shitstorm um ihre Buchveröffentlichung sicherlich nicht zurückgreifen. Interessant ist jedoch, dass ein etablierter Politiker wie Sigmar Gabriel in allen, wenn auch im Vergleich zu Schramm mengenmäßig weniger, Beiträgen immer auch selbst zu Wort kam.

Die Analysen zeigen jedoch, dass das Aufgreifen der kommunikativen Antwortstrategie durch die Journalisten nicht gleichzeitig zu einer positiveren Berichterstattung führte, wie vielleicht zu vermuten wäre. Nur im Falle der Einschmeichel-Strategie, bei der die Anspruchsgruppen gelobt oder an gute Taten der Organisation erinnert werden, war der Tenor des Gesamtbeitrags auch positiver. So griff handelsblatt.com beispielsweise die Reaktion des Schweizer Einzelhandelsunternehmen Migros auf, das mit Einschmeicheln auf einen Shitstorm wegen des als verfrüht wahrgenommenen Verkaufs von Weihnachtsgebäck reagierte: „Migros antwortete umgehend und bedankte sich für die Kritik der Nutzerin. Allerdings sei es so, ‚dass es im Oktober langsam kälter wird und die Tage kürzer werden und dadurch die Nachfrage nach Weihnachtsguetzli steigt.‘ Man hoffe auf das Verständnis der Facebook-Nutzerin" (Haak 2012). Ein weiteres Beispiel liefert der Telekommunikationsdienstleister Vodafone, der auf Focus.de im Bericht über einen Shitstorm, der über schlechten Kundenservice entbrannt war, zu Wort kam: „So hat Vodafone heute Morgen in einer Statusmeldung ausdrücklich dazu aufgefordert, den Dialog mit der Firma auf Facebook zu suchen. ‚Bitte tut dies wie bisher auch an unserer Pinnwand'" (Frickel 2012). Wurden hingegen die Ankläger angegriffen, war der Tenor des Gesamtbeitrags tendenziell negativer. Dies zum Beispiel im Fall der Drogeriekette Schlecker, die auf den Shitstorm um seinen neuen Werbeslogan „For you. Vor Ort" und die Rechtfertigung dessen mit einem Angriff auf die Kritiker reagierte, was im Beitrag von Welt Online wie folgt aufgegriffen wurde: „Dann wendet sich der Autor des Blogeintrags an die verbal heftig auf seinen Konzern einprügelnde Internet-Gemeinde, die mittleres Bildungsniveau mit ‚dumm' oder ‚unterbelichtet' gleichsetze: ‚Das ist in der Sache ebenso falsch und zynisch, wie aus unserer Sicht unverschämt und arrogant. Es entlarvt letztlich diejenigen, die sich derart äußern.‘ Statt einer beschwichtigenden Erklärung gibt es also Kritik an den Kritikern" (Khunkham 2011). Für alle anderen kommunikativen Antwortstrategien der Shitstorm-Objekte, die von den Journalisten in ihren Beiträgen aufgegriffen wurden, lässt sich in der vorliegenden Untersuchung kein signifikanter Zusammenhang mit der Tonalität des Gesamtbeitrags feststellen. Die Ergebnisse zeigen jedoch, dass eine aggressive Reaktion wie das Angreifen der Ankläger eine potenziell reputationsfördernde Berichterstattung behindert, wohingegen eine positive und verständnisvolle Reaktion, beispielsweise sich einschmeicheln, durchaus auch einen positiven Ton in der traditionellen Medienberichterstattung erzeugen kann. Für die Organisationskommunikation bedeutet dies, dass eine kommunikative Antwortstrategie, die sich zunächst nur an die Kritiker im Web richtet, weitaus mehr bewirken kann. Von Journalisten aufgegriffen, beeinflusst sie auch die Darstellung der kritisierten Organisation oder Person in der traditionellen Berichterstattung und damit potenziell die Wahrnehmungen einer deutlich größeren Öffentlichkeit als die der vergleichsweise kleinen Gruppe der Online-Kritiker. Um jedoch den Zusammenhang zwischen kommunikativer Antwortstrategie, digitalem Spillover und Reputation des Unternehmens zu untersuchen, ist eine breiter angelegte Untersuchung nötig.

Dies führt uns zu den Limitationen, denen die vorliegende Studie unterliegt. Zunächst ist sie zeitlich begrenzt und unterliegt den Einschränkungen, die das begrenzte Mediensample mit sich bringt. Des Weiteren ist das Aufgreifkriterium, das nur aus dem Begriff Shitstorm bestand, sehr eng gefasst. Denn über das Phänomen massiv auftretender negativ-kritischer Äußerungen im Web wird auch ohne die explizite Nennung des Begriffs berichtet, bzw. es werden für dessen Bezeichnung andere Termini wie Empörungswelle oder Proteststurm im Internet verwendet. Um das Shitstorm-Phänomen in seiner Gänze zu untersuchen, müsste das Aufgreifkriterium demnach weiter gefasst werden. Eine Analyse des Inputs aus der Organisationskommunikation würde zudem Erkenntnisse über dessen Einfluss auf den Shitstorm und die Berichterstattung darüber ermöglichen. Aus der Perspektive der Organisationskommunikation stellt sich darüber hinaus die Frage, welche Wirkung ein Shitstorm und die Berichterstattung darüber auf die Anspruchsgruppen hat und welche Kommunikationsstrategien für den Schutz der Reputation und die Krisenabwehr in welcher Situation am wirkungsvollsten sind. Weiterführende Forschung sollte sich daher auch den Ursache-Wirkungs-Zusammenhängen bei digitalen Spillovers widmen.

Literatur

Anderson, E. W. (1998). Customer satisfaction and word of mouth. *Journal of Service Research, 1*(1), 5–17.

anglizismusdesjahres.de. (2011). Der Anglizismus des Jahres 2011 ist Shitstorm. http://www.anglizismusdesjahres.de/anglizismen-des-jahres/adj-2011/. Zugegriffen: 20. Dez. 2013.

Arndt, J. (1967). Role of product-related conversations in the diffusion of a new product. *Journal of Marketing Research, 4*(3), 291–295.

Arnold, K. (Hrsg.). (2005). *Alte Medien – neue Medien. Theorieperspektiven, Medienprofile, Einsatzfelder; Festschrift für Jan Tonnemacher.* Wiesbaden: VS Verlag für Sozialwissenschaften.

Baringhorst, S., Kneip, V., März, A., & Niesyto, J. (2007). Verbraucher und Unternehmen als Bürger in der globalen Mediengesellschaft. Bürgerschaft als politische Dimension des Marktes. In S. Baringhorst, V. Kneip, A. März, & J. Niesyto (Hrsg.), *Politik mit dem Einkaufswagen. Unternehmen und Konsumenten als Bürger in der globalen Mediengesellschaft* (S. 7–28). Bielefeld: Transcript (Medienumbrüche, 21).

Baum, M. A., & Groeling, T. (2008). New media and the polarization of American political discourse. *Political Communication, 25*(4), 345–365.

BBC. (2013). English rude word enters German language. BBC online, 2. Juli 2013. http://www.bbc.co.uk/news/world-europe-23142660. Zugegriffen: 20. Dez. 2013.

Becker, C. (2012). Krisenkommunikation unter den Bedingungen von Internet und Social Web. In A. Zerfaß & T. Pleil (Hrsg.), *Handbuch Online-PR. Strategische Kommunikation in Internet und Social Web* (S. 365–381). Konstanz: UVK.

Bentele, G., & Janke, K. (2008). Krisenkommunikation als Vertrauensfrage? Überlegungen zur krisenbezogenen Kommunikation mit verschiedenen Stakeholdern. In T. Nolting & A. Thießen (Hrsg.), *Krisenmanagement in der Mediengesellschaft. Potenziale und Perspektiven der Krisenkommunikation* (S. 112–132). Wiesbaden: VS Verlag für Sozialwissenschaften.

Castells, M. (2001). Internet, Netzgesellschaft. Das World Wide Web als neues technisch-soziales Paradigma. *Lettre International, 54*(Herbst), 38–44.

Cheung, C. M. K., & Lee, M. K. O. (2012). What drives consumers to spread electronic Word of Mouth in online consumer-opinion platforms. *Decision Support Systems, 53*(1), 218–225.

Chu, S.-C. (2011). *Determinants of Consumer Engagement in Electronic Word-Of-Mouth in Social Networking Sites.* Proquest, Umi Dissertation Publishing.

Coombs, T. W. (2007). Protecting organization reputations curing a crisis: The development and application of situational crisis communication theory. *Corporate Reputation Review, 10*(3), 163–176.

Coombs, W. T., & Holladay, J. S. (2012). The paracrisis: The challenges created by publicly managing crisis prevention. *Public Relations Review, 38*(3), 408–415.

Daugherty, T., Eastin, M. S., & Bright, L. (2008). Exploring consumer motivations for creating user-generated-content. *Journal of Interactive Advertising, 8*(2), 16–25.

Ebersbach, A., Glaser, M., & Heigl, R. (2008). *Social web.* Konstanz: UVK.

Einwiller, S. (2014). Reputation und Image: Grundlagen, Einflussmöglichkeiten, Management. In A. Zerfaß & M. Piwinger (Hrsg.), *Handbuch Unternehmenskommunikation* (S. 367–387). Wiesbaden: Springer.

Eisenegger, M. (2005). *Reputation in der Mediengesellschaft. Konstitution – Issues Monitoring – Issues Management.* Wiesbaden: VS Verlag für Sozialwissenschaften.

Emmer, M., & Wolling, J. (2010). Online-Kommunikation und politische Öffentlichkeit. In W. Schweiger & K. Beck (Hrsg.), *Handbuch Online-Kommunikation* (S. 37–59). Wiesbaden: VS Verlag für Sozialwissenschaften.

Flach, S. (2011). Kandidat II: SHITSTORM. http://www.extraflach.de/blog/2011/01/17/kandidat-ii-shitstorm/. Zugegriffen: 20. Dez. 2013.

Fombrun, C. J., Gardberg, N., & Sever, J. (2000). The reputation quotient. A multi-stakeholder measure of corporate reputation. *Journal of Brand Management, 7*(4), 241–255.

Frickel, C. (2012). Shitstorm bei Facebook. Vodafone ruft zum Dialog auf. Focus.de, 01.08. 2012. http://www.focus.de/digital/internet/facebook/tid-26750/shitstorm-bei-facebook-ein-mitglied-loest-proteststurm-gegen-vodafone-aus-vodafone-ruft-zum-dialog-auf_aid_791717.html. Zugegriffen: 20. Nov. 2012.

fr-online.de (2012). Der Sturm der Entrüstung im Netz. http://www.fr-online.de/digital/-phaenomen-shitstorm-sturm-der-entruestung-gegen-firmen-im-netz,1472406,16935652. html. Zugegriffen: 1. Dez. 2012.

Grunig, J., & Hunt, T. (1984). *Managing public relations*. Fort Worth: Harcourt Brace Jovanovich.

Haak, S. (2012). Lebkuchen gegen wütende Facebook-Nutzer. Handelsblatt.com, 16.10.2012. http://www.handelsblatt.com/technologie/it-tk/it-internet/social-web-lebkuchen-gegen-wuetende-facebook-nutzer/7259092.html. Zugegriffen: 20. Nov. 2012.

Harrison-Walker, L. J. (2001). E-complaining: A content analysis of an Internet complaint forum. *Journal of Services Marketing, 15*(5), 397–412.

Hennig-Thurau, T., Gwinner, K. P., Walsh, G., & Gremler, D. D. (2004). Electronic Word-of-Mouth via consumer-opinion platforms: What motivates consumers to articulate themselves on the Internet? *Journal of Interactive Marketing, 18*(1), 38–52.

Ingenhoff, D., & Röttger, U. (2008). Issues Management. Ein zentrales Verfahren der Unternehmenskommunikation. In M. Meckel & B. Schmid (Hrsg.), *Unternehmenskommunikation. Kommunikationsmanagement aus Sicht der Unternehmensführung* (S. 323–354). Wiesbaden: Gabler.

Khunkham (2011). Schlecker ist die FDP im Einzelhandel. Nur peinlich. Welt Online, 27.10.2011. http://www.welt.de/wirtschaft/article13683841/Schlecker-ist-die-FDP-im-Einzelhandel-Nur-peinlich.html. Zugegriffen: 21. Nov. 2012.

Köhler, T. (2008). Gefahrenzone Internet – Die Rolle der Online-Kommunikation bei der Krisenbewältigung. In T. Nolting & A. Thießen (Hrsg.), *Krisenmanagement in der Mediengesellschaft. Potenziale und Perspektiven der Krisenkommunikation* (S. 233–252). Wiesbaden: VS Verlag für Sozialwissenschaften.

Langenau, L. (2013). Amazon im Shitstorm. http://www.sueddeutsche.de/wirtschaft/ard-dokumentation-ueber-leiharbeiter-amazon-im-shitstorm-1.1600543. Zugegriffen: 1. Dez. 2012.

Lobo, S. (2010). How to survive a shitstorm. Vortrag auf der *re:publica*, 22. April 2010. http://saschalobo.com/2010/04/22/how-to-survive-a-shitstorm. Zugegriffen: 20. Dez. 2012.

Lobo, S. (2013). S.P.O.N. – Die Mensch-Maschine: Ich habe das alles nicht gewollt. Spiegel Online, 19.02.2013, http://www.spiegel.de/netzwelt/web/sascha-lobo-ueber-die-entstehung-des-begriffs-shitstorm-a-884199.html. Zugegriffen: 20. Dez. 2012.

Machill, M., Beiler, M., & Zenker, M. (2008). *Journalistische Recherche im Internet. Bestandsaufnahme journalistischer Arbeitsweisen in Zeitungen, Hörfunk, Fernsehen und Online*. Berlin: Vistas. (Schriftenreihe Medienforschung der Landesanstalt für Medien Nordrhein-Westfalen. 60).

März, A. (2010). Mobilisieren. Partizipation – vom ‚klassischem Aktivismus' zum Cyberprotest. In S. Baringhorst, V. Kneip, A. März & J. Niesyto (Hrsg.), *Unternehmenskritische Kampagnen. Politischer Protest im Zeichen digitaler Kommunikation* (S. 222–236). Wiesbaden: VS Verlag für Sozialwissenschaften.

Mathes, R., & Pfetsch, B. (1991). The role of the alternative press in the agenda-building process: Spill-over effects and media opinion leadership. *European Journal of Communication, 6*(1), 33–62.

Neuberger, C., & Welker, M. (2008). Journalistische Recherche. Konzeptlos im Netz. In A. Zerfaß, M. Welker, & J. Schmidt (Hrsg.), *Kommunikation, Partizipation und Wirkungen im Social Web. Strategien und Anwendungen. Perspektiven für Wirtschaft, Politik und Publizistik* (Bd. 2, S. 243–266) Köln: Herbert von Halem.

Neuberger, C., Nuernbergk, C., & Rischke, M. (2009). „Googleisierung" oder neue Quellen im Netz? Anbieterbefragung III: Journalistische Recherche im Internet. In C. Neuberger, C. Nuernbergk, & M. Rischke (Hrsg.), *Journalismus im Internet. Profession Partizipation Technisierung* (S. 295–334). Wiesbaden: VS Verlag für Sozialwissenschaften.

Pfeffer, J., Zorbach, T., & Carley, K. M. (2014). Understanding online firestorms: Negative Word-of-Mouth dynamics in social media networks. *Journal of Marketing Communications, 20*(1/2). doi:10.1080/13527266.2013.797778.

Pleil, T. (2005). Öffentliche Meinung aus dem Netz? Neue Internet-Anwendungen und Public Relations. In K. Arnold (Hrsg.), *Alte Medien – neue Medien. Theorieperspektiven, Medienprofile, Einsatzfelder; Festschrift für Jan Tonnemacher* (S. 242–262). Wiesbaden: VS Verlag für Sozialwissenschaften.

Pleil, T. (2012). Kommunikation in der digitalen Welt. In A. Zerfaß & T. Pleil (Hrsg.), *Handbuch Online-PR. Strategische Kommunikation in Internet und Social Web* (S. 17–38). Konstanz: UVK.

Pointner, N. (2010). *In den Fängen der Ökonomie? Ein kritischer Blick auf die Berichterstattung über Medienunternehmen in der deutschen Tagespresse.* Wiesbaden: VS Verlag für Sozialwissenschaften.

Reinbold, F. (2012). Julia Schramm: „Klick mich"-Piratin im Shitstorm. Spiegel online, 19.09.2012, http://www.spiegel.de/politik/deutschland/piratin-julia-schramm-steckt-wegen-klick-mich-im-shitstorm-a-856784.html. Zugegriffen: 28. Dez. 2013.

Renker, L.-C. (2008). *Virales Marketing im Web 2.0. Innovative Ansätze einer interaktiven Kommunikation mit dem Konsumenten.* München: IFME.

Richins, M. L. (1983). Word of Mouth communication as negative information. *Advances in Consumer Research, 11*(1), 697–702.

Rosenbach, M. (2012). Digitale Druckwelle. *Der Spiegel, 28,* S. 76. http://www.spiegel.de/spiegel/print/d-86752086.html. Zugegriffen: 1. Dez. 2012.

Röttger, U., Preusse, J., & Schmitt, J. (2011). *Grundlagen der Public Relations. Eine kommunikationswissenschaftliche Einführung.* Wiesbaden: VS Verlag für Sozialwissenschaften.

Schenk, M., Taddicken, M., & Welker, M. (2008). Web 2.0 als Chance für die Markt- und Sozialforschung? In A. Zerfaß, M. Welker, & J. Schmidt (Hrsg.), *Kommunikation, Partizipation und Wirkungen im Social Web. Grundlagen und Methoden: Von der Gesellschaft zum Individuum* (Bd. 1, S. 243–266). Köln: Herbert von Halem.

Schmidt, J. (2008). Was ist neu am Social Web? Soziologische und kommunikationswissenschaftliche Grundlagen. In A. Zerfaß, M. Welker, & J. Schmidt (Hrsg.), *Kommunikation, Partizipation und Wirkungen im Social Web. Grundlagen und Methoden: Von der Gesellschaft zum Individuum* (Bd. 1, S. 18–40). Köln: Herbert von Halem.

Schmidt, J. (2009). *Das neue Netz. Merkmale, Praktiken und Folgen des Web 2.0.* Konstanz: UVK.

Schultz, F., & Wehmeier, S. (2010). Online Relations. In W. Schweiger & K. Beck (Hrsg.), *Handbuch Online-Kommunikation* (S. 409–433). Wiesbaden: VS Verlag für Sozialwissenschaften.

Schulz, J., & Malchow, T. (2008). Emergenz im Internet: Protest, Konflikt und andere Formen verständigungsloser Kommunikation im WWW. In C. Thimm & S. Wehmeier (Hrsg.), *Organisationskommunikation online. Grundlagen, Praxis, Empirie* (S. 61–81). Frankfurt a. M.: Lang.

Stauss, B., & Seidel, W. (2007). *Beschwerdemanagement. Unzufriedene Kunden als profitable Zielgruppe* (4. Aufl.). München: Hanser.

Sundaram, D. S., Mitra, K., & Webster, C. (1998). Word-of-Mouth communications: A motivational analysis. *Advances in Consumer Research, 25,* 527–531.

Van Eimeren, B. (2013). „Always on" – Smartphone, Tablet & Co. als neue Taktgeber im Netz. *Media Perspektiven, 7–8,* 386–390.

Van Eimeren, B., & Frees, B. (2013). Rasanter Anstieg des Internetkonsums – Onliner fast drei Stunden täglich im Netz. *Media Perspektiven, 7–8,* 358–372.

Ward, J. C., & Ostrom, A. L. (2006). Complaining to the masses: The role of protest framing in customer-created complaint web sites. *Journal of Consumer Research, 33*(2), 220–230.

Weischenberg, S., Malik, M., & Scholl, A. (2006). Journalismus in Deutschland 2005. Zentrale Befunde der aktuellen Repräsentativbefragung deutscher Journalisten. *Media Perspektiven, 7,* 346–361.

Wiedmann, K.-P., Fombrun, C. J., & van Riel, C. B. M. (2007). Reputationsanalyse mit dem Reputation Quotient. In M. Piwinger & A. Zerfaß (Hrsg.), *Handbuch Unternehmenskommunikation* (S. 321–338). Wiesbaden: Gabler.

Wilke, J., & Reinemann, C. (2000). *Kanzlerkandidaten in der Wahlkampfberichterstattung.* Köln: Böhlau.

Williams, M., Buttle, F., & Biggemann, S. (2012). Relating word-of-mouth to corporate reputation. *Public Communication Review, 2*(2), 3–16.

Wimmer, J. (2007). *(Gegen-)Öffentlichkeit in der Mediengesellschaft.* Wiesbaden: VS Verlag für Sozialwissenschaften.

Wimmer, J. (2008). Gegenöffentlichkeit 2.0: Formen, Nutzung und Wirkung kritischer Öffentlichkeiten im Social Web. In A. Zerfaß, M. Welker, & J. Schmidt (Hrsg.), *Kommunikation, Partizipation und Wirkungen im Social Web. Grundlagen und Methoden: Von der Gesellschaft zum Individuum* (Bd. 1, S. 210–230). Köln: Herbert von Halem.

Zühlsdorf, A. (2002). Gesellschaftsorientierte Public Relations. Eine strukturationstheoretische Analyse der Interaktion von Unternehmen und kritischer Öffentlichkeit. Wiesbaden: Westdeutscher Verlag.

Teil IV
Überschätzte Innovationskraft

Adoption kommunikativer Innovationen in der Organisationskommunikation. Eine qualitative Studie am Beispiel des Social Media-Dienstes Pinterest

Patricia Müller, Katja Schmidt und Wolfgang Schweiger

1 Einführung: Social Media in der Organisationskommunikation

Bereits 2007 wurde den Social Media prophezeit, als selbstverständlicher Bestandteil in die Kommunikationsstrategie von Organisationen einzugehen (vgl. Sandhu und Zerfaß 2007). In der Tat spricht das Gros der europäischen Kommunikationsprofis Social Media wie den Sozialen Netzwerken, Microblogs oder Videoplattformen zu, dass sie die Wahrnehmung einer Organisation durch die eigenen Anspruchsgruppen beeinflussen können (vgl. Zerfaß et al. 2013, S. 25–26). Dies geht einher mit der Annahme, dass es im Social Web optimal möglich sei, langfristige Beziehungen zu den Bezugsgruppen aufzubauen (vgl. u. a. Buchegger und Signitzer 2008; Pleil 2011) und dies direkt – ohne auf eine massenmediale Vermittlung angewiesen zu sein (vgl. Zerfaß und Buchele 2008). Informationen sollen online und speziell im Social Web gezielter verbreitet und Themen leichter gesetzt werden können, was schließlich dem Reputationsaufbau sowie der Steuerung von Images dienlich ist (vgl. u. a. Sallot et al. 2004; Schultz und Wehmeier

P. Müller (✉) · K. Schmidt
Ilmenau, Deutschland
E-Mail: patricia.mueller@tu-ilmenau.de

K. Schmidt
E-Mail: katja.schmidt@tu-ilmenau.de

W. Schweiger
Hohenheim, Deutschland
E-Mail: wolfgang.schweiger@uni-hohenheim.de

O. Hoffjann, T. Pleil (Hrsg.), *Strategische Onlinekommunikation*,
DOI 10.1007/978-3-658-03396-5_10, © Springer Fachmedien Wiesbaden 2015

2010). Dies gelte insbesondere dann, wenn Organisationen auch in den Dialog mit ihren Bezugsgruppen treten (vgl. Kent und Taylor 1998). Nichtsdestotrotz klafft eine zum Teil beträchtliche Lücke zwischen der Bedeutung, die Social Media in der Organisationskommunikation zugeschrieben wird und ihrer tatsächlichen Nutzung (vgl. Zerfaß et al. 2013, S. 25). Dies liegt sicher zum einen daran, dass Kommunikationsverantwortliche nicht nur Vorteile sehen, sondern auch Risiken der Onlinekommunikation mit Stakeholdern erkennen (vgl. Zerfaß und Pleil 2012, S. 40), so zum Beispiel drohende Reputationsschäden oder einen generellen Kontrollverlust sowie an dem Umstand, dass konkrete Erfolgsnachweise im Sinne eines Wertschöpfungsbeitrags nur schwer zu erbringen sind (vgl. bereits Sandhu und Zerfaß 2007). Zum anderen stellt aber auch die technische und soziale Innovationsgeschwindigkeit im Social Web eine Herausforderung dar (vgl. DiStaso et al. 2011; Jodeleit 2010). Inzwischen existiert eine nahezu unüberschaubare Anzahl an Anwendungen und Plattformen, die jeweils unterschiedliche Funktionalitäten bieten und verschiedene Nutzergruppen ansprechen, so dass sich Kommunikationsverantwortlichen fortwährend die Frage stellt, welche erfolgsversprechend in die eigene Organisationskommunikation integriert werden sollen und können. Diese Entscheidung sollte, im Sinne eines integrierten Kommunikationsmanagements, ausgehend von strategischen Überlegungen getroffen werden (vgl. Zerfaß und Pleil 2012, S. 47–48). Allerdings wirken auf Organisationen vielfältige Umwelteinflüsse ein, die das organisationale Handeln bedingen (vgl. Sandhu 2009, S. 5–6; Sandhu 2013, S. 144, 157). Einen solchen Umwelteinfluss stellt die generell zunehmende Social Media-Nutzung in der Bevölkerung dar (vgl. Busemann und Gscheidle 2012), die sich häufig auch auf Unternehmen und andere Organisationen bezieht (vgl. Frees und Fisch 2011). Damit geht ein wachsender Druck für Organisationen einher, in Social Media präsent zu sein (vgl. auch Schultz und Wehmeier 2010, S. 412). Dieser Druck wird durch die Präsenz des Themas „Social Media" in Branchenmedien und bei Kommunikationsberatern sowie durch das Adoptionsverhalten anderer Organisationen verstärkt (vgl. Sandhu 2013, S. 156). So greift auch Sandhu (2013, S. 156–157) Social Media als Beispiel heraus, an dem sich der Umgang mit Innovationen in der Organisationskommunikation nachzeichnen lässt: Hier zeigt sich, dass Organisationen häufig erst einmal experimentieren und sich an anderen Organisationen orientieren, obwohl ein Erfolg im Hinblick auf eigene Kommunikationsziele ungewiss ist. Überspitzt formuliert: Organisationen sind ‚dabei', weil es die ‚Konkurrenz' ebenfalls ist.

Der vorliegende Beitrag knüpft an diese Überlegungen an und analysiert, wie Kommunikationsverantwortliche mit Innovationen in der Onlinekommunikation umgehen. Unter dem etwas sperrigen Begriff „Onlinekommunikations-Innovation" werden solche (Social Media-)Plattformen verstanden, die von einer

Organisation als neu wahrgenommen werden und potenziell für die Organisationskommunikation im Internet eingesetzt werden können. Im Mittelpunkt steht die Frage, wie in Organisationen die Entscheidung vorbereitet und getroffen wird, eine Onlinekommunikations-Innovation zu übernehmen, und inwiefern die Adoption in ein „ganzheitliches Kommunikationskonzept eingebunden ist" (Brüne 2002, S. 419).

Die vorliegende Studie versucht, diese Fragen am Fallbeispiel von Pinterest zu beantworten. Pinterest ist ein Anfang 2010 gegründetes soziales Netzwerk mit dem Schwerpunkt auf visuelle Kommunikation. Seit 2012 hat es, einhergehend mit dem generellen Bedeutungszuwachs bildorientierter (Fotosharing-)Plattformen (vgl. Zerfaß et al. 2013, S. 33), auch im deutschsprachigen Raum an Beachtung gewonnen und eine zunehmende Zahl an Organisationen ist mit einem eigenen Profil vertreten. In qualitativen Experteninterviews zur Adoption von Pinterest in der Organisationskommunikation wurden sowohl Kommunikationsverantwortliche in Unternehmen, als auch Mitarbeiter in Kommunikationsagenturen befragt. Dieser Vergleich erscheint vielversprechend, da Agenturen in einem Dienstleistungsverhältnis stehen und durch die Ausgestaltung der Kommunikationsprozesse anderer Organisationen ihre Erlöse generieren (vgl. Fuhrberg 2012, S. 29–37). Damit verdienen sie mehr Geld, wenn es ihnen gelingt, ihren Kunden neue, erfolgsversprechende, Kommunikationskanäle und -maßnahmen zu ,verkaufen'. Kommunikationsverantwortliche in Unternehmen hingegen stehen häufig unter Zeit- und Ressourcendruck, weshalb sie Kommunikations-Innovationen tendenziell kritischer gegenüber stehen sollten. Daraus ist die Annahme abzuleiten, dass Agenturen Onlinekommunikations-Innovationen möglicherweise gezielter suchen und strategischer evaluieren als Kommunikationsverantwortliche in Unternehmen.

2 Adoption von Innovationen in der Organisationskommunikation

Der Adoptionsprozess von Onlinekommunikations-Innovationen in die Organisationskommunikation ist integriert in das Kommunikationsmanagement einer Organisation (vgl. Zerfaß 2007; Zerfaß und Sandhu 2008). Kommunikationsmanagement ist dabei zu verstehen als „[. . .] Prozess der Planung, Organisation und Kontrolle der Unternehmenskommunikation[1]" (Zerfaß 2007, S. 56). Es umfasst

---

[1] Organisationskommunikation umfasst sämtliche Kommunikationsprozesse zwischen Organisationen und ihren Bezugsgruppen, für erwerbswirtschaftliche Organisationen wird sie auch als Unternehmenskommunikation bezeichnet (vgl. u. a. Zerfaß 2007; Zerfaß und Pleil 2012).

sämtliche Maßnahmen der Marktkommunikation und der Public Relations[2]. Insbesondere im Bereich der Onlinekommunikation würde es zu kurz greifen, sich ausschließlich auf Marktkommunikation *oder* PR zu konzentrieren, da sich in der Regel Zielstellungen beider Bereiche potenziell auf denselben Plattformen umsetzen lassen (vgl. Zerfaß und Pleil 2012, S. 46–47). So ist „Organisationskommunikation in der digitalen Welt grundsätzlich als integrierte Kommunikation zu betrachten [...]." (Zerfaß und Pleil 2012, S. 46; vgl. auch Mangold und Faulds 2009, S. 358). Auch Praktiker bescheinigen, dass durch Online-Medien die Grenzen zwischen Public Relations, Marketing und Werbung verschwimmen, und betrachten integrierte Kommunikation als zentrale Herausforderung (vgl. Smith und Place 2013). Deshalb hat es sich auch in unserem Fall als zweckmäßig erwiesen, die Adoption von Pinterest aus einer breiten Perspektive der integrierten Organisationskommunikation zu betrachten. Die Nutzung von Social Media durch Organisationen sollte kein „Selbstzweck" sein (vgl. Zerfaß und Sandhu 2008, S. 296–297; Zerfaß und Pleil 2012, S. 10). In der Praxis ist es jedoch, wie bereits diskutiert, mitnichten selbstverständlich, dass Aktivitäten in der Organisationskommunikation stets an übergeordnete Ziele der Organisation angekoppelt und in ein integriertes Konzept eingebunden sind (vgl. Zerfaß und Pleil 2012, S. 46).

2.1 Überblick: Innovations-Entscheidungs-Prozess

Neben der Frage, ob und inwiefern die Adoption von Onlinekommunikations-Innovationen strategisch erfolgt, soll darauf fokussiert werden, wie sich der Prozess der Adoption gestaltet. Hierfür wird die *Theorie der Adoption und Diffusion von Innovationen* nach Rogers (2003, erstmals 1962) zugrunde gelegt. Die klassische Diffusionstheorie untersucht und erklärt die Diffusion einer Innovation in soziale Systeme sowie der Adoption zugrundeliegende Bedingungen. Es werden somit auch einzelne Adoptionsentscheidungen betrachtet und untersucht, welche Faktoren die Übernahme oder Nicht-Übernahme determinieren (vgl. Rogers 2003, S. 223–264), wobei Übernehmer sowohl Individuen, als auch andere Adoptionseinheiten wie Organisationen sein können (vgl. Rogers 2003, S. 12). Als Adoption wird die „Entscheidung eines einzelnen Nachfragers zu einer Neuerung verstanden" (Clement und Litfin 1998, S. 97). Sie ist jedoch keine einmalige abgeschlossene Handlung, sondern ein komplexer Prozess, der sich aus mehreren Handlungsschritten zusammensetzt (vgl. Rogers 2003, S. 169). Aus diesem Grund formuliert Rogers (2003, S. 169–170) ein Fünf-Stufen-Modell, das

---

[2] Die interne Kommunikation als weiterer Teilbereich wird an dieser Stelle ausgeklammert.

sich aus den Phasen 1) *Kennenlernen*/Knowledge, 2) *Meinungsbildung*/Persuasion, 3) *Entscheidung*/Decision, 4) *Implementierung*/Implementation und 5) *Fortführung*/Confirmation zusammensetzt. Im Anschluss an das *Kennenlernen* verschafft sich der potentielle Übernehmer in der Phase der *Meinungsbildung* ein grundlegendes Verständnis der Innovation (vgl. Zerfaß und Pleil 2012, S. 75). Im Rahmen dieser Bewertung werden der Nutzen der Innovation für den individuellen Kontext sowie Chancen und Risiken abgewogen (vgl. Zerfaß und Pleil 2012, S. 75).

Fünf moderierende Faktoren werden dabei für die Meinungsbildung mit Blick auf die Innovation benannt: Der *relative Vorteil* der Innovation gegenüber bisherigen Ideen oder Praktiken, ihre *Kompatibilität* mit den bisherigen Einstellungen oder Bedürfnissen des Übernehmers, die *Komplexität*, die darauf abzielt, wie viele Ressourcen der Übernehmer aufwenden muss, um die Innovation zu implementieren, die *Erprobbarkeit*, das heißt, das Ausmaß, in dem die Innovation getestet werden kann und die *Beobachtbarkeit* ihres Nutzens (vgl. Rogers 2003, S. 229–259). Die genannten Moderatoren sind dabei keine objektiven Merkmale der Innovation, sondern sogenannte *wahrgenommene* Eigenschaften, werden dieser also vom potentiellen Übernehmer zugeschrieben.

Daneben spielen bei der Adoptionsentscheidung in Organisationen organisationsstrukturelle Faktoren eine Rolle (vgl. Rogers 2003, S. 412). Bezogen auf Onlinekommunikations-Innovationen erscheinen insbesondere die Expertise der Organisationsmitglieder im Bereich Onlinekommunikation sowie vorhandene zeitliche, finanzielle und personelle Ressourcen bedeutsam (vgl. u. a. Briones et al. 2011). Zudem geht der *Adoptionsentscheidung* meist ein Test der Innovation voraus (sogenanntes *Scouting*, vgl. Zerfaß und Pleil 2012, S. 75). Die *Implementierung* von Innovationen durch Organisationen ist als ständiger „Lern- und Verbesserungsprozess" zu verstehen, in dem Strategien und Arbeitsprozesse optimiert werden (vgl. Zerfaß und Pleil 2012, S. 75), und dauert so lange an, bis die Innovation in die reguläre Praxis übergegangen ist (vgl. Rogers 2003, S. 180). Daher ist diese Phase in Organisationen noch wichtiger als die ursprüngliche Adoptionsentscheidung (vgl. Rogers 2003, S. 418)[3]. In Rahmen der Implementierung spielt auch die *re-invention*, also die Modifizierung der Innovation durch ihre Anwender eine wichtige Rolle. Eine Innovation ist häufig keine fertig gedachte Idee, sondern erhält ihre Bedeutung erst durch ihre Nutzer, die sie an ihre individuellen Bedingungen anpassen (vgl. Rogers 2003, S. 180–185), was gerade bei Onlinekommunikations-

---

[3] Im Modell des Innovations-Entscheidungs-Prozesses in Organisationen wird zudem einbezogen, wie die Innovation unter den Organisationsmitgliedern diffundiert sowie die Organisation gegebenenfalls nach innen verändert (vgl. Rogers 2003, S. 424–429). Dies soll hier weitestgehend ausgeklammert bleiben.

Innovationen wichtig ist. In der Regel stellen Plattformbetreiber lediglich die technische Infrastruktur bereit, geben also eine Struktur und Funktionalitäten vor, die den Rahmen bilden, in dem Nutzer – so auch Organisationen – konkrete Nutzungspraktiken herausbilden müssen (vgl. Quiring und Schweiger 2006). Dafür ist Wissen, zum einen über die richtige Nutzung der Innovation (*how-to-knowledge*), zum anderen über die Funktionsprinzipien (*principles-knowlegde*, vgl. Rogers 2003, S. 173) notwendig. So erweist sich ein Mangel an Social Media-Kenntnissen oft als Hemmschuh für den gezielten Einsatz dieser in der Organisationskommunikation (vgl. Berthon et al. 2012, S. 270). Während das Wissen über Social Media-Trends, zum Beispiel neue Plattformen (*awareness-knowledge*, vgl. Rogers 2003, S. 172) von Praktikern als relativ hoch eingestuft wird, fehlen ihnen häufig Kenntnisse über rechtliche Rahmenbedingungen oder aber spezielle Nutzungspraktiken, um beispielsweise den Dialog mit den Bezugsgruppen herzustellen (vgl. Zerfaß et al. 2013, S. 40). Abgeschlossen wird der Innovations-Entscheidungs-Prozess in der fünften Phase, der *Fortführung*. Hier entscheidet sich, inwiefern der Übernehmer die Innovation weiterhin nutzt oder die Adoptionsentscheidung wieder rückgängig macht. Mit Blick auf Onlinekommunikations-Innovationen stellt sich also die Frage, ob und welche Evaluationskriterien für die Erfolgsbeurteilung herangezogen werden oder ob eine tatsächliche Wertschöpfung zunächst sogar nebensächlich ist (vgl. Sandhu 2013).

2.2 Forschungsstand

Studien zu Onlinekommunikations-Innovationen in der Organisationskommunikation konzentrieren sich überwiegend auf deren Diffusion und untersuchen, welche Kommunikationskanäle, wie Social Media, aber auch E-Mail oder Websites von Praktikern zu einem bestimmten Zeitpunkt eingesetzt werden (vgl. Alikilic und Atabek 2012; Avery et al. 2010; Taylor und Perry 2005). Häufig lautet das eher normativ geprägte Urteil, vor allem früherer Studien, dass Praktiker Social Media zu zurückhaltend implementieren (vgl. z. B. Eyrich et al. 2008; Porter et al. 2009). Studien, die sich gezielter mit Determinanten der Adoption von Onlinekommunikations-Innovationen befassen, fokussieren überwiegend auf individuelle Adoptionsentscheidungen (vgl. Curtis et al. 2010; Kitchen und Panopoulos 2010). Kitchen und Panopoulus (2010) befragten 105 griechische PR-Praktiker im Finanzsektor danach, welche Online-Kommunikationskanäle diese einsetzen und inwiefern die Adoption mit den Faktoren relativer Vorteil, Kompatibilität, Komplexität, Beobachtbarkeit und Erprobbarkeit zusammenhängt. Lediglich die Erprobbarkeit hing direkt mit der Adoptionsrate zusammen, sodass die Autoren diese als zentrale Übernahmedeterminante betrachten (vgl. Kitchen und Panopoulos 2010, S. 227). Da jedoch unklar bleibt, wie die Nutzung der verschiedenen Kanäle als abhängige Variable operationalisiert wurde, und keine Gütekriterien für das Pfadmodell ausgewiesen werden, ist dieses Ergebnis vorsichtig zu interpretieren.

Der Innovations-Entscheidungs-Prozess auf organisationaler Ebene ist vergleichsweise selten Untersuchungsgegenstand (vgl. Kelleher und Sweetser 2012; Nah und Saxton 2013). Kelleher und Sweetser (2012) untersuchen die Adoption von Social Media durch PR-Verantwortliche an US-amerikanischen Universitäten mit Hilfe von Leitfadeninterviews. Die befragten Praktiker orientierten sich insbesondere bei der Beurteilung der Kompatibilität von Social Media-Kanälen für die eigene Organisation an anderen Universitäten (S. 113). Hinsichtlich individueller Übernehmer-Charakteristika unterscheiden die Autoren *believers* und *nonbelievers* (S. 118). Ersteren fällt die Adoption von Social Media sehr leicht; Risiken messen sie wenig Bedeutung zu. Demgegenüber implementiert die zweite Kategorie Social Media vor allem deshalb, weil sie den Eindruck haben, mit anderen Universitäten Schritt halten zu müssen; sie sind also extrinsisch motiviert (S. 118–119). Dass die Wahrnehmung, auch andere würden bestimmte Social Media nutzen, die eigene Adoptionsentscheidung begünstigt, zeigten auch Eyrich et al. (2008). Bisherige Befunde zum Innovations-Adoptions-Prozess in Organisationen beschränken sich auf konkrete Branchen oder Organisationstypen. Demgegenüber wird hier die Adoption von Online-Kommunikations-Innovationen in unterschiedlichen Unternehmen und Agenturen anhand einer bestimmten Plattform, nämlich Pinterest, untersucht.

2.3 Fallbeispiel Pinterest

Zerfaß und Sandhu (2008, S. 286) kategorisieren die Funktionen von Social Media in vier Dimensionen: 1) *Publizieren & Darstellen*, 2) *Wissensmanagement*; 3) *Informieren* und 4) *Vernetzen*. Nicht immer lassen sich Social Media-Kanäle überschneidungsfrei zuordnen. So erfüllt auch Pinterest mehrere Funktionen: Primär können Nutzer Bilder in virtuellen Pinnwänden, den sogenannten *Boards*, sammeln. Indem Nutzer diese öffentlichen Pinnwände abonnieren sowie einzelne Bildinhalte kommentieren, bewerten und teilen können, können sie sich auch untereinander vernetzen. Dabei ist das sogenannte *Repinnen*, also das Teilen von Inhalten, eine zentrale Funktion des Netzwerks. Schätzungsweise rund achtzig Prozent der geposteten Inhalte sind *Repins* (vgl. Gnocchi 2012). Zudem sind die Bilder in der Regel mit einem Back-Link versehen, sodass potenziell Traffic auf die Unternehmens-Website, andere soziale Netzwerke oder einen Online-Shop generiert werden kann (vgl. Werner 2012, S. 75).

Das Besondere an Pinterest ist also der Fokus auf rein visuelle Inhalte. Die Interaktion zwischen den Nutzern bleibt im Wesentlichen auf den Austausch dieser beschränkt, so dass es anknüpfend an eine praxisorientierte Differenzierung sozialer Netzwerke durch Hettler (2010, S. 55) auch als *Publikationsnetzwerk* bezeichnet werden kann. Daran anschließend wird Pinterest in der Blogosphäre auch als sogenannte Kurationsplattform beschrieben (vgl. Eichstädt und Kuch 2013, S. 34), was wiederum den Aspekt des Sammelns, Organisierens und Teilens von Bildinhalten herausstellt. Das Potenzial der Plattform, mit den Anspruchsgruppen in Dialog zu treten ist also beschränkt. Demgegenüber kann Pinterest durch den visuellen Fokus die ,soft facts' einer Organisation kommunizieren und somit zur Imagebildung beitragen. So können Organisationen durch die dargestellten Inhalte visuelle Bezugspunkte schaffen, die das gewünschte Image im Gedächtnis der Bezugsgruppen verankern (vgl. Esch und Fischer 2009; Kroebel-Riel und Esch 2011) sowie Aufmerksamkeit für die Organisation generieren (vgl. Hoffjann 2009).

3 Forschungsfragen

Bisher erhielt die Übernahme von Innovationen der Onlinekommunikation vor allem in der Praktikerliteratur viel Aufmerksamkeit (vgl. u. a. Jodeleit 2010; Phillips und Young 2009) oder wurde aus einer Best Practice-Perspektive beleuchtet (vgl. Kietzmann et al. 2011; Mangold und Faulds 2009). Studien, die sich mit Adoptionsprozess in Organisationen auseinandersetzen, sind jedoch wie gezeigt rar. Deshalb überträgt der vorliegende Beitrag das Innovations-Entscheidungs-Modell von Rogers (2003) auf Pinterest als eine aktuelle Onlinekommunikations-Innovation und analysiert, wie Kommunikationsverantwortliche in Unternehmen und Agenturen vorgehen, wenn sie sich für oder gegen die Plattform als neues Kommunikationsinstrument entscheiden. Die erste Forschungsfrage lautet somit: *Wie gestaltet sich der Adoptionsprozess von Onlinekommunikations-Innovationen in der Organisationskommunikation am Beispiel Pinterest?*

Dabei werden Motivationen in der Phase des *Kennenlernens* betrachtet sowie Faktoren, die sich positiv oder negativ auf die *Meinungsbildung* und letztlich die *Entscheidung* für oder gegen die Innovation und die Herausbildung von konkreten Nutzungspraktiken im Rahmen der *Implementierung* auswirken. Darüber hinaus geht es um Kriterien, die die *Fortführung* bedingen. Nicht zuletzt wird beleuchtet, in welchem Ausmaß tatsächlich strategische Überlegungen handlungsleitend sind. Um die Ergebnisse besser einordnen zu können, wird zudem beleuchtet, welchen Stellenwert Social Media bei den befragten Organisationen generell einnehmen und aus welcher Motivation heraus diese genutzt werden.

Die zweite Forschungsfrage thematisiert Unterschiede zwischen Unternehmen und Agenturen: *Welche Unterschiede zeigen sich beim Adoptionsprozess von Onlinekommunikations-Innovationen in der Organisationskommunikation in Unternehmen und Kommunikationsagenturen am Beispiel Pinterest?*

Um sich gegenüber Konkurrenten abzugrenzen, müssen Agenturen ihren Kunden kreative und innovative Kommunikationslösungen anbieten (vgl. Fuhrberg 2012, S. 78). Davon ausgehend suchen sie möglicherweise systematischer und zielgerichteter nach Onlinekommunikations-Innovationen. Des Weiteren müssen Kommunikationsagenturen aufgrund des Dienstverhältnisses noch stärker als Kommunikationsverantwortliche in Unternehmen gegenüber Kunden überzeugend argumentieren zu können, weshalb sie geeignet sind oder nicht. So lässt sich annehmen, dass gerade in der Phase der Meinungsbildung eine umfangreiche Recherche erfolgt. In der Implementierungs- und Fortführungsphase könnte in Agenturen durch das Dienstleistungsverhältnis ein noch höherer Grad an Transparenz erforderlich sein und eine strategiegeleitete Herangehensweise begünstigt werden, während Unternehmen möglichweise erst im Verlauf der Implementierung eine konkrete Nutzungsstrategie für das Tool entwickeln und die Erfolgskontrolle erst zu einem späteren Zeitpunkt aufsetzen.

4 Methodisches Vorgehen

4.1 Leitfadengespräche mit Kommunikationsverantwortlichen

Im Januar und Februar 2013 wurden insgesamt zehn Leitfadeninterviews mit Kommunikationsverantwortlichen in Unternehmen und Agenturen geführt. Kommunikationsverantwortliche als Interviewpartner zu wählen erschien sinnvoll, da sie Entscheidungen über den Einsatz von Kommunikationsinstrumenten treffen (vgl. DiStaso et al. 2011). Zur Strukturierung der Interviews wurde das Fünf-Stufen-Modell von Rogers (2003) herangezogen. Dennoch wurden auch individuelle Erfahrungen der Interviewpartner in ihren Handlungsentscheidungen, die über das theoretische Modell hinausgehen, berücksichtigt. Gleichwohl darf nicht ausgeblendet werden, dass das qualitative Vorgehen stets die Gefahr bietet, dass die Befragten sozial erwünscht antworten, beispielsweise bewusst oder unbewusst eigene, eher „aus dem Bauch" getroffene Handlungsentscheide im Nachhinein rechtfertigen und strategische Herangehensweisen bei der Implementierung und Erfolgskontrolle im Adoptionsprozess berichten, die sich von der tatsächlichen praktischen Relevanz unterscheiden.

Der Leitfaden gliederte sich in drei Dimensionen. 1) Zum Einstieg und um die Aussagen später besser einordnen zu können, ging er auf die beruflichen Erfahrungen des Interviewpartners, insbesondere im Bereich Onlinekommunikation, die derzeitige Position und aktuelle Projekte ein. Daran anschließend integrierte der Leitfaden 2) allgemeine Fragen zur Ausgestaltung der Onlinekommunikation und zur Bedeutung von Social Media im Unternehmen beziehungsweise der Agentur. Hier wurde auch der generelle Umgang mit Trends in der Onlinekommunikation thematisiert. Anschließend wurden 3) Fragen gestellt, die Rückschlüsse auf den Innovations-Entscheidungs-Prozess am Beispiel von Pinterest erlauben sollten.

4.2   Stichprobe der Unternehmen und Agenturen

Die Stichprobenbildung erfolgte anhand einer theoretischen Auswahl (vgl. Meyen et al. 2011, S. 68–69). Gegenwärtig gibt es kein Verzeichnis über Unternehmen und Agenturen, die Pinterest nutzen. Daher wurden in Frage kommende Organisationen anhand von Google-Suchen sowie Recherchen in Blogs und Fachmagazinen ermittelt. Die eigentliche Auswahl erfolgte dann anhand zweier Kriterien, der *Größe* eines Unternehmens sowie der *Unternehmensbranche*. So richten Großunternehmen ihre Social Media-Aktivitäten eher strategisch aus, während kleine Unternehmen häufiger einen „geringen Organisationsgrad" im Umgang mit Social Media aufweisen und sie oft lediglich nebenbei bespielen (vgl. Bitkom 2012, S. 14–15). Zudem wurde berücksichtigt, dass Unternehmensbranchen einen unterschiedlichen Grad an Kompatibilität mit Pinterest aufweisen. Die Plattform ist aufgrund ihres visuellen Fokus besonders kompatibel für Unternehmen aus ästhetisch orientierten Branchen wie Mode oder Fotografie, aufgrund der Backlinksetzung für Unternehmen, die im Bereich E-Commerce tätig sind. Auf dieser Grundlage konnten schließlich zehn Kommunikationsverantwortliche für die Studienteilnahme gewonnen werden, davon sechs aus Agenturen sowie vier Unternehmensvertreter. Die Positionen variieren dabei zwischen Geschäftsführern, Leitern der Social Media-Abteilung oder Digital Consultants (vgl. Tab. 1).

Alle Organisationen haben Accounts auf Pinterest, aber nur fünf der sechs Agenturen betreuen dort auch Kunden. Bei den Unternehmen handelt es sich um zwei mittelständische und zwei große Unternehmen aus dem Bereich Tourismus sowie der Medien- und Modebranche. Unter den Agenturen befinden sich zwei, die kleine und mittelständische Unternehmen sowie vier, die große Unternehmen auf Pinterest betreuen, darunter Technologieunternehmen, Unternehmen mit Fokus auf E-Commerce sowie aus der Automobilbranche und Gastgeber/Hotellerie. Die Interviews mit den Kommunikationsverantwortlichen wurden via Skype durchgeführt

Tab. 1 Überblick – Teilnehmende Agenturen und Unternehmen

	Art	Branche/Schwerpunkt	Leistung	Größe	Position des Interviewpartners
A1	Agentur	Technologie	Public relations	< 50 Mitarbeiter	Mitglied der Geschäftsführung und Leiter Social Media
A2	Agentur	Diverse	Full-service	< 250 Mitarbeiter	Digital Consultant und Projektleitung im Bereich Social Media
A3	Agentur	Technologie	Public relations	< 50 Mitarbeiter	Account-Manager und Projektleitung im Bereich Social Media
A4	Agentur	E-Commerce	Online marketing	< 50 Mitarbeiter	Geschäftsführer
A5	Agentur	Diverse	Full-service	< 250 Mitarbeiter	Media Consultant und Leiter des Social Media- und Mobile-Teams
A6	Agentur	Gastgeber (Hotellerie, Gastronomie, Event)	Marketing	< 10 Mitarbeiter	Geschäftsführer
U1	Unternehmen	Bekleidung	–	> 250 Mitarbeiter	Leiter des Online-Marketings und verantwortlich für den Bereich Social Media
U2	Unternehmen	Medien	–	> 250 Mitarbeiter	Online-Redaktion und verantwortlich für die Onlinekommunikation
U3	Unternehmen	Bekleidung	–	> 250 Mitarbeiter	Leiter des Online-Marketings und verantwortlich für die Onlinekommunikation
U4	Unternehmen	Tourismus	–	< 50 Mitarbeiter	Geschäftsführer und verantwortlich für die Onlinekommunikation

und aufgezeichnet und dauerten zwischen einer halben Stunde und eineinhalb Stunden. Sie wurden anschließend in normales Schriftdeutsch transkribiert und mittels einer strukturierenden Inhaltsanalyse (vgl. Mayring 2010) ausgewertet. Davon ausgehend haben wir mithilfe des erstellten Kategoriensystems 1) jene Passagen herausgefiltert, die als relevant definiert wurden sowie 2) solche Passagen, die nicht in die Kategorien eingeordnet werden konnten oder aber eine Spezifizierung erlaubten, in einem induktiven Verfahren in neue Ausprägungen eingeordnet (vgl. Reinhoffer 2008, S. 125). Das ausdifferenzierte Kategoriensystem wurde in einem zweiten Codierdurchlauf noch einmal angewendet, um einen möglichst hohen und gleichen Strukturierungsgrad der Interviews zu gewährleisten.

5 Ergebnisse

5.1 Stellenwert und Ausgestaltung der Onlinekommunikation

Wenig überraschend zeigte sich in den Interviews, dass alle Kommunikationsverantwortlichen der Onlinekommunikation eine hohe Wichtigkeit beimaßen. Dies entspricht aktuellen Befunden des European Communication Monitors (vgl. Zerfaß et al. 2013, S. 25). Damit einhergehend nutzen alle ein Repertoire an „Standard-Kanälen", zu dem in der Regel zumindest Facebook, Twitter, YouTube und Xing gehören. Die Notwendigkeit, in Social Media präsent zu sein, erwächst dabei insbesondere aus der steigenden Nutzung von Social Media durch die Bezugsgruppen. In diesem Zusammenhang wird, wie bereits eingangs diskutiert, auch auf deren Erwartungshaltung verwiesen. Organisationen sehen sich mitunter in einer Pull-Situation: „Das ist mittlerweile einfach die Erwartungshaltung der Kunden, dass das Unternehmen zum Beispiel bei Facebook vertreten ist, da kommt man eigentlich nicht mehr dran vorbei" (A4). Dies spiegelt sich auch darin wider, dass bestimmte Kanäle einfach nur deshalb bestückt werden, weil davon ausgegangen wird, dass die Anforderung an die Organisation gestellt wird: „Mit Twitter tue ich mich sehr, sehr schwer, müsste ich an sich eigentlich streichen, weil es nicht wirklich etwas bringt, hier in Deutschland zumindest. Da sind wir einfach nur dabei, weil man ein Twitter-Profil haben muss" (U1). Hier wird deutlich, dass organisationsexterne Einflussfaktoren durchaus dazu beitragen, die strategische Kommunikation von Organisationen auszuformen (vgl. Sandhu 2009, S. 75).

Neben den beschriebenen Erwartungen, die in den Anspruchsgruppen vorhanden sind oder zumindest vermutet werden, spielen die Social Web-Aktivitäten anderer Organisationen eine Rolle. Die meisten Kommunikationsverantwortlichen berichten, dass sie dies beobachten und es durchaus handlungsleitend sein kann. Dafür sind sowohl Branchenmedien bedeutsam („vor einem Jahr [war es] recht schwer, an Pinterest vorbeizukommen, da hat es ziemlich viel dazu gegeben", U1), als auch der Austausch mit Fachkollegen („Der Anstoß [Pinterest auszuprobieren], kam über eine Gruppe bei Facebook, in der ich mit anderen Social Media-Verantwortlichen zusammengeschlossen bin, die alle in der Hotellerie und Gastronomie arbeiten", U3). Die Entscheidung, bestimmte Social Media-Kanäle zu bespielen oder zumindest auszuprobieren, erfolgt also nicht ausschließlich anhand konkret formulierter, zu erreichender Kommunikationsziele, sondern kann auch extern determiniert sein.

Der größte Vorteil, den die Befragten mit Social Media verbinden, ist der kontinuierliche und direkte Kontakt mit den Bezugsgruppen: „Die Leute sind tagtäglich im Social Web in vielen Netzwerken unterwegs, insofern ist es weiterhin ein perfekter Kanal, um eine gewisse Kontaktfrequenz und Aufmerksamkeit zu generieren [. . .]" (A5). Das nutzen insbesondere die Unternehmen für gezielten Imageaufbau. Um tatsächlich in den Dialog mit den Bezugsgruppen zu treten, werden allerdings in der Regel – wenn überhaupt – nur sehr wenige Plattformen eingesetzt; zumeist ist dies Facebook: „Engagement machen wir eigentlich nur bei Facebook und Twitter, bei Xing und LinkedIn haben wir unsere Kontakte und unser ganz normales Firmenprofil [. . .]" (A1).

5.2   Innovations-Entscheidungs-Prozess am Beispiel Pinterest

Die Kommunikationsverantwortlichen wurden offen danach gefragt, wie sie mit Trends in der Onlinek-Kommunikation umgehen und wie sie handeln, wenn sie auf eine Onlinekommunikations-Innovation wie Pinterest stoßen. Grundsätzlich zeigte sich anhand der Antworten, dass sich das Fünf-Stufen-Modell auf die Adoption von Onlinekommunikations-Innovationen adaptieren lässt (vgl. Abb. 1), auch wenn sich einzelne Phasen in der Praxis nicht immer trennscharf unterscheiden lassen. Insbesondere *Meinungsbildung* und tatsächliche *Implementierung* sind sehr eng miteinander verschränkt. Es kristallisierte sich heraus, dass sich das grundlegende Vorgehen bei der Übernahme von Onlinekommunikations-Innovationen in allen teilnehmenden Organisationen ähnelt: Der Adoptionsentscheidung und der Implementierung geht ein ausführliches Testen von Onlinekommunikations-Innovationen in einer Meinungsbildungsphase voraus. Hier beurteilen die Kommunikationsverantwortlichen anhand verschiedener Kriterien, die die von Rogers beschriebenen Faktoren (relativer Vorteil, Kompatibilität, Komplexität, Erprobbarkeit, Beobachtbarkeit) widerspiegeln, sowie anhand organisationaler

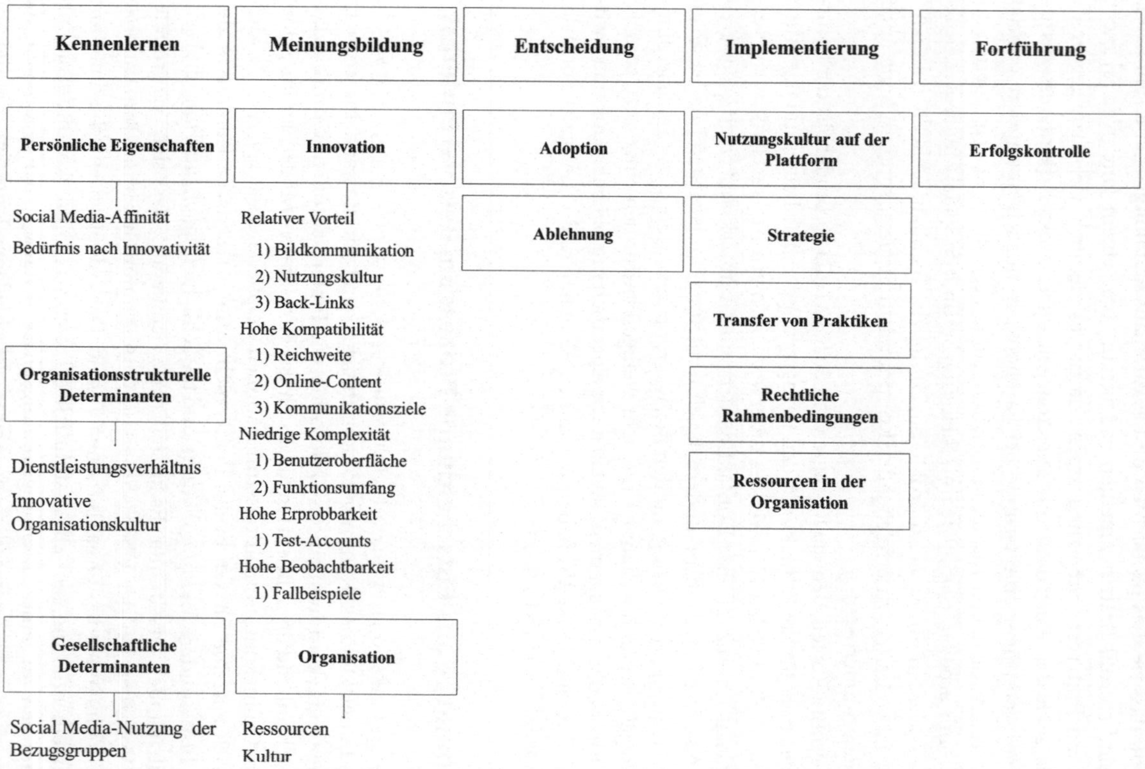

Abb. 1 Überblick über den Innovations-Entscheidungs-Prozess am Beispiel Pinterest. (Quelle: eigene Darstellung nach Rogers 2003, S. 169)

Rahmenbedingungen, inwiefern sich die Innovation für die Organisationskommunikation eignet. Diese Evaluation setzt sich in der Phase der Implementierung, in der konkrete Handlungspraktiken herausgebildet werden, kontinuierlich fort.

Im Folgenden betrachten wir die einzelnen Phasen etwas genauer.

5.3 Erste Phase: Kennenlernen

Mehrheitlich suchen die Kommunikationsverantwortlichen aktiv und intensiv nach Onlinekommunikations-Innovationen. Dabei werden auf individueller Ebene persönliche Eigenschaften wie eine grundsätzliche Social-Media-Affinität als motivierende Faktoren angeführt, auf organisationaler Ebene berufliche Erfordernisse wie der Anspruch, als Teil einer professionellen Arbeitsweise stets über aktuelle Entwicklungen informiert zu sein, sowie auf einer gesellschaftlichen Ebene der generell als hoch eingestufte Stellenwert von Onlinekommunikation und Social Media. Dies entspricht der Beobachtung, dass die Adoption von Innovationen in Organisationen oftmals weniger durch tatsächlich zu bewältigende Problemstellungen getrieben ist, sondern „Lösungen" den Adoptionsprozess anstoßen (vgl. March 1981). Im Hinblick auf die Kanäle, über die die Agenturen und Unternehmen von Onlinekommunikations-Innovationen erfahren, ist vor allem Twitter relevant. Es wird genutzt, um sich über aktuelle Branchentrends zu informieren. Zwei Kommunikationsverantwortliche bezeichnen Twitter gar als Fachkommunikationstool (A3, A4). Von Pinterest zu erfahren (awareness-knowledge, vgl. Rogers 2003, S. 172) empfanden die Kommunikationsverantwortlichen mehrheitlich als einfach, da es zum Zeitpunkt des Kennenlernens bereits viel Aufmerksamkeit in Blogs, Fachmagazinen und Online-Magazinen erfahren hatte.

5.4 Zweite Phase: Meinungsbildung

Im Bereich der Bildkommunikation existieren zahlreiche alternative Dienste wie Picasa, Flickr oder Instagram. In diesem Zusammenhang verweist der Geschäftsführer eines Unternehmens darauf, dass „es nicht lohnt, in allen drin zu sein" (U4). Die Adoptionsentscheidung wird einerseits determiniert durch organisationsstrukturelle Rahmenbedingungen wie verfügbaren Ressourcen oder eine innovationsorientierte Organisationskultur (vgl. Lin 1998). Sie hängt andererseits von Eigenschaften der Innovation wie ihrem *relativen Vorteil* ab: „wenn das [Pinterest] der zwanzigste Instagram-Klon gewesen wäre, hätte ich da, glaube ich, auch nicht weiter gelesen" (A5). Dies kann umgekehrt ebenso dazu führen, dass eine

Innovation nicht dauerhaft implementiert wird, wenn sich zeigt, dass andere Plattformen besser zu Kommunikationszielen und anvisierten Bezugsgruppen passen: „Also da könnte es sein, dass wir sagen, das ist für uns das Traumtool, auf das wir immer gewartet haben: Und zwar ist das die Fotocommunity 500pix" (A3).

Der Übernahme einer Onlinekommunikations-Innovation geht in der Regel eine Testphase voraus: Fast alle Kommunikationsverantwortlichen richteten sich vor der professionellen Implementierung einen – teils privaten – Account ein, um Pinterest einem Testlauf zu unterziehen. Dies wurde als sehr einfach empfunden (*hohe Beobachtbarkeit*). Ausgangspunkt dafür ist entweder, dass die Innovation zur grundsätzlichen Ausrichtung der Organisationskommunikation *kompatibel* ist („Die Faktoren wären die: Hat das Tool Potenzial? Passt es in meine Kommunikationsstrategie in dem Sinne, dass ich emotionalen Content bringen will?", U1) oder aber, dass aufgrund der Thematisierung in Fachmedien oder unter Kollegen erwartet wird, dass sie relevant werden könnte.

Grundsätzlich kristallisieren sich in der *Phase der Meinungsbildung* zwei unterschiedliche Praktiken heraus: Eine 1) subjektiv-explorative und eine 2) objektiv-explorative Herangehensweise. Kommunikationsverantwortliche des ersten Typus nähern sich Onlinekommunikations-Innovationen primär ausprobierend: „Aber bei mir ist es Trial & Error, also ich versuche das selber herauszubekommen und ich versuche in dem Portal mit Leuten in Kontakt zu kommen und die einfach auszufragen" (A1). Dazu gehört das Netzwerken mit anderen Übernehmern, Nutzerrecherchen im bestehenden eigenen Netzwerk oder Kontaktaufnahme zu den Plattformbetreibern. Der zweite Typus geht rationaler und objektiver an die Bewertung neuer Plattformen heran: Er recherchiert nach Nutzungsstatistiken, Erfolgszahlen, Erfahrungsberichten anderer Übernehmer und Informationen über den Betreiber der Plattform, um die Meinungsbildung transparenter zu machen. Welcher Typ der Meinungsbildung dominiert, hängt von individuellen Eigenschaften der Kommunikationsverantwortlichen ab. So kann eine subjektiv-explorative Herangehensweise zum Beispiel begünstigt werden durch persönliches Interesse und die Neugier, Innovationen auszuprobieren: „Also, in der Laborphase läuft jedes Tool über mich, weil ich einfach so schrecklich neugierig bin [. . .und], weil ich einen Spieltrieb habe. Und dann, wenn ich sehe, dass es funktionieren kann, gebe ich es weiter." (U1) Subjektiv-exploratives Vorgehen kann auch unterstützt werden durch eine innovationsfreundliche und offene Organisationskultur: „Also, wir als Agentur springen immer aufgeregt auf alles [Social Media-Trends] auf, was aber für die Unternehmen keinen Sinn ergibt, das empfehlen wir nicht" (A3). Beim Experimentieren mit Onlinekommunikations-Innovationen orientieren sich die Kommunikationsverantwortlichen auch an anderen Organisationen: „Wie man das immer macht: Man legt sich einen Account an, schaut, wer ist da schon, den man kennt oder der einen interessiert und was machen andere. Dann probiert man ein bisschen rum" (A3). Für Pinterest erleichterten beispielsweise US-amerikanische Fallbeispiele die Übernahmeentscheidung (*hohe Beobachtbarkeit*). Daneben ist es vor allem die Nutzerkultur, die dazu führt, dass eine Plattform als geeignet für die Organisationskommunikation beurteilt wird: So wird für Pinterest die hohe Popularität bei „Frauenthemen" (A4, A6) hervorgehoben sowie die positive Emotionalität (*relativer Vorteil*). Die Nutzerkultur wird ebenso herangezogen, um die *Kompatibilität* von Innovationen mit der eigenen Unternehmensbranche beziehungsweise der der Kunden zu beurteilen: So wurden für das Beispiel Pinterest konkrete Branchen genannt, für die die Plattform einen geeigneten Kommunikationskanal darstellt, zu denen Mode, Fotografie oder Ernährung/Food gehören. Mit Blick auf die *Kompatibilität* sind zudem die generelle Reichweite sowie erreichte Anspruchsgruppen, das Vorhandensein von geeignetem Content und die Passung zu Kommunikationszielen bedeutsam. Für Pinterest wird diese unterschiedlich bewertet; die Befragten problematisieren besonders die noch wenig ausgeprägte Nutzung in Deutschland. Zudem werden über Pinterest nicht alle Anspruchsgruppen erreicht: „[…] wir sind ja keine Werbeagentur, sondern PR-Agentur, das heißt, unser Hauptkontakt ist die Presse, sind Journalisten. Und Journalisten sind auf Pinterest nicht so vertreten wie auf Facebook oder Twitter" (A1). Kommunikationsziele, die sich mit Pinterest laut den Kommunikationsverantwortlichen gut umsetzen lassen, sind Suchmaschinenoptimierung sowie das allgemeine Generieren von Aufmerksamkeit für die Organisation bei privaten Nutzern (*Customer Relations*) und damit einhergehend Traffic auf andere Plattformen wie die eigene Website durch die einfache Back-Link-Setzung (*relativer Vorteil*).

Neben wahrgenommenen Eigenschaften der Innovation wurden auch organisationsstrukturelle Faktoren angesprochen, vor allem die Organisationskultur und Unternehmensressourcen. *Organisationskultur* bezieht sich auf die generelle Einstellung gegenüber Social Media sowie Innovationsfreundlichkeit. Viele der befragten Kommunikationsverantwortlichen bescheinigen ihrer Organisationen eine innovative Onlinekommunikation, was sich auch am Ausprobieren neuer Dienste wie Pinterest zeigt. Nichtsdestotrotz thematisieren sie die begrenzte Zeit und personelle Engpässe, die angesichts der Vielzahl möglicher Tools eine Übernahmeentscheidung restringieren: „Jeder Account ist aktiv und lebendig, wir versuchen Aktivität zu zeigen, indem wir etwas posten, Bilder hochladen usw. Das heißt, verzetteln dürfen wir uns nicht, das heißt, wir wollen keinen toten Account haben, das ist unsere Prämisse" (A1).

5.5 Dritte Phase: Entscheidung

Obwohl unter den Befragten keine Non-Adoptoren von Pinterest waren, wird in den Aussagen der Kommunikationsverantwortlichen deutlich, dass durchaus auch eine Entscheidung *gegen* eine Innovation getroffen werden kann, nachdem diese ausprobiert wurde: „Bei uns war es relativ schnell sicher, dass Pinterest für unsere Technologiekunden, auch im Consumer-Bereich, eher nicht so interessant ist" (A1). Dies geht im Fall von Pinterest ebenso einher mit der Wahrnehmung, dass die Plattform in der Regel allenfalls ergänzend zu etablierten Social Media-Kanälen wie Facebook, implementiert werden kann: „Sowas kann man machen, aber [es] ist natürlich nicht der zentrale Bestandteil der Strategie. [...] Beim normalen Kunden sagt man ‚Naja, also wenn ihr eure Facebook-Seite anständig macht, dann sind wir schon glücklich'" (A4). Generell zeichnete sich in den Interviews ab, dass Onlinekommunikations-Innovationen zwar kontinuierlich gesucht und beobachtet werden, ihnen aber insbesondere im Hinblick auf eine langfristige Implementierung inzwischen auch eine gewisse Skepsis entgegengebracht wird, die vor allem aus dem hohen finanziellen, zeitlichen und personellen Ressourceneinsatz für die kontinuierliche Pflege der Kanäle resultiert: „Dieses Überallmitmachen, das ist im Prinzip falsch, das kostet einfach nur Ressourcen und ist eben auch gar nicht möglich" (A5, vgl. auch *Meinungsbildung*).

5.6 Vierte Phase: Implementierung

In der Praxis lassen sich die Phasen der Meinungsbildung und der Implementierung nur schwer voneinander trennen. So erwiesen sich für die Herausbildung konkreter Anwendungspraktiken auch solche Kriterien als relevant, die zum Teil bereits in der Meinungsbildung eine Rolle spielten. Onlinekommunikations-Innovationen werden auch während der Implementierung im Hinblick auf eine mögliche *Fortführung* evaluiert. So wird darauf verwiesen, dass man ihr Potenzial in der Regel erst durch die eigentliche Implementierung erfahren kann, die auch mit einem „organischen Prozess" (A4) oder einem „Pokerspiel" (U1) verglichen wird.

Eine Innovation wie Pinterest tatsächlich rein strategiegeleitet zu implementieren, halten die meisten Kommunikationsverantwortlichen für schwierig: „So Dinge musst du immer ausprobieren, da kannst du keinen Case entwickeln im Vorfeld" (U3). Dies begründet sich auch darin, dass es sich gerade anfangs nicht lohnt, zu viele Ressourcen aufzuwenden: „Zu viel Geld in eine Strategie zu investieren im Social-Media-Bereich halte ich für nicht ganz sinnvoll. [...] In den sozialen Medien geht ‚Probieren über Studieren' Das muss ich ganz klar sagen" (U4). Ähnlich wie schon in der *Phase der Meinungsbildung*, unterscheiden sich Organisationen dennoch auch hier dahingehend, welchen strategischen Grad (vgl. Fuhrberg 2012) die Implementierung einer Onlinekommunikations-Innovation aufweist. Dieser wird hier allerdings insbesondere durch organisationsstrukturelle Rahmenbedingungen determiniert. So ist er, wenig überraschend, am höchsten ausgeprägt, wenn Agenturen für Kunden Onlinekommunikations-Innovationen übernehmen.

Am Anfang einer explorativen Implementierung steht den befragten Unternehmen und Agenturen zufolge kein konkretes Konzept, sondern lediglich eine übergeordnete Idee, aus der heraus sich die weiteren Inhalte des eigenen Profils entwickeln. Damit einhergehend ist der Transfer bestehender Praktiken bedeutsam. Diese stammen zum einen aus (US-amerikanischen) Fallbeispielen: „Wir haben da jetzt nicht so eine detaillierte Zielgruppenanalyse betrieben. Wir haben uns allgemein bei anderen Unternehmen angeschaut, was die so für Inhalte auf Pinterest bringen [...] und haben das dann übertragen" (A2). Zum anderen wird die eigene Expertise genutzt, konkrete Bildinhalte als Zweitcontent verwertet oder erfolgreiche Strategien auf anderen Social Media-Plattformen übertragen. Den Ausführungen der Befragten zufolge sind die Nutzerkultur und die Popularität von Themen auf einer neuen Plattform ein wichtiges Orientierungskriterium, um eine eigene Nutzungspraxis auszubilden: „Und irgendwann haben wir dann gemerkt, dass ziemlich viele Infografiken über Pinterest auch verteilt werden. Und das war dann der Punkt, wo wir gesagt haben, naja, dann können wir es jetzt als Agentur auch einfach mal probieren" (A4). Allerdings hat auch dies einen ausprobierenden Charakter: „Also, das war jetzt nicht von Anfang an die Strategie, sondern hat sich auch dann auch eher so beim Kennenlernen der Plattform entwickelt mit den Infografiken" (A4). Dieses explorative Vorgehen hängt auch ab von der Motivation, aus der heraus eine Innovation adoptiert und schließlich implementiert wird. So kommt es durchaus vor, dass Organisationen Onlinekommunikations-Innovationen übernehmen, ohne dass damit zunächst tatsächlich Kommunikationsziele verbunden sind (vgl. Sandhu 2013): „[Wir haben] zunächst überhaupt keinen Mehrwert darin gesehen. [Die] grundlegende Motivation hinter Pinterest, dass wir das weiter betrieben haben [war]: Für den Fall, dass es losstartet, wollten wir eine gute Basis" (U1). Demgegenüber werden beim stärker kommunikationsstrategischen Vorgehen, das vorwiegend Agenturen in der Arbeit für Kunden betonen, konkretere und zumindest ansatzweise prüfbare Kommunikationsziele definiert, die erreicht werden sollen: „Ganz klar agieren wir auf Basis unserer Kommunikationsstrategie" (A3). Dies liegt auch daran, dass Agenturen aufgrund des Dienstleistungsverhältnisses Erfolgspotenziale transparent machen müssen. Zusammengefasst entwickelt sich ein strategisches Vorgehen häufig erst während der Implementierung einer Onlinekommunikations-Innovation. Die Adoption scheint also in der Regel nicht das Ergebnis formaler und rationaler Planung; stattdessen entspricht das Vorgehen mehr einem offenen Strategiebegriff (vgl. Mintzberg 1978).

5.7 Fünfte Phase: Fortführung

Erschwerend für die Strategieentwicklung ist es, wenn kaum Analysetools und Statistiken zur Bewertung der Kommunikationsleistung einer Onlinekommunikations-Innovation zur Verfügung stehen. Während die Kommunikationsverantwortlichen die Evaluation von Kommunikationsmaßnahmen, insbesondere im Social Web, generell als bedeutsam einschätzen, spielt sie bei Pinterest eine eher untergeordnete Rolle. Dies hängt zum einen damit zusammen, dass Pinterest für die meisten Kommunikationsverantwortlichen noch keine zentrale Plattform für Organisationskommunikation ist. Zum anderen ist es dem Fehlen zuverlässiger Analysetools für Pinterest zum Zeitpunkt der Interviews[4] geschuldet: „Aus einem einfachen Grund bin ich überhaupt nicht zufrieden. Ich habe keine Analysetools" (U1). Einfache Kennzahlen, die die Befragten für die Erfolgsmessung auf Pinterest nutzen, sind beispielsweise die *Follower-Zahlen*, die *Anzahl geteilter* und *gelikter Inhalte*, die *Klickzahlen* der Inhalte sowie die *Positionierung* der Bildinhalte im *Suchmaschinen-Marketing*. Als problematisch erweist sich aber, dass es kaum objektive Vergleichsdaten gibt, um den Erfolg auf der Plattform zu definieren. Trotz der unbefriedigenden Erfolgskontrolle wollen alle Kommunikationsverantwortlichen Pinterest auch weiterhin nutzen. Motiviert ist dies auf der einen Seite durch sich abzeichnende Erfolge oder den Glauben an das Potenzial des Onlinenetzwerkes. Andere möchten die „Testphase" verlängern, um die Erfolgsaussichten noch genauer bewerten zu können. Spätestens in dieser Phase wird eine Onlinekommunikations-Innovationen in den meisten Organisationen einem fest verantwortlichen Mitarbeiter übergeben sowie gezielt Ressourcen freigemacht, um die Herausbildung von Nutzungspraktiken zu unterstützen: „Dieses Jahr habe ich meine ersten Kommunikationsziele für Pinterest bekommen und ab Februar gebe ich das an eine Mitarbeiterin weiter, das zu betreuen" (U1).

5.8 Adoption von Pinterest in Unternehmen und Agenturen

Wie bereits deutlich wurde, unterscheidet sich der Adoptionsprozess insgesamt weniger zwischen Agenturen und Unternehmen. Er wird stärker von individuellen Eigenschaften der Kommunikationsverantwortlichen (vgl. Kelleher und

---

[4] Seit März 2013 stellt Pinterest das Analysetool „Pinterest Web Analytics" zur Verfügung.

Sweetser 2012) sowie organisationskulturellen oder branchentypischen Spezifika geprägt. Die wenigen relevanten Unterschiede zwischen Agenturen und Unternehmen erwachsen überwiegend aus dem Dienstleistungsverhältnis, in dem sich Agenturen zu ihren Kunden befinden. So betreiben sie ein systematischeres Monitoring, welches es begünstigt, neue Tools überhaupt frühzeitig *kennenzulernen*. Hier ist in den Agenturen eine Professionalisierung zu beobachten: Die Suche nach Onlinekommunikations-Innovationen ist elementarer Bestandteil der täglichen Arbeit und wird zum Teil durch das eigene interne Monitoring oder Plattformen zum internen Austausch unterstützt: „Das ist ein Social Media-Tool, das wir selbstständig aufgebaut haben mit einem Partner, [...und], dass in verschiedenen Communities, Facebook, Twitter die Inhalte durchsucht, und da kann man schauen, was sind die Trends" (A1).

Sowohl in der Phase der *Meinungsbildung* als auch bei der *Implementierung* sind Agenturen zudem bemüht, das kommunikative Potenzial von Innovationen wie Pinterest transparent zu machen. Im Gegensatz zur Arbeit für den Kunden, für die damit einhergehend in der Regel – möglicherweise auch zum Teil sozialer Erwünschtheit und nachträglicher Rationalisierung geschuldet – ein strategiegeleitetes Vorgehen mit kontinuierlicher Evaluation des Erfolgs proklamiert wird („Ich empfehle es Kunden heute anders. Bei Kunden gehen wir strategischer vor, bei uns ist es mehr aus einem Bauchgefühl heraus entstanden", A6), fungieren eigene Agenturpräsenzen im Social Web durchaus auch als Ort, an dem viel ausprobiert werden kann („Die eigenen Präsenzen auf Social Media von der Agentur sind ja immer so eine gewisse Spielwiese. Da kann man ja alles und nichts ausprobieren und da auch gucken, wie kommen bestimmte Dinge an, was ist sinnvoll, was funktioniert, was nicht", A3).

6 Zusammenfassung und Einschränkungen

Ziel der Studie war es, den Adoptionsprozess von Onlinekommunikations-Innovationen anhand des Fallbeispiels Pinterest zu analysieren. Es zeigte sich, dass er grundsätzlich den von Rogers (2003) angenommenen Phasen folgt, auch wenn sich diese nicht immer trennscharf unterscheiden ließen. Aufgrund des hohen Stellenwerts, der der Onlinekommunikation zugesprochen wird, betreiben nahezu alle Organisationen ein kontinuierliches, aktives Monitoring, um geeignete neue Plattformen für die Organisationskommunikation zu identifizieren (*Kennenlernen*). Anschließend werden die Innovationen in der *Phase der Meinungsbildung* getestet. Faktoren, die die Meinungsbildung moderieren, finden sich sowohl auf Ebene der Innovation, als auch auf Ebene der Organisation. Als wichtigstes Übernahmekriterium zeichnete sich, wie schon in der Studie von Kitchen und Panopoulos (2010), die Erprobbarkeit ab, in deren Zusammenhang auch die Kompatibilität von Onlinekommunikations-Innovationen mit der eigenen Kommunikationsstrategie bewertet werden kann. Mit Blick auf die Organisation sind sowohl die Organisationskultur – insbesondere die Innovativität (vgl. Lin 1998) – als auch zeitliche und finanzielle Ressourcen relevante Entscheidungskriterien für oder gegen eine Übernahme.

Die Befunde zur Implementierung geben schließlich Aufschluss darüber, wie Organisationen eigene Anwendungspraktiken entwickeln. Wichtigster Faktor ist hier die Nutzungskultur auf der Plattform, die als Anknüpfungspunkt für individuelle Kommunikationsstrategien der Unternehmen und Agenturen fungiert. Als weitere Orientierungsfaktoren kristallisieren sich eigene Kommunikationsstrategien auf anderen Social Media-Plattformen beziehungsweise anderer Übernehmer der Online-Kommunikations-Innovation (Transfer von Praktiken), vorhandene Ressourcen sowie rechtliche Rahmenbedingungen für die Kommunikation heraus. Insgesamt ist das Vorgehen nur wenig strategisch im klassischen Begriffsverständnis; gleichwohl darf im Hinblick auf die vielfach gefundene „Trial & Error"- beziehungsweise „Learning-by-Doing"-Praxis nicht vergessen werden, dass die Adoption von Onlinekommunikations-Innovationen mit großen Unsicherheiten behaftet ist, die man auf diese Weise bei geringem Ressourceneinsatz zu reduzieren versucht. Dies scheint vor dem Hintergrund zentral, dass sich Organisationen zunehmend dem Druck ausgesetzt sehen – sei es durch Bezugsgruppen, Branchenmedien oder andere Organisationen –, Onlinekommunikations-Innovationen frühzeitig aufzuspüren und mit Blick auf ihre Eignung für die Organisationskommunikation zu beurteilen.

Zukünftige Studien sollten den Innovations-Entscheidungs-Prozess anhand verschiedener und länger etablierter Onlinekommunikationsinstrumente untersuchen, um unterschiedliche Übernehmertypen zu erfassen. Die Befragten, die Pinterest bereits in der Organisationskommunikation einsetzten, gehören zu den frühen Übernehmertypen, sie waren dementsprechend eher Social Media-affin und überwiegend tätig für Organisationen mit einer innovativen Onlinekommunikation. Zudem erlaubt die Beschränkung auf Pinterest als ein Fallbeispiel nur eine bedingte Übertragung der Befunde auf die generelle Adoption von Onlinekommunikations-Innovationen; sie bietet jedoch den Vorteil, dass es den Kommunikationsverantwortlichen so deutlich leichter fiel, konkrete Aussagen zu Meinungsbildung und Implementierung und deren Determinanten zu treffen. Durch den offen formulierten Leitfaden konnten die Kommunikationsverantwortlichen den Adoptionsprozess gut reflektieren. So ermöglichten die Leitfadengespräche nichtsdestotrotz interessante Befunde über *Pinterest* hinaus und liefern Anknüpfungspunkte für weitere Forschung. Insbesondere die Dichotomie zwischen einem zunehmend wahrgenommenen Zwang, Onlinekommunikations-Innovationen in der Organisationskommunikation zu integrieren, und der gleichzeitig wachsenden Skepsis gegenüber der Relevanz von zu vielen Social Media-Kanälen sowie der Herausforderung der Auswahl der „richtigen Plattformen", scheint ein lohnenswerter Ausgangspunkt für weitere Studien.

Literatur

Alikilic, O., & Atabek, U. (2012). Social media adoption among Turkish public relations professionals: A survey of practitioners. *Public Relations Review, 38*(1), 56–63. doi:10.1016/j.pubrev.2011.11.002.

Avery, E., Lariscy, R., Amador, E., Ickowitz, T., Primm, C., & Taylor, A. (2010). Diffusion of social media among public relations practitioners in health departments across various community population sizes. *Journal of Public Relations Research, 22*(3), 336–358. doi:10.1080/10627261003614427.

Berthon, P. R., Pitt, L. F., Plangger, K., & Shapiro, D. (2012). Marketing meets web 2.0, social media, and creative consumers: Implications for international marketing strategy. *Business Horizons, 55*(3), 261–271. doi:10.1016/j.bushor.2012.01.007.

Briones, R. L., Kuch, B., Liu, B. F., & Jin, Y. (2011). Keeping up with the digital age: How the American Red Cross uses social media to build relationships. *Public Relations Review, 37*(1), 37–43. doi:10.1016/j.pubrev.2010.12.006.

Brüne, K. (2002). Das Internet im Rahmen der integrierten Kommunikation. In U. Manschwetus & A. Rumler (Hrsg.), *Strategisches Internetmarketing. Entwicklungen in der Net-Economy* (1. Aufl., S. 417–436). Wiesbaden: Gabler.

Buchegger, I., & Signitzer, B. (2008). Inter.Net.Relations. Allgemeine und theoretische Aspekte. In C. Thimm & S. Wehmeier (Hrsg.), *Organisationskommunikation online. Grundlagen, Praxis, Empirie* (S. 17–36). Frankfurt a. M.: Lang.

Bundesverband Informationswirtschaft, Telekommunikation und neue Medien e. V./ BITKOM. (2012). Social Media in deutschen Unternehmen. http://www.bitkom.org/ files/documents/Social_Media-_in_deutschen_Unternehmen.pdf. Zugegriffen: 11. Jan. 2013.

Busemann, K., & Gscheidle, C. (2012). Web 2.0: Habitualisierung der Social Communitys. Ergebnisse der ARD/ZDF-Onlinestudie 2012, *2012*(7–8), 380–390.

Clement, M., & Litfin, T. (1998). Adoption Interaktiver Medien. In S. Albers, M. Clement, & K. Peters (Hrsg.), *Marketing mit interaktiven Medien. Strategien zum Markterfolg* (S. 95–122). Frankfurt a. M.: FAZ-Inst. für Management-, Markt- und Medieninformationen.

Curtis, L., Edwards, C., Fraser, K. L., Gudelsky, S., Holmquist, J., Thornton, K., & Sweetser, K. D. (2010). Adoption of social media for public relations by nonprofit organizations. *Public Relations Review, 36*(1), 90–92. doi:10.1016/j.pubrev.2009.10.003.

DiStaso, M. W., McCorkindale, T., & Wright, D. K. (2011). How public relations executives perceive and measure the impact of social media in their organizations. *Public Relations Review, 37*(3), 325–328. doi:10.1016/j.pubrev.2011.06.005.

Eichstädt, B., & Kuch, K. (2013). Bildkommunikation: Das Ende der Sprache im Social Web. In R. Leinemann (Hrsg.), *Social media* (S. 33–37). Berlin: Springer.

Esch, F.-R., & Fischer, A. (2009). Markenidentität als Basis für die Gestaltung der internen und externen Kommunikation. In M. Bruhn, F.-R. Esch, & T. Langner (Hrsg.), *Handbuch Kommunikation. Grundlagen – innovative Ansätze – praktische Umsetzungen* (1. Aufl., S. 379). Wiesbaden: Gabler.

Eyrich, N., Padman, M. L., & Sweetser, K. D. (2008). PR practitioners' use of social media tools and communication technology. *Public Relations Review, 34*(4), 412–414. doi:10.1016/j.pubrev.2008.09.010.

Frees, B., & Fisch, M. (2011). Veränderte Mediennutzung durch Communitys? Ergebnisse der ZDF-Studie Community 2010 mit Schwerpunkt Facebook. *Media Perspektiven* (3), 154–164.

Fuhrberg, R. (2012). *PR-Beratung.* Konstanz: UVK-Verl.-Ges.

Gnocchi, A. (2012). Social Media: Pinterest – Schöne bunte Bilderwelt. http://www.thomashutter.com/index.php/2012/03/social-media-pinterest-schone-bunte-bilderwelt. Zugegriffen: 5. Nov. 2012.

Hettler, U. (2010). *Social media marketing.* München: Oldenbourg, RCVK.

Hoffjann, O. (2009). Visualisierung als Strategie der Aufmerksamkeitsgewinnung in der Unternehmenskommunikation. *Medien Journal, 33*(1), 21–32.

Jodeleit, B. (2010). *Social media relations. Leitfaden für erfolgreiche PR-Strategien und Öffentlichkeitsarbeit im Web 2.0* (1. Aufl.). Heidelberg: dpunkt-Verlag.

Kelleher, T., & Sweetser, K. (2012). Social media adoption among university communicators. *Journal of Public Relations Research, 24*(2), 105–122. doi:10.1080/1062726X.2012.626130.

Kent, M. L., & Taylor, M. (1998). Building dialogic relationships through the World Wide Web. *Public Relations Review, 24*(3), 321–334.

Kietzmann, J. H., Hermkens, K., McCarthy, I. P., & Silvestre, B. S. (2011). Social media? Get serious! Understanding the functional building blocks of social media. *Business Horizons, 54*(3), 241–251. doi:10.1016/j.bushor.2011.01.005.

Kitchen, P. J., & Panopoulos, A. (2010). Online public relations: The adoption process and innovation challenge, a Greek example. *Public Relations Review, 36*(3), 222–229. doi:10.1016/j.pubrev.2010.05.002.

Kroeber-Riel, W., & Esch, F.-R. (2011). *Strategie und Technik der Werbung. Verhaltens- und neurowissenschaftliche Erkenntnisse* (7. Aufl.). Stuttgart: Kohlhammer.

Lin, C. A. (1998). Exploring personal computer adoption dynamics. *Journal of Broadcasting & Electronic Media, 42*(1), 95–112. doi:10.1080/08838159809364436.

Mangold, W. G., & Faulds, D. J. (2009). Social media: The new hybrid element of the promotion mix. *Business Horizons, 52*(4), 357–365. doi:10.1016/j.bushor.2009.03.002.

March, J. G. (1981). Footnotes to organizational change. *Administrative Science Quarterly, 26*(4), 563–577.

Mayring, P. (2010). Qualitative Inhaltsanalyse. Grundlagen und Techniken. In *Qualitative Inhaltsanalyse.*

Meyen, M., Löblich, M., Pfaff-Rüdiger, S., & Riesmeyer, C. (2011). Qualitative Forschung in der Kommunikationswissenschaft. Eine praxisorientierte Einführung. In *Qualitative Forschung in der Kommunikationswissenschaft.* Wiesbaden: VS Verlag für Sozialwissenschaften.

Mintzberg, H. (1978). Patterns in strategy formation. *Management Science, 24*(9), 934–984.

Nah, S., & Saxton, G. D. (2013). Modeling the adoption and use of social media by nonprofit organizations. *New Media & Society, 15*(2), 294–313. doi:10.1177/1461444812452411.

Phillips, D., & Young, P. (2009). *Online public relations. A practical guide to developing an online strategy in the world of social media* (2. Aufl.). London: Kogan Page.

Pleil, T. (2011). Public relations im social web. In G. Walsh, B. H. Hass, & T. Kilian (Hrsg.), *Web 2.0. Neue Perspektiven für Marketing und Medien* (2. Aufl., S. 235–251). Berlin: Springer.

Porter, L., Sweetser, K., & Chung, D. (2009). The blogosphere and public relations: Investigating practitioners' roles and blog use. *Journal of Communication Management, 13*(3), 250–267. doi:10.1108/13632540910976699.

Quiring, O., & Schweiger, W. (2006). Interaktivität – Ten years after. Bestandsaufnahme und Analyserahmen. *Medien & Kommunikationswissenschaft, 54*(1), 5–24.

Reinhoffer, B. (2008). Lehrkräfte geben Auskunft über ihren Unterricht. Ein systematisierender Vorschlag zur deduktiven und induktiven Kategorienbildung in der Unterrichtsforschung. In P. Mayring (Hrsg.), *Die Praxis der qualitativen Inhaltsanalyse* (2. Aufl., S. 123–141). Weinheim: Beltz.

Rogers, E. M. (2003). *Diffusion of innovations* (5. Aufl.). New York: Free Press.

Sallot, L. M., Porter, L. V., & Acosta-Alzuru, C. (2004). Practitioners' web use and perceptions of their own roles and power: A qualitative study. *Public Relations Review, 30*(3), 269–278. doi:10.1016/j.pubrev.2004.05.002.

Sandhu, S. (2009). Strategic communication: An institutional perspective. *International Journal of Strategic Communication, 3*(2), 72–92. doi:10.1080/15531180902805429.

Sandhu, S. (2013). PR im „eisernen Käfig"? Der Beitrag des Neo-Institutionalismus für die PR-Forschung. In A. Zerfaß, L. Rademacher, & S. Wehmeier (Hrsg.), *Organisationskommunikation und Public Relations. Forschungsparadigmen und neue Perspektiven* (S. 143–165). Wiesbaden: Springer.

Sandhu, S., & Zerfaß, A. (2007). EuroBlog 2007-Studie: PR-Verantwortliche investieren in Weblog-Monitoring/Social Softwar als disruptive Innovation im Kommunikationsmanagement. http://www.communicationmanagement.de/fileadmin/cmgt/PDF_Presseinfos/PM-Euroblog2007-Ergebnisse.pdf. Zugegriffen: 27. Nov. 2012.

Schultz, F., & Wehmeier, S. (2010). Online relations. In K. Beck & W. Schweiger (Hrsg.), *Handbuch Onlinekommunikation* (1. Aufl., S. 409–433). Wiesbaden: VS Verlag für Sozialwissenschaften.

Smith, B. G., & Place, K. R. (2013). Integrating power? Evaluating public relations influence in an integrated communication structure. *Journal of Public Relations Research, 25*(2), 168–187. doi:10.1080/1062726X.2013.758585.

Taylor, M., & Perry, D. C. (2005). Diffusion of traditional and new media tactics in crisis communication. *Public Relations Review, 31*(2), 209–217. doi:10.1016/j.pubrev.2005.02.018.

Werner, A. (2012). *Social media – Analytics & monitoring. Verfahren und Werkzeuge zur Optimierung des ROI* (1. Aufl.). Heidelberg: dpunkt.

Zerfaß, A. (2007). Unternehmenskommunikation und Kommunikationsmanagement. In M. Piwinger & A. Zerfaß (Hrsg.), *Handbuch Unternehmenskommunikation* (S. 21–70). Wiesbaden: Gabler.

Zerfaß, A., & Buchele, M.-S. (2008). Strukturwandel der Kommunikation. Herausfordeurngen für Unternehmen und Kommunikationsagenturen. In G. Bentele, M. Piwinger, & G. Schönborn (Hrsg.), *Kommunikationsmanagement. Strategien, Wissen, Lösungen* (S. 1–40). Neuwied: Luchterhand.

Zerfaß, A., Morena, A., Tench, R., Verčič, D., & Verhoeven, P. (2013). *European Communication monitor 2013. A changing landscape – Managing crises, digital communication and CEO positioning in Europe. Results of a survey in 43 countries.* Brussels: EACD/EUPRERA, Helios Media.

Zerfaß, A., & Pleil, T. (2012). Strategische Kommunikation in Internet und Social Web. In A. Zerfaß (Hrsg.), *Handbuch Online-PR. Strategische Kommunikation in Internet und Social Web* (S. 39–82). Konstanz: UVK-Verl.-Ges.

Zerfaß, A., & Sandhu, S. (2008). Interaktive Kommunikation, Social web und open innovation. Herausforderungen und Wirkungen im Unternehmenskontext. In A. Zerfaß, M. Welker, & J. Schmidt (Hrsg.), *Kommunikation, Partizipation und Wirkungen im Social Web* (S. 283–310). Köln: Halem Verlag.

Facebook als Instrument der Unternehmenskommunikation: Eine empirische Analyse der Relevanz und Realisation neuer Strategien

Katrin Tonndorf und Cornelia Wolf

1 Einleitung

Der durch die Digitalisierung ermöglichte und mit Etablierung des Web 2.0 weiter vorangetriebene Wandel der einseitig-linearen Massenkommunikation hin zu einer potenziell interaktiven Netzwerkkommunikation geht für die strategische Unternehmenskommunikation mit einem paradigmatischen Wechsel einher (vgl. Boelter und Hütt 2012, S. 395). Das Internet hat nicht nur die Zahl der für die Öffentlichkeitsarbeit zur Verfügung stehenden Kommunikationskanäle erweitert. Es ermöglicht auch eine direkte Kommunikation mit allen Zielgruppen – ohne auf die Verbreitungskanäle klassischer Massenmedien angewiesen zu sein (vgl. Schweiger und Jungnickel 2011, S. 400). Während sich frühe Formen der Onlinekommunikation wie unternehmenseigene Webseiten noch stark auf die reine Informationsdistribution konzentrierten, offerieren Corporate Blogs und soziale Netzwerke wie Facebook und Twitter interaktive Plattformen zum dialogischen und potenziell symmetrischen Austausch mit allen Anspruchsgruppen. Mit über 27 Mio. Nutzern ist Facebook das größte soziale Netzwerk in Deutschland (vgl. Statistica 2014a). Es bietet Unternehmen die Chance, Bezugsgruppen auf breiter Basis direkt anzusprechen. Durch Posts, Kommentare und Likes haben dort andererseits aber auch Nutzer die Möglichkeit, sich mit den Unternehmen sowie untereinander über

K. Tonndorf (✉) · C. Wolf
Passau, Deutschland
E-Mail: katrin.tonndorf@uni-passau.de

C. Wolf
E-Mail: cornelia.wolf@uni-passau.de

O. Hoffjann, T. Pleil (Hrsg.), *Strategische Onlinekommunikation*,
DOI 10.1007/978-3-658-03396-5_11, © Springer Fachmedien Wiesbaden 2015

Unternehmen auszutauschen und ihre Meinung mitzuteilen. Unternehmenspräsenzen bilden auf diese Weise dynamische Öffentlichkeiten – die Kommunikation ist schnell und oftmals schwer zu kontrollieren. Nutzeranfragen müssen zeitnah und individuell beantwortet werden – etablierte Instrumente in der Öffentlichkeitarbeit der Unternehmen wie etwa Pressemittelungen oder Stellungnahmen sind hierfür häufig zu langsam und in der Form oft nicht angemessen.

Die Kommunikationsabläufe, Themen und Aufmerksamkeitsregeln im Web 2.0 unterscheiden sich zum Teil deutlich von bekannten Handlungsmustern der klassischen PR-Arbeit (vgl. Zerfaß und Pleil 2012, S. 52). Das Konzept der *Cluetrain-PR* von Zerfaß und Pleil (vgl. 2012, S. 53 ff.) trägt den veränderten Kommunikationsbedingungen im Web 2.0 Rechnung und positioniert *Dialog und Nutzerpartizipation* als zentrale Elemente der Online-Unternehmenskommunikation. Die in diesem Zusammenhang postulierten Forderungen nach einem direkten und permanenten Austausch mit den Anspruchsgruppen gehen weit über die bereits in den 1990er Jahren propagierte dialogorientierte Unternehmenskommunikation (vgl. Bentele et al. 1996) hinaus. Sie zielt heute vielmehr systematisch darauf ab, Bezugsgruppen zu aktivieren und einzubinden. Statt maximaler Persuasion steht die *Beziehungspflege* im Fokus der PR-Arbeit. In der empirischen Forschung wurde der Einsatz von Strategien zur Beziehungspflege bislang hauptsächlich auf Corporate Webseiten untersucht (vgl. Kim und Rader 2010; Park und Reber 2008; Ki und Hon 2006). Neben der Beziehungspflege kann das Web 2.0 auch für den Aufbau von *Reputation* genutzt werden. Durch die Veröffentlichung geeigneter Inhalte können sich Unternehmen z. B. als Innovatoren und Experten darstellen sowie ihre Corporate-Social-Responsibility betonen. Auch Strategien zur Steigerung der Reputation wurden bisher lediglich für Unternehmenswebseiten untersucht (vgl. Kim und Rader 2010). Schließlich besteht die Möglichkeit, Social Media-Angebote auch gezielt zur *Marktforschung* einzusetzen (vgl. Poynter 2008) und etwa über Umfragen oder mit Hilfe von Data Mining Nutzerpräferenzen und Produktbewertungen zu erfassen.

Während für Unternehmenswebseiten bereits eine Fülle an inhaltsanalytischen Daten vorliegt, sind die Inhalte von Social Media-Präsenzen noch relativ wenig erforscht. Existierende inhaltsanalytische Erhebungen auf Facebook nehmen entweder nur allgemeine Bestandsaufnahmen vor (vgl. McCorkindale 2010) oder konzentrieren sich auf einzelne Strategien (vgl. Waters et al. 2009). Eine umfassende Analyse zum Einsatz aller Kommunikationsstrategien zur Beziehungspflege, positiven Unternehmensdarstellung und Marktforschung im sozialen Netzwerk Facebook wurde bisher nicht durchgeführt.

Grundsätzlich stellt die Kommunikation über soziale Netzwerke neue Anforderungen an die Verantwortlichen in den Unternehmen (vgl. Zerfaß und Pleil 2012, S. 39 ff.). So müssen zunächst Social Media-Konzepte erarbeitet und Aufgaben organisatorisch sowie personell im Unternehmen verortet werden. Zur Social Media Governance existieren bereits einige breit angelegte und regelmäßig durchgeführte quantitative Befragungen (vgl. Zerfaß et al. 2013; vgl. Zerfaß et al. 2012). Der Fokus der Studien liegt primär auf strukturellen Rahmenbedingungen der Social-Media-Kommunikation. Die Relevanz konkreter Strategien zur Erreichung der Ziele wurde bisher nicht umfassend abgefragt.

Der vorliegende Beitrag möchte diese Forschungslücke schließen und einen umfassenderen Überblick über die Kommunikationsstrategien auf Facebook bieten. Basierend auf aktuellen Konzepten und Befunden zur strategischen Kommunikation im Internet und in sozialen Netzwerken werden zunächst die Ziele und Strategien zur erfolgreichen Unternehmenskommunikation herausgearbeitet. Anschließend wird über ein Mehrmethoden-Design einerseits die Relevanz der unterschiedlichen Social-Media Kommunikationsstrategien in deutschen Unternehmen erfasst und anderseits deren tatsächlicher Einsatz auf Facebook gemessen. Für die Erhebung wurde eine quantitative Inhaltsanalyse der Facebook-Fanpages von 70 Unternehmen durchgeführt. Mit einer daraus gezogenen Stichprobe von 21 Experten wurden qualitative Leitfadeninterviews durchgeführt.

2 Zentrale Ziele und Strategien der Kommunikation im Web 2.0 – aktuelle Konzepte und Befunde

Die Bedeutung sozialer Medien im Repertoire der strategischen Kommunikation ist in den letzten Jahren kontinuierlich gestiegen. 84 % der amerikanischen PR-Praktiker hielten soziale Netzwerke wie Facebook 2011 für wichtig oder sehr wichtig (vgl. Wright und Hinson 2011, S. 8). Auch in der Folgestudie 2013 haben soziale Netzwerke weiterhin das bedeutendste Instrument der Onlinekommunikation dargestellt (vgl. Wright und Hinson 2013, S. 21). Die Relevanz spiegelt sich in der steigenden Anzahl von Unternehmenspräsenzen auf Facebook wider: 2011 hatten 58 % der Fortune-500-Unternehmen eine eigene Facebook-Seite (vgl. Barnes und Andonian 2011, S. 10), 2012 waren es bereits 66 % (vgl. Barnes et al. 2012, S. 5). Die Steigerung ist ein Indiz für die dynamische Entwicklung der Social Media Relations. Auch für Europa weist der European Communicators Monitor (vgl. Zerfaß et al. 2013, S. 33) auf eine wachsende Bedeutungszuschreibung hin: Rund 73 % der Befragten bezeichnen Communities als das wichtigste Element der Online-kommunikation. Der tatsächliche Einsatz in den Unternehmen ist mit rund 52 % noch deutlich niedriger als in den Vereinigten Staaten von Amerika. Es besteht eine deutliche Differenz zwischen der wahrgenommenen Bedeutsamkeit des Kanals und seiner tatsächlichen Nutzung.

Ursachen hierfür finden Zerfaß et al. (2012, S. 17) vor allem unternehmensintern: Schlecht abgestimmte Strukturen und Prozesse sowie mangelnde Kompetenz und fehlendes Verständnis werden von PR-Fachleuten in der Social Media Delphi Studie 2012 genannt. Die Ergebnisse zeigen zwar eine Verbesserung der strukturellen Voraussetzungen für Social Media-Kommunikation in den letzten Jahren. Budgets wurden erhöht und auch die Zustimmung zu Social Media-Aktivitäten durch das Top Management ist gestiegen. Die konzeptionelle Umsetzung steckt vielerorts allerdings immer noch in den Anfängen: Erst 33 % der Unternehmen besaßen ein Strategiepapier für den Social Media-Einsatz (Zerfaß et al. 2012, S. 15). Obwohl Social Media-Guidelines von der Mehrheit der Befragten als wichtig oder sehr wichtig eingeschätzt wurden, hatten 2012 nur 39 % der Unternehmen Richtlinien festgelegt (Zerfaß et al. 2012, S. 15). Diese mangelnde Professionalisierung der Social Media-Kommunikation in der Mehrheit der Unternehmen ist wenig nachvollziehbar, da sowohl innerhalb der Kommunikationswissenschaft (vgl. Zerfaß und Pleil 2012) als auch im Bereich der PR-Praxisliteratur (vgl. Scott 2010) eine ganze Reihe von Kommunikationsstrategien entwickelt worden sind, die insbesondere auf die Anwendung zur Erreichung zentraler Ziele in sozialen Netzwerken fokussieren.

Einen Beitrag zur Einordung der jüngsten Entwicklungen liefert die von Pleil (2007) entworfene und von Zerfaß und Pleil (2012) aufgegriffene Typologie der Online-PR.[1] Sie unterscheiden drei Arten der PR-Kommunikation im Internet: Während die *Digitalisierte PR* noch stark in den Schemata der klassischen PR verwurzelt ist und eine monologische Informationsvermittlung vom Produzenten zum Rezipienten betreibt, wird die Rollenaufteilung in der *Internet-PR* bereits aufgeweicht. Durch Feedbackmöglichkeiten und Nutzerstatistiken können Kommunikatoren ihre Inhalte bestmöglich an die Rezipienten anpassen. Der dritte Typ der Online-PR – *die Cluetrain-PR*[2] – berücksichtigt die neuen Kommunikationsbedingungen des Social Web und konzentriert sich auf einen dialogischen Austausch. Durch Argumentation und Verständigung sollen die Kommunikationspartner Vertrauen in das Unternehmen entwickeln. In diesem Zusammenhang erwähnte Ziele sind unter anderem der Aufbau von Reputation und Beziehungsmanagement (vgl. Zerfaß und Pleil 2012, S. 56).

Beziehungen zeichnen sich laut Thomlison (2000, S. 178) dadurch aus, dass die Akteure sich gegenseitig wahrnehmen und Einfluss aufeinander ausüben. Für beide

---

[1] Die Autoren orientieren sich bei ihren Überlegungen wiederum an den PR-Modellen von Grunig und Hunt (1984).

[2] Der Begriff „Cluetrain" leitet sich aus dem Cluetrain Manifest von Rick Levine, Christopher Locke, Doc Sears und David Weinberger ab, in welchem 95 Thesen zur Veränderung der Gesellschaft durch das Internet postuliert werden.

Seiten müssen aus der Verbindung Vorteile erwachsen. In einer Analyse der *Beziehungspflege* auf den Webseiten der Fortune 500 wurden von Ki und Hon (vgl. 2006, S. 30–31) die Strategien Offenheit, Zugriff, geteilte Arbeiten und Aufbau von Netzwerken als entscheidende Erfolgsfaktoren ermittelt. Die Strategie der *Offenheit* ist für die inhaltsanalytische Erhebung als das Vorhandensein von Informationen über das Unternehmen z. B. in Form von Pressmitteilungen und Jahresberichten operationalisiert worden. Die Möglichkeit des Zugriffs zeigt sich auf Webseiten durch das Vorhandensein einer Telefonnummer, der Unternehmensadresse und einer E-Mail-Adresse (vgl. Ki und Hon 2006, S. 33). Insgesamt erfüllen die untersuchten Unternehmen vor allem die Strategien der Offenheit und des Zugriffs (vgl. Ki und Hon 2006, S. 34). In einer von Waters et al. (2009) durchgeführten Inhaltsanalyse zum Einsatz von Facebook für die Beziehungspflege bei Non-Profit-Organisationen ist ebenfalls die Strategie der Offenheit zentral. Als empirische Indikatoren wurden das Unternehmenslogo, eine Unternehmensbeschreibung, eine Vorstellung des Seitenadministrators, der Geschichte und Philosophie des Unternehmens sowie die Verlinkung zur Homepage erhoben (vgl. Waters et al. 2009, S. 2). Die Autoren kommen zum Schluss, dass die Organisationen die Bedeutung der Beziehungspflege erkannt haben: Die Mehrzahl der untersuchten Facebook-Seiten enthielt eine Beschreibung der Organisation, ein Logo, verlinkte zur Homepage und hielt Informationen zum Administrator der Seite bereit (vgl. Waters et al. 2009, S. 3).

Um im Sinne der Cluetrain-PR eine gleichberechtigte Beziehung zwischen einer Organisation und ihren Kommunikationspartnern zu erreichen, ist ein kontinuierlicher *Dialog* essenziell. Dieser Aspekt wurde von Park und Reber (2008) für die Fortune 500-Webseiten überprüft. Sie stellten fest, dass viele Webseiten ihren Nutzern Möglichkeiten zum Gedankenaustausch z. B. durch das Bereitstellen von E-Mail-Adressen boten. Die bestehenden Angebote sollten jedoch um Elemente wie Diskussionsforen erweitert werden (vgl. Park und Reber 2008, S. 410). Auch in der bereits erwähnten Studie von Waters et al. (2009) wurden Möglichkeiten zum Dialog z. B. via E-Mail-Adresse, Telefonnummer und Pinnwand untersucht. Während eine E-Mail-Adresse bei der Mehrzahl der Organisationen angegeben wurde, war eine Telefonnummer nur bei neun Prozent zu finden. Die Pinnwand wurde nur von 44 % der Organisationen genutzt (vgl. Waters et al. 2009, S. 4). Damit wurden die Möglichkeiten der Plattform nur unzureichend genutzt. Eine detaillierte Analyse der spezifischen Interaktionsmöglichkeiten auf Facebook wie Nutzerposts, Kommentare und Likes wurde in der Untersuchung nicht vorgenommen. Für den Dialog mit Bezugsgruppen kann auch Twitter als Mittel eingesetzt werden. Eine Untersuchung von Lovejoy und Saxton (2012) zeigt, dass Non Profit-Organisationen den Mikroblogging-Dienst stärker für Dialog und Community-Building einsetzen als sie dies in der Vergangenheit mit ihren Webseiten getan haben. Etwa ein Viertel der untersuchten Tweets enthielt Antworten auf Anfragen, Aufforderungen zu Meinungsbeiträgen oder Dank und Anerkennung für Unterstützer.

Neben den bereits aufgeführten Strategien der Transparenz und des Dialogs muss für eine gelungene Beziehungspflege der *Kommunikationsstil* an die Community angepasst werden. Im Web 2.0 haben sich neue Sprach- und Darstellungskonventionen herausgebildet, die sich nicht an den Qualitätskriterien des klassischen Journalismus orientieren (vgl. Zerfaß 2010, S. 420). Unternehmen sind angehalten, hier keine makellos geschliffenen Werbebotschaften zu verbreiten, sondern ihre Zielgruppen möglichst authentisch anzusprechen (vgl. Scott 2010, S. 39). Da Facebook zu allererst ein Netzwerk von Freunden ist, haben Unternehmen die Chance, sich auf Augenhöhe mit ihren Zielgruppen zu bewegen (vgl. Millward und Brown 2011). Anstatt als anonyme Organisation aufzutreten, sollte der einzelne Mitarbeiter hinter den Posts als Person zu erkennen sein.

Wie bereits erläutert, verfügen bisher nur rund ein Drittel aller Unternehmen über Social Media-Konzepte. Das Thema hat in der Mehrzahl der Kommunikationsabteilungen jedoch einen hohen Stellenwert, so dass ein Großteil der Budgets für Social Media in konzeptionelle Arbeit investiert wird (vgl. Zerfaß et al. 2012). Im Rahmen der vorliegenden Studie soll ermittelt werden, wie Social Media-Verantwortliche den Stellenwert verschiedener Strategien zur Beziehungspflege einschätzen. Die erste Forschungsfrage lautet daher:

▶ *FF 1A: Welche Relevanz wird den Strategien zur Beziehungspflege von den Unternehmen beigemessen?*

Die in der Expertenbefragung ermittelte Selbsteinschätzung der Unternehmen soll im Anschluss mit dem tatsächlich vorhandenen Publikationsverhalten verglichen werden. Der folgenden Fragestellung wurde deshalb inhaltsanalytisch nachgegangen:

▶ *FF 1B: In welchem Umfang nutzen Unternehmen Strategien zur Beziehungspflege?*

Für die detaillierte Analyse wurde diese Frage in drei Teilfragen aufgegliedert, die sich jeweils mit einer Strategie zur Beziehungspflege beschäftigen:

▶ *FF 1B.1 Wie offen und transparent kommunizieren die Unternehmen auf ihren Facebook-Fanpages?*
FF 1B.2 Wie dialogorientiert ist das Kommunikationsverhalten der verschiedenen Unternehmen auf ihren Facebook-Fanpages?

FF 1B.3 Wie gut ist der Kommunikationsstil der Unternehmen auf ihren Facebook-Fanpages an die Community angepasst?

Ein zweites Ziel des Engagements von Unternehmen im Internet ist der Aufbau von Reputation. Diese umfasst die aggregierte Bewertung von Unternehmenseigenschaften und -handlungen in der Öffentlichkeit (vgl. Mast 2010, S. 54) und bietet Kunden eine Orientierungsfunktion, die ihnen dabei hilft, Entscheidungen bezüglich des Unternehmens zu treffen. In Zusammenhang mit dem Ziel, die öffentliche Wahrnehmung über das Unternehmen positiv zu beeinflussen, wurden von Kim und Rader (2010) zwei maßgebliche Strategien untersucht: Mit der fähigkeits-fokussierten Darstellung präsentieren Unternehmen vor allem ihre Expertise bei der Herstellung hochwertiger Produkte, ihre Branchenführerschaft und ihre Innovationskraft. Die zweite Strategie stellt Aspekte der Corporate Social Responsibility in den Vordergrund, indem gesellschaftlich verantwortungsvolles Handeln und Aktivitäten im Bereich des Umweltschutzes betont werden. Die Inhaltsanalyse der Webseiten der Fortune 500 zeigt, dass 63 % der Unternehmen eine fähigkeits-bezogene Darstellung betrieben, während 19 % ihre Corporate Social Responsibility in den Vordergrund stellten. 18 % der Unternehmen setzten beide Strategien gleichberechtigt ein (vgl. Kim und Rader 2010, S. 70). Auch im Web 2.0 können sich Unternehmen als „Thought Leader" profilieren (vgl. Scott 2010, S. 283), indem sie über neue Produkte und Entwicklungen berichtet und sich als *Innovator* darstellen. Das Kommentieren von Branchenentwicklungen und Ratschläge für Kunden ermöglichen Unternehmen zudem, sich als *Experten* zu profilieren. Unternehmen können im Web 2.0 sogar noch weiter gehen und ihr Wissen nach dem Open-Source-Prinzip für alle Interessierten offenlegen (vgl. Meckel 2008, S. 479). Der Einsatz der Corporate Social Responsability (CSR) im Web 2.0 wurde bereits untersucht. McCorkindale (2010) kam in ihrer Inhaltsanalyse der Facebook Pages der Fortune 50 zu dem Ergebnis, dass nur 22 % der Seiten CSR als Thema behandelten. Dieser Wert liegt deutlich unter dem Vorkommen von CSR auf Webseiten.

Daraus ergeben sich für die Expertenbefragung und die Inhaltsanalyse folgende Fragestellungen:

▶ *FF 2A: Welche Relevanz wird den Strategien zur positiven Darstellung der Unternehmensmarke von den Unternehmen beigemessen?*
FF 2B: In welchem Umfang nutzen Unternehmen Strategien zur positiven Darstellung der Unternehmensmarke?
FF 2B.1: Wie intensiv stellen sich die Unternehmen auf ihren Facebook-Fanpages als Innovatoren und Experten dar?

FF 2B.2: In welchem Ausmaß nutzen die Unternehmen ihre Facebook-Fanpages zur Darstellung ihrer Corporate-Social-Responsibility?

Darüber hinaus lässt sich Facebook als *Marktforschungstool* einsetzen (vgl. Poynter, 2008; Pleil und Bastian 2012, S. 316). Durch die Möglichkeit, Umfragen auf den Fanpages einzubinden und mit interessierten Zielgruppen zu diskutieren, erhalten Unternehmen Feedback zu ihren Produkten. Vorschläge zur Optimierung bestehender Angebote oder neue Ideen der Fans können in die Entwicklung neuer Produkte integriert werden. Folgende Fragen sollen in der vorliegenden Untersuchung geklärt werden:

▶ *FF 3A: Welche Relevanz wird der Facebook-Fanpage für die Marktforschung beigemessen?*
FF 3B: In welchem Ausmaß nutzen die Unternehmen ihre Facebook-Fanpage für die Marktforschung?

3 Methode und Operationalisierung

Zur Untersuchung der Forschungsfragen wurde ein Mehrmethoden-Design aus quantitativer Inhaltsanalyse und qualitativer Expertenbefragung eingesetzt. Während durch die Inhaltsanalyse die manifesten Kommunikate der Unternehmen erfasst werden, kann durch die Expertenbefragung die zugeschriebene Relevanz der Strategien für die Social Media-Verantwortlichen sowie die organisatorischen Rahmenbedingungen die Kommunikation ermittelt werden. Die drei in der Studie untersuchten Felder Beziehungspflege, Unternehmensdarstellung und Marktforschung werden sowohl aus der Sicht der Experten als auch auf Basis der Kommunikate analysiert. Auf diese Weise können zum einen Differenzen zwischen den theoretischen Handlungsempfehlungen und den praktischen Belangen der Unternehmenskommunikation aufgezeigt, und zum anderen Abweichungen zwischen den Kommunikationszielen der Unternehmen und ihren tatsächlichen Kommunikationsleistungen beleuchtet werden.

3.1 Untersuchungsmaterial

Die Grundgesamtheit der Untersuchung bilden die 170 Unternehmen des Manager-Magazin-Imageprofiles 2012 (vgl. Manager-Magazin 2012). In diesem Ranking werden führende in Deutschland tätige Unternehmen bezüglich verschiedener Kriterien wie der Managementqualität und der Kundenorientierung bewertet. Als Zielgesamtheit wurden alle offiziellen, deutschsprachigen Facebook-Fanpages berücksichtigt, die den Charakter einer allgemeinen Unternehmenspräsenz besitzen. Markenseiten oder reine Karriereangebote wurden nicht einbezogen, da hier von einer anderen Themenstruktur sowie Zielsetzung auszugehen ist. Nach einer ausführlichen Recherche wurden die Fanpages von 73 Unternehmen aus neun Branchen[3] in die Untersuchung aufgenommen (Abb. 1). Von den elf Unternehmen aus dem Bereich Pharma hatte zum Untersuchungszeitpunkt keines eine den Auswahlkriterien entsprechende Facebook-Fanpage. Die Codierung fand von 5. bis 31. Juli 2012 statt. Der Reliabilitätstest (nach Holsti) ergab Koeffizienten zwischen ca. 0.8–1.[4] Drei Fanpages wurden nachträglich von der Analyse ausgeschlossen, da diese keine oder nur minimale Aktivitäten aufwiesen. Zur Untersuchung der Themenstruktur der Seiten wurde pro Seite eine systematische Zufallsstichprobe von je 50 Unternehmensposts ($n = 3500$) und Nutzerposts ($n = 2882$) gezogen.[5] Das codierte Untersuchungsmaterial wurde mithilfe des Programms Scrapbook+ archiviert.[6]

---

[3] Untersuchte Unternehmenspräsenzen: Audi, BMW, Volkswagen, Dr. Oetker, Amazon, Henkel, Nestlé, Intel, Haribo, IBM, Bertelsmann, Microsoft, General Electric, Allianz, Toyota, Sony, Otto Group, Ededa, Sixt, Mars, McDonald's, Tchibo, ABB, Douglas, Sparkassengruppe, Starbucks, Hubert Burda Media, Deutsche Bank, Peek & Cloppenburg, Deutsche Börse, Ebay, Continental, Fraport, Rewe, Pepsi, RAGE/Evonik, Esprit, Vodafone, ING Group, ZDF, TUI, ARD, Facebook, Hewlett-Packard, Sony Ericsson/Sony Mobile, Heidelberg Druck, Honda, O2, BurgerKing, Thomas Cook, C&A, Deutsche Telekom, Hyundai, AMB Generali, Ford, Nissan, Deutsche Postbank, Peugeot, Renault, RWE, Lidl, Air Berlin, EnBW, Kaufhof, Nokia, UniCredit, Opel, Kabel Deutschland, Fiat, Deutsche Bank, Ergo, Citibank/Targobank, Karstadt.

[4] Die Codierung wurde von 25 geschulten Studierenden der Kommunikationswissenschaft durchgeführt. Zur Überprüfung der Reliabilität wurden sechs Unternehmenspräsenzen jeweils von fünf bzw. sechs Codieren parallel bearbeitet. Für jede Seite wurde anschließend pro Variable die Güte der Codierung mithilfe der Holsti Formel berechnet. Für die formalen Merkmale wie die Anwesenheit von Text oder Bild in einem Post ergab sich eine fast perfekte Übereinstimmung (Werte zwischen 0,95–1). Bei interpretativen Variablen wie der Themenzuordnung oder der Valenz eines Posts wurden Holstiwerte um 0,8 erreicht.

[5] Vom 31.05.2012 rückwärts wurde jedes fünfte Unternehmens- bzw. Nutzerpost ausgewählt. Zehn Unternehmen wiesen keine Nutzerposts auf, für drei weitere konnte nicht die volle Anzahl von 50 Posts kodiert werden.

[6] Scrapbook+ ist ein Add-on für den Browser Mozilla Firefox mit dem geöffnete Webseiten offline archiviert werden können. Für jede Unternehmenspräsenz wurden alle Unterseiten einzeln archiviert. Die Beiträge des Unternehmens und der Nutzer in der Chronik wurden vor der Archivierung vollständig geöffnet, sodass alle Kommentare sichtbar waren. Das Add-on ist verfügbar unter: https://addons.mozilla.org/de/firefox/addon/scrapbook-plus/.

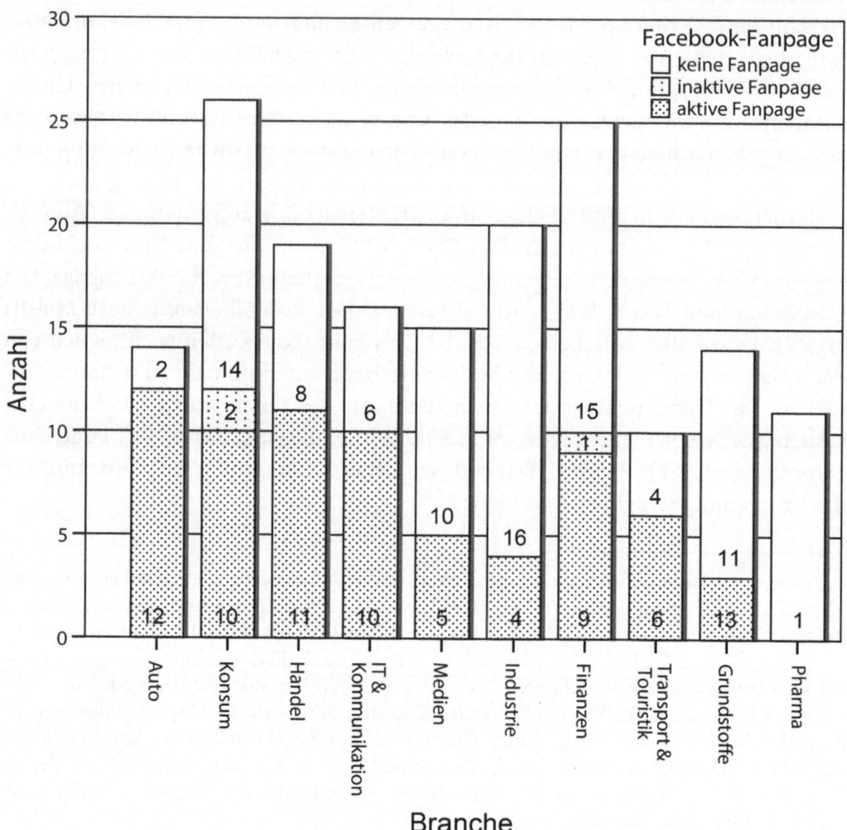

Abb. 1 Verteilung der Stichprobe über verschiedene Branchen

Ergänzend zur quantitativen Untersuchung wurden Social Media-Verantwortliche aus dem Bereich der externen Unternehmenskommunikation zur Relevanz der untersuchten Strategien und zu organisatorischen Aspekten der Netzwerkkommunikation in Leitfadengesprächen telefonisch befragt. Das nach Branchen quotierte Sample umfasst 21 der 70 deutschen Unternehmen mit Facebookpräsenz aus acht Branchen.[7] Die Durchführung der Interviews fand

---

[7] Mit der Branche „Handel" konnte kein Gespräch realisiert werden, da alle Unternehmen der Grundgesamtheit ein Interview abgelehnt haben. Befragt wurden die Verantwortlichen folgender Unternehmen: Allianz, Audi, ARD, Burger King, Deutsche Bahn, Deutsche Börse,

von 10. Juni bis 31. Juli 2012 statt. Durchschnittlich dauerte ein Telefongespräch 22 min.[8] Die vollständig transkribierten Interviews wurden anschließend im Rahmen einer qualitativen zusammenfassenden Inhaltsanalyse nach Mayring (2010, S. 67 ff.) ausgewertet. Die aus dem Material gewonnen Kategorien wurden mit Ankerbeispielen versehen und zudem auf ihre Quantitäten im Material rücküberprüft. Dies ist angesichts der Stichprobengröße vertretbar und ermöglicht Aussagen über die Relevanz der einzelnen Kategorienausprägungen.

3.2 Operationalisierung der Kommunikationsstrategien in der Inhaltsanalyse

Für die Beziehungspflege wurden die drei Strategien Transparenz, Dialogorientierung und angepasster Kommunikationsstil untersucht. Zur Erhebung der Indikatoren wurden die Fanpages in drei Analyseeinheiten zerlegt: Merkmale wurden sowohl auf der Ebene der Facebook-Fanpages erhoben also auch für die untergeordneten Ebenen der Unternehmens- und Nutzerposts.

Die *Transparenz* der Unternehmenskommunikation wurde angelehnt an Ki und Hon (2006) sowie Waters et al. (2009) durch die Bereitstellung von Unternehmensinformationen gemessen: Das Vorkommen der Themenkategorien „Unternehmensgeschichte", „Unternehmensstruktur", „Geschäftsbereiche", „Wirtschaftsdaten" und „allgemeine Unternehmensinformation" wurde sowohl auf den Inhaltsseiten des Auftritts als auch in den Posts der Unternehmen codiert. Auf der Ebenen der Fanpage wurde darüber hinaus untersucht, ob eine Verlinkung zur Webseite des Unternehmens vorhanden ist. Die verschiedenen Variablen wurden zu einem additiven Index verrechnet: Für das Vorkommen einer der Kategorien auf Seitenebene wurden jeweils zwei Punkte vergeben. Das Auftreten in mindestens einem der Posts wurde mit einem Punkt bewertet. Diese unterschiedliche Gewichtung erscheint sinnvoll, da Inhalte auf den Seiten für längere Zeit eine höhere Sichtbarkeit haben, als dies bei Posts der Fall ist. Für die Webseitenverlinkung wurden zwei Punkte vergeben, da auch dieses Merkmal dauerhaft auf der Seitenebene angesiedelt ist. Ein Unternehmen, das zum Beispiel seine Unternehmensstruktur und Geschäftsbereiche ausschließlich auf der Seitenebene thematisiert, Wirtschaftsdaten auf der Seite und in den Posts liefert und auf die Homepage verlinkt, erreicht

---

Ergo, Fiat, Fraport, General Electric, IBM, ING Diba, Intel, McDonalds, Nissan, Opel, Pepsi, Peugeot, RWE, Telekom, TUI.

[8] Die Leitfadeninterviews wurden von vorher geschulten Studenten der Kommunikationswissenschaft durchgeführt. Um eine Vergleichbarkeit der Interviews zu gewährleisten, wurden die zentralen Soll- sowie Eventualfragen vorab einheitlich festgelegt.

neun Punkte. Werden alle Kategorien auf der Seiten- und Postebene abgedeckt, erreichen die Unternehmenspräsenzen den maximalen Indexwert von 20 Punkten für die Strategie der Transparenz.

Zur Überprüfung der *Dialogorientierung* wurde erhoben, welche Kommunikationsmöglichkeiten Unternehmen ihren Nutzern auf der Fanpage zur Verfügung stellen. Für die Facebook-Seite wurde codiert, ob Nutzer die Möglichkeit haben, Chronikbeiträge zu verfassen und ob eine E-Mail-Adresse sowie eine Telefonnummer für weitere Kommunikation angegeben sind. Für das Vorhandensein der drei Merkmale wurde jeweils ein Punkt vergeben. Neben den verfügbaren Kommunikationskanälen wurde für die Strategien der Dialogorientierung auch das Verhalten der Unternehmen im Kommunikationsverlauf berücksichtigt. Hierfür wurde auf Analyseebene der Unternehmensposts codiert, ob das Unternehmen die Nutzer zu Kommentaren aufruft und sich am Dialog durch eigene Kommentare beteiligt. In den Nutzerposts wurde das Antwortverhalten der Unternehmen erhoben. Für die drei Merkmale auf der Postebene kann ein Unternehmen jeweils zwischen null und drei Punkten erreichen: Tritt ein Merkmal z. B. der Aufruf zum Kommentieren in weniger als 25 % aller Posts auf, wird kein Punkt vergeben. Fanpages, deren Posts das Merkmal zu 25–50 % enthalten, bekommen einen Punkt. Für solche mit 50–75 % werden zwei Punkte vergeben und bei 75–100 % drei Punkte. Aus den insgesamt sechs Merkmalen auf Seiten- und Postebene wurde ein additiver Index für die Dialogorientierung errechnet, welcher zwischen 0–12 Punkten annehmen kann. Als dritte Strategie zur Beziehungspflege wurde der *angepasste Kommunikationsstil* untersucht. Wie bereits erläutert, zeichnet sich ein für soziale Netzwerke geeigneter Sprachstil durch Authentizität, Personalisierung und Umgangssprachlichkeit aus. Ein Unternehmenspost wurde als personalisiert codiert, wenn der individuelle Autor durch Nennung des Namens oder eines Kürzels erkennbar ist. Umgangssprache wurde als Gegensatz zu einer förmlichen Ausdrucksweise definiert. Die Formulierungen orientieren sich an gesprochener Sprache, enthalten Abkürzungen oder jugendsprachliche Elemente. Ein Post wurde als authentisch codiert, wenn er keine Slogans oder werblichen Formulierungen enthielt. Als weiteres Merkmal der Personalisierung wurde auf der Seitenebene erhoben, ob der für die Facebook-Fanpage zuständige Kommunikator vorgestellt wurde oder nicht. Für jedes der drei Merkmale Authentizität, Personalisierung und Umgangssprachlichkeit erhielten die Unternehmen null bis drei Punkte. Der hieraus errechnete additive Index kann Werte zwischen null und neun Punkten annehmen.[9]

---

[9] Für jede Fanpage wurden für die Merkmale Umgangssprache und Authentizität jeweils 0 Punkte vergeben, wenn diese Merkmale in weniger als 25 % der Posts erfüllt wurden. Einen Punkt erhielten die Seiten bei 25–50 % und zwei Punkte bei 50–75 %. Die maximale Punktzahl

Die Selbstdarstellung der Unternehmen gliedert sich angelehnt an Kim und Rader (2010) in die fähigkeits-fokussierte und CSR-fokussierte Präsentation. In der vorliegenden Untersuchung wird die fähigkeits-fokussierte Strategie mit der Darstellung als Innovator und Experte gleichgesetzt. Diese wurde durch das Auftreten der Themenkategorien „Produktentwicklung", „Forschungsergebnisse", „Expertenwissen", „Expertenrat", „Branchenentwicklung", „Innovator und Experte allgemein" operationalisiert. Für das Vorkommen eines der Themen auf der Seitenebene wurden zwei Punkte vergeben. Das Auftreten eines Themas in mindestens einem der Posts wurde mit einem Punkt bewertet. Aus den Punktwerten der sechs Merkmale wurde ein additiver Index von 0–18 Punkten errechnet.

Die Darstellung der *Corporate Social Responsibility* wurde auf die gleiche Weise durch die Themenkategorien „Soziale Hilfsprojekte", „Umweltschutzprojekte", „Interne Sozialstandards", „Interne Umweltstandards", „Nachhaltigkeit" und „CSR allgemein" erhoben. Hieraus ergibt sich ebenfalls ein additiver Index zwischen null und 18 Punkten.

Das letzte untersuchte Feld ist der Einsatz von Facebook-Fanpages zur *Marktforschung*. Die strategische Umsetzung wurde durch das Auftreten der Themenkategorien „Marktforschung allgemein", „Produktentwicklung", „Nutzerbedürfnisse und -einstellungen", „Ideenwettbewerb", „Produktvorschlag", „Produktevaluation" überprüft. Für das Vorkommen eines der Themen auf der Seitenebene wurden zwei Punkte vergeben. Das Auftreten eines Themas in mindestens einem der Posts wurde mit einem Punkt bewertet. Aus den einzelnen Punktwerten wurde erneut ein additiver Index von 0–18 Punkten errechnet.

3.3 Operationalisierung der Kommunikationsstrategien in der Expertenbefragung

Zur Ermittlung der Relevanz der untersuchten Ziele und Strategien wurden diese im Interview mit den Experten einzeln abgefragt. In einem ersten Schritt wurde dabei offen nach den relevanten Zielen, Strategien und Grundsätzen der Kommunikation des Unternehmens auf Facebook gefragt, um möglichst unbeeinflusste Antworten

---

von drei Punkten erhielten Seiten, wenn die Merkmale in mehr als 75 % der Posts erfüllt wurden. Für die Personalisierung wurde bereits ein Punkt auf Seitenebene vergeben. Auf der Postebene wurden maximal zwei weitere vergeben. Wenn in weniger als 33 % der Posts der Autor erkennbar war wurde kein Punkt vergeben, bei 33–66 % 1 Punkt und bei mehr als 66 % zwei Punkte. Auf diese Weise können für jeden der drei Bereiche (Personalisierung, Umgangssprache, Authentizität) 3 Punkte erreicht werden. Der additive Index für das Ausmaß des angepassten Kommunikationsstils können sich folglich Werte zwischen 0 und 9 Punkten ergeben.

zu erhalten. Es ist davon auszugehen, dass Strategien, die auf diese Art genannt worden sind, für die Verantwortlichen auch tatsächlich von Relevanz sind. Strategien, die keine Erwähnung fanden, wurden in einem zweiten Schritt gestützt abgefragt. Auf diese Weise konnten die Einstellungen zu allen inhaltsanalytisch untersuchten Strategien ermittelt werden und zudem auch explizit festgehalten werden, wenn eine Strategie nicht verfolgt wird.

4 Ergebnisse

Von den 170 Unternehmen des Manager-Magazin Image-Profils besaßen zum Untersuchungszeitpunkt 70 eine aktive, deutschsprachige, allgemeine Unternehmenspräsenz. Mit 41 % liegt der Wert unter den in Befragungen ermittelten Werten von 50–70 % (vgl. Barnes et al. 2012, S. 5; vgl. Statistica 2014b) Dies ist durch die strengeren Auswahlkriterien zu erklären, durch die Karriereseiten oder reine Markenpräsenzen der Unternehmen ausgeschlossen worden sind. Internationale Konzerne wie BASF oder Adidas verfügten zum Untersuchungszeitpunkt nur über eine englischsprachige Fanpage und wurden daher ebenfalls von der Untersuchung ausgeschlossen. Die 70 analysierten Fanpages bestanden aus durchschnittlich zwölf Einzelseiten und publizierten zwischen drei und 114 Posts im Monat.

4.1 Beziehungspflege

In den Aussagen der befragten Kommunikationsexperten wurde die Strategie der Transparenz zwar nicht explizit als solche benannt, die Mehrheit der Unternehmen gab jedoch an, Informationen über das Unternehmen, seine Geschichte und aktuelle Aktivitäten zu veröffentlichen. Lediglich drei der Unternehmen betonten, keine Unternehmensinformationen zu publizieren, da diese nicht relevant für die Zielgruppe seien.

Dialog wurde von der Mehrheit der Unternehmen in der Befragung als zentraler Vorteil der Kommunikation auf Facebook genannt. Es sei ein Kanal „mit dem man den Fandialog ganz anders betreiben kann, wo man als Marke auch ein Stück nahbarer wird für Fans da draußen". Ein Unternehmen beschrieb sich als „so dialoglastig, diolaglastiger geht's fast gar nicht mehr". Gespräche würden gezielt gesucht und Diskussionen auf Facebook bewusst angestoßen. Es werde „versucht, in Posts Fragen zu stellen oder aber Umfragen zu machen [. . .], um die Tnteraktion anzufüttern". Dabei ist auch Reaktionsschnelligkeit gefragt: Ein Unternehmen hat sich

Tab. 1 Indikatoren für Transparenz

	N	Fehlt 0 Punkte	Posts 1 Punkt	Seitenebene 2 Punkte	Posts und Seitenebene 3 Punkte
Webseitenverlinkung (WL)	70	1	–	69	–
Allgemeine Unternehmensinformation (AU)	70	12	17	18	23
Unternehmensgeschichte (UG)	70	10	2	39	19
Unternehmensstruktur (US)	70	35	11	14	10
Geschäftsbereiche (GB)	70	28	5	23	14
Wirtschaftsdaten (WD)	70	43	12	8	7
Handel und Vertrieb (HV)	70	34	7	21	8
Index Transparenz = WL + AU + UG + US + GB + WD + HV					

daher das Ziel gesetzt, Anfragen auf Facebook innerhalb von 24 h zu beantworten. Insgesamt wird Dialog als zentrale Strategie gesehen: „Partizipative Elemente nutzen wir ganz stark, um mit den Leuten in Dialog zu treten und das ist sicherlich auch ein sehr großer Teil, gerade auf Facebook, unseres doch relativ großen Erfolges."

Die Frage nach dem richtigen Kommunikationsstil ist in der Befragung weniger präsent. Einige Unternehmen hatten jedoch Vorüberlegungen zu diesem Thema angestellt und erörtert, „wie mit den Nutzern gesprochen wird, mit welcher Tonalität". Als konkrete Merkmale des Kommunikationsstils auf Facebook werden Nahbarkeit und Authentizität, sowie die Kommunikation auf Augenhöhe benannt. Drei Unternehmen äußern allerdings auch eine gewisse Unsicherheit bezüglich des richtigen Kommunikationsstils auf Facebook: Es sei eine schwierige Entscheidung, in „welcher Sprache, in welchem Ton, [und] wie sehr Sie sich auch auf den Fragenden einlassen [sollen]".

Die Ergebnisse der inhaltsanalytischen Untersuchung sind in Tab. 1 abgebildet. Für alle sechs Komponenten der Transparenz wird angegeben, wie viele der 70 Unternehmen diese Inhalte in den Posts, auf Seitenebene oder auf beiden Ebenen einsetzen. Es zeigt sich, dass die verschiedenen Aspekte in sehr unterschiedlichem Umfang erfüllt wurden: Während fast alle Unternehmen von ihrer Fanpage auf die Unternehmenswebseite verwiesen und über 80 % der Fanpages allgemeine Unternehmensinformation besaßen, wurden die Unternehmensstruktur und Wirtschaftsdaten nur von einer Minderheit der Fanpages thematisiert. Insgesamt ist festzustellen, dass diese Inhalte vor allem auf den Einzelseiten und weniger in den Posts platziert wurden.

Tab. 2 Indikatoren für dialogorientiertes Kommunikationsverhalten

Seitenebene	N	Nein		Ja	
		0 Punkte		*1 Punkt*	
Chronikfreigabe (CF)	70	10		60	
E-Mail Kontakt (EK)	70	53		17	
Telefonnummer (TN)	70	28		28	
Posts	*N*	*Sehr selten* *(< 25 %)* *0 Punkte*	*Selten* *(25–50 %)* *1 Punkt*	*Häufig* *(50–75 %)* *2 Punkte*	*Sehr häufig* *(> 75 %)* *3 Punkte*
Aufforderung zum Kommentar (AK_UP)	70	39	28	3	0
Antwortkommentar (A_UP)	70	36	29	5	0
Antwortkommentar (A_NP)	70	27	21	13	9
Index Dialogorientierung = CF+ EK + TN + AK_UP + A_UP + A_NP					

Werden die Indikatoren zum Indexwert für Transparenz addiert, ergibt sich über alle Unternehmen im Mittel ein Wert von 9,6 von maximal 20 Punkten. Die Mehrzahl der Unternehmen setzt die Strategie der Transparenz somit auf mittlerem Niveau ein. Den besten Wert erreichen Edeka mit 18 Punkten und Hubert Burda Media mit 17 Punkten. Am schlechtesten schneiden Ebay (4 Punkte) und die Sparkassengruppe (5 Punkte) ab.

Die hohe Bedeutung, welche die Kommunikationsexperten der Dialogorientierung im Interview bescheinigten, bestätigt sich durch die Inhaltanalyse nur teilweise. In Tab. 2 zwei sind die sechs Komponenten der Dialogorientierung und ihre Erfüllung durch die Unternehmen angegeben. Wie die erste Zeile zeigt, lassen zehn der 70 Unternehmen keine Nutzerbeiträge in ihrer Chronik zu. Über die Hälfte der Unternehmen fordern ihre Nutzer nur sehr selten zu Kommentaren auf. Darüber hinaus antwortet nur eine Minderheit der Unternehmen in mehr als 50 % der Fälle auf die Posts und Kommentare der Nutzer.

Die aus den Indikatoren errechneten Indexwerte für die Dialogorientierung bewegen sich mit durchschnittlich 3,9 von zwölf Punkten bei der Mehrheit der Unternehmen im unteren bis mittleren Bereich der Skala. Am schlechtesten schneidet in dieser Kategorie Facebook Deutschland mit null Punkten ab. Ebenfalls sehr wenig dialogorientiert sind die Seiten von Hyundai, Starbucks, Bertelsmann, Heidelberger Druck, UniCredit und der ARD (ein Punkt). An der Spitze liegt die Allianz mit neun Punkten.

Tabelle 3 präsentiert die Umsetzung eines angepassten Kommunikationsstils auf Facebook: Während die Mehrzahl der Unternehmen auf den Fanpages einen

Tab. 3 Indikatoren für einen angepassten Kommunikationsstil

	N	Nicht erfüllt	Teilweise erfüllt	Mehrheitlich erfüllt	Voll erfüllt
		0 Punkte	1 Punkt	2 Punkte	3 Punkte
Personalisierung (P)	70	45	17	4	4
Authentizität (A)	70	4	11	20	35
Umgangssprache (U)	70	13	8	8	41
Index angepasster Kommunikationsstil = P + A + U					

authentischen und umgangssprachlichen Stil zeigt, wurde die Personalisierung nur von wenigen Unternehmen berücksichtigt. Eine Vorstellung der verantwortlichen Kommunikatoren findet nur auf einem Drittel der Seiten statt. Nur vier Unternehmen gaben darüber hinaus bei der Mehrzahl der Posts den Autor an. Über alle Unternehmen hinweg wird im Mittel ein Indexwert von 4,9 von neun Punkten für den Kommunikationsstil erreicht.

4.2 Darstellung der Unternehmensmarke

Die Corporate Social Responsibility wurde von einer Vielzahl der Unternehmen als relevantes Thema für Facebook genannt: „Wir engagieren uns sehr stark und das wollen wir natürlich auch in die Öffentlichkeit tragen. Gerade die Soft-Facts unserer Corporate Responsibility, die wir über Facebook rausgeben, kommen da sehr gut an." Im Gegensatz dazu wurde die Darstellung als Innovator und Experte in der offenen Abfrage nur von sehr wenigen Unternehmen angesprochen. Die Mehrzahl der Unternehmen sieht Facebook eher als einen Kanal, auf dem sie Produktinformationen veröffentlichen können.

Tabelle 4 zeigt die sechs erhobenen Indikatoren für die Darstellung von Unternehmen als Innovator und Experte. Das Auftreten der Themenkategorien in mindestens einem Post auf der Seitenebene und auf beiden Ebenen ist dargestellt. Die Ergebnisse zeigen, dass Inhalte zur Darstellung der Expertise nur von relativ wenigen Unternehmen veröffentlicht wurden. Allgemeine Hinweise zu ihrem Fachwissen und ihre Innovationskraft geben vier Unternehmen in den Posts und 31 Unternehmen auf Seitenebene. Bei sechs Unternehmen wird dieses Thema auf beiden Ebenen angesprochen. Konkrete Informationen zu aktuellen Forschungsergebnissen oder Einschätzungen zur Branchenentwicklung wurden allerdings nur von 14 bzw. 21 Unternehmen überhaupt erwähnt.

Tab. 4 Indikatoren der Unternehmensdarstellung als Innovator und Experte

	N	Fehlt *0 Punkte*	Posts *1 Punkt*	Seitenebene *2 Punkte*	Posts und Seitenebene *3 Punkte*
Innovator und Experte allgemein (IE)	70	29	4	31	6
Produktentwicklung (PE)	70	30	16	10	14
Forschungsergebnisse (FE)	70	56	8	4	2
Expertenwissen (EW)	70	40	15	4	11
Expertenrat (ER)	70	46	9	6	9
Branchenentwicklung (BE)	70	49	9	9	3
Index Innovator und Experte = IE + PE + FE + EW + ER + BE					

Tab. 5 Indikatoren der Darstellung der Corporate-Social-Responsibility

	N	Fehlt *0 Punkte*	Posts *1 Punkt*	Seitenebene *2 Punkte*	Posts und Seitenebene *3 Punkte*
CSR allgemein (CSRA)	70	49	8	9	4
Soziale Hilfsprojekte (SP)	70	41	12	5	12
Umweltschutzprojekte (UP)	70	54	6	10	0
Interne Sozialstandards (IS)	70	55	4	9	2
Interne Umweltstandards (IU)	70	48	5	11	6
Nachhaltigkeit (NA)	70	49	5	9	7
Index CSR = CSRA + SP + UP + IS + IU + NA					

Im Mittel erreichten die Unternehmen 4,6 von 18 Punkten für die Strategie „Innovator und Experte". Am umfangreichsten wurden Inhalte zu diesem Themenkomplex von IBM (17 Punkte) und General Electric (16 Punkte) veröffentlicht. Sechs Unternehmen, darunter Lidl, Karstadt, ARD und Amazon stellten überhaupt keine Informationen zu diesem Themenbereich zur Verfügung.

Als zweiter Themenkomplex für die positive Darstellung der Unternehmen wurde die Corporate Social Responsibility untersucht. Die sechs hierfür erhobenen Indikatoren wurden jedoch nur von einer Minderheit der Unternehmen überhaupt angesprochen (siehe Tab. 5).

Die aus den Indikatoren errechneten Indexwerte bewegen sich mehrheitlich im unteren Bereich der Skala. 20 Fanpages enthielten überhaupt keine Informationen zur CSR. Bei weiteren 14 wurde nur ein Themenbereich angesprochen. Am intensivsten wurde die CSR von Tchibo, Rewe (14 Punkte), Otto (13 Punkte) und General Electric (12 Punkte) thematisiert. Der Mittelwert über alle Unternehmen beträgt 3,4 Punkte von 18.

4.3 Marktforschung

Zur Beantwortung der dritten Forschungsfrage wurde der Einsatz von Facebook für die Marktforschung untersucht. In den Experteninterviews zeigte sich keine eindeutige Einschätzung zu diesem Thema. Während eine Hälfte der Unternehmen Umfragen und direktes Nutzerfeedback für die Marktforschung nutzten, indem die Community zum Beispiel wöchentlich zur Wahl eines Lieblingsproduktes aufgefordert wird, blieb die andere Hälfte der Stichprobe passiv oder stand der Idee sogar skeptisch gegenüber. Es wird hier nicht daran geglaubt, dass mit der eigenen Facebook-Fanpage eine „valide Marktforschung" möglich ist.

In der Inhaltsanalyse wurden die sechs Indikatoren der Marktforschung nur auf relativ wenigen Fanpages gefunden (Tab. 6). Von allen erfassten Einzelaspekten tritt am häufigsten die Abfrage von Nutzerbedürfnissen oder -einstellungen auf. Diese wurden von 26 Unternehmen in mindestens einem Post abgefragt und von acht Unternehmen auf Seitenebene erhoben. Neun Unternehmen erfragten Nutzerbedürfnisse sowohl in einem Post als auch auf Seitenebene. Ideenwettbewerbe wurden von zwölf Unternehmen durchgeführt. Auch die Vorstellung von Produkten, die noch nicht am Markt vorhanden sind, fand nur auf wenigen Fanpages statt.

Tab. 6 Indikatoren für Marktforschung auf Facebook

	N	Fehlt 0 Punkte	Posts 1 Punkt	Seitenebene 2 Punkte	Posts und Seitenebene 3 Punkte
Marktforschung allgemein (MA)	70	43	14	7	6
Produktentwicklung (PE)	70	49	13	4	4
Nutzerbedürfnisse o. -einstellungen (NE)	70	27	26	8	9
Ideenwettbewerb (IW)	70	58	6	4	2
Produktvorschlag (PV)	70	60	7	2	1
Produktevaluation (PE)	70	49	12	3	6
Index Marktforschung = MA + PE + NE + IW + PV + PE					

Im Mittel erreichten die Unternehmen 3,1 von 18 Punkten für ihre Marktforschungsaktivitäten auf Facebook. Von 15 Unternehmen wurden keine Inhalte zur Marktforschung veröffentlicht. Auf 19 weiteren Seiten sind nur minimale Aktivitäten zu verzeichnen (1–2 Punkte). Eine intensive Nutzung der Fanpages für die Marktforschung fand jedoch bei Nestlé (15 Punkte), Tchibo (14 Punkte) und Volkswagen (12 Punkte) statt.

5   Diskussion und Ausblick

In der vorliegenden Studie wurden aus aktuellen Konzepten und Befunden Ziele und Strategien zur Unternehmenskommunikation im Web 2.0 abgeleitet. Ihre praktische Relevanz für professionelle Kommunikatoren sowie ihr tatsächlicher Einsatz in der Veröffentlichungspraxis wurden überprüft. Die Ergebnisse zeigen, dass nicht alle Ziele und Strategien für die Praktiker von Bedeutung sind. Während dem Dialog sowohl in der Literatur als auch in den Ausführungen der Experten eine hohe Bedeutung beigemessen wurde, spielt die Darstellung der Unternehmen als Innovator und Experte nur eine geringe Rolle. Auch die in der Literatur herausgestellte Möglichkeit zur Marktforschung wurde nur von einem Teil der befragten Experten als wichtig erachtet. In einigen Fällen können die beobachteten Unterschiede auf eine bewusste strategische Entscheidung der Unternehmen zurückgeführt werden. Die Darstellung der Coporate Social Responsibility wurde von der Mehrzahl der Unternehmen als wichtig erwähnt, während die Darstellung als Innovator und Experte keine größere Bedeutung einzunehmen scheint. Bei einigen anderen Aspekten, wie der Marktforschung, scheint der Mangel an Relevanz jedoch auch auf fehlende Konzepte zurückzuführen zu sein.

Die tatsächliche Umsetzung der Strategien auf den Facebook-Fanpages, ergibt noch einmal ein anderes Bild. Während der mittlere Indexwert von 9,6 Punkten für die Transparenz gut mit den Aussagen der Kommunikatoren übereinstimmt, gibt es bei der Dialogorientierung große Abweichungen. Obwohl dieser Aspekt von der Mehrheit der Unternehmen als besonders wichtig herausgestellt wurde, erreichen die Fanpages nur einen Wert von 3,9 Punkten. Insbesondere das Antwortverhalten und die Einladung zur Diskussion müssten noch verbessert werden, um in den angestrebten Dialog mit den Nutzern zu treten. Eine konsequente Dialogorientierung ist jedoch sehr aufwendig und mit zusätzlichen Personalkosten verbunden. Diese scheinen die Unternehmen momentan noch zu scheuen. Besonders auffällig ist der Befund, dass sowohl die Darstellung der eigenen Expertise als auch der CSR mit 4,6 bzw. 3,6 Punkten von 18 Punkten nur auf einem niedrigen Niveau stattfand.

Das Fehlen dieser Informationen könnte durch die Ausrichtung von Facebook als „leichter" Kommunikationskanal für Kunden zu erklären sein. So enthielten etwa 60 % aller Posts Produktinformationen, Veranstaltungshinweise oder Smalltalk. Nur einige wenige Unternehmen publizierten auch andere Themen in größerem Umfang. Trotz der aufgezeigten Defizite werden die Strategien zur Beziehungspflege auf Facebook deutlich stärker berücksichtigt als die Unternehmensdarstellung. Im Gegensatz zu anderen Kanälen, in denen die Verbreitung von Inhalten im Vordergrund steht, ist Facebook vorrangig eine Plattform, auf der Beziehungsnetzwerke mit Kunden geknüpft werden. Auch der Einsatz zur Marktforschung fand nur bei wenigen Unternehmen statt. Dies ist jedoch nicht verwunderlich, da im Interview bereits die Hälfte der Unternehmen keine Aktivitäten in diesem Bereich angab. Es zeigt sich, dass vor allem solche Unternehmen aktiv waren, die wie Tchibo und Nestlé im Bereich der Konsumgüter agieren und sich deshalb wertvolles Feedback von ihren Endverbrauchern erhoffen.

Die vorliegende Studie beschränkt sich auf die Darstellung der Kommunikations- und Interaktionsangebote der Unternehmen auf Facebook. Wie die Nutzer auf die angebotenen Inhalte reagieren, bleibt in den hier aufgezeigten Ergebnissen ungeklärt. Hierzu müssen in einem weiteren Schritt die jeweiligen Reaktionen der Nutzer auf verschiedene Angebote und Inhalte systematisch erhoben und analysiert werden. Darüber hinaus kann ergänzend auch eine qualitative Analyse der Posts und Kommentare hilfreich sein. Um jedoch ein systematisches Bild über Relevanz und Einsatz der Ziele und Strategien zu zeichnen, hat sich das eingesetzte Methodendesign als sinnvoll erwiesen. Sowohl in den Experteninterviews als auch im inhaltsanalytisch untersuchten Material ließen sich die Strategien nachweisen. Es zeigt sich allerdings, dass diese nicht gleichrangig eingesetzt werden. Die Darstellung der CSR ist für Facebook etwa weniger zentral, als dies bei den Webseiten der Unternehmen der Fall ist. Ob die Bedeutung der untersuchten Ziele und damit verbundener Strategien in Zukunft noch weiter ansteigt oder neue Konzepte sie verdrängen, ist nur durch kontinuierliche Überprüfungen zu beantworten und sollte aufbauend auf den Ergebnissen der qualitativen Interviews in einer späteren Untersuchung quantitativ abgefragt werden.

Literatur

Barnes, N., & Andonian, J. (2011). The fortune 500 and social media adoption: Have American's largest companies reached a social media plateau? http://www.umassd.edu/media/umassdartmouth/cmr/studiesandresearch/f5002011.pdf. Zugegriffen: 17. Feb. 2014.

Barnes, N., Lescault, A., & Andonian, J. (2012). Social media surge by the 2012 fortune 500: Increase use of blogs, Facebook, Twitter and more? https://www.umassd.edu/media/umassdartmouth/cmr/studiesandresearch/images/2012fortune500/SocialMediaSurge.docx&sa=U&ei=0NgBU6nKIIORtQawlIBg&ved=0CAYQFjAB&client=internal-uds-cse&usg=AFQjCNG2Lhe6Ar4e6AYwwzAKYSDb-mMOxw. Zugegriffen: 17. Feb. 2014.

Bentele, G., Steinmann, H., & Zerfaß, A. (Hrsg.). (1996). *Dialogorientierte Unternehmenskommunikation*. Berlin: Vistas.

Boelter, D., & Hütt, H. (2012). Dialogkommunikation und Partizipation: Wandel einer kommunikativen Praxis. In A. Zerfaß & T. Pleil (Hrsg.), *Handbuch Online-PR. Strategische Kommunikation in Internet und Social Web* (S. 395–407). Konstanz: UVK.

Grunig, J. E., & Hunt, T. (1984). *Managing public relations*. Fort Worth: Harcourt.

Schweiger, W., & Jungnickel, K. (2011). Pressemitteilungen 2.0- eine Resonanzanalyse im Internet. *Publizistik, 56*, 405–422.

Ki, E.-J., & Hon, L. C. (2006). Relationship maintenance strategies on *Fortune* 500 web sites. *Journal of Communication Management, 10*(1), 27–43.

Kim, K., & Rader, S. (2010). What they can do versus how much they care. Assessing corporate communication strategies on Fortune 500 web sites. *Journal of Communication Management, 14*(1), 59–80.

Lovejoy, K., & Saxton, G. (2012). Information, community, action: How nonprofit organizations use social media. *Journal of Computer-Mediated-Communication, 17*(3), 337–353.

Mast, C. (2010). *Unternehmenskommunikation. Ein Leitfaden*. Stuttgart: UTB.

Mayring, P. (2010). *Qualitative Inhaltsanalyse. Grundlagen und Techniken*. Weinheim: Beltz.

McCorkindale, T. (2010). Can you see the writing on my wall? A content analysis of Fortune 50's Facebook social networking sites. *Public Relations Journal, 4*(3), 1–14.

Meckel, M. (2008). Unternehmenskommunikation 2.0- ein Paradigmenwechsel? In M. Merkel & B. F. Schmid. (Hrsg.), *Unternehmenskommunikation* (S. 471–492). Wiesbaden: Gabler.

Millward, B. (2011). Knowledge point: How should your brand capitalize on social media. http://www.millwardbrown.com/Libraries/MB_Knowledge_Points_Downloads/MillwardBrown_KnowledgePoint_SocialMedia.sflb.ashx. Zugegriffen: 17. Feb. 2014.

Park, H., & Reber, B. H. (2008). Relationship building and the use of web sites: How fortune 500 corporations use their web sites to build relationships. *Public Relations Review, 34*(4), 409–411.

Pleil, T. (2007). Online-PR zwischendigitalem Monolog und vernetzter Kommunikation. In T. Pleil (Hrsg.), *Online-PR im Web 2.0. Fallbeispiele aus Wirtschaft und Politik* (S. 10–31). Konstanz: UVK.

Pleil, T., & Bastian, M. (2012). Online-Communities im Kommunikationsmanagement. In A. Zerfaß & T. Pleil (Hrsg.), *Handbuch Online-PR. Strategische Kommunikation in Internet und Social Web* (S. 309–323). Konstanz: UVK.

Poynter, R. (2008). Facebook: The future of networking with customer. *International Journal of Market Research, 50*(1), 11–12.

Scott, D. M. (2010). *Die neuen Marketing- und PR-Regeln im Social Web*. Heidelberg: Hüthig-Jehle-Rehm.

Statistica. (2014a). Anzahl der aktiven Nutzer von Facebook in Deutschland von Januar 2010 bis Hanuar 2014 (in Millionen). http://de.statista.com/statistik/daten/studie/70189/umfrage/nutzer-von-facebook-in-deutschland-seit-2009. Zugegriffen: 17. Feb. 2014.

Statistica. (2014b). Nutzung von führenden Social Media Plattformen durch Fortune Top 500 Unternehmen im Jahr 2013. http://de.statista.com/statistik/daten/studie/151704/umfrage/nutzung-der-social-media-dienste-durch-globale-unternehmen. Zugegriffen: 17. Feb. 2014.

Thomlison, T. D. (2000). An interpersonal primer with implications for public relations. In J. Ledingham & S. Bruning (Hrsg.), *Public relations as relationship management: A relational approach to the study and practice of public relations* (S. 177–203). Mahwah: Lawrence Erlbaum Associates.

Waters, R. D., Burnett, E., Lamm, A., & Lucas, J. (2009). Engaging stakeholders through social networking: How nonprofit organizations are using Facebook. *Public Relations Review, 35*(2), 102–106.

Wright, D. K., & Hinson, M. D. (2011). A three-year longitudinal analysis of social und emerging media use in public relation practices. *Public Relations Journal, 5*(3), 1–32.

Wright, D. K., & Hinson, M. D. (2013). An updated examining of social and emerging media use in public relations practice: A longitudinal analysis between 2006 and 2013. *Public Relations Journal, 7*(3), 1–39.

Zerfaß, A. (2010). *Unternehmensführung und Öffentlichkeitsarbeit. Grundlegung einer Theorie der Unternehmenskommunikation und Public Relation.* Wiesbaden: VS Verlag für Sozialwissenschaften.

Zerfaß, A., & Pleil, T. (2012). Strategische Kommunikation in Internet und Social Web. In A. Zerfaß & T. Pleil (Hrsg.), *Handbuch Online-PR. Strategische Kommunikation in Internet und Social Web* (S. 39–82). Konstanz: UVK.

Zerfaß, A., Fink, S., & Linke, A. (2012). Social Media Delphi 2012. Wissenschaftliche Studie zu Zukunftstrends der Social-Media-Kommunikation. Leipzig/Wiesbaden: Universität Leipzig/FFPR. http://www.ffpr.de/newsroom/2012/11/15/studie-social-media-delphi-2012-endergebnisse. Zugegriffen: 17. Feb. 2014.

Zerfaß, A., Moreno, A., Tench, R., Verčič, D., & Verhoeven, P. (2013). *European communication monitor 2012. A changing landscape – managing crisis, digital communication and ceo positioning in europe. results of a survey in 43 countries.* Brüssel: EACD/EUPRERA, Helios Media.

Kommunikationsmanagement und Social Media: Motive und Nutzungsformen von Unternehmensprofilseiten auf Facebook, Twitter und YouTube

Christopher Rühl und Diana Ingenhoff

1 Einleitung

Soziale Netzwerkanwendungen wie Facebook, Twitter und YouTube verzeichnen in den letzten Jahren zunehmende Nutzerzahlen. Auch die Zeit, die Nutzer auf solchen Anwendungen verbringen, ist in den letzten Jahren kontinuierlich gestiegen (van Eimeren und Frees 2013, S. 364). Daher ist es wenig verwunderlich, dass viele Organisationen weltweit begonnen haben, soziale Medien in ihre (internationale) Kommunikationsstrategie zu integrieren. Durch das Unterhalten eigener Profilseiten auf verschiedenen sozialen Medienanwendungen versuchen die Unternehmen das kommunikative Potential der Anwendungen für das Kommunikationsmanagement nutzbar zu machen (Macnamara und Zerfass 2012, S. 287).

1.1 Web 2.0 und Social Media

Die Begriffe *Web 2.0* und *Social Web* werden in der Literatur meist synonym verwendet. Sie bilden die Oberbegriffe für eine Vielzahl von Technologien, die es Nutzern im Internet ermöglichen zu partizipieren, kollaborieren und interagieren

C. Rühl (⊠)
Fribourg, Schweiz
E-Mail: christopher.ruehl@unifr.ch

D. Ingenhoff
E-Mail: diana.ingenhoff@unifr.ch

O. Hoffjann, T. Pleil (Hrsg.), *Strategische Onlinekommunikation*,
DOI 10.1007/978-3-658-03396-5_12, © Springer Fachmedien Wiesbaden 2015

(Boler 2008, S. 39). Damit erlaubt das Web 2.0-Nutzern ein großes Maß an Gestaltungsspielraum. Die Technologien sind programmatisch so offen gestaltet, dass sie auf die individuellen Bedürfnisse der Nutzer zugeschnitten werden können. Darin liegt auch der Unterschied des Social Web zu seinem Vorgänger, dem Web 1.0, begründet, welches ein vorwiegend starres und nicht-interaktives Webangebot beschreibt.

Ein weiterer prominenter Begriff in diesem Zusammenhang ist der der *sozialen Medien, bzw. Social Media*. Er wird ebenfalls als Sammelbegriff verwendet und beschreibt eine Gruppe von Internetanwendungen, die auf den technologischen Grundlagen des Web 2.0 beruhen und Nutzern das einfache Erstellen sowie den Austausch von Inhalten erlauben (Kaplan und Haenlein 2010, S. 61). Unter der Überschrift sozialer Medien können ferner verschiedene Anwendungsarten bzw. Plattformen unterschieden werden. Diese erlauben es den Nutzern, eigene, personalisierte Netzwerke aufzubauen und darin Informationen zumeist in Echtzeit auszutauschen und mit anderen Nutzern zu interagieren und kommunizieren (Boyd und Ellison 2008, S. 210). Zu den bekanntesten und meist verbreitetsten sozialen Medien gehören die soziale Netzwerkseite Facebook, der Mikroblogging-Dienst Twitter sowie verschiedenen medientypspezifischen Anwendungen wie das Videoportal YouTube (Kaplan und Haenlein 2010, S. 62).

1.2 Forschungsbedarf und Forschungsfrage

In der PR-Forschung wurde bereits darauf hingewiesen, dass die Interaktivität und Augenblicklichkeit der Kommunikation in sozialen Medien oftmals eine Herausforderung für das Kommunikationsmanagement in Organisationen darstellt (Capriotti und Kulkinski 2012, S. 619).

Aufgrund der direkten Ansprachemöglichkeiten der Zielgruppen sehen sich Organisationen herausgefordert, die neuen Medienkanäle in die Kommunikationsstrategie einzubauen. Allerdings gilt diese direkte Ansprachemöglichkeit gleichsam für die Bezugsgruppen einer Organisation. Letzte haben mittels sozialen Medien die Möglichkeit, jederzeit und öffentlich Stellung zu den Produkten, Dienstleistungen und Handlungen einer Organisation zu beziehen. Im Hinblick auf die klassische PR-Arbeit kann somit argumentiert werden, dass soziale Medien die Spielregeln der strategischen Kommunikation – und damit das Beziehungsmanagement einer Organisation mit ihren Anspruchsgruppen – verändert haben (Wright und Hinson 2013, S. 5; Zerfass und Pleil 2012, S. 49–53).

Betrachtet man diese Entwicklung positiv, so bedeutet dies, dass soziale Medien das Potential haben, Organisationen und ihre Bezugsgruppen in engen Kontakt zu bringen. Ersteren wird es mithilfe verschiedener Anwendungen möglich, sich über die Kommunikationsbedürfnisse der Anspruchsgruppen zu informieren und diesen besser und direkter Rechnung zu tragen, als es bislang der Fall war (Kelly et al. 2010, S. 16–17; Pookulangara und Koesler 2011, S. 348).

Im Bereich der Organisationskommunikation finden sich Forschungsarbeiten im Feld der rezipientenorientierten Social-Media-PR bislang allerdings sehr selten. Die meisten bestehenden Studien befassen sich mit dem Adaptionsprozess und der Nutzung von sozialen Medien in Organisationen (Briones et al. 2011; Capriotti und Kuklinski 2012; Denyer et al. 2011; Kim et al. 2010; Macnamara und Zerfass 2012; Nah und Sayton 2012; Rybalko und Seltzer 2010; Waters et al. 2009) oder der zugesprochenen Relevanz von sozialen Medien aus Sicht von PR-Praktikern (Diga und Kelleher 2009; DiStaso et al. 2011; Eyrich et al. 2008; Sweetser und Kelleher 2011; Verhoeven et al. 2012; Wright und Hinson 2013). Die Relevanz solcher neuen Kommunikationskanäle aus der Sicht verschiedener organisationaler Anspruchsgruppen bleibt weitestgehend unberücksichtigt. Das Ziel unserer Untersuchung ist es daher, einen Beitrag zur Erarbeitung dieser Forschungslücke zu leisten. Wir argumentieren, dass Social-Media-PR nur dann erfolgreich sein kann, wenn die Kommunikationsbedürfnisse der Rezipienten in sozialen Medien bekannt sind. Daher richten wir den Fokus unserer Untersuchung auf die Analyse der Motive, die die Anspruchsgruppen einer Organisation dazu veranlassen, sich mit dieser zu vernetzen und mit ihr in der Onlinewelt zu interagieren. Wir beschränken uns zunächst auf die Untersuchung von zwei relevanten Anspruchsgruppen einer Organisation. Unsere Forschungsfrage lautet: *Welche Motive haben Politiker sowie Digital Natives 6 %, die Profilseiten von Unternehmen auf verschiedenen Social-Media-Anwendungen zu nutzen?*

2 Theoretischer Zugang

2.1 Internationale Social-Media-PR

Betrachtungen von PR in sozialen Medien sollten die Rahmenbedingungen, unter denen die stattfindenden Kommunikationsprozesse im Internet ablaufen, immer mit in die Analyse einbeziehen. Für die PR auf Social-Media-Anwendungen bedeutet dies, dass die Inhalte der Kommunikation einem breiten Publikum weltweit potentiell zugänglich sind. Einige Forscher haben bereits darauf verwiesen, dass PR im Internet nicht mehr auf verschiedene nationale Räume beschränkbar bleibt, sondern in einem größeren, internationalen Kontext betrachtet werden sollte (Wakefield 2008, S. 147–150). Dieser Argumentation folgend, muss Social-Media-PR als Teil der internationalen PR, genauer gesagt, als *internationale Social-Media-PR*, betrachtet werden.

Der Begriff *internationale PR* beschreibt die Landesgrenzen überschreitende Kommunikation eines Unternehmens oder jeder anderen Art von Organisation (Ingenhoff und Rühl 2013, S. 384). Dabei beinhaltet die internationale PR alle kommunikativen Bemühungen zum Aufbau und Unterhalt positiver Beziehungen zu den Anspruchsgruppen einer Organisation im internationalen Raum (Wilcox et al. 1989, S. 395; Wakefield 1997, S. 355). Da internationale PR auch immer Landesgrenzen überschreitende Kommunikation darstellt, ist es nötig, einen weiteren Aspekt in die Betrachtung mit einfließen zu lassen: die Rolle der *Kultur*. Letztere wurde in verschiedenen Untersuchungen als größte Einflussvariable auf die Wahl einer Kommunikationsstrategie im internationalen Kontext identifiziert (Banks 2000; Bardhan und Weaver 2011; Curtin und Gaither 2007; Huck 2004; Klare 2010; Sriramesh et al. 1996; Verčič et al. 1996; Wakefield 2008).

In der internationalen PR Strategie geht es daher darum, einerseits allgemeingültige Aspekte der PR zu identifizieren, die global standardisiert werden können. Andererseits sollen gleichsam spezifisch kulturelle Eigenheiten aufgezeigt werden, die eine regionale Adaption der vorgesehenen Kommunikationsmaßnahmen nötig machen (Verčič et al. 1996).

Folglich ist auch die Forschung im Feld der internationalen Social-Media-PR darauf verwiesen, Aspekte der Kultur in ihren Untersuchungen mit einzubeziehen. Aufgrund der Charakteristika der Internetkommunikation kann argumentiert werden, dass regional-kulturelle Eigenheiten verschiedener Gesellschaftsräume einen noch bedeutenderen Stellenwert einnehmen sollten, als sie es bisher in der (klassischen) internationalen PR taten. Letztlich kann PR in sozialen Medien potentiell nur dann erfolgreich sein, wenn den regional-kulturellen Eigenheiten verschiedener Gesellschaften in der Welt angemessen Rechnung getragen wird.

Ein erster Schritt bei der Erschließung des neu entstehenden Forschungsfeldes der internationalen Social-Media-PR besteht darin, die Kontextfaktoren zu untersuchen, die die Nutzung organisationaler Angebote auf verschiedenen sozialen Medien bedingen. Ein ähnlicher Zugang wurde bereits bei der Erschließung des Feldes der internationalen PR verfolgt. Dabei wurde zunächst die PR-Praxis verschiedener Organisationen auf nationaler Ebene in verschiedenen Kulturen untersucht, um ein Fundament an Wissen für interkulturelle Vergleiche zu erarbeiten (Al-Kandari und Gaither 2011; Bardan 2003; Cooper-Chen und Tanaka 2008; Huck 2004; Klare 2010).

Wir argumentieren aus Sicht der Rezeptionsforschung, dass die Untersuchung der Nutzenmotive von sozialen Medienangeboten von Organisationen in verschiedenen Kulturräumen ebenfalls dazu beitragen wird, den Wissensbestand im Bereich der *internationalen Social-Media-PR* zu entwickeln. Denn erst wenn die Gründe der Social-Media-PR Nutzung verschiedener Anspruchsgruppen einer Organisation in verschiedenen Kulturräumen bekannt sind, wird es möglich sein, Nutzenmotive kulturübergreifend zu vergleichen sowie Gemeinsamkeiten und Unterschiede zwischen verschiedenen Kulturregionen zu identifizieren. Dieses Wissen kann dann auf Organisationsseite bei der Strategiebildung genutzt werden.

Der vorliegende Beitrag zielt darauf ab, einen ersten Schritt in die soeben genannte Richtung zu gehen. Mittels einer qualitativen Studie wollen wir die Motive von Nutzern in der Schweiz untersuchen, die diese dazu bewegen, verschiedene soziale Medienangebote von Unternehmen zu gebrauchen. Den theoretischen Zugang der Untersuchung bildet die Weiterentwicklung des Uses-and-Gratifications-Ansatzes mit der sozial-kognitiven Theorie. Die identifizierten Motive der Mediennutzug werden im Rahmen der Analyse im Hinblick auf das resultierende Medienverhalten ausgewertet.

2.2 Sozial-kognitiver Zugang zum Uses-and-Gratifications-Ansatz

Der *Uses-and-Gratifications-Ansatz* (U&G, Blumler und Katz 1974) ist einer der ältesten und etabliertesten Ansätze zur Untersuchung von Mediennutzungsverhalten. Die Grundannahme des Ansatzes besagt, dass Mediennutzung auf Rezipientenseite motiviert und zielgerichtet verläuft. Die Wahl eines bestimmten Medienangebots zielt demnach immer darauf ab, bestimmte Bedürfnisse beim Rezipienten zu erfüllen, die als *Gratifikationen* (Rosengren 1974, S. 269–270) beschrieben werden können. Die Gratifikationen, die Personen durch den Medienkonsum erhalten möchten, sind individuell verschieden. Ferner können sie im Verlauf des Rezeptionsprozesses in zwei Teile aufgegliedert werden; in gesuchte Gratifikationen auf der einen und erhaltene Gratifikationen auf der anderen Seite. Während die gesuchten Gratifikationen die Motive beschreiben, die ein Individuum ursprünglich dazu bewegen, ein bestimmtes Medienangebot zu konsumieren, stehen die erhaltenen Gratifikationen für die tatsächlichen Bedürfnisbefriedigungen, die der Mediennutzung unmittelbar folgen. Es ist jedoch denkbar, dass im Verlauf des Rezeptionsprozesses eine Diskrepanz zwischen dem, was gesucht und dem, was erhalten wurde, auftritt. Dies bedeutet, dass Medienkonsum nicht zwingend zur Befriedigung der gesuchten Bedürfnisse führen muss (Greenberg 1974, S. 89). Seitens des Rezipienten wird daher im Verlauf der Rezeptionssituation die wahrgenommene Diskrepanz zwischen den gesuchten und erhaltenen Gratifikationen evaluiert,

d. h. kognitiv festgestellt, wie gut ein bestimmtes Medienangebot geeignet war, die individuellen Bedürfnisse zu erfüllen. Über Zeit wird das Ergebnis der stattfindenden Evaluation zu Medienwissen verarbeitet und kann in zukünftigen Situationen rekurriert werden (Palmgreen und Rayburn II 1982).

Im Bereich der Internetnutzungsforschung haben die meisten Studien, die eine Unterscheidung zwischen gesuchten und erhaltenen Gratifikationen vorgenommen haben, keine hohen Erklärungsraten für die Gründe der Internetnutzung aufweisen können (Ferguson und Perse 2000; Kaye 1998; Papacharissi und Rubin 2000; Parker und Plank 2000). Eine mögliche Erklärung könnte darin begründet liegen, dass die verwendeten Gratifikationsitems primär aus bestehenden Studien zu den Motiven traditioneller Medien bzw. verschiedener Gratifikationsinventarlisten übernommen wurden, welche die Gründe der Internetnutzung nicht adäquat beschreiben (LaRose und Eastin 2004, S. 359).

Daher plädieren LaRose et al. (2001), insbesondere im Hinblick auf die Internetforschung, für die theoretische Weiterentwicklung des U&G-Ansatzes mit der sozial-kognitiven Theorie (SCT, Bandura 1986). Ihrer Argumentation folgend, kann so die oft postulierte Beziehung zwischen Mediengratifikationen und Mediennutzung besser bzw. korrekter dargestellt werden als bislang, welches positive Auswirkungen auf die Erklärungskraft des U&G-Ansatzes hat.

Bei Banduras (1986) *sozial-kognitiver Theorie (SCT)* handelt es sich um eine generelle Theorie zur Beschreibung menschlichen Verhaltens, die ursprünglich aus dem Bereich der Lerntheorie stammt, mittlerweile aber auch häufig im Feld der Medienwirkungsforschung Anwendung findet. Die SCT unterstellt einen reziproken Effekt zwischen Individuen, ihrem Verhalten und der Umwelt. Verhalten wird demnach als beobachtbarer Vorgang bzw. als Handlung angesehen. Die Ausübung eines bestimmten Verhaltens wird weitergehend von den erwarteten Konsequenzen des Gleichen bestimmt. Dies bedeutet, dass Verhalten nur dann erwartbar bzw. umgesetzt wird, wenn es positive Konsequenzen zur Folge hat. Die Erwartungen an die resultierenden Konsequenzen bestimmter Verhaltensweisen werden *Ergebniserwartungen* genannt. Letztere werden durch kognitive Prozesse geformt und resultieren insbesondere aus der Beobachtung des Verhaltens anderer Individuen in der Umwelt einer Person (stellvertretendes Lernen) oder aus dem Lernen aus Erfahrungen.

Bei der Weiterentwicklung des U&G-Ansatzes mit der SCT wird Mediennutzung als offenkundiges Medienverhalten angesehen, welches von Ergebniserwartungen bestimmt wird. Folglich können die gesuchten Gratifikationen der Mediennutzung als Ergebniserwartungen des Medienverhaltens beschrieben werden. Sie stellen letztlich die Motive der Mediennutzung dar, die auch als *Anreize* beschrieben werden. Im Rahmen der SCT unterscheidet Bandura sechs verschiedene Anreizdimensionen für Verhalten. Diese können als Hauptkategorien verstanden werden, unter denen verschiedene Einzelmotive der Mediennutzung subsumiert werden können (LaRose et al. 2001, S. 399–400; LaRose und Eastin 2004, S. 360–361): *Aktivitätsanreize* beschreiben den Wunsch vieler Menschen, an angenehmen Aktivitäten teilzunehmen und beinhalten insbesondere Unterhaltungsgratifikationen. *Monetäre Anreize* beinhalten finanzielle Motive der Mediennutzung, insbesondere Motive der Geldbeschaffung oder geldwerte Vorteile. Anreize zur Suche nach neuen Informationen zum Wissenserwerb werden als *Neuigkeitsanreize* beschrieben, *soziale Anreize* verweisen auf Motive der Interaktionen mit anderen Personen zum Austausch und Diskussion von Meinungen. Ergebniserwartungen, die der Regulierung der eigenen Stimmung oder dem Abbau von Stresszuständen dienen, werden unter den *selbstbezogenen Anreizen* gefasst. Die letzte Kategorie beschreibt die der *Statusanreize*. Sie beinhalten Motive zur Erlangung sozialer Macht sowie der Selbstdarstellung (Bandura 1986, S. 239–240; LaRose und Eastin 2004, S. 361).

Eine der bislang umfangreichsten Studien zur Untersuchung der Ergebniserwartungen der Web 2.0-Nutzung auf verschiedenen Anwendungen von Jers (2012) identifizierte zudem noch zwei weitere, dem Web 2.0 eigene Anreizdimensionen. Dies sind zum einen *ideologische Anreize*, welche auf Verhalten verweisen, das durch persönliche Ideale und Werte motiviert ist, sowie zum anderen *praktische Anreize*. Letztere können als Meta-Ergebniserwartungen beschrieben werden, da sie Motive beinhalten, die vielmehr als Katalysatoren für Ergebniserwartungen angesehen werden können, denn als originäre Motive der Mediennutzung: so z. B. Faulheit, Bequemlichkeit, Organisation und Flexibilität.

Die theoretische Weiterentwicklung des Uses-and-Gratifications-Ansatzes mit der sozial-kognitiven Theorie konnte sich in der Forschung bewähren. So konnten verschiedene Studien bislang höhere Erklärungsraten für Internetnutzungsverhalten vorweisen als jede Studien, die einen traditionellen U&G-Zugang verfolgten (LaRose und Eastin 2004, S. 359–360). Daher nutzen auch wir den weiterentwickelten U&G-Ansatz zur Untersuchung der Ergebniserwartungen von Rezipienten an die Social-Media-PR.

2.3 Nutzungsformen von Social Media

Levy und Windahl (1984) konstatierten, dass die Mediennutzung eines Menschen nicht stabil ist, sondern situationsabhängig variieren kann. Auch wenn sich die Autoren dabei zunächst auf traditionelle Medien berufen, kann angenommen werden, dass dies auch in Zeiten des Web 2.0 noch so ist. Im Hinblick auf die Ausdifferenzierung der Medienangebote durch das Aufkommen des Internets und sozialen

Medien kann sogar argumentiert werden, dass Levy und Windahls Beobachtung aktueller denn je ist. Heutzutage stehen den Menschen zur Befriedigung ihrer situationsabhängigen Bedürfnisse mehr Medienkanäle zur Auswahl als je zuvor. Haben wir im vorhergehenden Kapitel die Motive der Mediennutzung genauer beschrieben, so soll nun die aus den Ergebniserwartungen resultierende Form der Nutzung unternehmerischer Profilseiten in sozialen Medien genauer betrachtet werden.

Bestehende Studien im Bereich der rezipientenorientierten Social-Media-PR haben bisher zwei grobe Formen der Nutzung identifiziert. Dabei handelt es sich um eine grundlegende Unterscheidung zwischen eher passiver sowie aktiver Formen. Die passive Nutzung wurde als *Konsum* bezeichnet, aktivere Formen als *beitragende, bzw. beteiligende Handlungen* (Men und Tsai 2013; Vorvoreanu 2009) beschrieben. Diese dichotome Nutzertypen-Unterscheidung erscheint im Hinblick auf die vielfältigen Nutzungs- und Interaktionsmöglichkeiten in sozialen Medien allerdings zu wenig trennscharf bzw. zu oberflächlich für eine differenzierte Betrachtung des Verhaltens, das Ergebniserwartungen zur Folge hat.

Eine weitaus trennschärfere Klassifikation von Nutzertypen bietet die von Shao (2009). Er beschreibt Publikumsaktivität in sozialen Medien auf einem Interaktionskontinuum. Das untere Ende des Kontinuums nimmt dabei das Extrem „keine Interaktion" ein, das obere Ende beschreibt eine hohe Nutzerinteraktion auf einer Anwendung. Verhalten, das sich auf die Betrachtung, also das Lesen oder Anschauen von Medieninhalten beschränkt, wird auf dem Kontinuum ganz unten angesiedelt und als *konsumierende Nutzung* beschrieben. Diese weist somit den niedrigsten Grad an Interaktion auf. Darauf aufbauend lässt sich der Typ der *partizipierenden Nutzung* beschreiben. *Partizipation* stellt die Grundform der Nutzerinteraktion dar. Dabei beschränkt sie sich auf die Bewertung von Inhalten mit vorgegebenen Feedbackmöglichkeiten, so z. B. das „liken" sowie das Teilen eines bestehenden Beitrags auf einer Social-Media-Anwendung. Wir argumentieren, dass die Etablierung einer Verbindung auf einer sozialen Medienanwendung bereits ebenfalls als Partizipation gesehen werden kann. Auch hierbei findet eine Bewertung statt, nämlich die Selektion des Kontaktes auf einer Anwendung für dessen Einbeziehung in zukünftige Rezeptions- und Kommunikationsprozesse aufgrund einer bestimmten Relevanz, so dass von einer Basisform der Nutzer-zu-Nutzer-Interaktion gesprochen werden kann. Ferner kann aus technischen Gesichtspunkten die Etablierung einer Verbindung auf einer sozialen Medienanwendung mit anderen Indikatoren der partizipierenden Nutzung verglichen werden. Die Bewertung sowie das Teilen eines Beitrags sind, ebenso wie die Vernetzung, mit wenig Handlungsaufwand verbunden. Meist bedürfen diese Nutzungsformen nur wenige Mausklicks. Die höchste Form der Interaktion stellt die *Produktion* dar. Sie beschreibt die Erstellung und Publikation eigener Inhalte in Form von Texten, Bildern sowie Audio- und Videomaterialien (Shao 2009, S. 7).

Erste empirische Anwendungen von Shaos (2009) rein theoretischen Überlegungen kamen zu dem Schluss, dass eine klare Unterscheidung partizipierender sowie produzierender Aktivitäten schwer zu treffen ist (Jers 2012, S. 385). Dies wurde vor allem auf die Charakteristika der partizipierenden Nutzung zurückgeführt, die trotz ihrem Anspruch, Basiselemente der Interaktion zu beschreiben (Inhalt bewerten, teilen) bereits weitergehend interaktive Elemente beinhalten. Ein Beispiel dafür stellt das Verfassen von Kommentaren zu bestehenden Beiträgen auf einer sozialen Medienplattform dar.

Um die Trennschärfe zwischen der partizipierenden und produzierenden Nutzung zu verstärken, werden wir jedes Verhalten, das die Produktion von Text nach sich zieht (so z. B. das Kommentieren bestehender Beiträge sowie das Verfassen von Hauptbeiträgen auf einer Social-Media-Anwendung) als *produzierende Nutzung* beschreiben.

Nach dieser konzeptionellen Spezifizierung scheinen die drei beschriebenen Social-Media-Nutzungstypen brauchbar für unsere Untersuchung. Sie werden im Folgenden dazu verwendet, die Nutzungsmotive unternehmerischer Profilseiten auf Social-Media-Anwendungen einer bestimmten Art von resultierendem Medienverhalten zuzuordnen.

3 Forschungsstand: Nutzenmotive in der internationalen Social-Media-PR

Untersuchungen zu den Gründen der Social-Media-PR Nutzung auf der Mikroebene, d. h. seitens der Nutzer von sozialen Medien, sind weitestgehend selten. Noch seltener finden wir Studien, die die Erweiterung des U&G-Ansatzes mit der SCT als theoretisches Analysegerüst verfolgen (Jers 2012; Lee und Ma 2012).

3.1 Nutzenmotive von Social Media

Die meisten Studien, die bislang darauf abzielten, Nutzungsmotive sozialer Medien zu beschreiben, beschränken sich auf die Identifikation allgemeiner Gründe der Nutzung verschiedener Anwendungen, ohne dabei konkreten Bezug zu Organisationsprofilen zu nehmen (Dunne et al. 2010; Jers 2012; Lee und Ma 2012; Quan-Haase und Young 2010; Subrahmanyam et al. 2008; Wang et al. 2012). Ferner hat die Popularität der sozialen Netzwerkseite Facebook in vielen Regionen der Welt dazu Anlass gegeben, Studien zu den Nutzungsmotiven dieser speziellen Anwendung durchzuführen (Bicen und Cavus 2011; Cheung et al. 2011; McAndrew und Jeong 2012; Nadkarni und Hofmann 2012; Smock et al. 2011; Tosun 2012). Ebenso waren die Gründe der Teilnahme an Onlinespielen auf sozialen Netzwerkseiten bereits Thema der Forschung (Shin und Shin 2011).

All diese Studien leisten einen Beitrag zum Wissenserwerb im Feld der internationalen Social-Media-PR, da sie die Nutzenmotive in verschiedenen Ländern untersuchen. Der Großteil der Untersuchungen wurde bislang in westlichen Kulturen durchgeführt. Studien in anderen Kulturkreisen wie zum Beispiel der vorderasiatischen und asiatischen Welt bleiben Ausnahmen (Cheung et al. 2011; Lee und Ma 2012; Shin und Shin 2011; Tonsun 2012). Ebenso selten sind Studien, die verschiedene Charakteristika lokaler Kulturen explizit in ihrer Analyse berücksichtigen und deren Konsequenzen das Social Media Verhalten der Menschen beleuchten, so z. B. Wertvorstellungen arabischer (Al Omoush et al. 2012) oder malaysischer (Din und Haron 2012) Gesellschaften. Hier wird das Potential zukünftiger Forschung in diesem Bereich noch einmal besonders deutlich. Die bislang einzige Untersuchung im Bereich der international komparativen Social-Media-Forschung stammt von Kim et al. (2011).

3.2 Nutzenmotive von Social-Media-PR

Als Pionierarbeiten eines *rezipientenorientierten Zugang zu Social-Media-PR* können die Studien von Vorvoreanu (2009) sowie Men und Tsai (2012, 2013) beschrieben werden. Bei der Untersuchung von Vorvoreanu (2009) handelt es sich wahrscheinlich um die erste wissenschaftliche Auseinandersetzung zur öffentlichen Wahrnehmung von Organisationen auf Facebook. Durch Gruppendiskussionen wurde untersucht, welche Formen der Beteiligung Studenten in den USA bei der Nutzung organisationaler Profilseiten wählen. Ebenso wurde untersucht, welche Formen der Kommunikation die Befragten seitens der Organisationen für (un)angemessen hielten und ob sich deren Einstellungen im Hinblick auf große und kleine Organisationen unterscheiden. Die Ergebnisse der Studie zeigten, dass die befragten Studenten organisationale Tätigkeiten auf Facebook mehrheitlich ablehnten. Die Studenten gaben an, Facebook stelle für sie primär ein Netzwerk für private Zwecke, insbesondere für die Kommunikation mit Freunden und Familie, dar. Dennoch waren die Befragten bereit, die Präsenz von Organisationen zu tolerieren und sich mit ihnen öffentlich ersichtlich zu vernetzen, wenn es den Zwecken der Selbstdarstellung sowie der Image-Pflege der Personen diente. Zudem brachten die Studenten kleineren Organisationen mehr Sympathie entgegen als großen, multinationalen. Sie empfanden erstere als sympathischer und daher unterstützenswerter als große Unternehmen. Die Profilseiten kleiner Unternehmen wurden zudem dazu genutzt, deren Produktangebot einzusehen, Kundenserviceanfragen zu verfassen oder Fragen bzw. Rückmeldungen zu Produkten zu geben. Auch Grüße und gute Wünsche zu Feiertagen wurden von den Diskussionsteilnehmern bereits über die Facebook-Profilseiten kleiner Unternehmen versandt. Im Unterschied zu profitorientierten Unternehmen wurden Vernetzungen mit Non-Profit Organisationen eher vorgenommen, da eine solche Handlung seitens der Befragten als sozial erwünscht empfunden wurde und einem guten Zweck diene. Die Ergebnisse dieser frühen Studie weisen letztlich darauf hin, dass seitens der studentischen Teilnehmenden wenig Interesse an der Vernetzung und Interaktion mit Organisationen auf Facebook besteht. Die Anwendung wurde als unangemessener Kanal für einen Dialog mit den Organisationen angesehen, andere formellere Medienformen wie beispielsweise Telefon oder Email wurden für die Kommunikation von dieser Gruppe bevorzugt (Vorvoreanu 2009, S. 72–82).

Nur drei Jahre später haben Men und Tsai (2012) untersucht, wie Unternehmen und Stakeholder in den USA und China die sozialen Netzwerkseiten Facebook (US Stichprobe) und Renren (chinesische Stichprobe) dazu nutzen, Beziehungen aufzubauen. Dabei wurden die Inhalte der Profilseiten von multinationalen Unternehmen in beiden Ländern inhaltsanalytisch untersucht. Die Forscherinnen förderten kulturelle Unterschiede in der Art der Nutzung unternehmerischer Profilseiten in beiden Ländern zu Tage: Nutzer in den USA tendierten dazu, selbst Beiträge auf dem Unternehmensprofil zu publizieren, auf Beiträge des Unternehmens zu antworten oder das Unternehmen bzw. seine Produkte zu kritisieren. In China besuchten Personen die Unternehmensprofilseite auf Renren vor allem, um allgemeine Informationen zur Firma und ihren Produkten zu suchen sowie Fragen an das Unternehmen zu stellen, mit den Anhängern einer Organisation zu diskutieren sowie das Unternehmen zu grüßen. Beiträge zum Thema Kundendienst, Produktanfragen oder zu Sonderangeboten der Unternehmen wurden in beiden Ländern gefunden (Men und Tsai 2012, S. 729).

In einer Folgestudie der Autorinnen wurde untersucht, welche Motive zu welcher Art der Nutzung von Organisationsprofilen auf den chinesischen sozialen Netzwerkseiten Renren und Sina Weibo führen (Men und Tsai 2013). Dabei werden zwei Nutzungstypen voneinander unterschieden: *Konsum* als rein passiver, rezipierender Typ und *Beitrag* zur Beschreibung jeglicher Form der Interaktion. Die Ergebnisse der Studie zeigen, dass vorwiegende Gründe für den Konsum von Nachrichten auf unternehmerischen Profilseiten die Suche nach Produktinformationen, Angeboten und weiteren Unternehmensnachrichten sind. Zudem werden die Seiten zur Unterhaltung, Entspannung, Zeitvertreib sowie zur Ablenkung von Alltagsroutinen gebraucht. Das Verfassen von Beiträgen, so z. B. Fragen stellen und

Beiträge kommentieren bzw. Inhalte hochladen, spielen eine untergeordnete Rolle. Die Forscherinnen kommen daher zu dem Schluss, dass chinesische Nutzer ein mittelhohes Aktivitätsniveau auf unternehmerischen Profilseiten der untersuchten Anwendungen zeigen (Men und Tsai 2013, S. 19). In einem weiteren Schritt wurden verschiedene Antezedenzien der Unternehmensprofilnutzung untersucht, von denen ausgegangen wird, dass sie die beitragende Nutzung positiv beeinflussen. Die Analyse ergab, dass die Antezedenz-Faktoren Abhängigkeitsgefühl gegenüber sozialer Medien, parasoziale Interaktion sowie die Identifikation mit der Gemeinschaft auf der Anwendung die Nutzung unternehmerischen Profilseiten positiv beeinflussen (Men und Tsai 2013, S. 19).

Die obenstehenden Studien zeigen einen deutlichen Trend zu einer vermehrt öffentlichen Akzeptanz von Unternehmenspräsenzen auf Social-Media-Anwendungen. Während Vorvoreanu (2009) primär der Frage nachging, unter welchen Bedingungen Nutzer Organisationen auf sozialen Netzwerkanwendungen überhaupt tolerierten, stellten Men und Tsai (2012; 2013) die Akzeptanz eines solchen Engagements nicht mehr in Frage und beschäftigten sich weiterführend mit den Charakteristika des Beziehungsaufbaus und der Interaktion zwischen Nutzern und Unternehmen auf verschiedenen Anwendungen. Es kann angenommen werden, dass der Wandel des Erkenntnisinteresses in der Forschung darauf zurückzuführen ist, dass die kontinuierliche technologische Erweiterung von Social-Media-Anwendungen mit einer zunehmenden Professionalisierung der Social-Media-Aktivitäten in Organisationen einhergegangen ist. Organisationen lernen zunehmend, ihre Kommunikation in sozialen Medien anspruchsgruppengerecht zu formulieren, bzw. auszugestalten, sodass von einer erhöhten Akzeptanz und der Ausbildung von Nutzungsmustern auf Seiten der Anspruchsgruppen von Social-Media-PR gesprochen werden kann. Zudem ist in den letzten Jahren ein klarer Trend der Diffusion von sozialen Medien in das Alltagsleben vieler Menschen festgestellt worden (van Eimeren und Frees, 2013, S. 370). In der Marktforschung wird mittlerweile sogar schon postuliert, dass die Profilseiten von Unternehmen auf Social Media den klassischen Unternehmenswebseiten zu Zwecken der Unternehmens-, Marken- oder Produktinformationen bevorzugt werden (Dei Worldwide 2008, S. 4).

Der Stand der Forschung zu den originären Nutzermotiven von Social-Media-PR im internationalen Kontext ist noch defizitär. Aus diesem Grund wenden wir uns zunächst der lokalen Ebene zu, um die Ergebniserwartungen an die PR in sozialen Medien beispielhaft zu untersuchen.

4 Methode

Mit Hilfe einer qualitativen Studie untersuchen wir die Ergebniserwartungen an die Social-Media-Kommunikation von Akteuren verschiedener Anspruchsgruppen in der Schweiz. Dabei sollen im Speziellen die Motive des Besuchs und der Interaktion von und mit Unternehmensprofilen auf den drei sozialen Medienanwendungen Facebook, Twitter und YouTube untersucht werden. Im Juni 2013 wurden dazu 65 Leitfadeninterviews von jeweils ca. 10 minütiger Länge mit Vertretern zweier potentieller Anspruchsgruppen eines Unternehmens geführt. Dies sind zum einen Politiker (npol = 29) und zum anderen Digital Natives (npub = 36). Dabei beschreibt der Begriff Digital Native eine Gruppe von Personen, die im Internetzeitalter aufgewachsen sind und daher den Umgang mit Computertechnologie sowie dem Internet bereits von Kindheit an natürlich erlernt haben (Margaryan et al. 2011, S. 429). Sie werden als Altersgruppe aller Geburten ab dem Jahr 1985 bis heute klassifiziert.

4.1 Stichprobenziehung

Die Wahl der beiden Gruppen erfolgte mit der Absicht, Anspruchsgruppen zu wählen, deren Handlungen potentiell einen hohen Einfluss auf ein Unternehmen haben können. Es kann argumentiert werden, dass dieses Kriterium auch auf andere Anspruchsgruppen zutrifft. In Anbetracht des Umfangs der durchzuführenden Untersuchung mussten die zu untersuchenden Bezugsgruppen jedoch auf eine Auswahl beschränkt werden. So wurden Digital Natives gewählt, da diese Gruppe vor allem aus Kunden und Endverbrauchern unternehmerischer Produkte und Dienstleistungen bestehen wird, die durch Erwerb oder Nichterwerb dergleichen den Fortbestand eines Unternehmens erheblich beinträchtigen können. Gleichzeitig sind sie i. d. R. mit der Nutzung von sozialen Medien sehr vertraut und einen aktiven Umgang gewohnt. Ebenso können Digital Natives neben ihrer Rolle als potentielle Kunden in zusätzlichen Beziehungen mit einem Unternehmen stehen, so z. B. als (potentielle) Arbeitnehmer, Aktionäre oder Aktivisten, bei gleichzeitiger Annahme eines hohen Aktivitätsgrades.

Die Auswahl von Politikern erfolgte, da diese berufsstandbedingt wichtigen Einfluss auf die gesellschaftlichen Rahmenbedingungen des Unternehmenshandelns nehmen können. Sie können durch die Initiierung von Gesetzesentwürfen und deren Ratifizierung bspw. Quoten oder andere Verbindlichkeiten auf den Weg bringen, die die Aktivitäten eines Unternehmens einschränken bzw. verändern können.

Verschiedene Stichprobenverfahren wurden für die Ziehung der Gesamtstichprobe angewandt. Die Auswahl der Politiker entspricht einer repräsentativen Stichprobe aller 246 Mitglieder der Schweizer Bundesversammlung, d. h. allen National- und Ständeräten. Zur Auswahl der relevanten Politiker für die Untersuchung wurde zunächst recherchiert, welche Mitglieder der Bundesversammlung über ein Facebook und/oder Twitter-Konto für berufliche Zwecke verfügen. Danach wurden die öffentlich zugänglichen Profilseiten der resultierenden 123 Personen auf den jeweils verfügbaren Anwendungen voranalysiert, um herauszufinden, ob die Personen Netzwerkverbindungen zu Unternehmen unterhielten. Dabei wurden alle Personen selektiert, die mindestens eine Verbindung zu einem Unternehmen auf einer der genannten Anwendungen aufwiesen. Diese Analyse resultierte in einer Anzahl von 63 Personen, die während der Feldphase zur Teilnahme an unserer Studie eingeladen wurden. Zur Durchführung der Politikerinterviews wurde vier zweisprachigen Forschern der Universität Fribourg (CH) während der Sommersession 2013 Zugang zum Parlamentsgebäude, insbesondere zur Wandelhalle des Bundeshauses in Bern gewährt. Den Forschern war es so möglich, direkt auf die Zielpersonen zuzugehen und sie um ihre Teilnahme an der Studie zu bitten ($n_{pol} = 29$).

Die Stichprobe der Digital Natives wurde nach dem Zufallsprinzip rekrutiert. Dabei wurden Studierende der Universität Fribourg (CH) beauftragt, Personen der entsprechenden Altersgruppe in ihrem sozialen Umfeld zufällig anzusprechen und sie für die Teilnahme an der Untersuchung einzuladen. Um die Stichprobe nicht durch hohe Medienaffinität der Befragten zu verzerren, sollte darauf geachtet werden, dass die Befragten Digital Natives keine Studierenden der Medien- und Kommunikationswissenschaft waren. Ferner war eine Grundvoraussetzung der Teilnahme an der Studie das Vorhandensein eines Facebook und/oder Twitter-Kontos auf Seiten der Befragten, das zudem Netzwerkverbindungen zu mindestens einem Unternehmen auf einer der Plattformen aufwies ($n_{pub} = 36$).

4.2 Leitfadenentwicklung und Pretest

Der Interview-Leitfaden wurde auf Deutsch konstruiert. Die Fragen wurden für die Interviews mit den Politiker von zwei zweisprachigen Forschern ins Französische übersetzt und danach wieder auf Deutsch rückübersetzt, um die Korrektheit der Fragen in beiden Sprachversionen zu gewährleisten. Durch die Erstellung eines deutschsprachigen sowie französischsprachigen Interview-Leitfadens kann der Mehrsprachigkeit des Landes Rechnung getragen werden und die Wahl der bevorzugten Sprache den Personen selbst überlassen werden.

Zur Vorbereitung der Interviewsituationen nahmen alle Feldforscher an vier zweistündigen Interviewer-Schulungen teil. Der Leitfaden wurde getestet und die Ergebnisse des Pretests in den Schulungssitzungen eingehend diskutiert. Im Anschluss wurden einige Veränderungen in beiden Versionen des Leitfadens (Politiker und Digital Natives) vorgenommen, um die Struktur der gestellten Fragen zugunsten eines natürlicheren Gesprächsflusses der Interviewsituation anzupassen. So beinhaltete die erste Version des Fragebogens jeweils eine Frage zu den Gründen, ein Unternehmensprofil auf einem sozialen Medienkanal zu besuchen und drei Folgefragen um zu spezifizieren, welche potentiellen (multiplen) Nutzungstypen einem identifizierten Motiv folgten. Diese Frageform stellte sich während des Pretests jedoch als irreführend heraus, da die meisten Befragten unterschiedliche Motive der Nutzung einer Anwendung anführten, die jeweils zu einem spezifisches Verhalten führten. Resultierten mehrere Nutzungsformen aus einem bestimmten Motiv, so wurden diese meist direkt von den Testpersonen genannt, ohne dass eine Nachfrage seitens des Forschers nötig war. Daher entschieden wir uns dazu, von Folgefragen zur Abfrage multipler Nutzungstypen für ein Motiv abzusehen und vielmehr ein breites Spektrum vorliegender Motive (inkl. Nutzungsform) einzufangen. Am Ende eines jeden Interviews fügten wir zudem eine Kontrollfrage ein, um sicherzustellen, die Ergebniserwartungen der interviewten Personen vollständig abgefragt zu haben. Ein zweiter Pretest ergab, dass diese vorgenommenen Änderungen am Leitfaden angemessen erschienen. Die überarbeitete Fragenstruktur erlaubte zudem eine natürliche Gesprächsführung während der Interviewsituation.

4.3 Datenerhebung und Auswertung

Zusätzlich zur Abfrage der Ergebniserwartungen an die Facebook- und Twitter-Nutzung von Unternehmensprofilen wurden die Teilnehmer der beiden Gruppen auch zur gleichartigen Nutzung von YouTube befragt. Damit wurde das Ziel verfolgt, die drei meist genutzten, nicht berufsmäßig ausgerichteten Social-Media-Anwendungen der westlichen Welt in die Analyse mit einzubeziehen (Discovery News 2012). Während der Interviews wurden die Befragten dazu ermutigt, alle Gründe ihrer Unternehmensprofil-Nutzung zu thematisieren, an die sie sich erinnerten. Dabei konnten die interviewten Personen frei wählen, in welcher Reihenfolge sie über die Motive ihrer Nutzung verschiedener Plattform bzw. verschiedener Nutzungsverhalten sprachen.

Die Interviews wurden mit Hilfe der Transkriptionssoftware f5 transkribiert und mittels des qualitativen Datenanalyseprogramms MAXQDA ausgewertet. Durch das induktive Vorgehen bei der Analyse der Ergebniserwartungen anhand der SCT

Anreizdimensionen konnten die Argumente, die das Konsum-, Partizipations- und Produktionsverhalten der Befragten motivieren, in den Transkripten identifiziert, codiert und kategorisiert werden. Um die Nutzungsmotive sowie das resultierende Medienverhalten der befragten Personen bei der Analyse gleich zu gewichten, wurde jede Kombination eines Motivs mit resultierendem Medienverhalten nur einmal pro Interview codiert.

5 Ergebnisse: Motive und Formen der Nutzung von Unternehmensprofilseiten

Unter den 65 Personen, die an unserer Studie teilgenommen haben, waren 20 männliche und 9 weibliche Politiker sowie 11 männliche und 25 weibliche Teilnehmende aus der Gruppe der Digital Natives. Das Durchschnittsalter unter Politikern lag bei 44 Jahren, bei den Digital Natives bei 24 Jahren.

Auf den ersten Blick zeigen die Ergebnisse der Studie, dass die beiden Gruppen Unternehmensprofilseiten auf den drei untersuchten Anwendungen unterschiedlich stark nutzen. So geben alle Digital Natives an, bislang zumindest einmal ein Unternehmensprofil auf Facebook besucht zu haben. Dies trifft allerdings nur auf etwas mehr als die Hälfte der Politiker zu (17 Personen, 59 %). Dabei ist Facebook die meist genutzte der untersuchten Anwendungen. Darauf folgt Twitter, auf dem sechs Digital Natives (14 %) und nur jeder dritte Politiker (9 Personen, 31 %) bereits Unternehmensprofilseiten besucht haben. Am wenigsten genutzt wird YouTube. Nur zwei Digital Natives (6 %), allerdings keiner der befragten Politiker, haben in der Vergangenheit schon einmal eine Unternehmensseite auf dem Videoportal besucht.

Im folgenden Teil der Ergebnispräsentation werden wir die Hauptargumente, die die Befragten in den Leitfadeninterviews für ihre Nutzung der Profilseiten hervorbrachten, genauer analysieren. Dabei folgen wir einer plattformspezifischen Unterscheidung der Motive im Hinblick auf die drei möglichen resultierenden Formen der Mediennutzung: Konsum, Partizipation und Produktion. Zudem werden die Motive der Befragten unter den Anreizdimensionen der SCT verortet, sodass die Nutzungsgründe in einen theoretischen Rahmen eingebettet sind.

Unsere Analyse hat, zusätzlich zu den Dimensionen der SCT, ein weiteres Motiv hervorgebracht. Dabei handelt es sich um *Motive Dritter*, d. h. die Gründe anderer Personen oder Gruppen, welche zu einer Vernetzung mit einem Unternehmen auf einer Social-Media-Anwendung geführt haben.

Da die Teilnehmer unserer Untersuchung dazu aufgefordert waren, über alle Nutzungsgründe Auskunft zu geben, die sie in der Vergangenheit dazu veranlassten, ein Unternehmensprofil auf eine bestimmte Art zu nutzen, ist es möglich, dass die Gesamtzahl der Nennungen eines Motivs die absolute Anzahl der Befragten in einer Gruppe übersteigt. Daher scheint es auch nicht sinnvoll, die genannten Motive in Häufigkeitsauswertungen darzustellen. Vielmehr gilt unser Erkenntnisinteresse der Herausbildung prominenter Motive im Hinblick auf einen Nutzertypen.

5.1 Motive der konsumierenden Nutzung

Die am häufigsten genannten Motive der Nutzung von Unternehmensprofilen auf allen drei untersuchten Anwendungen lassen sich unter der Dimension der *Neuigkeitsanreize* verorten. Hierbei sind insbesondere die Suche nach *Information über neue Produkte und Dienstleitungen* sowie *nicht-produkt- oder dienstleistungsbezogene Informationen* unter Politikern sowie Digital Natives zu nennen. So wurden Neuigkeitsmotive insgesamt 48 Mal seitens der Digital Natives für die konsumierende Facebook-Nutzung genannt, nur drei Mal hingegen in Bezug auf Twitter und zweimal für die YouTube-Nutzung. Unter Politikern beschränken sich die Neuigkeitsanreize der konsumierenden Nutzung auf neun Nennungen zu Twitter.

Bei den Digital Natives wird die Suche nach Neuigkeiten auf Facebook und Twitter oft mit dem Anschauen von Produktbildern verbunden, auf YouTube mit dem Betrachten von Produktvideos. So antwortete eine Befragte im Hinblick auf ihre konsumierende Facebook-Nutzung: „Ich interessiere mich dafür, was sie auf Facebook posten, vor allem Bilder aus der neuen Kleiderkollektion oder Schuhe" (Interview L1). Ähnlich äußerte sich eine andere Person über ihre YouTube-Nutzung: „Ich hatte gehört, dass [Unternehmen] bald ein neues Handy auf den Markt bringen würde. Also bin ich auf die YouTube-Seite von [Unternehmen] gegangen, um nach einem Produktvideo zu schauen, um zu schauen, was das neue Handy alles kann" (Interview V5).

In der Gruppe der Politiker stellt das Rezeptionsmotiv *nicht-produkt oder dienstleistungsbezogene Informationen* den Hauptgrund für den Besuch einer Unternehmensseite auf Twitter dar. Ein Politiker erklärte: „Ich nutze die Twitter-Seite wie ein Nachrichtenportal. Ich schaue mir die Links zu den Pressemitteilungen an und schaue, welche politischen Statements sie abgeben" (Interview P25).

Zudem nutzten die befragten Digital Natives die Unternehmensseiten vor allem auf Facebook (23 Nennungen), vereinzelt aber auch auf Twitter (3 Nennungen), aus *selbstbezogenen Gründen*. So zum Beispiel zur *Inspiration, Orientierung* und *Meinungsbildung* über ein Unternehmen und/oder seine Produkte und Dienstleistungen. Die *Bekämpfung von Langeweile* und der *Zeitvertreib* lassen sich ebenfalls unter den selbstbezogenen Motiven verorten. Sie werden sowohl von Digital Natives als auch von Politikern genannt (letztere nur im Hinblick auf Facebook). Einer der befragten Parlamentarier verriet: „Wenn ich in einer Sitzung mal ein Loch habe oder eine schnelle Pause brauche oder die Diskussion sich im Kreis dreht, dann gehe ich manchmal ins Facebook und schaue [...] eben auch die Seiten von Unternehmen an, mit denen ich in Kontakt stehe" (Interview P43).

Die Suche nach *Rabatten, Gewinnspielen* oder *Anstellungsmöglichkeiten* kann unter der SCT Dimension der *monetären Anreize* zusammengefasst werden. Monetäre Anreize, die zu konsumierender Profilseitennutzung führen, werden alleine auf Seiten der Digital Natives auf Facebook thematisiert (15 Nennungen). Ein Ankerbeispiel dieser Dimension konnte in Interview M3 identifiziert werden: „Einmal haben ich die Profilseite von [Unternehmen] angeschaut, weil ich auf der Suche nach einem Job war und dachte vielleicht haben die was".

Auch die Gratifikationen *Unterhaltung* und *Spaß* unter den *Aktivitätsanreizen* wurden ausschließlich von Digital Natives genannt und gelten insbesondere für die Facebook-Nutzung (10 Nennungen), weniger für die Twitter-Nutzung (4 Nennungen). Auch hier stehen das Betrachten von Fotos und anderem Bildmaterial, welches nicht primär mit Informationsanreizen in Zusammenhang steht, im Mittelpunkt des Nutzerinteresses. So zum Beispiel auf Facebook: „Manchmal posten sie echt witziges Zeug, ein lustiges Video oder so, oder irgendwelche Bilder, bei denen man einfach lachen muss, weil's so lustig ist" (Interview S3); oder Twitter: „ihr Profil ist einfach so eine Blödelzone, mega unterhaltsam" (Interview M3).

Idealistische Motive spielen eher eine untergeordnete Rolle und beschränken sich alleine auf die Facebook-Nutzung der Digital Natives. Die Befragten gaben insgesamt sechs Mal an, sie hätten bereits Informationen konsumiert, da die Produkte und Dienstleistungen des Unternehmens den *persönlichen Werten einer Person* entsprachen. Ebenso besuchten die Personen Unternehmensprofile, da sie *Sympathie für das Unternehmen und seine Produkte* empfanden, wie aus folgendem Interviewbeispiel hervorgeht: „Weil ihre Getränke einfach göttlich sind" (Interview M2).

Praktische Anreize der konsumierenden Nutzung konnten so gut wie nicht identifiziert werden. Allein eine Person unter den Digital Natives hatte schon einmal das Twitter-Profil eines Unternehmens besucht, um *Echtzeitinformationen des Unternehmens* zu erhalten, ohne sich diese auf verschiedenen Webseiten der Unternehmenshomepage mühsam zusammensuchen zu müssen. Diese Person sagte, sie wollte „*Informationen auf einer zentralen Plattform finden*, ohne mich durch endlose Webseiten zu klicken" (Interview L1).

Insgesamt können wir festhalten, dass Motive der konsumierenden Nutzung eher von Digital Natives als von Politikern thematisiert werden. Dabei wird vor allem die Anwendung Facebook seitens der Digital Natives genutzt, Twitter und YouTube spielen eine untergeordnete bis schwache Rolle. Politiker konsumieren Unternehmensprofile vor allem auf Twitter aus Gründen der Informationsbeschaffung unter den Neuigkeitsanreizen. Diese Anreizdimension ist auch unter den Digital Natives die meist genannte. Danach folgen die selbstbezogenen Anreize in beiden Gruppen. Seitens der Digital Natives beeinflussen ferner monetäre sowie Aktivitätsanreize die konsumierende Nutzung, auch einige idealistische Motive konnten in dieser Gruppe identifiziert werden.

5.2 Motive der partizipierenden Nutzung

Betrachten wir die Motive, die zur partizipierenden Nutzung von Unternehmensprofilseiten führen, zunächst allgemein, so können wir feststellen, dass sich die Antworten der Befragten aus beiden Teilstichproben alleine auf deren Nutzungsmotive der Facebook- und Twitter-Nutzung beschränken. Keiner der Befragten hatte sich bislang mit Unternehmen auf YouTube vernetzt, deren Beiträge oder Kommentare durch ein „like" bewertet oder in seinem Netzwerk geteilt.

Zu den größten Treibern der Partizipation auf Facebook gehören Motive unter den *monetären Anreizen*, die vor allem von Digital Natives (26 Nennungen), weniger jedoch von Politikern (5 Nennungen), im Hinblick auf Facebook thematisiert werden. Der Hauptgrund für die Vernetzung mit einem Unternehmen auf Seiten der Digital Natives besteht darin, an *Gewinnspielen* teilzunehmen: „Letztes Jahr gab es einen Adventskalender auf der Facebook-Seite von [Unternehmen]. Wenn man da ‚like' geklickt hat, konnte man jeden Tag vor Weihnachten Schminke oder andere Kosmetikprodukte und so gewinnen. Da dachte ich, da mache ich mal mit" (Interview L4). Ebenso veranlasst der Erhalt von *Rabatten und Gutscheinen* Digital Natives dazu, sich mit einem Unternehmen auf Facebook zu vernetzten. Auch *berufliche Gründe* gehören zu den Hauptmotiven der Vernetzung mit einem Unternehmen, dies vor allem unter Politikern.

Des Weiteren wurden *idealistische* Anreize (25 Nennungen) und *Neuigkeitsanreize* (19 Nennungen) für die Partizipation der Digital Natives vor allem auf Facebook identifiziert. Motive der beiden Anreizdimensionen sind bei der Twitter-Nutzung fast nicht vorhanden (*idealistische Anreize* und *Neuigkeitsanreize*: jeweils eine Nennung). Die weitere Analyse der Interviewdaten zeigt, dass diese Anreizdimensionen ähnliche Nutzungsmotive enthalten, wie sie zuvor bereits im Rahmen der konsumierenden Nutzung beschrieben wurden, so etwa die Vernetzung aufgrund von Interesse an *Informationen zu den Produkten und Dienstleistungen eines Unternehmens*. Der Hauptunterschied zwischen der konsumierenden und partizipierenden Nutzung der beiden Anreizdimensionen liegt jedoch in den Konsequenzen der Vernetzung bzw. dem Zustimmen („like") zu bestehenden Beiträgen auf dem Unternehmensprofil begründet. So betonte eine Teilnehmerin zur Begründung ihrer Neuigkeitsmotive auf Facebook: „[...] über neue Produkte und Dienstleistungen auf dem Laufenden bleiben, indem die Unternehmensposts in meinem Newsfeed erscheinen" (Interview M5); ebenso zu den idealistischen Facebook-Anreizen: „ich habe mich mit dem Unternehmen vernetzt, weil ich einfach die Produkte geil finde" (Interview M3). Auch *Altruismus-Motive* konnten unter der *idealistischen Dimension* gefunden werden. So teilte ein Befragter mit: „Ich möchte der Unternehmung einen Gefallen tun, indem ich die like" (Interview M2, Facebook).

Auch unter den befragten Politikern lassen sich Parallelen zwischen den Motiven der konsumierenden Nutzung und der partizipierenden Nutzung feststellen. So z. B. im Hinblick auf die *Neuigkeitsanreize,* welche auf Facebook (6 Nennungen) und Twitter (5 Nennungen) gleichermaßen zum Tragen kommen. Diese beziehen sich meist weder auf *Produkt- noch dienstleistungsbezogene Informationen,* z. B. Pressemitteilungen und politische Stellungnahmen von Unternehmen (Interview P5), die dann von den Politikern mit ihrem Netzwerk auf beiden Anwendungen bewertet (mit „like" gekennzeichnet) werden. Insbesondere als relevant für die Bewertung von Unternehmensnachrichten wird ferner erneut der lokale Bezug der Unternehmen erachtet. So werden insbesondere „[...] Beiträge von Schweizer Firmen und Firmen aus meinem Kanton" (Interview C13) positiv bewertet.

Zudem gab ein Drittel der befragten Politiker an, sich bereits schon einmal mit schweizerischen und kantonalen Unternehmen vernetzt zu haben, um *Sympathie* auszudrücken und/oder diese zu *unterstützen.* So z. B. für Twitter: „Das ist die Brauerei aus meinem Kanton. Indem ich ihnen folge, zeige ich meine Unterstützung für lokale Betriebe" (Interview P29). Diese Motive lassen sich der *idealistischen Anreizdimension* (Facebook: 10 Nennungen, Twitter: 4 Nennungen) zuordnen.

Ferner thematisierten etwa ein Drittel der befragten Digital Natives (12 Nennungen) sowie ein Drittel der Politikerstichprobe (8 Nennungen) *Statusanreize* für die Partizipation mit Unternehmen auf Facebook. Dies trifft auch auf eine Nennung eines Politikerbefragten auf Twitter zu. Alle hervorgebrachten Statusanreize können im Bereich des *Identitäts- und Impression Managements* angesiedelt werden, da sie darauf abzielen, ein positives Bild der eigenen (digitalen) Persönlichkeit zu entwerfen. So nannten Digital Natives das Vernetzungsmotiv *„intellektueller wirken"* für Facebook (Interview S3, Public) und Twitter (Interview M1). Ebenfalls gaben die Befragten an, dass sie die Beiträge eines Unternehmens bewerten („liken"), „[...] weil die Produkte des Unternehmens *gut zu meinem Lifestyle passen"* (Interview S5, Facebook) oder „weil ich eines Tages auch einen [Unternehmensprodukt] haben will" (Interview F4, Facebook). Letzteres Zitat verweist auf das Status-Motiv eines *zukünftig angestrebten Lebensstils*. Statusanreize unter Politikern zielen vor allem darauf ab, (potentielle) *Wähler zu beeindrucken*. Durch die Vernetzung mit bestimmten Unternehmen sowie das Bewerten („liken") von Beiträgen auf dem Organisationsprofil auf Facebook wollen sie nach außen kompetent wirken: „Ich will meinen Wählern zeigen, dass ich über unser Land Bescheid weiß und daher auch wichtige schweizerische Unternehmen kenne, zum Beispiel [Unternehmens- namen]. [. . .] Es geht darum, meine nationale Identität zu zeigen" (Interview P28).

Weniger stark vorhanden sind Motive unter den *Aktivitätsanreizen*. Diese sind nur bei Digital Natives vorhanden (Facebook: 4 Nennungen, Twitter: eine Nen- nung) und beschreiben abermals Unterhaltungsmotive. Diese sind unter den Be- dingungen der Partizipation beispielsweise das Teilen von Unternehmensbeiträgen „aus Spaß" (Interview R2, Facebook).

Auch *praktische Anreize* werden seitens der Digital Natives (Facebook: 4 Nen- nungen) und der Politiker (Twitter: eine Nennung) selten genannt. Letzterer beschrieb seine Motivation dahingehend, er wolle *„unmittelbare Unternehmens- information erhalten, ohne groß zu suchen"* (Interview P27).

Auf Facebook konnten zudem wenige *soziale Anreize* festgestellt werden, die eine Form der Partizipation mit einem Unternehmensprofil zur Folge haben. Diese beinhalten bei Politikern (eine Nennung) sowie Digital Natives (5 Nennungen) das Motiv des Teilens von Informationen *„um mein Netzwerk über Unternehmensnach- richten zu informieren"* (Interview P7, Politiker) sowie das Motiv *„einem früheren Post zuzustimmen, der das Unternehmen kritisierte"* (Interview F4, Digital Native).

Unter den *selbstbezogenen Anreizen* der Digital Natives (2 Nennungen) ergibt sich aber auch das Motiv der *Entnetzung*, also dem Profilbesuch, um durch erneutes Anklicken der „Like"-Schaltfläche die Vernetzung mit einem Unternehmen wieder zu beenden. Auch wenn dieses Verhalten prinzipiell als kontra-partizipierend an- gesehen werden kann, erfüllt es das Kriterium der simplen Interaktion nach Shao (2009). Das Motiv der *persönlichen Orientierung* konnte zudem als Motiv eines Po- litikers auf Facebook und Twitter (ebenso bei einem Digital Native auf Facebook) identifiziert werden, sich mit einer Organisation zu vernetzen.

Unter der Kategorie *Motive Dritter* gaben zuletzt drei Politiker an, dass sie selbst noch keine Netzwerkverbindung mit einer Unternehmung auf Facebook eingegangen oder initiiert hatten, dies jedoch eine andere Person selbstbestimmt für sie getan hatte (z. B. ein Social-Media-Manager).

Zusammenfassend zeigt sich bei der partizipierenden Nutzung eine recht breite Streuung der Motive beider Bezugsgruppen über alle Anreizdimensionen hinweg. Insbesondere monetäre Gründe bedingen die Nutzung von Digital Natives auf Face- book. Idealistische und Statusanreize sind in beiden Gruppen sehr präsent, danach folgen verschiedene Motive der Neuigkeitsanreize. Partizipationsgründe auf Twitter liegen in beiden Gruppen weniger oft vor als auf Facebook. Politiker vernetzten sich dort insbesondere mit Unternehmen, um neue Informationen zu erhalten oder die Unternehmen aus idealistischen Gründen zu unterstützen. Nutzungsgründe für das Videoportal YouTube konnten nicht identifiziert werden.

5.3 Motive der produzierenden Nutzung

Motive, die zur Produktion von Inhalten auf Unternehmensseiten in sozialen Medien führen, stellen die aktivste Form der Nutzung dar. Sie zeigen allerdings die wenigsten Nennungen in beiden Teilstichproben. Am stärksten ausgeprägt sind die Ergebniserwartungen der *sozialen Anreizdimension* unter Politikern (Facebook: 1 Nennung; Twitter: 3 Nennungen) sowie Digital Natives (Facebook: 6 Nennungen, Twitter: 2 Nennungen). Letztere nannten die Motive *Fragen zum Unternehmen oder seinen Produkten und/oder Dienstleistungen stellen und beantworten* und *Meinungen über das Unternehmen und/oder seine Produkte und Dienstleistungen austauschen und diskutieren*. Davon abgrenzbar ist das Motiv, ein *Unternehmen zu kritisieren*, welches von jeweils einem befragten Politiker und Digital Native auf Facebook sowie Twitter genannt wurde. Im Interview beschrieb ein Digital Native: „Ich stand einmal am Bahnhof und der Zug kam nicht. Da habe ich auf die Seite der SBB gepostet was los ist und dann habe ich auch recht schnell eine Antwort bekommen" (Interview M3). Ähnlich motiviert war auch ein Twitter-Beitrag einer Politikerin, die von ihren Problemen bei der Postzustellung in ihrem Büro im Kanton Zürich berichtete: „Also habe ich meine ganze Frustration auf der Seite der [Unternehmen] abgeladen und mich beschwert – und mir wurde geantwortet" (Interview P39). Weitere originäre Produktionsmotive der sozialen Anreizdimension beinhalten den Wunsch, einem Unternehmen auf Twitter *ein Kompliment für seine Produkte und Dienstleistungen zu machen* (Digital Native) sowie *öffentlich in Kontakt mit dem Unternehmen zu treten* (Politiker).

Ebenso konnte noch ein Motiv der *Neuigkeitsanreize* identifiziert werden, welches die Produktion eines Beitrags zur Folge hatte. So verriet ein Politiker, dass er einmal einen Beitrag auf der Profilseite eines Unternehmens verfasst habe, *um eine Stellungnahme eines Unternehmens zu erfragen*.

Schlussendlich können wir festhalten, dass Motive, die zur Produktion von Inhalten auf den Profilseiten von Unternehmen führen, nur in sehr geringem Maße vorhanden sind, auf Seiten der Digital Natives eher Facebook, bei Politikern eher Twitter betreffen und maßgeblich Motive der sozialen Anreizdimension beinhalten. Wie schon bei der partizipierenden Nutzung konnten keine Produktionsmotive für YouTube identifiziert werden.

6 Diskussion

In dieser Studie haben wir untersucht, welche Motive zwei verschiedene Anspruchsgruppen von Unternehmen dazu veranlassen, deren Profilseiten in sozialen Medien zu nutzen. Dazu wurden Leitfadeninterviews mit Bundespolitikern sowie Digital Natives in der Schweiz geführt. Die Gründe, die die Befragten für die Nutzung von Organisationsprofilseiten auf den drei untersuchten Anwendungen Facebook, Twitter und YouTube angaben, wurden anhand verschiedener Anreizdimensionen der SCT (Bandura 1986; Jers 2012) analysiert. Zudem wurden die Motive im Hinblick auf das resultierende Medienverhalten anhand der Social-Media-Nutzungstypologie von Shao (2009) beschrieben. Dabei zeigte sich, dass die Anzahl der genannten Nutzungsmotive mit zunehmender Interaktion abnimmt.

6.1 Implikationen der Nutzungsmotive für das Kommunikationsmanagement

Aus den Ergebnissen lassen sich verschiedene Implikationen für das Kommunikationsmanagement in Unternehmen ableiten, die wir im Folgenden im Hinblick auf die drei untersuchten Nutzungsformen diskutieren werden. Zunächst kann generell festgehalten werden, dass Social-Media-Anwendungen als akzeptierte und damit relevante Kanäle der Online-PR beschrieben werden können. Allerdings ergeben sich Unterschiede im Hinblick auf die Erreichbarkeit der Anspruchsgruppen auf den untersuchten Social-Media-Anwendungen. So scheint Facebook vor allem zum Beziehungsmanagement mit Digital Natives geeignet zu sein. Politiker hingegen scheinen besser über Twitter erreicht werden zu können. Die Anwendung YouTube spielt für das Kommunikationsmanagement tendenziell eine eher untergeordnete Rolle.

Während die *konsumierende Nutzung* in beiden Gruppen vor allem von Motiven der *Neuigkeitsanreize* bestimmt wird und an Informationen zu Produkten und Dienstleistungen des Unternehmens bzw. allgemeinen Unternehmensinformationen geknüpft ist, bedingen *selbstbezogene Anreize* wie Zeitvertreib und Orientierung sowie die Aktivitätsanreiz-Motive Unterhaltung und Spaß zudem den Konsum der Digital Natives auf einem Unternehmensprofil. Für das Kommunikationsmanagement bedeutet dies, dass soziale Medien neue Möglichkeiten eröffnen, Informationen zu Produkten und Dienstleistungen, sowie generelle Unternehmensinformationen durch neue Aufbereitungsformen für das Publikum attraktiv zu machen. So können Produkt-, Dienstleistungs- und Unternehmensinformationen durch ansprechende und unterhaltsame Aufbereitung in sozialen Medien gleichzeitig die Bedürfnisse der Anspruchsgruppen nach persönlicher Orientierung und Zeitvertreib erfüllen. Hierbei scheinen vor allem bei der Neueinführung von Produkten und Dienstleistungen Chancen des Kommunikationsmanagements in der Bereitstellung (audio)visueller Inhalte zur Vorankündigung und Markteinführung (Teasern) zu liegen. Ebenso ist Orientierung beispielsweise durch das Angebot interaktiver, ggf. verbildlichter oder audiovisuelle Gebrauchsanweisungen zu verschiedenen Produkten möglich. All diese Vorschläge implizieren allerdings auch eine *Verschmelzung des Kommunikationsmanagements* mit anderen Bereichen wie der *Produktkommunikation* und der *Werbung* bzw. des *Marketing,* sodass hier Abstimmungen zwischen den Abteilungen nötig werden.

Vor allem Digital Natives nutzen die Facebook-Unternehmensprofile auch zur Suche nach Anstellungsmöglichkeiten, sodass sich das Potential ergibt, diese Anwendung verstärkt in die *Personalentwicklung* zur Rekrutierung von Absolventen und Young Professionals zu integrieren. Politiker hingegen können gezielt über Twitter auf *Veranstaltungen* hingewiesen, sowie über Links zu *Pressemitteilungen* informiert werden. Da *Neuigkeitsanreize* ebenfalls bedeutende Konsum- sowie Vernetzungsgründe mit einem Unternehmensprofil darstellen, kann erwartet werden, dass sich eine Kombination von unterhaltsamen und Orientierung gebenden produkt-, dienstleistungs- und unternehmensbezogenen Informationen neben reiner Rezeption auch positiv auf die *Partizipation* der Anspruchsgruppen, und damit auf den Ausbau einer Fan-Gemeinde sowie die Weiterverbreitung der Informationen auf Social Media auswirken wird.

Doch auch *idealistische Kennzeichen,* so z. B. persönliche Werte und das Sympathiegefühl einer Person gegenüber einem Unternehmen und seinen Produkten bzw. Dienstleistungen scheinen einen Einfluss auf die partizipierende Nutzung des Profils zu haben. Es kann argumentiert werden, dass diese Motive stärker als die zuvor genannten von bestimmten Persönlichkeitsmerkmalen eines Individuums beeinflusst werden. Daher scheint es seitens der Unternehmen erstrebenswert, *eigene Werte und Normen im Rahmen der Corporate Identity oder Corporate Social Responsibility bewusst in sozialen Medien zu kommunizieren* und damit der eigenen Profilbildung beizutragen. Diese Informationen schaffen ein Kommunikationsangebot, welches von den Anspruchsgruppen (durch Vernetzung, Zustimmung oder das Teilen von Beiträgen) bei Interesse angenommen werden kann.

Persönliche Werte und Normen spielen auch im Hinblick auf *Statusmotive* eine Rolle. Insbesondere auf Facebook geben Digital Natives an, sich mit einem Unternehmen zu vernetzen, weil dessen Produkte und Dienstleistungen den (gewünschten) eigenen Lebensstil repräsentieren. Dies gilt vor allem für Luxusgüter. Vorgenommene Vernetzungen wurden kaum annulliert. Daher eignen sich *bestehende Vernetzungen* potentiell gut zur *langfristigen Kundenbindung* der Personen.

Die Motive Impression Management und persönliche Imagepflege deuten darauf hin, dass beide Gruppen das Image eines Unternehmens dazu nutzen, eine eigene Außenwirkung bzw. ein Selbstbild in sozialen Medien zu erzeugen. So wird sich eine *positive Unternehmensreputation* erwartungsgemäß positiv auf die Anzahl seiner Anhänger, Zustimmungen („likes") oder geteilten Beiträgen auswirken.

Seitens des Kommunikationsmanagements scheinen *Gewinnspiele* dazu geeignet, die *Anhängerschaft* auf einer Anwendung binnen kurzer Zeit *nachhaltig zu vergrößern*. Dies betrifft allerdings nur die Zielgruppe der Digital Natives. Auf die Partizipation von Politikern scheinen Gewinnspiele keinen Einfluss zu haben.

Das größte Potential des Kommunikationsmanagements besteht im Hinblick auf die *produzierende Nutzung*. Die Ergebnisse unserer Studie zeigen, dass beide Nutzergruppen auf den Facebook- und Twitter-Profilseiten von Unternehmen ganz konkret soziale Interaktion zu Kundenservice-Themen suchen. Neben allgemeinen Anfragen zu Produkten und Dienstleistungen stellen vor allem Beschwerden ein Motiv zum sozialen Austausch dar. Dies bedeutet für die Verortung der Zuständigkeit des Social-Media-Managements in Unternehmen eine zwingende *Anbindung an den Kundendienst* sowie das *Beschwerdemanagement*.

Doch auch für *Marktforschungszwecke* bieten die Anwendungen Gelegenheit. Zum einen bekommen Unternehmen über die bloße Beobachtung des stattfindenden Meinungsaustausches auf ihrer Seite unverzügliche Rückmeldungen zu ihren Aktivitäten sowie Produkten und Dienstleistungen und können diese Informationen für die Weiterentwicklung nutzen. Zum anderen können sie ein solches Feedback durch Moderation und Meinungsumfragen aber auch stimulieren. So können die Sozialkontakte eines Unternehmens in sozialen Medien konkret über neue bzw. geplante Produkte und Dienstleistungen befragt werden, um ein Stimmungsbild über die (potentielle) Akzeptanz am Markt einzuholen.

Die Bedeutung der Generierung eines Stimmungsbildes ebenso wie die oben bereits erwähnten möglichen Beschwerde-Hinweise werden auch im Hinblick auf das *Issues Management* bedeutsam. Durch das *Monitoring* stattfindender Diskussionen und Meinungen sowie an das Unternehmen gerichtete Beiträge können kritische Themen frühzeitig identifiziert und deren Entwicklung über verschiedene Anwendungen hinweg beobachtet werden. Hierdurch könnten Krisen ggf. bereits in einem Frühstadium verhindert werden.

In ihrer Summe weisen die oben genannten Implikationen darauf hin, dass es sich bei der Zusammensetzung des Social-Media-Managements in Unternehmen um einen Schnittmengenbereich des Kommunikationsmanagements mit verschiedenen anderen Unternehmenseinheiten handelt. Dies bedeutet für die Rollenzuschneidung des Social-Media-Managers, dass ihm/ihr eine dialogische Integrationsfunktion zukommt, zum einen Informationen aus verschiedenen Bereichen einer Organisation für die Verwendung in sozialen Medien zu generieren, zum anderen die aus sozialen Medien gewonnenen Informationen als Resultat organisationaler Umweltbeobachtung für diese nutzbar zu machen. Dabei sollte über Abteilungsgrenzen hinweg kommuniziert werden, um den Nutzen des Social-Media-Managements in Unternehmen zu maximieren.

Die Unmittelbarkeit sowie die raumzeitliche Unabhängigkeit der Kommunikation in sozialen Medien bedingen das kontinuierliche Monitoring der Anwendungen über die regulären Geschäftszeiten eines Unternehmensstandortes im internationalen Kontext hinaus. Gleichzeitig bieten die Anwendungen aber auch die Möglichkeit, ein breites Publikum weltweit binnen kürzester Zeit über verschiedene Entwicklungen zu informieren. Diesem Aspekt kommt besondere Bedeutung in der *Krisenkommunikation* zu.

6.2 Betrachtung der Ergebnisse im Feld der internationalen Social-Media-PR

Mit den Ergebnissen unserer Studie konnte ein Beitrag zur Theoriebildung im Bereich der rezipientenorientierten internationalen Social-Media-PR Forschung geleistet werden. Denn mit der Erhebung der Nutzermotive von Unternehmensprofilseiten auf Facebook, Twitter und YouTube wurden zum ersten Mal die Gründe stattfindender Interaktion in einer europäischen Kultur erhoben. Vergleichen wir unsere Ergebnisse mit bestehenden Studien, die ein ähnliches Erkenntnisinteresse verfolgten, so lassen sich nun kulturvergleichend erste Unterschiede und Parallelen feststellen:

Ähnlich wie in den USA, nutzen die befragten Personen in der Schweiz die Organisationsprofile von Unternehmen für ihre Selbstdarstellungszwecke und das persönliche Image Management in sozialen Medien. Auch werden in beiden Kulturen Vernetzungen aus Sympathie und zur Unterstützung vorgenommen und Beiträge auf Unternehmensprofilen verfasst, um ein Unternehmen zu beglückwünschen. In der Schweiz scheinen die zuletzt genannten Motive allerdings nicht so stark an die Größe des Unternehmens gebunden zu sein wie in den USA (eher kleine Unternehmen). Zudem ist den Nutzern in den USA sowie hierzulande gemein, dass die Nutzer explizite Kritik an den Unternehmen auf deren Profilseiten üben. Dies ist in China nicht der Fall. Ein Grund dafür könnte darin begründet liegen, dass die Diskussion verschiedenartiger Meinungen ein Charakteristikum westlicher Kulturen darstellt, das in asiatischen Ländern nicht vorhanden ist.

Doch können wir auch Gemeinsamkeiten zwischen den Motiven der Unternehmensprofilnutzung in China und der Schweiz feststellen. So nutzen die untersuchten Anspruchsgruppen in der Schweiz (insbesondere Digital Natives) die Profilseiten ebenso zur Unterhaltung, Entspannung, Zeitvertreib sowie zur Ablenkung von Alltagsroutinen. Auch allgemeine Informationen zur Firma und deren Produkten werden gleichermaßen in China und der Schweiz konsumiert. Das Verfassen von Beiträgen und Fragen an das Unternehmen oder das Diskutieren mit den Anhängern einer Organisation spielen eine eher untergeordnete Rolle, sind jedoch in beiden Kulturen vorhanden. Nutzer in der Schweiz hingegen übersenden keine Grüße auf einer Unternehmensprofilseite, wie es in der chinesischen Kultur praktiziert wird. Eine Erklärung dafür könnte ggf. in der stärkeren Individualisierung westlicher Gesellschaften zu finden sein (Hofstede und Hofstede 2009, S. 100–110).

Motive, die in allen drei Kulturen gleichermaßen vorhanden sind, sind die des Verfassens allgemeiner Kundendienst- oder Produktanfragen sowie der Suche nach Rabatten. Über ein generelles Aktivitätsniveau der Anspruchsgruppen auf Unternehmensprofilseiten in sozialen Medien können nach Meinung der Autoren zum derzeitigen Stand der Forschung keine verallgemeinernden Aussagen getroffen werden. Da sich die Nutzung zwischen Politikern und Digital Natives in der Schweiz zum Teil deutlich unterscheidet, können ebenso keine Vergleiche der Aktivitätsniveaus zwischen Kulturen gezogen werden.

6.3 Grenzen der Untersuchung und Ausblick

Schon Shao (2009, S. 7) hatte darauf hingewiesen, dass die drei Nutzungstypen Konsum, Partizipation und Produktion in der Realität in engem Austausch miteinander stehen, wenngleich sie aus analytischen Gesichtspunkten als separat angesehen werden. Obwohl wir uns darum bemüht haben, die Trennschärfe zwischen den Charakteristika der Nutzertypen im Hinblick auf die bestehende Forschung zu vergrößern, bleiben Untersuchungen von Kommunikationsprozessen in sozialen Medien eine Herausforderung der Forschung. Aufgrund der Eigenschaften der untersuchten Social-Media-Anwendungen werden Nutzer, die ein Unternehmensprofil erstmals besucht haben und sich dann mit der Organisation vernetzten, im Folgenden Konsumenten von Unternehmenskommunikation, da Beiträge der Organisationen potentiell auch in der Nachrichtenübersicht (News Feed) einer Anwendung angezeigt werden. Motive, die aus einer solchen „Stimulierung" hervorgehen, wurden in unserer Untersuchung nicht berücksichtigt.

Zudem kann argumentiert werden, dass unsere Teilstichprobe der befragten Digital Natives zu gering war, um die vielfältigen Beziehungen, in denen die Gruppenmitglieder zu einem Unternehmen stehen, komplett abdecken zu können. Dies betrifft zum einen die Nichtspezifikation der Rolle, die die Personen bei der Nutzung eines Unternehmensprofils einnehmen (Kunde, Mitarbeiter, Aktionär usw.) sowie die Geschlechterverteilung der Stichprobe. Zukünftige Forschung in diesem Bereich sollte sich daher darum bemühen, die Beziehungen, in denen Befragte zu einer Organisation stehen, genauer zu spezifizieren.

Zudem sollte die Untersuchung der Nutzungsmotive der Social-Media-PR Nutzung in verschiedenen Kulturräumen der Welt fortgesetzt werden. Aus Sicht der Komplexitätstheorie (Gilpin und Murphy 2010) kann argumentiert werden, dass bestimmte kulturelle Faktoren einen Einfluss auf die Ergebniserwartungen im internationalen Kontext haben werden. So stellt sich die Forschungsfrage, welche Unterschiede sowie Gemeinsamkeiten zwischen den Motiven der Social-Media-PR Nutzung in verschiedenen Kulturen festgestellt werden können, um vor allem für ein internationales Kommunikationsmanagement Social-Media-Strategien entwickeln zu können. Hier könnte die kulturvergleichende Forschung auf der Basis einer Stichprobe aus Ländern verschiedener Kulturdimensionen (Hofstede und Hofstede 2009; House et al. 2004) einen wertvollen Beitrag leisten.

Literatur

Al-Kandari, A., & Gaither, T. K. (2011). Arabs, the west and public relations: A critical/cultural study of Arab cultural values. *Public Relations Review, 37*, 266–273.

Al Omoush, K. S., Yaseen, S. G., & Alma'aitah, M. A. (2012). The impact of Arab cultural values on online social networking: The case of Facebook. *Computers in Human Behavior, 28*(6), 2387–2399.

Bandura, A. (1986). *Social foundations of thought and action. A social-cognitive theory.* Englewood Cliffs: Prentice Hall.

Banks, S. P. (2000). *Multicultural public relations. A social-interpretative approach* (2. Aufl.). Ames: Iowa State Press.

Bardan, N. (2003). Rupturing public relations metanarratives: The example of India. *Journal of Public Relations Research, 15*, 199–223.

Bardhan, N., & Weaver, C. K. (Hrsg.). (2011). *Public relations in global cultural contexts. A multi-paradigmatic perspective.* New York: Routledge.

Bicen, H., & Cavus, N. (2011). Social network sites usage habits of undergraduate students: Case study of Facebook. *Procedia – Social and Behavioral Sciences, 28*, 943–947.

Blumler, J. E., & Katz, E. (1974). *The uses of mass communications. Current perspectives on gratifications research.* Beverly Hills: Sage.

Boler, M. (Hrsg.). (2008). *Digital media and democracy: Tactics in hard times.* Cambridge: MIT Press.

Boyd, D. M., & Ellison, N. B. (2008). Social network sites: Definition, history, and scholarship. *Journal of Computer-Mediated Communication, 13*, 210–230.

Briones, R. L., Kuch, B., Fisher Liu, B., & Jin, Y. (2011). Keeping up with the digital age: How the American Red Cross uses social media to build relationships. *Public Relations Review, 37*, 37–43.

Capriotti, P., & Kuklinski, H. P. (2012). Assessing dialogic communication through the internet in Spanish museums. *Public Relations Review, 38,* 619–626.

Cheung, C., Chiu, P.-Y., & Lee, M. K. O. (2011). Online social networks: Why do students use Facebook? *Computers in Human Behavior, 27*(4), 1337–1343.

Cooper-Chen, A., & Tanaka, M. (2008). Public relations in Japan: The cultural roots of Kouhou. *Journal of Public Relations Research, 20*(1), 94–114.

Curtin, P. A., & Gaither, T. K. (2007). *International public relations. Negotiating culture, identity, and power.* Thousand Oaks: Sage.

Dei Worldwide. (2008). Engaging consumers online: The impact of social media on purchasing behavior. http://themarketingguy.files.wordpress.com/2008/12/dei-study-engaging-consumers-online-summary.pdf. Zugegriffen: 12. Okt. 2013.

Denyer, D., Parry, E., & Flowers, P. (2011). „Social", „open" and „participative"? Exploring personal experiences and organisational effects of enterprise 2.0 use. *Long Range Planning, 44,* 375–396.

Diga, M., & Kelleher, T. (2009). Social media use, perceptions of decision-making power, and public relations roles. *Public Relations Review, 35,* 440–442.

Din, N., & Haron, S. (2012). Knowledge sharing as a culture among Malaysian online social networking users. *Precedia – Social and Behavioral Sciences, 50,* 1043–1050.

Discovery News. (2012). Top 10 social networking sites. http://news.discovery.com/tech/apps/top-ten-social-networking-sites.htm. Zugegriffen: 23. Okt. 2013.

DiStaso, M. W., McCorkindale, T., & Wright, D. K. (2011). How public relations executives perceive and measure the impact of social media in their organizations. *Public Relations Review, 37,* 325–328.

Dunne, Á., Lawlor, M.-A., & Rowley, J. (2010). Young people's use of online social networking sites – A uses and gratifications perspective. *Journal of Research in Interactive Marketing, 4*(1), 46–58.

van Eimeren, B., & Frees, B. (2013). Rasanter Anstieg des Internetkonsums – Onliner fast drei Stunden täglich im Netz. *Media Perspektiven, 43*(7/8), 358–372.

Eyrich, N., Padman, M. L., & Sweetser, K. D. (2008). PR practitioners' use of social media tools and communication technology. *Public Relations Review, 34,* 412–414.

Ferguson, D. P., & Perse, E. M. (2000). The world wide web as a functional alternative to television. *Journal of Broadcasting & Electronic Media, 44,* 155–174.

Gilpin, D. R., & Murphy, P. J. (2010). Implications of complexity theory for public relations. In R. L. Heath (Hrsg.), *The SAGE handbook of public relations* (S. 71–83). Thousand Oaks: Sage.

Greenberg, B. S. (1974). Gratifications of television viewing and their correlates for British children. In J. E. Blumler & E. Katz (Hrsg.), *The uses of mass communication. Current perspectives on gratifications research* (S. 71–92). Beverly Hills: Sage.

Hofstede, G., & Hofstede, G. J. (2009). *Lokales Denken, globales Handeln: Interkulturelle Zusammenarbeit und globales Management.* München: dtv.

House, R. J., Hanges, P. J., Javidan, M., Dorfman, P. W., & Gupta, V. (2004). *Culture, leadership, and organizations: The GLOBE study of 62 societies.* Thousand Oaks: Sage.

Huck, S. (2004). *Public Relations ohne Grenzen? Eine explorative Analyse der Beziehung zwischen Kultur und Öffentlichkeitsarbeit von Unternehmen.* Wiesbaden: VS Verlag für Sozialwissenschaften.

Ingenhoff, D., & Rühl, C. (2013). Internationale Public Relations: Eine Synopse deutschsprachiger und anglo-amerikanischer Forschungszugänge in Theorie und Empirie. In O. Hoffjann & S. Huck-Sandhu (Hrsg.), *UnVergessene Diskurse: 20 Jahre PR- und Organisationsforschung* (S. 381–414). Wiesbaden: Springer.

Jers, C. (2012). *Konsumieren, partizipieren und produzieren im Web 2.0. Ein sozial-kognitives Modell zur Erklärung der Nutzeraktivität.* Köln: Herbert von Halem Verlag.

Kaplan, A. M., & Haenlein, M. (2010). Users of the world, unite! The challenges and opportunities of social media. *Business Horizons, 53,* 59–68.

Kaye, B. K. (1998). Uses and gratifications of the world wide web: From couch potato to web potato. *New Jersey Journal of Communication, 6,* 21–40.

Kelly, L., Kerr, G., & Drennan, J. (2010). Avoidance of advertising in social networking sites: The teenage perspective. *Journal of Interactive Advertising, 10,* 16–27.

Kim, S.-Y., Park, J.-H., & Wertz, E. K. (2010). Expectation gaps between stakeholders and web-based corporate public relations efforts: Focusing on Fortune 500 corporate web sites. *Public Relations Review, 36,* 215–221.

Kim, Y., Sohn, D., & Choi, S. M. (2011). Cultural difference in motivations for using social network sites: A comparative study of American and Korean college students. *Computers in Human Behavior, 27*(1), 365–372.

Klare, J. (2010). *Kommunikationsmanagement deutscher Unternehmen in China.* Wiesbaden: VS Verlag für Sozialwissenschaften.

LaRose, R., & Eastin, M. S. (2004). A social cognitive theory of internet uses and gratifications: Toward a new model of media attendance. *Journal of Broadcasting & Electronic Media, 48*(3), 358–377.

LaRose, R., Mastro, D., & Eastin, M. S. (2001). Understanding internet usage: A social-cognitive approach to uses and gratifications. *Social Science Computer Review, 19*(4), 395–413.

Lee, C. S., & Ma, L. (2012). News sharing in social media: The effect of gratifications and prior experience. *Computers in Human Behavior, 28,* 331–339.

Levy, M. R., & Windahl, S. (1984). Audience activity and gratifications. A conceptual clarification and exploration. *Communication Research, 11,* 51–78.

Macnamara, J., & Zerfass, A. (2012). Social media communication in organizations: The challenges of balancing openness, strategy, and management. *International Journal of Strategic Communication, 6,* 287–308.

Margayan, A., Littlejohn, A., & Vojt, G. (2011). Are digital natives a myth or reality? University students' use of digital technologies. *Computer & Education, 56,* 429–440.

McAndrew, F. T., & Jeong, H. S. (2012). Who does what on Facebook? Age, sex, and relationship status as predictors of Facebook use. *Computers in Human Behavior, 28*(6), 2359–2365.

Men, L. R., & Tsai, W.-H. S. (2012). How companies cultivate relationships with publics on social network sites: Evidence from China and the United States. *Public Relations Review, 38*(5), 723–730.

Men, L. R., & Tsai, W.-H. S. (2013). Beyond liking or following: Understanding public engagement on social networking sites in China. *Public Relations Review, 39*(1), 13–22.

Nadkarni, A., & Hofmann, S. G. (2012). Why do people use Facebook? *Personality and Individual Differences, 52,* 243–249.

Nah, S., & Saxton, G. D. (2012). Modeling the adoption and use of social media by nonprofit organizations. *New Media & Society, 15*(2), 294–313.

Palmgreen, P., & Rayburn II, J. D. (1982). Gratifications sought and media exposure: An expectancy value model. *Communication Research, 9*(4), 561–580.

Papacharissi, Z., & Rubin, A. M. (2000). Predictors of internet usage. *Journal of Broadcasting & Electronic Media, 44,* 175–196.

Parker, B. J., & Plank, R. E. (2000). A uses and gratifications perspective on the internet as a new information source. *American Business Review, 18,* 43–49.

Pookulangara, S., & Koesler, K. (2011). Cultural influence on consumers' usage of social networks and its' impact on online purchase intentions. *Journal of Retailing and Consumer Services, 18,* 348–354.

Quan-Haase, A., & Young, A. L. (2010). Uses and gratifications of social media: A comparison of Facebook and instant messaging. *Bulletin of Science, Technology & Society, 30*(5), 350–361.

Rosengren, K. E. (1974). Uses and gratifications: A paradigm outlined. In J. E. Blumler & E. Katz (Hrsg.), *The uses of mass communications. Current perspectives on gratifications research* (S. 269–286). Beverly Hills: Sage.

Rybalko, S., & Seltzer, T. (2010). Dialogic communication in 140 characters or less: How Fortune 500 companies engage stakeholders using Twitter. *Public Relations Review, 36,* 336–341.

Shao, G. (2009). Understanding the appeal of user-generated media: A uses and gratification perspective. *Internet Research, 19*(1), 7–25.

Shin, D.-H., & Shin, Y.-J. (2011). Why do people play social network games? *Computers in Human Behavior, 27,* 852–861.

Smock, A. D., Ellison, N. B., Cliff Lampe, C., & Wohn, D. Y. (2011). Facebook as a toolkit: A uses and gratification approach to unbundling feature use. *Computers in Human Behavior, 27,* 2322–2329.

Sriramesh, K., Grunig, J. E., & Dozier, D. M. (1996). Observation and measurement of two dimensions of organizational culture and their relationship to public relations. *Journal of Public Relations Research, 8*(4), 229–261.

Subrahmanyama, K., Reich, S. M., Waechter, N., & Espinoza, G. (2008). Online and offline social networks: Use of social networking sites by emerging adults. *Journal of Applied Developmental Psychology, 29,* 420–433.

Sweetser, K. D., & Kelleher, T. (2011). A survey of social media use, motivation and leadership among public relations practitioners. *Public Relations Review, 37,* 425–428.

Tosun, L. P. (2012). Motives for Facebook use and expressing „true self" on the internet. *Computers in Human Behavior, 28,* 1510–1517.

Verčič, D., Grunig, L. A., & Grunig, J. E. (1996). Global and specific principles of public relations: Evidence from Slovenia. In H. M. Culbertson & N. Chen (Hrsg.), *International public relations. A comparative analysis* (S. 31–65). Mahwah: Lawrence Erlbaum.

Verhoeven, P., Tench, R., Zerfass, A., Moreno, A., & Verčič, D. (2012). How European PR practitioners handle digital and social media. *Public Relations Review, 38,* 162–164.

Vorvoreanu, M. (2009). Perceptions of corporations on Facebook: An analysis of Facebook social norms. *Journal of New Communication Research, 4*(1), 67–86.

Wakefield, R. I. (1997). *International public relations: A theoretical approach to excellence based on a worldwide Delphi study.* Unpublished doctoral dissertation: University of Maryland, College Park.

Wakefield, R. I. (2008). Theory of international public relations, the internet, and activism: A personal reflection. *Journal of Public Relations Research, 20,* 138–157.

Wang, Z., Tchernev, J. M., & Solloway, T. (2012). A dynamic longitudinal examination of social media use, needs, and gratifications among college students. *Computers in Human Behavior, 28,* 1829–1839.

Waters, R. D., Burnett, E., Lamm, A., & Lucas, J. (2009). Engaging stakeholders through social networking: How nonprofit organizations are using Facebook. *Public Relations Review, 35,* 102–106.

Wilcox, D. L., Ault, P. H., & Agee, W. K. (1989). *Public relations. Strategies and tactics.* New York: Harper & Row.

Wright, D. K., & Hinson, M. D. (2013). An updated examination of social and emerging media use in public relations practice: A longitudinal analysis between 2006 and 2013. *Public Relations Journal, 7*(3), 1–39.

Zerfass, A., & Pleil, T. (2012). Strategische Kommunikation in Internet und Social Web. In A. Zerfass & T. Pleil (Hrsg.), *Handbuch Online-PR. Strategische Kommunikation in Internet und Social Web* (S. 39–82). Konstanz: UVK.

Digitaler Lobbyismus? Die politische Kommunikation von Greenpeace Deutschland im Internet

Felix Krebber, Christian Biederstaedt und Ansgar Zerfaß

1 Einleitung

Dem Internet – insbesondere dem Social Web – wird im akademischen Diskurs und in der Praxis der politischen Kommunikation ein großes Veränderungspotenzial zugeschrieben. Dies betrifft nicht nur die Kernakteure des politischen Systems wie Parteien, Parlamente und Regierungen, sondern ebenso Unternehmen, Verbände und Nichtregierungsorganisationen, die ihre Interessen im politischen Raum artikulieren und durchsetzen wollen. Bei letzteren Akteuren spielt traditionell das Lobbying als idealtyisches Beispiel persönlicher, vorwiegend nicht-mediatisierter Kommunikation, eine große Rolle. In der Debatte um die Erfolgskriterien von Public Affairs, als deren Teil Lobbyismus verstanden werden kann, wird oft eine Neuorientierung hin zur digitalen Kommunikation propagiert bzw. erwartet. Dieser Beitrag geht der Frage nach, ob Onlinekommunikation klassische Lobbying-Praktiken verdrängen kann und wie Lobbyismus im Zusammenhang digitaler Public-Affairs-Strategien einzuordnen ist. Neben theoretischen Bezügen wird auf eine empirische Untersuchung bei Greenpeace Deutschland zurückgegriffen.

F. Krebber (✉) · C. Biederstaedt · A. Zerfaß
Leipzig, Deutschland
E-Mail: felix.krebber@uni-leipzig.de

C. Biederstaedt
E-Mail: biederstaedt@gmail.com

A. Zerfaß
E-Mail: zerfass@uni-leipzig.de

O. Hoffjann, T. Pleil (Hrsg.), *Strategische Onlinekommunikation*,
DOI 10.1007/978-3-658-03396-5_13, © Springer Fachmedien Wiesbaden 2015

2 Public Affairs und Lobbying

Röttger und Donges (2003) konzeptualisieren Public Affairs als „kommunikative Tätigkeiten von Unternehmen und Nonprofit-Organisationen [...], die auf das politisch-administrative System und das gesellschaftspolitische Organisationsumfeld ausgerichtet sind und zum Ziel haben, Akzeptanz im Sinne von Legitimität zu schaffen. Public Affairs sollen den Organisationserfolg durch Einflussnahme auf gesellschaftliche, politische und rechtliche Rahmenbedingungen bzw. politische Entscheidungsprozesse sichern" (S. 106). Zielgruppen sind dabei neben Politikern und Vertretern staatlicher Organisationen auch Nicht-Regierungsorganisationen oder supranationale Organisationen, Vereine, Verbände sowie Bürgerinnen und Bürger (ebd.). Public Affairs umfassen unterschiedliche Formen der Interessenvertretung – vom klassischen, auf persönlichen Kontakten basierenden Lobbyismus, bis hin zu indirekten Einflussnahmen „über Meinungsbildner und Medien" (Althaus und Geffken 2005, S. 7). Auch Filzmaier und Fähnrich (2014) zeichnen das dualistische Public-Affairs-Verständnis von „Lobbying als nicht-öffentliche[r], direkte[r] Kommunikation mit politischen Entscheidungsträgern einerseits und öffentliche[n], zumeist auf die Massenmedien zielenden Kommunikationsverfahren andererseits" nach (S. 1187; vgl. zu direktem und indirektem Lobbyismus auch Arntz 2004). Diese öffentlichen Kommunikationsverfahren können zum einen als direkter oder medienvermittelter Kontakt zu zivilgesellschaftlichen Akteuren ausgestaltet sein, die ihrerseits wiederum selber Öffentlichkeit herstellen können. Zum anderen können auch journalistische Medien adressiert werden, um über ihre Berichterstattung Einfluss auf die öffentliche Meinung zu nehmen – entweder über die Medieninhalte selber, oder die von Politikern wahrgenommene oder erwartete Resonanz in der Bevölkerung (vgl. Abb. 1). Showalter und Fleisher (2007) heben in ihrem Verständnis auf die Tätigkeiten im Handlungsfeld der Public Affairs ab und beschreiben sie als Maßnahmenbündel von „lobbying, environmental (including issue and stakeholder) monitoring and scanning, grassroots, constituency building, electoral techniques [...] issue advertising, political action committees, public affairs and corporate social audits, judicial influence techniques [...] advisory panels and speaker's bureaus, voluntarism, sponsorships, Web activism, coalitions and alliances, and community investment" (S. 109).

Die Interessendurchsetzung wird durch kommunikative Einflussnahme zu verwirklichen versucht. Zerfaß (2010, S. 188) differenziert dabei zwischen verschiedenen *Kommunikationsstilen*. Sie unterscheiden sich in ihrer Zielsetzung der Einflussnahme graduell. Kommunikation im informativen Kommunikationsstil nimmt unbewusst oder ambivalent Einfluss auf die Kommunikationspartner.

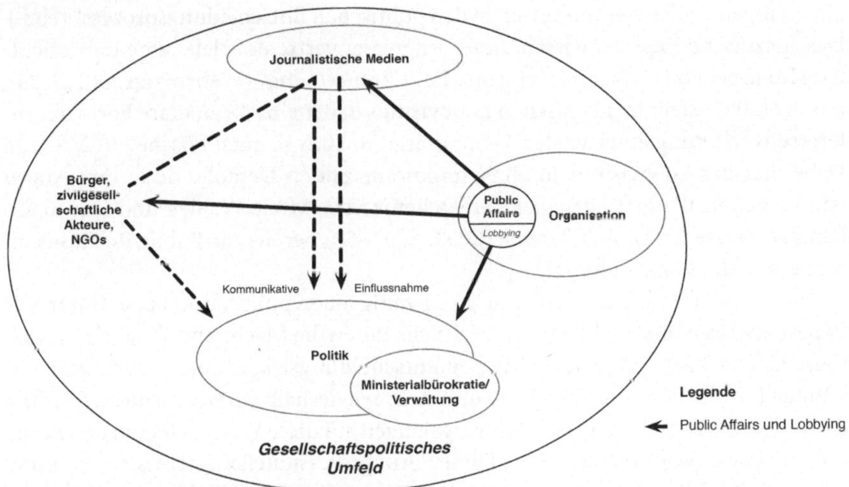

Abb. 1 Kommunikations- und Einflussbeziehungen im traditionellen Verständnis von Lobbyismus und Public Affairs

Kommunikation im argumentativen Kommunikationsstil will begründete Einsicht ermöglichen. Persuasive Kommunikation versucht fertige Problemlösungen durchzusetzen (ebd.).

3 Public Affairs und Lobbyismus in der demokratischen Gesellschaft

Public Affairs leisten bei Unternehmen – und analog in anderen Organisationstypen – durch Kommunikation einen „Beitrag zur sozialen Integration [...] durch die Lösung von Zweck und Mittelkonflikten bzw. der Klärung strittiger Situationsdefinitionen und Handlungsinterpretationen im Nahbereich" (Zerfaß 2010, S. 208). Zugleich ist Lobbying – als Teilbereich von Public Affairs – eine wichtige Informationsquelle für Organisationen des politischen Kernsystems. Die Lobby-Akteure – neben Wirtschaftsverbänden auch Unternehmensvertretungen, spezialisierte Rechtsanwaltskanzleien, Nichtregierungsorganisationen (NGOs) und zivilgesellschaftliche Akteure (vgl. Daumann 1999; Strauch 1993; Lösche 2007; Priddat und Speth 2009; Lösche 2012) – übernehmen dabei die „Vermittlung gesellschaftlicher Interessen im demokratischen System" (Ahrens 2007, S. 124) und damit auch das

„Einbringen vielfältiger Interessen in den politischen Entscheidungsprozess" (ebd.). Das spezifische Expertenwissen dieser Interessenvertreter spielt „eine unverzichtbare Rolle bei Politikformulierung und Politikumsetzung" (Wehrmann 2007, S. 39). Lösche (2007) sieht im klassischen Lobbyismus daher eine elementare Form der Interessenvertretung einer vitalen Demokratie (S. 20; vgl. auch Lösche 2012, S. 10). Dabei hat der Lobbyismus in einer funktionierenden Demokratie in den Augen von Piepenbrink (2010) den gleichen Stellenwert wie freie Wahlen und eine unabhängige Presse (S. 2), was Bentele (2002, S. 57–58) bereits für Public Relations im breiteren Sinn konstatiert hat.

Intermediäre Akteure verfügen gleichzeitig über politisch knappe Güter wie Expertenwissen und Fachkenntnisse, welche ihnen die Macht und Möglichkeit einräumen, den Staat und seine politischen Entscheidungsträger unter Druck setzen zu können (Grimm 1994, S. 658). Verbände nehmen deshalb „in wachsendem Umfang an staatlichen Entscheidungen teil und gelangen auf diese Weise selber in den Besitz öffentlicher Gewalt" (ebd., S. 661). Diese Form professioneller Interessenvertretung bringt die Gefahr mit sich, dass Lobbyisten an politischen Verfahren teilnehmen, obwohl sie gar nicht in institutionalisierte und demokratische Legitimations- und Verantwortungsprozesse einbezogen sind (ebd., S. 661). Daher werden Praktiken der Public Affairs, vor allem auch in der populärwissenschaftlichen Debatte, häufig negativ dargestellt. So konstatieren Leif und Speth (2006), dass speziell Lobbyismus die „Herrschaft des Kapitals" (S. 53) und „eine Macht ohne Legitimation" (S. 352) im politischen Entscheidungsprozess darstelle. Andere Autoren sehen „Strukturdefizite" (Ahrens 2007, S. 133) in Gesetzgebungsverfahren und das föderale System Deutschlands als Ursachen für eine demokratiegefährdende Rolle des Lobbyismus in Deutschland, welche den Interessenvertretern „eine Vielzahl von Zugangsmöglichkeiten und Raum für Lobbying" bieten (ebd.).

4 Public Affairs und Lobbyismus im digitalen Zeitalter

In einem gesellschaftlichen Umfeld, das geprägt ist durch Mediatisierung und Digitalisierung, nehmen diese Metaprozesse potenziell auch Einfluss auf die politische Interessenvertretung, da sich der „allgemeine Anstieg von (Alltags-) Kommunikation in Verbindung mit Medien" (Krotz 2007, S. 37–38) mutmaßlich auch auf das Verhältnis zwischen Politikern und Interessenvertretern auswirkt. Daher wird in diesem Aufsatz insbesondere die potenzielle Digitalisierung des Lobbyismus als Teilbereich der Public Affairs diskutiert.

In der eingangs angeführten Definition von Showalter und Fleisher (2007, S. 109) wurde bereits der Einfluss der Digitalisierung auf das Feld der Public Affairs deutlich. Maßnahmen wie Online-Kampagnen und die häufig netzunterstützten Grassroots-Bewegungen zeigen das durch die Digitalisierung erweiterte Handlungsfeld auf. Hinsichtlich des Einflusses von Online-Medien äußern sich Forscher wie Praxisvertreter oft sehr optimistisch zu den Auswirkungen und Chancen der Digitalisierung. Argenti und Barnes (2009) stellen fest, dass sich der „digital gap" (S. 219) zwischen Wirtschaft, Lobbyisten und Gesetzgebern schließt. Fleisher (2012) prophezeit „increased usage of (digital) channels by PA practitioners and stakeholders" (S. 7). Deutsche Wissenschaftler und Praktiker gehen in einem Sammelband zu „Digital Public Affairs" (Bender und Werner 2010) sogar noch weiter und bezeichnen digitale Kanäle innerhalb der Public Affairs als „wesentliches Instrument, mit dem sich die anvisierten Ziele durchsetzen lassen" (Einspänner 2010, S. 35). Zwar blieben Positionspapiere, Events und Hintergrundgespräche fester Bestandteil der Interessenvertretung, allerdings würden diese „klassischen PA-Instrumente nun durch neue ‚Qualifikationen', z. B. Social Web-Anwendungen, erweitert und optimiert, um so Entscheidungsträger in Politik und Öffentlichkeit zeitgemäß für das eigene Vorhaben zu gewinnen" (Bender und Werner 2010, S. 11–12). Die wesentliche Annahme, die dem Konzept der „Digital Public Affairs" zu Grunde liegt ist, dass „Teile der Öffentlichkeit bereit sind, für ihre Meinung im Social Web öffentlich einzustehen und dadurch Druck auf die Politik auszuüben" (Kriwoj 2010, S. 172).

Die internationale *wissenschaftliche Debatte* um Public Affairs im digitalen Zeitalter steckt allerdings noch in den Kinderschuhen. Insbesondere die Adressierbarkeit von Politikern im Sinne einer zielgruppengerechten Ansprache in der Kernfunktion der Public Affairs, dem Lobbying, wurde bislang jedoch kaum untersucht. Im Fokus der aktuellen Forschung stehen eher Themen wie die Internationalisierung und Europäisierung von Public Affairs und die Schwierigkeit einer definitorischen Beschreibung transnationaler politischer Kommunikation im Sinne von Global Public Affairs (Spencer 2012, S. 71–72). Dabei wird teilweise sogar grundsätzlich die Relevanz des Social Webs in Frage gestellt (ebd.). Die aktive Nutzung des Web 2.0 könne nach Fleisher einige Schwierigkeiten mit sich bringen. Er weist deshalb darauf hin, dass besonders die Public Affairs im Internet sich als anspruchsvolle Aufgabe zeigen, die ein hohes Maß an kommunikativer Kompetenz erfordern.:

It is very convenient and too tempting to some groups not to wander into public policy debates via Twitter, Facebook, corporate blogs, Wikis, and like channels. Nevertheless, organizations and public policy makers alike who participate via these channels will increasingly come to recognize that they will require an equal, if not even higher, level of differentiated PA communications competence as the more traditional channels augur. (Fleisher 2012, S. 7)

Folgt man den Ausführungen Fleishers, werden mehr und mehr Politiker Web-2.0-Plattformen nutzen, weshalb auch Public-Affairs-Praktiker diese stärker in ihre Kommunikation integrieren werden. Ein strategischer und taktischer Mix aus klassischen Medien und Social Media ist demzufolge die beste Option für die Zukunft (ebd., S. 10).

Ein Zwischenfazit der internationalen Debatte ist, dass Forschung und Praxis angesichts der steigenden Nutzung des Social Web zunächst ein Verständnis der „emerging features and their implications for individuals, communities, firms and social media platform designers" (Kietzmann und Silvestre 2012, S. 115) entwickeln müssen. Erst danach können Strategien für eine politikbezogene Anwendung des Social Web im Handlungsfeld der Public Affairs entwickelt und untersucht werden.

In der *deutschsprachigen Forschung* wurde das Themenfeld bislang ebenfalls wenig bearbeitet. Umfassend haben sich in empirischen Untersuchungen Brauckmann (2007) und Höfelmann (2013) mit dem Thema auseinandergesetzt. Brauckmann befasste sich mit Public-Affairs-Strategien von Naturschutzverbänden. Er beschreibt die Möglichkeit der Mobilisierung der Öffentlichkeit durch Public-Affairs-Kampagnen im Netz, schränkt ihre Bedeutung aber ein. Aus seiner Sicht habe „das Internet keine neue Ära des Campaigning bei den Naturschutzverbänden ausgelöst" (S. 80). Onlinekommunikation sei vielmehr in die bestehenden Wege der Kampagnenumsetzung eingebettet worden und damit ein ergänzendes Kommunikationsmittel, das jedoch auf absehbare Zeit nicht den Stellenwert von Fernsehen und Zeitungen erreiche (ebd.). Anhand einer inhaltsanalytischen Studie untersuchte Höfelmann (2013) Public-Affairs-Weblogs. Er arbeitet heraus, dass die Angebote zwar für strategisches Framing genutzt werden, Dialog jedoch selten, und zwar nur in zwei von zehn untersuchten Blogs, entstehe (S. 159). Während Brauckmann bei den digitalen Kanälen auf die Beeinflussung der Öffentlichkeit und damit das indirekte Adressieren des politischen Systems abhebt, sieht Höfelmann auch Akteure des politischen Systems als Adressaten an, er nennt beispielsweise Referenten von Bundestagsabgeordneten (S. 161). Ob sich diese Adressaten jedoch ansprechen lassen, bleibt in Höfelmanns Studie offen, da lediglich die Kommunikate untersucht wurden. Wie digitale Public-Affairs-Aktivitäten also im Verhältnis zu traditionellen Lobby-Praktiken einzuordnen sind, ist daher fraglich und bislang nicht erforscht.

Ausgangspunkt für die konzeptionelle und empirische Auseinandersetzung mit digitalen Public-Affairs-Strategien sind die Überlegungen von Einspänner (2010) sowie Thimm und Einspänner (2012) zu „Digital Public Affairs". Diese werden als

„besondere [...] Form politischer PR" im Social Web gefasst, in der „die Interessensvermittlung und -vertretung von Unternehmen, Institutionen, Verbänden und Organisationen" im Mittelpunkt stehe (S. 185). Damit lassen sich digitale Public Affairs im Feld der strategischen Onlinekommunikation einordnen, verstanden als die Gesamtheit der „gesteuerten Kommunikationsaktivitäten von Unternehmen, Non-Profit-Organisationen, Behörden und anderen Organisationen im Internet und Social Web, die der internen und externen Handlungskoordination mit Stakeholdern und der Interessenklärung dienen und damit einen Beitrag zur Realisierung der übergeordneten Organisationsziele (Erreichung inhaltlicher und ökonomischer Ziele, Sicherung von Handlungsspielräumen und Legitimität) leisten sollen" (Zerfaß und Pleil 2012, S. 47).

In den Aufsätzen von Einspänner (2010) sowie Thimm und Einspänner (2012) werden „Digital Public Affairs" als eine Chance für einen Wandel des Lobbyismus durch die neuen Technologien des Social Web beschrieben. Der Onlinekommunikation mit ihren neuen Formen wie Wikis, Weblogs oder Social Networks, wurde bereits früh das Potenzial zugeschrieben, eine neue Qualität der Kommunikation zu ermöglichen (Zerfaß und Krzeminski 1998, S. 37), indem Dialogfähigkeit, Personalisierung und die allgemeine Kommunikation einfacher als je zuvor seien (Zerfaß und Pleil 2012, S. 39). Einspänner leitet daraus, wie auch einige Praktiker (Florian und Roggenkamp 2010; Hofmann 2010; Kahler und Fernandez 2010; Kriwoj 2010), eine „optimale Herausforderung [ab], die Trendwende in der Interessenvertretung und im vermeintlich undurchsichtigen Lobbyingmilieu zu kultivieren" (Einspänner 2010, S. 34). Thimm und Einspänner (2012) nennen „Digital Public Affairs" eine „junge Disziplin, welche die Bereiche der klassischen Politik-PR (Politikberatung, Gouvernmental Affairs, Lobbying oder Media Affairs) durch die Motivsetzung von Social Media bereichert und revolutioniert. Die Strukturen des dunklen Hinterzimmerlobbyings werden bewusst ausgeleuchtet und durch die aktive Einbeziehung der verschiedenen Stakeholder alterniert" (S. 185). Dabei versprechen sich die Autoren in dem Sammelband zu „Digital Public Affairs" von Bender und Werner (2010) durch neue Kommunikationsmodi und transparente Formen der Onlinekommunikation „mehr Aktivität und eine stärkere öffentliche Präsenz auf der Senderseite" (Einspänner 2010, S. 20). Diese „Interessenvertretung 2.0" (S. 34) zeichne sich durch Transparenz, Offenheit, Dialog, Authentizität und Kollektivität aus. Demzufolge würden *alle* Kommunikationsformen, die im Zusammenhang mit Public Affairs beschrieben wurden, nun auch digital und medienvermittelt stattfinden. Grundsätzlich bieten Social-Media-Angebote als Plattformen monologischer und dialogischer Kommunikation die Chance informativer, wie auch argumentativer und persuasiver Kommunikation (vgl. ebd., S. 43, Hervorhebung durch die Autoren).

Inwiefern sich aber Akteure des politischen Bereiches überhaupt digital adressieren lassen, bleibt im Konzept der „Digital Public Affairs" offen. Insbesondere kann dem Transparenzansatz der „Digital Public Affairs" im Kontext des Lobbying entgegen gehalten werden, dass gerade Nichtöffentlichkeit gezielt und strategisch eingesetzt werden kann. Die These, die „Herstellung öffentlicher Transparenz gehört zu den Hauptaufgaben politischer PR-Arbeit und lässt sich nun durch die offene Architektur des Social Web als Prinzip befolgen" (Thimm und Einspänner 2012, S. 186) erscheint in Bezug auf Lobbyismus fraglich.

An dieser Stelle muss zwischen Public Affairs im Allgemeinen und Lobbyismus im Speziellen differenziert werden: Der klassische Lobbyismus ist durch seinen informellen Charakter gekennzeichnet (Kleinfeld und Zimmer 2007, S. 10 f.). Die Beeinflussung findet durch die direkte und unvermittelte Ansprache der Politik, dem informellen Charakter des klassischen Lobbyismus folgend, gezielt abseits der Öffentlichkeit statt (Leif und Speth 2003, S. 8). „Digital Public Affairs"-Strategien versuchen durch die Einbeziehung und Mobilisierung einer möglichst großen digitalen (Teil-) Öffentlichkeit Einfluss auf die Politik und ihre Entscheidungen zu nehmen (vgl. Einspänner 2010, S. 20 ff.). Einer der Ansätze von „Digital Public Affairs" besteht darin, politische Entscheidungsträger über die Nutzerinnen und Nutzer der sozialen Netzwerke indirekt anzusprechen (Einspänner 2010, S. 20 f.). Während der klassische Lobbyismus vor allem auf einem Informationsaustausch beruht, der „auf großer sachlicher Kompetenz beruht" (Lösche 2007, S. 61), legen Einspänner (2010, S. 35 f.) zufolge „Digital Public Affairs" ihren Fokus auf die Mobilisierung und Verbreitung einer inhaltlichen Botschaft durch Nutzerinnen und Nutzer des Web 2.0. Diese digitale Strategie beruht auf einem hohen Grad an Öffentlichkeit, wenngleich die Anzahl der Teilnehmerinnen und Teilnehmer und damit auch das Mobilisierungspotenzial themenabhängig sind. Die Verhandlungsrunden des klassischen Lobbyismus hingegen finden in der Regel in kleinen Gruppen zwischen Lobbyisten und politischen Entscheidungsträgern und Ministerialbeamten statt. Diese klassischen Lobbygespräche bedienen sich fast ausschließlich einer mündlichen Face-to-Face-Kommunikation, die im Allgemeinen „eine wechselseitige, von allen Beteiligten in einer gemeinsamen Situation simultan getragene, prozessuale Verkettung von Kommunikationsbeiträgen [darstellt]" (Krotz 2007, S. 221). „Digital Public Affairs" setzen im Gegensatz dazu anfänglich auf eine schriftliche One-to-Many-Kommunikation und im späteren Verlauf auf eine Many-to-Many-Kommunikation. Diese finden ausschließlich im digitalen Raum, vor allem im Social Web, statt. Klassischer Lobbyismus spielt sich im Vergleich dazu in Büros, Konferenzräumen oder Cafés oder der Nichtöffentlichkeit (digitaler) postalischer Kommunikation ab. Gemein ist diesen Kommunikationen die Abgeschlossenheit des Gesprächsraums bzw. der Gesprächssituation.

5 Untersuchung von digitalem Lobbyismus am Beispiel von Greenpeace Deutschland

Ob Onlinekommunikation tatsächlich über digitale öffentliche Kanäle gegenüber dem politischen System direkt oder indirekt wirksam werden kann und damit auch eine Ablösung des klassischen Lobbyismus möglich ist, oder diese Kommunikationsform – wie im Konzept der „Digital Public Affairs" – „normativ überhöht und mit Hoffnungen auf eine transparente, egalitäre und offene Kommunikation zwischen etablierten Akteuren im Wirtschafts- und Mediensystem sowie einzelnen Kunden, Rezipienten, Mitarbeitern und interessierten Bürgern verknupft" (Zerfaß und Pleil 2012, S. 40) bleibt, ist zentrale Frage der hier vorgestellten Untersuchung. Aus dieser Perspektive ergeben sich folgende Forschungsfragen:

▶ *FF1: Wie lässt sich Onlinekommunikation im Kontext der Public Affairs verorten?*
FF2: Werden persönliche und vertrauliche Gespräche als Lobbyinstrument durch digitale Kommunikation ersetzt?
FF3: Welche Chancen und Grenzen bieten soziale Netzwerke zur Interessenvertretung im politischen Raum speziell für NGOs?

Als Untersuchungsobjekt für dieses Forschungsvorhaben wurde die Nichtregierungsorganisation *Greenpeace Deutschland* ausgewählt. Der Verein nutzt als traditionelle Kampagnenorganisation seit seiner Gründung verschiedene öffentliche und nichtöffentliche Formen der Kommunikation, um seine Ziele in Richtung politischer und wirtschaftlicher Entscheidungsträger zu kommunizieren. Als politischer Akteur schafft es Greenpeace Deutschland „erstens in die Medien zu kommen, zweitens dort so präsent zu sein, dass er auch als Berichtsobjekt seine Botschaft anbringen und öffentliche Wahrnehmungen beeinflussen kann" (Krüger und Müller-Henning 2000, S. 9). Die Organisation setzt auf die Anwendung von „Techniken und Taktiken moderner Werbung und Markenkommunikation" (Hofmann 2008, S. 17) und auf eine Form der integrierten Kommunikation, d. h.

eine Kampagnenkonzeption [...], in der alle kommunikativen Instrumente, Aktionen und inhaltlichen Bausteine unter das Dach einer integrierenden Idee gestellt und in den Rahmen einer einheitlichen Strategiekonzeption eingefügt werden. (Hofmann 2008, S. 135)

Durch dieses medien- und öffentlichkeitswirksame Vorgehen „gehört Greenpeace […] zu den erfolgreichsten öffentlichen Akteuren in Deutschland" (ebd., S. 9). Als innovative Organisation mit „besonderen Beziehungen zur Öffentlichkeit, die sie als Exempel für Kommunikationsprozesse so gut geeignet erscheinen lässt" (Krüger und Müller-Henning 2000, S. 11), stellt Greenpeace Deutschland ein geeignetes Untersuchungsobjekt dar, um die theoretische und praktische Relevanz der Onlinekommunikation im Kontext der Public Affairs bei einer NGO näher zu untersuchen. Da Greenpeace Deutschland eine besondere Innovationskraft unterstellt werden darf, ist interessant, ob diese NGO die vermeintlich neue und innovative Form des Lobbyismus für bedeutsam hält. Aus der Relevanzeinschätzung dieser Vorreiterorganisation lassen sich erste Rückschlüsse auf die generelle Relevanz digitaler Beeinflussungsversuche des politischen Systems ableiten, wenngleich als Limitation genannt werden muss, dass Befunde bei einer Umweltschutzorganisation nicht eins zu eins auf Wirtschaftsunternehmen und (Industrie-) Verbänden übertragbar sind und bei einer Einzelfallstudie immer auch der Faktor der sozialen Erwünschtheit zu beachten ist.

Als Methode der Datenerhebung wurden auf Grund des explorativen Charakters der Studie qualitative leitfadengestützte Experteninterviews gewählt. Die „Bedeutung von Expertenwissen bei der reflexiven Umgestaltung moderner Industriegesellschaften [ist] kaum umstritten" (Bogner et al. 2002, S. 33). Ihr spezifisches Rollenwissen und ihre damit verbundene Kompetenz machen Experten besonders interessant für wissenschaftliche Untersuchungen (Wohlrab-Sahr und Przyborski 2009, S. 133). Die für dieses Forschungsvorhaben interviewten Mitarbeiterinnen und Mitarbeiter von Greenpeace Deutschland erfüllen durch ihr Organisations- und Insiderwissen die Kriterien eines Experten und stehen damit „stellvertretend für eine Vielzahl zu befragender Akteure" (Bogner et al. 2002, S. 7).

Im Rahmen der Studie konnten die inhaltlichen Fragestellungen aus verschiedenen Perspektiven erhoben werden, da Verantwortliche aus der Geschäftsführung und Kommunikationsleitung ebenso wie Mitarbeiter aus dem Bereich der Social-Media-Kommunikation und der Public Affairs bzw. des klassischen Lobbyismus befragt wurden. Tabelle 1 gibt eine Übersicht zu den geführten Interviews.

Die Auswertung der Interviews erfolgte mittels einer qualitativen Inhaltsanalyse. Nach den vorgenommenen theoretischen Vorüberlegungen, bei denen die zu untersuchenden Variablen und die Untersuchungsfragen bestimmt wurden (Gläser und Laudel 2009, S. 203), folgte die eigentliche Extraktion aus den Interviewtranskripten. Dafür wurden Indikatoren und Analyseeinheiten festgelegt, um die Aussagen der Experten vergleichen zu können (ebd., S. 203). Die Rohtexte der Expertenantworten wurden den Fragen zugeordnet, um später die Kernaussagen extrahieren zu können. Danach konnten die gewonnenen Erkenntnisse aus allen

Tab. 1 Liste der befragten Experten mit Eckdaten der Interviews

Position bei Greenpeace Deutschland	Datum des Experteninterviews	Länge (min)	Ort
Geschäftsführer/in	20.08.2013	56	Hamburg
Leiter/in Politische Vertretung	16.08.2013	46	Berlin
Stv. Leiter/in Politische Vertretung	16.08.2013	68	Berlin
Energielobbyist/in	19.07.2013	52	Berlin
Leiter/in Kommunikation	30.08.2103	52	Hamburg
Teamleiter/in Presse, Recherche, Neue Medien	02.08.2013	45	Hamburg
Webkommunikator/in Kampagnen	09.07.2013	51	Hamburg
Community Manager/in	01.08.2013	57	Hamburg

Gesprächen kategorisiert werden (Scholl 2003, S. 70; Gläser und Laudel 2009, S. 198). In einem letzten Schritt wurden die zusammengefassten Antworten wiederum in einen theoretischen Zusammenhang mit den Forschungshypothesen und deren Leitfragen gestellt.

6 Befunde

Die empirischen Ergebnisse können an dieser Stelle nur ausschnittweise dargestellt werden. Ein zentraler Befund ist, dass Web-Elemente im Bereich der Public Affairs immer durch Offline-Aktivitäten ergänzt werden, so die einhellige Aussage aller Experten bei Greenpeace Deutschland. Der Teamleiter Presse, Recherche, Neue Medien fasst diese Erkenntnis folgendermaßen zusammen: „Es kann sein, dass wir eine Online-Kampagne machen, sie wird aber nie rein web-basiert sein, sondern sie wird immer auch mit Aktionen auf der Straße stattfinden." Darauf aufbauend geben alle Experten in den Interviews an, dass rein web-basierte Kampagnen derzeit nicht in Frage kämen. Der Leiter Kommunikation der NGO sieht in der alleinigen Nutzung von Social Media deutliche Grenzen:

> Ich finde, dass soziale Netzwerke überschätzt werden. [. . .] Ein soziales Netzwerk [. . .] alleine kann aus meiner Sicht nicht genug Druck aufbauen, um etwas zu verändern.

Nicht nur die Geschäftsführung der NGO, sondern auch die Lobbyisten und die Social-Media-Experten geben zudem an, dass der klassische Lobbyismus als Instrument der Interessenvertretung auch in Zukunft eine sehr wichtige Rolle spielen werde. Das Web 2.0 habe zwar an Wichtigkeit als Kommunikationskanal innerhalb der Organisation gewonnen, jedoch nicht als Lobbyinstrument gegenüber der Politik. Der Leiter Politische Vertretung bestätigt dies und grenzt die Arbeit über das Social Web klar vom klassischen Lobbyismus ab: „Das, was die internet-basierte Public-Affairs-Branche macht, machen wir in dem Sinne [...], von der Lobbyarbeit her, nicht". Darüber hinaus weisen sechs der Interviewpartner darauf hin, dass eine zielgruppengenaue Adressierung der Politik über das Web 2.0 nicht möglich sei, da entscheidende Politiker und Ministerialbeamte keine eigenen Profile in den sozialen Netzwerken besäßen oder diese nicht von ihnen selbst betrieben würden. Der Vergleich des Lobbyismus mit digitaler Kommunikation zeige zudem, dass es der Social-Media-Kommunikation mit Entscheidern im politischen System an den Merkmalen Vertrauen, Offenheit und Ehrlichkeit fehle. Dies liege vor allem an der Transparenz und damit der permanenten Beobachtung solcher Interaktionen im Social Web, die dadurch eine „eigenartige Situation mit Politikern" (Interviewpartner) entstehen ließe. Das „Vertraute – auch die persönlichen Kontakte zwischen Politikern und Nicht-Politikern – kann man nicht im Internet abbilden" (Interviewpartner).

Diese Einschätzung teilen alle befragten Mitarbeiterinnen und Mitarbeiter von Greenpeace Deutschland. Ein Lobbyist der NGO weist in diesem Kontext auf kommunikationsethische Schwierigkeiten der Adressierung eines Akteurs im politischen Bereich über ein privates Profil hin:

> Also wenn da jemand einen privaten Facebook-Account hat als Mitarbeiter eines Abgeordneten, [...] dann ist das für mich jenseits des moralischen Anstands, diesen Mann auf seinem privaten Account irgendwie zu bespielen. [...] Und ich glaube nicht, dass es auf Dauer das persönliche Gespräch ersetzen wird, weil zu dieser ganzen politischen Arbeit ein Mindestmaß an Vertrauen bestehen muss.

Ähnlich verhält es sich mit der Beziehung von Social Media und den klassischen Medien. Die Aussage einer Mitarbeiterin aus dem Bereich Online/Soziale Medien steht stellvertretend für den Befund aus den Experteninterviews, dass die klassischen Massenmedien gegenüber dem Web 2.0 einen höheren Stellenwert besitzen:

> Also [...] ganz wichtig sind TV und Print. Und ich sage mal, die Online-Medien werden zwar als immer wichtiger anerkannt, aber sie haben einfach noch nicht [...] den Stellenwert wie [...] die klassischen Medien.

Weitere befragte Social-Media-Experten teilen diese Einschätzung ebenfalls. Sie weisen zudem darauf hin, dass der Einsatz der sozialen Netzwerke für die Kampa-

gnen der NGO immer wieder getestet, überprüft und hinterfragt werde. Dazu ein
Interviewpartner aus der Geschäftsführung:

> Das sind neue Kommunikationsformen und wir als Kampagnenorganisation müs-
> sen eben auch austesten, inwieweit diese neuen Kommunikationskanäle und neuen
> Kommunikationsformen eigentlich auch unseren Einfluss insgesamt, gesellschaftlich,
> verstärken.

Ergebnis aller Gespräche ist, dass Web-2.0-Plattformen zwar als zusätzliche Kommunikationskanäle zum Erfolg der politischen Arbeit beitragen – allerdings der
klassische Lobbyismus weiterhin mögliche Lösungen mit politischen Entscheidungsträgern vermittle und verhandele. Die Arbeit in den sozialen Netzwerken
kann nur als ein Teil von vielen Möglichkeiten betrachtet werden, öffentlichen
Druck zu erzeugen. Dieser öffentliche Druck sei es, der überhaupt den Zugang zu
Politikern schaffe:

> In Wirklichkeit muss es einem total klar sein, wenn man diese politische Arbeit hier
> macht, dass wir überhaupt gar keinen Zugang hätten, auch nur mit einem Politiker
> zu sprechen, wenn es nicht Aktionen gäbe, öffentlichen Druck gäbe über Aktionen.
> (Interviewpartner, Politische Vertretung)

Die digitalen Kommunikationsmaßnahmen bei Greenpeace Deutschland seien
strategisch auf die Erreichung der Organisationsziele hin ausgerichtet. Wichtigstes Ziel sei die für Kampagnen typische Reichweitenerhöhung, also die möglichst
weite Verbreitung von Kampagneninformationen an Nutzerinnen und Nutzer.
Durch Mobilisierungsmaßnahmen wie z. B. Online-Petitionen gelinge es, weiteren Druck aufzubauen. Das Web 2.0 biete überdies eine schnelle und direkte Form
der Zwei-Wege-Kommunikation. Durch dialogische Kommunikation insbesondere in den Facebook- und Google+ -Angeboten versuche die Organisation dies zu
unterstützen, während Twitter in der Realität zumeist monologisch genutzt werde.
In der dialogischen Kommunikation liege die Chance, die Bezugsgruppen in die
Gestaltung von Kampagnen einzubeziehen (so ein Interviewpartner aus dem Kom-
munikationsbereich), oder Nutzer inhaltlich Beiträge beisteuern zu lassen, wodurch
der Konsument teilweise auch zum Produzenten werde. Diese Möglichkeit werde
allerdings bislang nur in geringem Umfang wahrgenommen.

Bei der Entscheidung, ob die sozialen Netzwerke für Kampagnen genutzt werden, spiele der zu vermittelnde Inhalt die wichtigste Rolle, so ein Experte aus dem
Kommunikationsteam. Kampagneninhalte würden also nicht immer zwangsweise
auch über das Web 2.0 kommuniziert. Ähnlich wie bei der politischen Öffentlichkeitsarbeit richte sich Greenpeace Deutschland im Social Web sowohl an einzelne
Bezugsgruppen als auch an die gesamte Öffentlichkeit. In den Interviews konnte

eine neue Form der Themen- und Kampagnenabhängigkeit identifiziert werden.
Das Potential der Reichweite und Mobilisierung im Web 2.0 hänge deshalb zukünftig auch davon ab, wie sehr sich Kampagnenthemen gegenüber anderen Themen
im Kampf um Aufmerksamkeit durchsetzen können. Dazu ein Verantwortlicher
aus dem Bereich Internet/Social Media:

> Es ist natürlich so, dass man [. . .] in den letzten Jahren immer stärker auch mit den
> Bildern von anderen Seiten usw. konkurriert und dass [es] [. . .] schwieriger wird, da
> tatsächlich mit guten Inhalten auch durchzudringen, weil's einfach ein immer größer
> werdendes Angebot gibt.

Die Social-Media-Arbeit von Greenpeace Deutschland versuche hierzu immer wieder auch Anstöße zur Berichterstattung in den klassischen Medien zu liefern. Die
befragten Experten gaben jedoch an, dass eine alleinige Social-Media-Präsenz nicht
ausreiche, um genügend Aufmerksamkeit zu erzeugen, mit der Politiker und ihre
Entscheidungen ernsthaft beeinflusst werden können. Hier stehe die Internetkommunikation nach Aussagen der Befragten hinter den traditionellen Massenmedien
zurück, die auch heute in der Lage seien, eine breitere Öffentlichkeit zu mobilisieren. Zudem wurde in den Interviews deutlich, dass selbst bei der Verfolgung einer
Onlinestrategie für Public Affairs noch völlig offen sei, ob bei einer ausreichenden
Involvierung überhaupt Erfolgsaussichten bestünden. Nach Einschätzung eines Experten aus dem Bereich Internet/Social Media bei Greenpeace Deutschland biete
die alleinige Nutzung sozialer Netzwerke zumindest aber für einen kurzen Zeitraum
die Möglichkeit, Druck aufzubauen und Entscheidungsträger zu beeinflussen. Eine
generelle Steigerung der Bedeutung von Social Media für die NGO lässt sich aus
der Zunahme des Personals in diesem Bereich ablesen.

7 Diskussion

Mit Blick auf die Forschungsfrage, wie sich Onlinekommunikation im Kontext
der Public Affairs verorten lässt, kann konstatiert werden, dass die Web-2.0-
Plattformen und ihr Einsatz als zusätzlicher Kommunikationskanal wahrgenommen werden, um öffentlichen Druck aufzubauen. Dies geschieht ähnlich zur
Vorgehensweise, wie sie die Organisation seit langem in ihren Kampagnenstrategi-
en einsetzt. Eine Involvierung größerer Online-Nutzergemeinschaften im Sinne des
von Einspänner (2010) aus theoretischer und normativer Perspektive postulierten
Verständnisses von „Digital Public Affairs" konnte bei Greenpeace Deutschland

nicht bestätigt werden. Mögliche „Digital-Public-Affairs-Aktivitäten" von Greenpeace Deutschland orientieren sich vielmehr an bereits vorhandenen Strategien und Mechanismen der strategischen Onlinekommunikation. Das Kernproblem, das „digitalem Lobbyismus" im Wege steht, ist die fehlende Adressierbarkeit der politischen Akteure. So haben viele Politiker gar keinen Account in ihrer Funktion als Entscheidungsträger in den Sozialen Netzwerken oder bedienen ihn nicht selber.

Mit Blick auf die Bedeutung für die öffentliche Meinungsbildung kann mitnichten davon die Rede sein, dass digitale Kanäle zentral für den Kampagnenerfolg seien. Greenpeace Deutschland als eine der erfolgreichsten und kampagnenstärksten NGOs der Republik betreibt bis heute keine reine web-basierte Kampagne. Der direkte Kontakt zu Entscheidungsträgern spielt eine unverändert große Rolle. Nur im privaten Raum der Nichtöffentlichkeit entsteht das Vertrauen, das Grundlage der einflussreichen Kommunikationsbeziehung zwischen Politikern und Lobbyisten ist. Ohne dieses Vertrauen können Politiker nicht offen und ehrlich über bestimmte Sachverhalte sprechen und ohne diese Abgeschlossenheit auch keine möglichen internen Probleme oder Streitpunkte darstellen. Zum anderen können durch die Face-to-Face-Kommunikation ein direkter emotionaler Austausch und mögliche positive und negative Reaktionen besser wahrgenommen werden als durch die indirekte Ansprache über eine Vielzahl von Nutzerinnen und Nutzern im Web 2.0.

Im Hinblick auf die zweite Forschungsfrage (FF 2) kann resümiert werden, dass der klassische Lobbyismus und Face-to-Face-Gespräche mit politischen Entscheidungsträgern unersetzbar sind, auch weil die persönliche Konversation ein breiteres Repertoire der kommunikativen Einflussnahme erlaubt. Während die Social-Media-Kommunikation eher mit informierender Intention genutzt und hierfür auch sehr gut geeignet ist, eigenen sich persönliche Gespräche deutlich eher für argumentative oder persuasive Kommunikation. Das persönliche Gespräch ist nicht auf eine minimale Textlänge begrenzt, wie es etwa ein Kanal wie Twitter vorgibt. Es eignet sich daher auch deutlich besser für das Entfalten von Argumentationszusammenhängen und wird alleine aus diesem Grund kaum an Bedeutung einbüßen.

Ungeachtet dessen bieten sich aber gerade für Nichtregierungsorganisationen auch deutliche *Chancen im Social Web* (vgl. die dritte Forschungsfrage; FF 3). Dies betrifft etwa die direkte Zwei-Wege-Kommunikation mit Nutzerinnen und Nutzern. Die damit verbundene Feedback-Funktion ermöglicht es der NGO, Kampagneninhalte zu testen und eventuell Änderungen im Kampagnenverlauf vornehmen zu können. In diesem Zusammenhang können Nutzer auch selbst mit eigenen Inhalten an Kampagnen und deren Zielerreichung teilhaben, was die emotionale Verbundenheit zur Organisation und die Motivation für weitere Spenden oder eine aktive Mitarbeit stärkt.

Die Nutzung der Web-2.0-Plattformen dient zudem der Reichweitenerhöhung, damit die eigenen Interessen und Ziele möglichst große Aufmerksamkeit bekommen. Beim Aufgreifen dieser online vermittelten Botschaften durch journalistische Akteure in traditionellen Medien erhöht sich ferner der Rezipientenkreis. Jedoch muss dabei beachtet werden, dass die Reichweiten von den Betreibern der sozialen Netzwerke oftmals reguliert und eingeschränkt werden und große Öffentlichkeiten in den sozialen Netzwerken immer öfter nur durch zusätzliche Bezahlung erreicht werden können. Als positiv sind die Vernetzungschancen des Social Web zu betrachten: Sie bieten die Möglichkeit einer einfacheren Koalitionsbildung mit anderen Akteuren der Zivilgesellschaft, um dadurch eine noch größere Aufmerksamkeit und Reichweite zu erwirken. Dies stellt zugleich auch eine der größten Limitationen dar: Die Zivilgesellschaft ist nur begrenzt mobilisierungsfähig. Die Anzahl der Themen, die in der öffentlichen Debatte gleichzeitig verarbeitet werden kann, ist eingeschränkt, da Themen heute immer noch sehr stark durch die klassischen Medien gesetzt werden und ihre Bearbeitungskapazität wie auch die Aufmerksamkeit des Publikums, begrenzt ist. Außerdem ist die öffentliche Debatte nur bedingt steuerbar. Durch diese Indirektheit der Adressierung des politischen Bereichs sind die Argumente, die dann von der Öffentlichkeit an die politischen Entscheidungsträger herangetragen werden, auch nur bedingt zu beeinflussen. Botschaften können so auf einmal in eine vollkommen andere Richtung zielen. Im schlimmsten Fall könnte sich sogar die digitale Teilöffentlichkeit gegen die Ziele der kampagnentreibenden Organisation richten und damit das eigentliche Ziel einer Kampagne völlig verfehlen.

8 Erkenntnisse und Perspektiven

Die theoretischen Überlegungen und das Fallbeispiel zeigen, dass das Konzept der „Digital Public Affairs" einer Schärfung bedarf, insbesondere, weil klassische Lobbypraktiken mitnichten abgelöst werden und auch Mobilisierungsstrategien in der Netzöffentlichkeit ihre Grenzen haben. So kommt digitalen Public-Affairs-Maßnahmen sicherlich ein wichtiger Stellenwert in der Gesamtheit strategischer Onlinekommunikation zu. Dies beinhaltet die direkte Kommunikation mit zivilgesellschaftlichen und bürgerschaftlichen Akteuren im gesellschaftspolitischen Umfeld der Organisation zur Schaffung öffentlichen Drucks auf das politische System (politische Akteure und Verwaltung), die Einflussnahme auf Medienberichterstattung zur Schaffung eines dem Anliegen förderlichen Meinungsklimas im gesellschaftspolitischen Umfeld zum Aufbau öffentlichen Drucks auf den

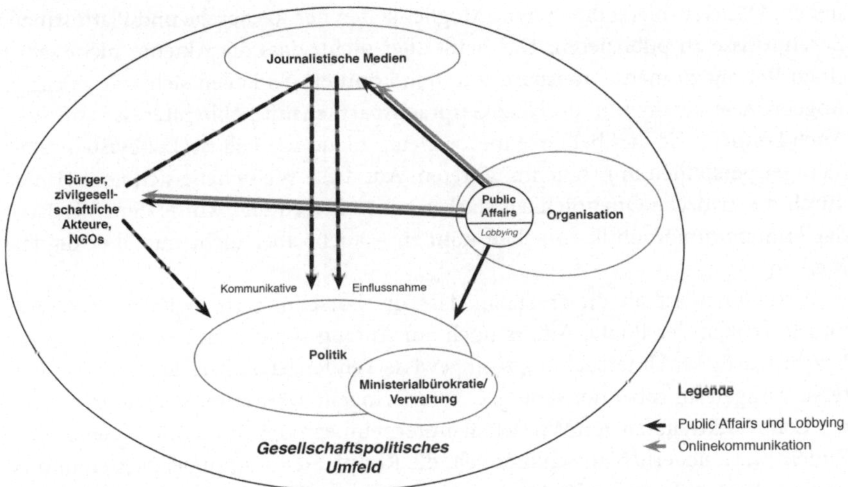

Abb. 2 Kommunikations- und Einflussbeziehungen durch Onlinekommunikation als Ergänzung von Public Affairs

politischen Bereich und seine Beeinflussung durch die Rezeption der Medienberichterstattung.

Die Einflussnahme auf Akteure des politischen Systems durch die Adressierung über digitale Kanäle in Form von Websites, Weblogs, sozialen Netzwerken und weiteren Social-Media-Diensten kann jedoch wenn überhaupt nur mit großen Einschränkungen als adäquate Kommunikationsmaßnahme angesehen werden. Dieser Schluss lässt sich aus den empirischen Ergebnissen, aber vor allem auch aus einer aus einer theoretisch-konzeptionellen Perspektive ziehen. Die Kommunikationsstile nach Zerfaß (2010) bieten hierfür einen Analyserahmen: So kann bei Onlinekommunikation im Kontext von Lobbying davon ausgegangen werden, dass einige Kommunikationsstile – insbesondere Argumentation und Persuasion – nur eingeschränkt zum Tragen kommen. Die dem Lobbyismus genuinen interpersonalen Kommunikationsstrategien behalten daher ihre Bedeutung (vgl. Abb. 2), da sich in ihnen informative, argumentative und persuasive Kommunikationsstile wirkungsvoller umsetzen lassen.

Die eingangs wiedergegebene normativ geprägte Hoffnung auf einen transparenteren Lobbyismus, der nur dadurch transparenter wird, da er über öffentliche Kanäle abläuft, muss eine Absage erteilt werden. Transparenz dürfte in der digitalen Welt vor allem durch journalistische Akteure oder „Watchdogs" von außen entstehen. Das Netz bietet ihnen neue Möglichkeiten der Recherche und Plattformen, Erkenntnisse zu publizieren. Das heißt aber nicht, dass die Akteure nicht selbst einen Beitrag zu mehr Transparenz leisten könnten. So ließen sich, wie es einige Abgeordnete bereits tun, im Netz Gesprächspartner mit Lobbyinteresse auflisten. Auch können, wie dies bei Greenpeace Deutschland der Fall ist, Lobbyisten selbst häufiger persönlich in Erscheinung treten. Auf diese Weise ließe sich Lobbyismus durch die kritische Öffentlichkeit stärker kontrollieren und würde dem Verdacht der Hinterzimmerpolitik entgehen können – auch, aber nicht nur über digitale Medien.

Zu betonen ist an dieser Stelle, dass die Forschung zu digitalen Strategien und Praktiken der Public Affairs noch am Anfang steht. Somit vermögen es die Ergebnisse dieser Untersuchung zwar gewisse Tendenzen aufzuzeigen, weitere Untersuchungen sind aber notwendig. Gewinnbringend wäre etwa eine Untersuchung der Lobby-Aktivitäten von Wirtschaftsunternehmen oder (Industrie-) Verbänden. Zudem wäre sicherlich aufschlussreich, die Rezipientenseite zu beleuchten und zu untersuchen, auf welche Weise sich Vertreter aus Politik, Ministerialbürokratie und Verwaltung tatsächlich informieren und adressieren lassen. Das Informationsverhalten etwa könnte wertvolle Hinweise zur zielgruppengenaueren Ausrichtung kommunikativer Botschaften bieten. Überdies wäre interessant, inwiefern digitale Public-Affairs-Maßnahmen zur öffentlichen Meinungsbildung beitragen. Hieraus ließen sich Rückschlüsse auf das tatsächliche Mobilisierungspotenzial ziehen. Von Bedeutung ist in jedem Fall für die weitere Forschung eine nüchterne und weniger normativ aufgeladene Auseinandersetzung mit digitalen Public-Affairs-Strategien.

Literatur

Ahrens, K. (2007). Nutzen und Grenzen der Regulierung von Lobbying. In R. Kleinfeld, A. Zimmer, & U. Willems (Hrsg.), *Lobbying: Strukturen. Akteure. Strategien* (S. 124–147). Wiesbaden: VS Verlag für Sozialwissenschaften.

Althaus, M., & Geffken, M. (2005). *Handlexikon Public Affairs*. Münster: LIT.

Argenti, P., & Barnes, C. M. (2009). *Digital strategies for powerful corporate communications*. New York: McGraw Hill.

Arntz, D. (2004). Lobbying als Public Affairs-Instrument. In V. J. Kreyher (Hrsg.), *Handbuch Politisches Marketing* (S. 499–526). Baden-Baden: Nomos.

Bender, G., & Werner, T. (2010). Vorwort. In G. Bender & T. Werner (Hrsg.), *Digital Public Affairs – Social Media für Unternehmen, Verbände und Politik* (S. 11–12). Berlin: Helios Media.

Bentele, G. (2002). Inszenierung als Kulturtechnik – Warum die moderne Gesellschaft ihre Spin Doctors braucht. *Vorgänge, 41*(2), 55–58.

Bogner, A., Littig, B., & Menz, W. (2002). *Das Experteninterview: Theorie, Methode, Anwendung*. Wiesbaden: VS Verlag für Sozialwissenschaften.

Brauckmann, P. (2007). *E-Campaigning als effizientes Instrument der politischen Lobbyarbeit? Eine Analyse am Beispiel der Naturschutzverbände in der Bundesrepublik Deutschland*. Berlin: poli-c-books.

Daumann, F. (1999). *Interessenverbände im politischen Prozess*. Tübingen: Mohr Siebeck.

Deutsche Public Relations Gesellschaft e. V. (2013). *Public Affairs*. www.dprg.de/Profile/Public-Affairs/4. Zugegriffen: 5. Dez. 2013.

Einspänner, J. (2010). Digital Public Affairs – Lobbyismus im Social Web. In G. Bender & T. Werner (Hrsg.), *Digital Public Affairs – Social Media für Unternehmen, Verbände und Politik* (S. 19–49). Berlin: Helios Media.

Filzmaier, P., & Fähnrich, B. (2014). Public Affairs – Kommunikation mit politischen Entscheidungsträgern. In A. Zerfaß & M. Piwinger (Hrsg.), *Handbuch Unternehmenskommunikation* (2. vollständig überarbeitete Aufl., S. 1185–1201). Wiesbaden: Springer.

Fleisher, C. (2012). Anniversary retrospective, perspective and prospective of corporate public affairs: Moving from the 2000+ PA Model toward Public Affairs 2.0. *Journal of Public Affairs, 12*(1), 4–11.

Florian, D., & Roggenkamp, K. (2010). Noise vs. Influence? Werkzeuge für eine Digital-Public-Affairs-Strategie. In G. Bender & T. Werner (Hrsg.), *Digital Public Affairs – Social Media für Unternehmen, Verbände und Politik* (S. 53–78). Berlin: Helios Media.

Gläser, J., & Laudel, G. (2009). *Experteninterviews und qualitative Inhaltsanalyse* (3. Aufl.). Wiesbaden: VS Verlag für Sozialwissenschaften.

Grimm, D. (1994). Verbände. In E. Benda, W. Maihofer, & H.-J. Vogel (Hrsg.), *Handbuch des Verfassungsrechts der Bundesrepublik Deutschland* (S. 657–674). Berlin: de Gruyter.

Hofmann, M. L. (2008). *Mindbombs. Was Werbung und PR von Greenpeace & Co. lernen können*. München: Wilhelm Fink.

Hofmann, T. (2010). Transparenz und Dialog: Ethische Herausforderungen der Digital Public Affairs. In G. Bender & T. Werner (Hrsg.), *Digital Public Affairs – Social Media für Unternehmen, Verbände und Politik* (S. 301–331). Berlin: Helios Media.

Höfelmann, M. (2013). Public Affairs im Social Web: Strategische Interessenvertretung oder politikferne Selbstdarstellung? In F. B. Roger, P. Henn, & D. Tuppack (Hrsg.), *Medien müssen draußen bleiben! Wo liegen die Grenzen politischer Transparenz?* (S. 139–168). Berlin: Frank & Timme.

Kahler, T., & Fernández, A. B. (2010). Digitale Grassrootskampagnen einer NGO: Unterstützer klicken, Staatschefs fliegen. In G. Bender & T. Werner (Hrsg.), *Digital Public Affairs – Social Media für Unternehmen, Verbände und Politik* (S. 215–231). Berlin: Helios Media.

Kietzmann, J. H., & Silvestre, B. S. (2012). Unpacking the social media phenomenon: Towards a research agenda. *Journal of Public Affairs, 12*(2), 109–119.

Kleinfeld, R., & Zimmer, A. (2007). Lobbying und Verbändeforschung. Eine Einleitung. In R. Kleinfeld, A. Zimmer, & U. Willems (Hrsg.), *Lobbying: Strukturen. Akteure. Strategien* (S. 7–35). Wiesbaden: VS Verlag für Sozialwissenschaften.

Kriwoj, S. (2010). Digital Public Affairs am Beispiel von UdL Digital. In G. Bender & T. Werner (Hrsg.), *Digital Public Affairs – Social Media für Unternehmen, Verbände und Politik* (S. 169–180). Berlin: Helios Media.

Krotz, F. (2007). *Mediatisierung: Fallstudien zum Wandel von Kommunikation*. Wiesbaden: VS Verlag für Sozialwissenschaften.

Krüger, C., & Müller-Henning, M. (2000). *Greenpeace auf dem Wahrnehmungsmarkt. Studien zur Kommunikationspolitik und Medienresonanz*. Hamburg: LIT.

Leif, T., & Speth, R. (2003). *Die stille Macht. Lobbyismus in Deutschland*. Wiesbaden: Westdeutscher Verlag.

Leif, T., & Speth, R. (2006). *Die fünfte Gewalt: Lobbyismus in Deutschland*. Wiesbaden: VS Verlag für Sozialwissenschaften.

Lösche, P. (2007). *Verbände und Lobbyismus in Deutschland*. Stuttgart: Kohlhammer.

Lösche, P. (2012). Lobbyismus – Gefährdung oder Stärkung der parlamentarischen Demokratie? In G. Göhler, K. Grothe, C. Schmalz-Jacobsen, & C. Walther (Hrsg.), *Public Affairs. Die neue Welt des Lobbyismus* (S. 9–18). Frankfurt a. M.: Internationaler Verlag der Wissenschaften.

Piepenbrink, J. (2010). Lobbying und Politikberatung. *Aus Politik und Zeitgeschichte, 19*, 2. (Editorial).

Priddat, B., & Speth, R. (2009). Das neue Lobbying von Unternehmen: Public Affairs als Netzwerkeinfluss. In B. Priddat (Hrsg.), *Politik unter Einfluss. Netzwerke, Öffentlichkeiten, Beratungen, Lobby* (S. 167–217). Wiesbaden: VS Verlag für Sozialwissenschaften.

Röttger, U., & Donges, P. (2003). Politische Kommunikation und Public Affairs. In K. Merten, R. Zimmermann, & H. A. Hartwig (Hrsg.), *Das Handbuch der Unternehmenskommunikation 2002/2003* (S. 105–112). München: Wolters Kluwer.

Scholl, A. (2003). *Die Befragung. Sozialwissenschaftliche Methode und kommunikationswissenschaftliche Anwendung*. Konstanz: UVK.

Showalter, A., & Fleisher, C. S. (2007). The tools and techniques of public affairs. In P. Harris & C. S. Fleisher (Hrsg.), *Handbook of public affairs* (S. 109–122). Thousand Oaks: Sage.

Spencer, T. (2012). Public affairs in the next 10 years: Snakes and ladders, chess or go? *Journal of Public Affairs, 12*(1), 71–73.

Strauch, M. (1993). *Lobbying. Wirtschaft und Politik im Wechselspiel*. Frankfurt a. M.: F.A.Z. (Wiesbaden: Gabler).

Thimm, C., & Einspänner, J. (2012). Digital Public Affairs: Interessenvermittlung im politischen Raum über das Social Web. In A. Zerfaß & T. Pleil (Hrsg.), *Handbuch Online-PR – Strategische Kommunikation in Internet und Social Web* (S. 185–200). Konstanz: UVK.

Wehrmann, I. (2007). Lobbying in Deutschland – Begriff und Trends. In R. Kleinfeld, A. Zimmer, & U. Willems (Hrsg.), *Lobbying: Strukturen. Akteure. Strategien* (S. 36–64). Wiesbaden: VS Verlag für Sozialwissenschaften.

Wohlrab-Sahr, M., & Przyborski, A. (2009). *Qualitative Sozialforschung. Ein Arbeitsbuch*. München: Wissenschaftsverlag.

Zerfaß, A. (2010). *Unternehmensführung und Öffentlichkeitsarbeit: Grundlegung einer Theorie der Unternehmenskommunikation und Public Relations* (3. Aufl.). Wiesbaden: VS Verlag für Sozialwissenschaften.

Zerfaß, A., & Krzeminski, M. (1998). *Interaktive Unternehmenskommunikation. Internet, Intranet, Datenbanken, Online-Dienste und Business-TV als Bausteine erfolgreicher Öffentlichkeitsarbeit*. Frankfurt a. M.: F.A.Z.

Zerfaß, A., & Pleil, T. (2012). Strategische Kommunikation in Internet und Social Web. In A. Zerfaß & T. Pleil (Hrsg.), *Handbuch Online-PR. Strategische Kommunikation in Internet und Social Web* (S. 39–83). Konstanz: UVK.

Digitale Bildkuration und visuelle Unternehmenskommunikation. Die Kurationsplattform Pinterest als Instrument der Unternehmenskommunikation aus Expertensicht

Jasmin Schaub und Britta M. Gossel

1 Einleitung

Obwohl visuelle Kommunikationsforschung als etablierter Teilbereich der Kommunikations- und Medienwissenschaft betrachtet werden kann, sind bislang viele Fragen zur visuellen Unternehmenskommunikation sowie des digitalen Kuratierens nicht hinreichend bearbeitet worden. Pinterest kann als aktuelles Beispiel dazu dienen, genau diese bislang wenig beachteten aber gleichwohl relevanten Bereiche der Forschung zur Unternehmenskommunikation zu bereichern. Das 2010 gegründete Portal hat Eigenschaften eines sozialen Netzwerkes (wie z. B. Facebook), von Social Bookmarking Diensten (wie z. B. StumbleUpon) sowie einer Bild-Community (wie z. B. Flickr) und wird damit im Praxisdiskurs häufig als Kurationsplattform bezeichnet (Peters et al. 2012, S. 30). Nutzer können eigene oder im Netz gefundene Bilder oder Videos, die ihren Interessen entsprechen, an eine eigene virtuelle Pinnwand anheften (*„pinnen"*), teilen und bewerten. Die Bedeutung dieser vergleichsweise neuen Social Media Plattform wurde bislang in der Blogosphäre diskutiert, wird von Experten der Branche zur Kenntnis genommen und hinterfragt, fand jedoch bislang kaum Eingang in die wissenschaftliche De-

J. Schaub (✉)
Hamburg, Deutschland
E-Mail: jasminschaub@googlemail.com

B. M. Gossel
Ilmenau, Deutschland
E-Mail: britta.gossel@tu-ilmenau.de

O. Hoffjann, T. Pleil (Hrsg.), *Strategische Onlinekommunikation*,
DOI 10.1007/978-3-658-03396-5_14, © Springer Fachmedien Wiesbaden 2015

batte. Da die Betrachtung dieser neuen Entwicklung im Social Web im Kontext der wissenschaftlichen Debatte strategischer Unternehmenskommunikation bislang kaum erörtert wurde, bearbeiten wir in einem ersten Schritt (Abschn. 2) in einem kurzen Überblick die Literatur zum Thema. Theoretischer Ausgangspunkt unseres Beitrags liegt im Kontext der Unternehmenskommunikation (z. B. Bruhn 2009a, 2009b), insbesondere der visuellen Unternehmenskommunikation (z. B. Lobinger 2012), der Bildkommunikation (z. B. Kroeber-Riel 1993) und des Kuratierens (z. B. Liu 2010). Im Zentrum unserer Betrachtungen steht dabei die Frage: *Wie können Unternehmen digitale Bildkurationsplattformen zur visuellen Unternehmenskommunikation erfolgreich einsetzen?* Diese Frage wird im Rahmen der Ergebnisdarstellung einer explorativen qualitativen Studie (Abschn. 3) bearbeitet. Im Fokus unserer Betrachtungen steht dabei Pinterest als Beispiel sowie die Frage, welche Potenziale diese vergleichsweise neue digitale Bildkurationsplattform zur visuellen Unternehmenskommunikation aus Expertensicht bieten kann. In einem weiteren Schritt (Abschn. 4) führen wir die Ergebnisse aus Literaturarbeit und explorativer Studie zusammen, um in einem letzten Schritt (Abschn. 5) auf zukünftige Fragestellungen für Wissenschaft und Praxis hinzuweisen.

2 Pinterest und visuelle Kommunikation im Internet

Pinterest kann als vergleichsweise junges Phänomen der Social Media Landschaft betrachtet werden. Nach aktuellen Schätzungen (Pinterest veröffentlicht keine offiziellen Daten) verfügte Pinterest Ende 2012 über 10,4 Mio. User und 12 Mio. Unique Visitors pro Monat (Job Stock 2012). Damit hat die Plattform die monatliche 10 Mio. Unique Visitor Marke in den USA schneller überschritten, als jede andere Social Media Plattform zuvor (Hayden 2012, S. XI). Auffällig im Vergleich zu anderen Plattformen ist die Struktur der Nutzer: 79 % sind weiblich, primär in der Altersgruppe von 25 bis 34 Jahren und die Themenschwerpunkte liegen in den Bereichen Mode, Unterhaltung, Garten, Handarbeit und Inneneinrichtung (Job Stock 2012). Gleichzeitig verfügen die Nutzer über eine hohe Kaufkraft und verbringen vergleichsweise viel Zeit online: 28,1 % der Nutzer verfügen pro Person durchschnittlich über ein Jahreseinkommen von mehr als 100.000 US-Dollar (Erickson 2012), im Schnitt verbringen Pinterest Nutzer täglich 1 h 17 min auf der Plattform (Job Stock 2012; Abb. 1).

Vor diesem Hintergrund gäbe es verschiedene Möglichkeiten, sich dem Phänomen aus Perspektive des wissenschaftlichen Diskurses anzunähern. Pinterst als soziales Netzwerk könnte im Kontext des Social Media Marketings (Hettler 2010)

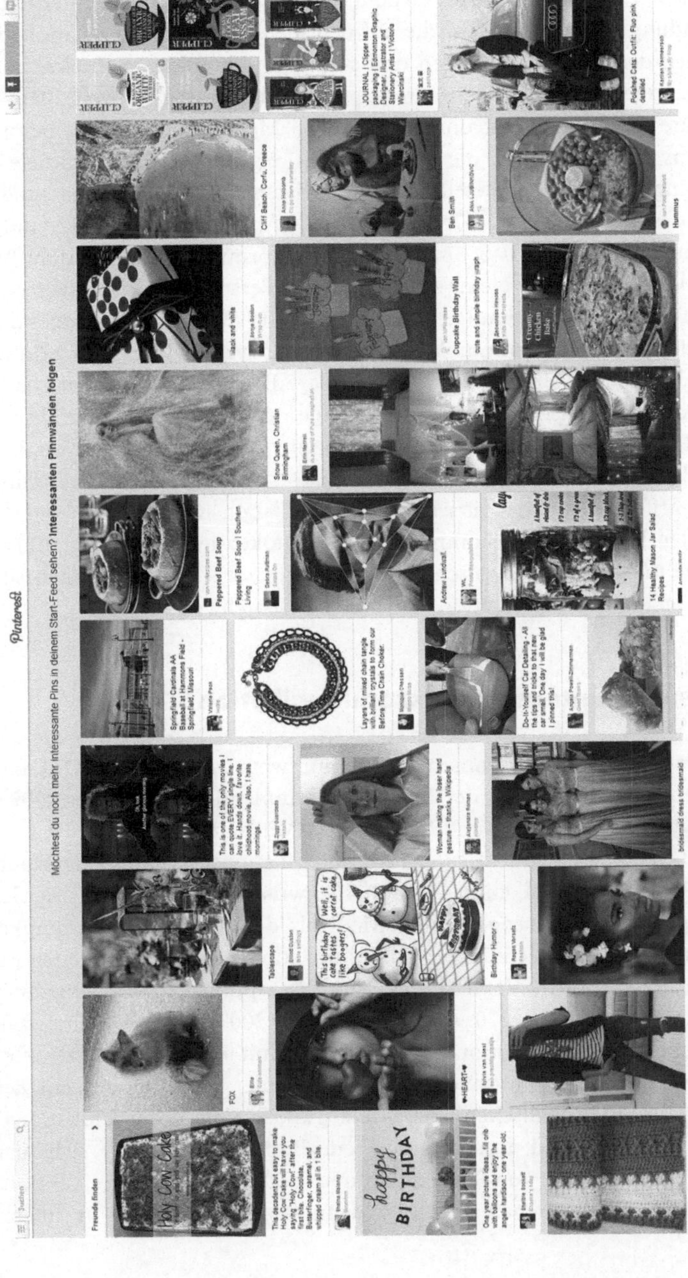

Abb. 1 Pinterest Startseite. (Quelle: pinterest.com – 18.2.2014)

betrachtet werden. In diesem Verständnis würde Pinterest als internetbasierte Anwendung gesehen werden, die auf den ideologischen und technologischen Grundlagen des Web 2.0 aufbauen und somit Kommunikation, Interaktion und Zusammenarbeit von Menschen unterstützen vermögen (vgl. Hettler 2010, S. 12). Damit wäre Pinterst als Instrument des Social Media Marketing zu betrachten, „eine Form des Marketings, die darauf abzielt, eigene Vermarktungsziele durch die Nutzung von und die Beteiligung an sozialen Kommunikations- und Austauschprozessen mittels einschlägiger (Web-2.0-)Applikationen und Technologien zu erreichen" (Hettler 2010, S. 38). Pinterest zielt primär auf das Medium Bild ab. Insofern böte sich weiterhin eine Annährung aus Perspektive der Bildwissenschaft bzw. der Bildkommunikation (z. B. Kroeber-Riel 1993) an. Insbesondere die Perspektive der visuellen Kommunikationsforschung (vgl. z. B. Knieper und Müller 2001; Müller 2007; Lobinger 2012) bietet klare Bezugsmöglichkeiten zur Annäherung. Anspruch unseres Beitrags ist es, eine rein „kanalorientierte" Ebene des Beispiels Pinterest zu verlassen und das Phänomen digitaler Bildkuration in einem übergeordneten Zusammenhang darzustellen. Dazu erscheint es einerseits notwendig, die Begrifflichkeiten der visuellen Kommunikationsforschung auf den Bereich der visuellen Unternehmenskommunikation zu fokussieren (Abschn. 2.1), andererseits die maßgebliche Eigenschaft von Pinterest, das Kuratieren insbesondere mit Blick auf digitale Bildkuration, näher zu betrachten (Abschn. 2.2).

2.1 Visuelle Unternehmenskommunikation

In den vergangenen Jahrzehnten wurde im wissenschaftlichen Diskurs eine „zunehmende Visualisierung der Medienkommunikation" (Lobinger 2009, S. 2) beobachtet (vgl. z. B. Knieper und Müller 2001; Müller 2007; Geise 2011; Lobinger 2009, 2012). Heute kann visuelle Kommunikationsforschung als etablierter Teilbereich der Kommunikations- und Medienwissenschaft betrachtet werden. Sie „beschäftigt sich [. . .] mit sogenannten Medienbildern und ihrer kommunikativen Macht; also mit mittels technischer Kommunikationsmedien vermittelten Bildern und ihren Produktions-, Verarbeitungs- und Rezeptions- bzw. Aneignungsprozessen" (Lobinger 2012, S. 270, siehe auch Müller 2007, S. 24). Damit beschäftigt sich die visuelle Kommunikationsforschung nicht mit jeglichen Bildarten, sondern lediglich Medienbilder sind im Fokus. Medienbilder sind „vorwiegend Zeichen ikonischen und indexikalischen Charakters [. . .]. Für die Kommunikations- und Medienwissenschaft sind ausschließlich jene Bilder relevant, die sich manifest ausdrücken und in Form von Reproduktionen für die Übertragung einer Botschaft geeignet sind. Die Botschaft überträgt dann Bedeutungen, die in einem Bild codiert sind, von einem Sender an ein Publikum, wobei Produktions- und Rezeptionskontexte Einfluss auf die Bedeutungszuweisung haben" (Lobinger 2012, S. 69–70). Damit ist ein bestimmter Ausschnitt visueller Phänomene im Fokus kommunikationswissenschaftlicher Bildforschung. Diese können weiter ausdifferenziert werden, beispielsweise in das journalistische Bild, das Werbebild, das PR-Bild bzw. das Bild in der Unternehmenskommunikation, das Bild in der politischen Kommunikation sowie privat produzierte Bilder in der medial vermittelten Kommunikation (vgl. Lobinger 2012, S. 101).

Das Bild als Forschungsthema im Bereich der Unternehmenskommunikation kann durchaus als vernachlässigter Bereich bezeichnet werden (Lobinger 2012, S. 136; Hoffjann 2009, S. 26). Die Bedeutung von Bildkommunikation im Kontext der Unternehmenskommunikation wurde jedoch grundsätzlich erkannt. Es wird ein Bedeutungsgewinn des Bildes im Kontext von informationsüberlasteten Konsumenten angenommen, daher kann „konsequente Bildkommunikation für die Integrierte Kommunikation wichtige Funktionen übernehmen" (Bruhn 2009, S. 3). Gerade mit Blick auf die jüngeren Generationen erscheint im Kontext der Unternehmenskommunikation eine Neuausrichtung auf eine „visuelle Generation" notwendig (vgl. Esch 2012, 2013). Im Kontext der Werbeforschung ist diese Erkenntnis nicht neu (vgl. z. B. Kroeber-Riel 1993); die Vorteile der Bildkommunikation, insbesondere der Rezeptions- und Verarbeitungsweise sind umfassend erforscht (vgl. Lobinger 2012, S. 79 ff.). Aufbauend auf dem Konzept der Integrierten Kommunikation (Bruhn 2009) stellt Berzler (2009) einen Ansatz visueller Unternehmenskommunikation vor (vgl. im Überblick Lobinger 2012, S. 141 ff.): „Visuelle Unternehmenskommunikation umfasst die strategische Botschaftsvermittlung mittels sämtlicher dem Unternehmen zur Verfügung stehender visueller Kommunikationsformen, welche eingesetzt werden, um kurz-, mittel- oder langfristigen ökonomischen oder außerökonomischen Zielen zu dienen" (Berzler 2009, S. 214). Die visuellen Elemente sind in dieser Definition weit gefasst und berücksichtigen neben bekannten visuellen Kommunikationsmitteln der Unternehmenskommunikation (wie z. B. Broschüren, Flyer, Plakat- und Fernsehwerbung) auch Kleidung, Fahrzeuge, Bauwerke und vieles mehr (vgl. Lobinger 2012, S. 141). Im Zentrum Berzlers Konzeptes steht eine Corporate (Brand) Identity, welche direkt aus der Unternehmensstrategie abgeleitet wird. Die gesamten visuellen Kommunikationsmittel der Unternehmenskommunikation werden auf Basis dieser und den daraus resultierenden Corporate Design Vorgaben entwickelt. Diese Perspektive rückt in entscheidendem Maße die visuelle Dimension von Unternehmenskommunikation in den Vordergrund: „Visuelle Botschaften sind demnach nicht als rein ästhetische, dekorative Elemente, sondern als strategische Instrumente der Unternehmenskommunikation zu betrachten" (Lobinger 2012, S. 143).

Im Kontext der medialen Entwicklung kann eine Tendenz zur Visualisierung beobachtet werden. Insofern scheint eine Perspektive visueller Unternehmenskommunikation gerechtfertigt. Dennoch gibt es gerade im Kontext der visuellen Dimension von Unternehmenskommunikation Forschungsbedarf, der insbesondere durch neue Möglichkeiten im Social Web wie z. B. Pinterest gerechtfertigt zu sein scheint.

2.2 Digitale Bildkuration

Diskussionen zu Pinterest finden seit drei Jahren primär in der Blogosphäre statt. Hier wurde auch die Bezeichnung der Kurationsplattform geprägt. Pinterest ist demnach „eine Art soziales Netzwerk, bei dem sich alles um das Erstellen und Teilen von Bilder- und Videosammlungen dreht. Solche Plattformen werden auch als Kurationsplattformen bezeichnet" (Bannour 2012, o. S.). Diese Bezeichnung wird auch in weiteren Blogs aufgegriffen (z. B. Scime 2009; Born 2012; Fleing 2012; Weck 2013) und mit Pinterest, aber auch anderen Plattformen wie Storify, Manterest, Dudepin, Gentlemint, Tapiture, Scoop.it, Paper.li, RebelMouse und Vizify in Verbindung gebracht. Scime verweist auf die Wurzeln des Begriffs: „Curation has a distinguished history in cultural institutions. In galleries and museums, curators use judgment and a refined sense of style to select and arrange art to create a narrative, evoke a response, and communicate a massage" (Scime 2009, o. S.). Kuration stammt dem lateinischen Begriff *curare* für pflegen, sich um etwas kümmern ab und wurde im Praxisdiskurs, auch in Handbüchern (z. B. Eichstädt und Kuch 2013, S. 34; Peters et al. 2012, S. 30; Hayden 2012) mit dem Plattformbegriff in Verbindung gebracht.

In seiner weiter gefassten Dimension – *digital curation* – prägt der Begriff bereits seit längerer Zeit den Diskurs im Bereich der Informatik und der Informationswissenschaft. Das britische Digital Curation Centre (DCC) als weltweit führendes Zentrum im Bereich der digital information curation definiert: „Digital Curation is the management and preservation of digital data over the long-term [. . . that] can also include managing vast data sets for daily use, for example ensuring that they can be searched and continue to be readable" (Abbott 2008, o. S.). Einen Überblick über die Entwicklung des Begriffs *digital curation* bietet Ray (2012). *Content* oder auch *web curation* wird in diesem Kontext enger gefasst und als „the selection and posting of digital content on [. . .] blogs and social media sites" (Ray 2012, S. 604) definiert, während *digital curation* im oben genannten Sinne verstanden wird. Liu (2010) hat sich dem Begriff durch eine systematische inhaltsanalytische Betrachtung angenähert. Im Ergebnis ihrer Studie beschreibt sie ein

Bündel von Aktivitäten, die mit dem Kuratieren in Verbindung stehen: „. . . a set of activities associated with the curational process (i.e. collecting, organizing, preserving, filtering, crafting a story, displaying, and facilitating discussions)" (Liu 2010, S. 23). In ihrem Beitrag wie im Anliegen des DCC wird deutlich, welchen Wert *digital curation* für Onlinenutzer zukünftig haben kann: „The value of curation as providing a public service speaks to the growing need for curated content in the online world as well as the growing value of curating in a networked world" (Liu 2010, S. 19).

Mit Blick auf diese Begriffsbestimmung und insbesondere auf die Beschreibungen Lius (2010) und Scimes (2009) verstehen wir in unserem Kontext digitales Kuratieren als das online beobachtbare Sammeln, Bewahren, Pflegen und Erschaffen thematischer gebündelter digitaler Inhalte, die durch ihre neue Zusammenstellung einen Mehrwert schaffen. Technologische Plattformen, die dies ermöglichen, nennen wir im Folgenden digitale Bildkurationsplattformen.

2.3 Zwischenfazit

In einem ersten Schritt wurde eine Tendenz zur Visualisierung der Medienkommunikation dargestellt, die in vielen Bereichen der Kommunikations- und Medienwissenschaft beachtet wird. Gerade im Kontext der visuellen Unternehmenskommunikation gibt es jedoch noch Forschungsbedarf. In einem zweiten Schritt wurde der Begriff der digitalen Kuration bearbeitet. Der Begriff der Kurationsplattform wurde in den letzten Jahren in der Blogosphäre geprägt, ist jedoch ursprünglich im Bereich der Informatik/Informationswissenschaften angesiedelt. Basierend auf vorhandenen Begriffsbestimmungen wurde eine Definition der digitalen Bildkuration angeboten. Inwiefern digitale Bildkuration im Rahmen visueller Unternehmenskommunikation eingesetzt werden kann, wurde bislang kaum erforscht. Insofern erscheint das Bearbeiten der Frage *Wie können Unternehmen digitale Bildkurationsplattformen zur visuellen Unternehmenskommunikation erfolgreich einsetzen?* gerechtfertigt. Zunächst (Abschn. 3) wird dies am Beispiel von Pinterest unter Berücksichtigung empirischer Beobachtungen geschehen und in einem zweiten Schritt (Abschn. 4) diskutierend in einen abstrakteren Kontext gesetzt.

3 Pinterest als Plattform visueller Unternehmenskommunikation aus Expertensicht

Um die eingangs gestellte Frage bearbeiten zu können, wurde ein qualitativ exploratives Design gewählt. Im Vordergrund der Betrachtungen stand die Sicht von Kommunikationsexperten auf Pinterest als neues Phänomen der Social Media Landschaft. 22 Experten verschiedener Beratungsagenturen aus dem gesamten Bundesgebiet wurden kontaktiert, die sich durch Expertise im Bereich der strategischen Onlinekommunikation auszeichnen. Insgesamt konnten im Zeitraum 10/2012–11/2012 sechs Leitfaden gestützte Telefoninterviews mit Partnern aus den Bereichen Geschäftsleitung, PR-Beratung und Strategie geführt werden. In den Gesprächen standen u. a. die Themenkomplexe (3.1) Bildkommunikation im Rahmen der strategischen Onlinekommunikation, (3.2) Pinterest als Plattform zur Bildkommunikation (Eignung, Anforderungen an Bildmaterial, Regeln eines Unternehmensauftritts, Umgehung von Sprachbarrieren) sowie (3.3) Pinterest im Kontext erfolgreicher Unternehmenskommunikation (Erfolgsdefinition, Relevanz im Kontext der Kommunikationspolitik, Einschätzung zukünftiger Entwicklungen). Die Ergebnisse wurden aus den transkribierten Interviews mittels qualitativer Inhaltsanalyse abgeleitet und werden im Folgenden mit Blick auf die Forschungsfrage zusammenfassend dargestellt.

3.1 Bildkommunikation im Rahmen der strategischen Onlinekommunikation

Aus Expertensicht erscheint die *Relevanz von Bildern* unumstritten: „Bilder sind schon seit jeher ein sehr starkes Kommunikationsmittel, vielleicht sogar das stärkste" (IV-1[1]). So würden Bilder und Bildkommunikation im Rahmen strategischer Onlinekommunikation insbesondere in den Sozialen Medien immer relevanter: „Ohne visuelle Kommunikation kann man heute eigentlich Social Media gar nicht mehr denken" (IV-2). Dieser Trend zur visuellen Kommunikation sei mit steigender Informationsflut und technologischer Entwicklung zu begründen. So würden die Internetnutzer mit einer ständig wachsenden Zahl an Informationen konfrontiert, während sich die Aufmerksamkeit gleichzeitig auf immer mehr Kanäle verteile. Im Internet positionierte Botschaften könnten aus Sicht der Experten von den Nutzern weniger ausführlich und intensiv wahrgenommen werden. Bilder hingegen würden von Internetnutzern am besten wahrgenommen

---

[1] Interviewpartner (IV) mit fortlaufender Nummer.

und verarbeitet werden. Diese riefen die stärksten Reaktionen hervor. Durch Bilder könnten Internetnutzer Informationen um ein Vielfaches schneller und direkter wahrnehmen. Auch textliche Elemente könnten im Internet laut Expertensicht am besten verbreitet werden, wenn sie mit Bildern versehen würden. Sonst sei die erfolgreiche Vermittlung selbst qualitativ hochwertiger Texte gering.

Mit Blick auf die verschiedenen Social Media Plattformen werde die steigende Relevanz von Bildkommunikation besonders deutlich. Dies sei insbesondere in der täglichen Arbeit der Experten im Kontext der betreuten Communities zu beobachten: „Da kann man ganz klar feststellen, dass Bilder die Inhalte sind, die das höchste Engagement und die höchste Reaktion hervorrufen" (IV 3). Facebook sei laut Expertenangaben mittlerweile das größte Fotoportal der Welt. Auch der Mikroblogging-Dienst Twitter ermögliche heute das Einfügen von Bildern. Im internationalen Vergleich sei in Deutschland eine aktive Bildkommunikation mithilfe Sozialer Medien seitens der Unternehmen aktuell jedoch noch nicht etabliert. Viele Unternehmen, insbesondere jene, die ihre Social Media-Aktivitäten professionell betreuen ließen, hätten den Erfolg visueller Kommunikation realisiert und begännen gerade, diese Art der Kommunikation zu entdecken. Nur wenige würden bislang ihr Bildmaterial speziell auf die Kommunikation in den Sozialen Medien ausrichten. Es herrschten Berührungsängste, da das Vertrauen in die eigenen Kommunikationsfähigkeiten über das Medium Bild nicht ausgeprägt sei.

In verschiedenen Dimensionen schätzen die Experten mögliche *zukünftige Auswirkungen von Bildkommunikation* im Rahmen strategischer Onlinekommunikation ein. Einerseits könne Bildkommunikation Unternehmen den Zugang zu Sozialen Medien vereinfachen. Mit Bildern könnten viele Mitarbeiter problemloser umgehen als beispielsweise mit einem Blogbeitrag, da dieser meist von ihnen selbst verfasst werden müsse, während professionell erstellte Bilder Mitarbeitern üblicherweise vorlägen. Auch Anforderungen an Agenturmitarbeiter könnten sich verändern, wenn der Fokus verstärkt auf Bildern liege. Sollte mehr qualitativ hochwertiger visueller Inhalt gefordert werden, könne es einen Wandel in der Inhaltsproduktion geben: „[...] wo man bisher ein Heer von Textern, von Autoren hatte, wird man künftig eher mit Fotografen und Grafikern und visuell geschulten Personen zusammenarbeiten" (IV-1). Mit Blick auf das Verhalten der Nutzer Sozialer Medien wäre dies ebenfalls zu erwarten, denn die Inhaltserstellung der Unternehmen würde sich an den Interessen und Nutzungsgewohnheiten der Zielgruppen ausrichten. Eine noch radikalere Hinwendung zur Bildkommunikation wird von einigen Experten erwartet. So wäre sogar denkbar, dass die gesamte Unternehmenskommunikation in den Sozialen Medien mit Ausnahme von Servicethemen fast ausschließlich über Bilder stattfinden könne. Eine zentrale Stellung der Bildkommunikation in den Sozialen Medien sei bereits heute unbestritten: „[...] dann hat letztlich die Bildkommunikation schon fast eine Tsunamiwirkung auf Social Media" (IV-4).

3.2 Pinterest als Plattform der Bildkommunikation

Eine *Eignung* zur Bildkommunikation ist aus Expertensicht bei Pinterest in besonderem Maße gegeben. Die Plattform fokussiere das Bild als einziges Medium und setze damit eindeutig einen klaren Akzent auf Bildkommunikation: „[...] in dem Sinne ist es natürlich prädestiniert zur Bildkommunikation, auch weil man die Möglichkeit hat, die Bilder in eigenen Alben zu teilen, abzuspeichern, wieder aufzurufen" (IV-4). Hervorgehoben wird von den Experten insbesondere die Einzigartigkeit von Aufbau und Struktur der Plattform. Nutzer könnten sich in einer Vielzahl von Bildern relativ schnell einen Überblick verschaffen und zusätzlich jedes einzelne Bild im Detail betrachten. Zudem biete der einzigartige Aufbau von Pinterest die Möglichkeit, Bilder in Themenbereiche, sogenannte *Boards*, zu sortieren. Um solche Boards anzulegen und mit Bildmaterial zu bestücken sei die Verwendung eigenen Bildmaterials möglich, aber nicht notwendig. Durch die *Pin-it* Funktion sei es möglich, nahezu jedes im Internet verfügbare Bild an die selbst angelegten Boards zu *pinnen*. Durch das Einfügen eines *Pin-it* Buttons auf der eigenen Homepage könnten Unternehmen so die Verbreitung eigener Bilder unterstützen und ihre Bildkommunikation verstärken. Aus Sicht der Experten gibt es aufgrund nicht zuletzt dieser Alleinstellungsmerkmale aktuell keine vergleichbaren bzw. konkurrierenden Plattformen. Etablierte Social Media-Plattformen wie Facebook werden dennoch als Konkurrenz in Betracht gezogen, da diese aktuell schlicht um ein Vielfaches höhere Uploadraten vorzuweisen hätten.

Die befragten Experten nennen eine Vielzahl an *Anforderungen an das Bildmaterial*, welches via Pinterest publiziert werden könne. So herrschte Einigkeit bezüglich einer hohen Qualität der Bilder. Ferner sei eine gewisse Ästhetik gefragt, die jedoch teilweise in den Hintergrund trete zugunsten von Material mit Humor oder Niedlichkeit – insbesondere solche Bilder würden vor allem im Internet favorisiert. In diesem Kontext wurden zwei Dimensionen von Bildern herausgestellt, die besonders gut mit den Interessen der Zielgruppe vereinbar zu sein scheinen: „[...] die zwei Sachen, die funktionieren können sind entweder totaler Hochglanz und hochwertige Fotos von wirklich schönen Dingen oder sonst Sachen, mit denen sich die Leute identifizieren können und die so in ihr tägliches Leben reinpassen" (IV-3). Es müssten Vorüberlegungen bzgl. jener Bilder in einem Unternehmen getroffen werden, welche auf Pinterest zur Verfügung gestellt werden sollten. So solle die Passgenauigkeit zu den Interessen der Zielgruppe, zu Marke und Unternehmensstrategie überprüft werden. Nach aktueller Rechtslage sei in Deutschland eine unabdingbare Anforderung an Bildmaterial eine geklärte Urheberrechtslage.

Aus Sicht der Experten sind *Regeln zur Gestaltung des Bildmaterials* bei der Anwendung von Pinterest zu beachten. Bisher existierten noch keine spezifischen

Regeln allein für diese Plattform, doch zur erfolgreichen Bildkommunikation sei eine Orientierung an bekannten Gestaltungsregeln für soziale Netzwerke sinnvoll. Erwähnt werden in diesem Kontext die Beachtung des Corporate Designs, die Auswahl eines geeigneten Profilbildes, Bildbeschreibungen mit Hashtags, Bezeichnung der *Boards*. Kontinuität sei von besonderer Bedeutung. Bei Pinterest angelegte Boards müssten regelmäßig und kontinuierlich mit Bildern versorgt werden, die den Interessen der Zielgruppen entsprechen. Besonderer Bedeutung wird hier den unternehmensinternen Vorstellungen der eigenen visuellen Repräsentation beigemessen. Dazu gehörten grundsätzliche Überlegungen zur Bildsprache, allgemeinen Motiven, gewissen Farbwelten sowie bestimmten wiederkehrenden Bildelementen, die für das Unternehmen und dessen Wahrnehmung stünden. Ein klarer Bezug zu Corporate Design und Branding wird angesprochen.

Bildkommunikation ermögliche es aus Expertensicht in mancherlei Hinsicht, *Sprachbarrieren* zu umgehen. Bilder seien länderübergreifend verständlich und hätten somit im Vergleich zur verbalen Kommunikation geringere Barrieren. Die Experten geben jedoch auch zu bedenken, dass Bildkommunikation nicht allgemeingültigen Regeln folge und Bilder in verschiedenen Ländern unterschiedliche Bedeutungen hätten. Insofern hätte auch Bildkommunikation via Pinterest Grenzen. Ein vollständiger Verzicht auf verbale Kommunikation sei undenkbar. So sei eine Mischung aus Bild und Text notwendig, um Wissen zu vermitteln und Vertrauen aufzubauen. Bilder könnten in den seltensten Fällen umfassende Informationen bieten: „Bilder inspirieren, sie informieren nicht" (IV-3). Andererseits sei es durchaus denkbar, Kommunikation primär visuell zu gestalten: „Es gibt vielleicht Marken, bei denen das möglich ist, die tatsächlich von der Markenidentität fast vollständig visuell abbildbar sind und die irgendwie Themen haben, wo wirklich das Visuelle zu 100 Prozent in den Vordergrund gestellt werden kann" (IV-3). Bildkommunikation lasse jedoch in der Regel viele Deutungsmöglichkeiten und sei insofern wenig präzise. Im Gegensatz dazu biete Bildkommunikation Vorzüge insbesondere bei der Vermittlung von Emotionen.

3.3 Pinterest im Kontext der Unternehmenskommunikation

Aus Expertensicht gibt es für Pinterest als kommunikationspolitische Maßnahme verschiedene *Einsatzmöglichkeiten* im Kontext der Unternehmenskommunikation. So werden die Bereiche Marketing, Werbung, Imagebildung und Imagekommunikation, Produktkommunikation und Product Placement, Markenkommunikation und -inszenierung genannt. Insbesondere die Chance zu einer hohen Markenidentifikation durch das *Pinnen* und *Re-Pinnen* von Bildern wird hervorgehoben.

Auch eine Ansprache unterschiedlicher Zielgruppen könne durch das Anlegen von verschiedenen *Boards* zu unterschiedlichen Themen optimiert werden. Andererseits gebe es aufgrund der Offenheit der Plattform eine Möglichkeit, sie noch vielfältiger und kreativer im Rahmen der Unternehmenskommunikation einzusetzen. Besonders hervorzuheben ist die Ansicht, dass Unternehmen nicht zwingend selbst ein Pinterest-Profil anlegen und pflegen müssten, um die Plattform für sich nutzen zu können. Eine größere Relevanz liege darin, den eigenen Content *pinnbar* zu machen.

Bei der Einschätzung der *Branchen*, für die Pinterest im Rahmen der Unternehmenskommunikation geeignet wäre, gehen die Meinungen der Experten auseinander. Einerseits sei keine Branche generell auszuschließen. Derzeit nutzten nur bestimmte Zielgruppen Pinterest. Längerfristig, wenn sich Pinterest in Deutschland ähnlich wie in den USA entwickele, könne im Grunde jedes Unternehmen die Plattform für sich nutzen, welches geeignetes Bildmaterial habe. Dazu sei es von Bedeutung, dass die Unternehmen Themen fänden, die sie authentisch für sich nutzen und mit interessantem Bildmaterial füllen könnten. Aus diesem Grund wird weniger Potenzial in der Dienstleistungsbranche gesehen, da davon ausgegangen wird, dass Services schlecht zu verbildlichen seien. Wichtiger noch als eine Orientierung an Produkten oder Dienstleistungen sei, dass Unternehmen sich trauen müssten, jenseits klassischer Kommunikation kreativ tätig zu werden. Die Unternehmenskultur müsse zum Medium und der Funktionsweise der Plattform Pinterest passen, das Unternehmen müsse insgesamt Social Media-affin sein. Ferner sei von Bedeutung, dass entsprechende Ressourcen vorhanden sein müssten, um Pinterest sinnvoll, d. h. kontinuierlich und interaktiv im Rahmen der Unternehmenskommunikation einzusetzen: „Und das ist bei Pinterest für Unternehmen schwierig, die mit wenigen Produkten agieren, die wenige Produkte haben und deren Themen sich einfach auch sehr schwer visuell darstellen lassen" (IV-1). Als besonders geeignet erachten die Experten Unternehmen, die eine Auswahl an Produkten anbieten, die sie visuell präsentieren könnten. Dies seien insbesondere Produkte aus dem Bereich Design, Kunsthandwerk, Automobil, Tourismus, Fashion. Auch in diesem Kontext verweisen die Experten darauf, dass ein erfolgreicher Einsatz nicht von Dienstleistungen oder Produkten allein abhinge, sondern insbesondere von der Wahl der richtigen Strategie und einem geeigneten Kommunikationskonzept. Eine geeignete Strategie sei Storytelling, eine weitere bestimmte Themengebiete zu besetzen, die nicht direkt in Verbindung mit der Dienstleistung oder dem Produkt stünden: „Also, so wie Red Bull nun eben auch nicht mit Energydosen wirbt, sondern mit Extremsportlern, denke ich, dass es auch für Services und andere Produkte diese Themen gibt [...]" (IV-3).

Aus Expertensicht bietet Pinterest im Kontext der Unternehmenskommunikation verschiedene *Vor- und Nachteile*. Als Vorteil erwiese sich, dass Pinterest wie keine andere Social Media Plattform den aktuellen Trend der Bildkommunikation aufgreife. Verschiedene Zielgruppen könnten durch die Differenzierung von themenspezifischen Boards mit verschiedenen Bildern individuell versorgt werden. Die Art und Weise, wie Nutzer auf Pinterest Inhalte entdecken, entspreche dem typischen Einkaufsverhalten stärker als auf anderen Social Media-Plattformen oder Shoppingseiten. Pinterest hebe sich somit deutlich von der üblichen Internetsuche ab: „Die Art und Weise, wie das Internet sehr lange Zeit funktioniert hat, basiert auf einer Suchlogik. Das heißt, wenn ich weiß, was ich suche oder haben will, kann ich sehr einfach zu Google oder Amazon gehen und danach suchen und das auch einschränken und mich zum Beispiel bei Küchengeräten von der Oberkategorie zur Unterkategorie weiterhangeln, das ist alles sehr logisch aufgebaut aber das funktioniert nicht so, wie Menschen im echten Leben funktionieren" (IV-3). Pinterestnutzer würden „stöbern", ließen sich durch Bilderwelten treiben und beispielsweise auf Quellseiten verlinkter Bilder weiterleiten. Es gebe hohe Weiterleitungsraten zu anderen Webseiten. Dies könne die Shoppingaktivitäten im E-Commerce unterstützen. Pinterestnutzer hätten im E-Commerce die größten Warenkörbe und lägen noch vor Facebook und Twitter-Nutzern. Unternehmen hätten die Möglichkeit, Nutzer an das Unternehmen zu binden, diese individuell und regelmäßig mit Inhalten zu versorgen. Ferner könnten Unternehmen mit geringem Aufwand Bildmaterial verbreiten und so virale Effekte erzeugen. Pinne ein Unternehmen Bilder auf Pinterest, bestünde die Möglichkeit, diese ebenfalls in andere Social Media-Anwendungen zu integrieren. Durch die auf der Unternehmenswebsite eingefügte *pin-it*-Funktion könnten sich die Bilder im Internet einfacher verbreiten[2]. Anhand von Pins, Re-pins und Likes könnten Unternehmen erkennen, wie Nutzer auf die angebotenen Bilder reagierten. Weiterhin sei das derzeitige Alleinstellungsmerkmal der spezifischen Funktionsweise von Pintrest im Vergleich zu anderen Social Media-Anwendungen ein Vorteil. Aktuell sei die Anzahl der via Pinterest kommunizierenden Unternehmen relativ gering.

Aus Expertensicht hat der Einsatz von Pinterest in der Unternehmenskommunikation jedoch auch Nachteile. So seien aktuell die Nutzerzahlen und Reichweiten in Deutschland verhältnismäßig gering. Auch das Image einer vor allem weiblichen Nutzerschaft könne nachteilig sein, wenn eine breite Zielgruppe erreicht werden solle. Der aus Expertensicht größte Nachteil, den Unternehmen bei der Verwendung von Pinterest beachten müssten, sei die Urheberrechtsproblematik. Diese

---

[2] Mittels Bookmarklets kann grundsätzlich jedes Bild einer Website gepinnt werden, sofern dies nicht aktiv unterbunden wird. Der Pin-it-Button vereinfacht diesen Vorgang.

Tab. 1 Vor- und Nachteile des Einsatzes von Pinterest im Kontext der Unternehmenskommunikation aus Expertensicht

Vorteile	Nachteile
Zielgruppenspezifische Verbreitung von Inhalten	(noch) geringe Nutzung und Reichweite
Nutzerverhalten entspricht Einkaufsverhalten	Eng gefasste Zielgruppe
Hohe Weiterleitungsraten	Benötigtes Bildmaterial
Multiplikatorfunktion im e-Commerce	Urheberrechtsproblematik
Kundenbindung	
Verlinkungspotenzial mit anderen Social Media Aktivitäten	
Virale Effekte	
(noch) Early Adopter	

könne auftreten, wenn Unternehmen Bilder von Dritten *pinnten* oder einen *Pin-it* Button auf ihrer Website anbrächten, der es ermögliche, Inhalte zu verbreiten, deren Nutzungsrechte nicht bei den betreffenden Unternehmen lägen. In Deutschland ziehe eine Verletzung von Urheber- und Nutzungsrechten gegebenenfalls eine Abmahnung nach sich. In den USA sei diese Problematik mit der Regelung des „Fair Use" umgehbar. Inhalte dürften gemäß dieser Regelung in bestimmten Kontexten und unter bestimmten Bedingungen weiterverbreitet werden, ohne dass der Nutzer sich strafbar mache. Eine vergleichbare Rechtslage sei in Deutschland nicht gegeben, so dass für die Unternehmen in Deutschland ein Risiko bestehe, sofern sie nicht ausschließlich eigene Bilder, deren Nutzungsrechte bei den Unternehmen selbst lägen, *pinnten* und *pinnbar* machten. Ergänzend mag ein weiteres zentrales Problem erwähnt werden. Unternehmen müssen der Nutzerschaft die Sicherheit geben, dass das Pinnen ihrer Bilder ausdrücklich erlaubt ist, z. B. durch eine CC-Lizenz Veröffentlichung (Tab. 1).

Die Gesprächspartner gaben weiterhin eine Einschätzung zur *Erfolgsdefinition* von Unternehmenskommunikation im Social Web generell sowie speziell bei Pinterest. Erfolg sei stets in Relation zu gesetzten Unternehmenszielen zu definieren. Zu den Zielen, die im Rahmen der Unternehmenskommunikation mit Social Media erreicht werden können, zählten eine Verbesserung des Images, eine größere Reichweite, eine größere Bekanntheit von Produkten oder auch eine direkte Zielgruppenansprache. Erfolgreich sei Unternehmenskommunikation, wenn in diesem Kontext formulierte Ziele erreicht würden. Grundlegende Bedingung sei dafür eine klare Strategie, die sich an Zielen und Unternehmensidentität orientiere und eine klare Wertedefinition beinhalte. Erfolg stünde zudem in Verbindung mit Community Elementen wie Transparenz, Interaktion, Authentizität, Personalisierung und Dialog zwischen Zielgruppen und Unternehmen. Dieser solle möglichst direkt und persönlich sein. Viralität sei ein weiterer Erfolgsfaktor für Unternehmenskommunikation im Social Web. Auch die Wahl der Social Media-Anwendungen sei für erfolgreiche Unternehmenskommunikation relevant. Welche Anwendung, sei es Facebook, Twitter, YouTube, Xing und Google+, geeignet sei, würde von den individuellen Zielstellungen bestimmt, unter anderem mit Blick auf die Frage, welche Zielgruppe erreicht werden soll.

Auch bezüglich des Einsatzes von Pinterest in der Unternehmenskommunikation sei eine Pauschalisierung von Erfolg bzw. erfolgreichem Einsatz laut Expertenmeinung nicht möglich. Erfolg hänge auch hier von den Kommunikationszielen ab. Für einen erfolgreichen Einsatz von Pinterest in diesem Sinne sei ein eigenes Pinterest-Profil nicht zwingend notwendig: „Wenn ich es schaffe, coole und interessante Bilder zu produzieren und die auf einem Blog oder wo auch immer auf meine eigenen Website hochstelle aber weiß, dass viele Kunden sie sehen werden und die finden die Inhalte so gut, dass sie die dann pinnen und sich dadurch verbreiten, dann ist auch das eine erfolgreiche Verwendung von Social Media, also ohne jetzt einen eigenen Kanal zu besitzen" (IV-3). Die Experten sprechen Pinterest verschiedene Eigenschaften zu, die zur Umsatzsteigerung eines Unternehmens führen könnten. Pinterest produziere Aufmerksamkeit. Gelinge es einem Unternehmen, eine neue Zielgruppe über Pinterest zu erreichen, könnten sich die Absatzzahlen durch Pinterest erhöhen. Es seien die visuellen Reize, denen die Nutzer ausgesetzt seien und die bei ihnen den Wunsch auslösen, bestimmte Produkte zu besitzen: „Für Unternehmen ist es von daher spannend, weil die Leute, was zahlreiche Untersuchungen gezeigt haben, sich sehr Appetit holen über Pinterest. Also die gucken sich schöne Bilder an, gucken sich tolle Produkte an, gucken sich schicke Klamotten an und dann sagt jeder ‚oh, das will ich haben‘" (IV-1). Und es sei bekannt, dass die Weiterleitung zu E-Commerce Seiten gut funktioniere. Der in den Pins enthaltene Quell-Link trage dazu bei, dass die Nutzer schnell den Weg in einen Shop finden und die gewünschten Produkte oder Dienstleistungen erwerben könnten.

Aus Sicht der Experten ist dennoch bislang die *Relevanz im Kontext der Unternehmenskommunikation* äußerst gering. Pinterest habe derzeit einen geringen bzw. überhaupt keinen Stellenwert innerhalb deutscher Unternehmen. So sei Facebook, der „klassische" Social Media-Kanal, im Fokus, nicht zuletzt, da dieser wesentlich höhere Reichweiten habe. Während für deutsche Unternehmen Pinterest hinsichtlich Budgets, Image oder Beeinflussung der Kaufentscheidung nahezu irrelevant sei, sei die Plattform für Unternehmen in den USA und Großbritannien relevanter. Ungeachtet dessen sei der Bekanntheitsgrad von Pinterest bei den

Unternehmen hoch. Die Unternehmen befänden sich in einer Beobachtungshaltung und warteten zukünftige Entwicklungen ab, insbesondere mit Blick auf die Urheberrechtsproblematik. Einige Unternehmen hätten jedoch eigene Accounts angelegt und begännen, die Plattform auszuprobieren. Pinterest werde als Inspirationsplattform genutzt, um z. B. Ideen und Anregungen für die Gestaltung der eigenen Homepage zu sammeln. Durch Pinterest „ist vielen Unternehmen klargeworden, dass sie auch mit ihren Bildern ganz andere Sachen machen können, als sie nur auf Flickr zu verstecken oder auf anderen Plattformen. Man hat von Pinterest aus einfach sehr gute Möglichkeiten, Links zu nutzen, Tags zu nutzen und dadurch eine Sichtbarkeit für Themen herzustellen" (IV-2). Der Pinterest-Stil gewinne innerhalb der Sozialen Medien an Relevanz. Verschiedene Unternehmen hätten das Erscheinungsbild Pinterests für ihre Plattformen und Webseiten übernommen, um ihre Inhalte zu präsentieren. Zuletzt schätzten die Experten die *zukünftige Relevanz von Pinterest* ein. Einerseits wird eine Verdrängungsthese formuliert. Demnach werde Pinterest künftig andere bildbasierte Netzwerke verdrängen. Die Plattform habe das Potenzial zu einer „Big Player"-Plattform. Allerdings könnten auch andere Plattformen diese bildbasierten Funktionen übernehmen und Pinterest damit überflüssig machen. Zum zweiten wird eine Ergänzungsthese formuliert. Pinterest wird dabei als Ergänzung im Kanon der Social Media Plattformen betrachtet: „Pinterest sollte man nie isoliert betrachten[. . .]. So kann ich zum Beispiel auf Pinterest sehr gut ein Bild veröffentlichen und da anschließend auch gleichzeitig twittern. Und das auf Facebook stellen und auf Google+ und auf andere Kanäle, wenn ich das will" (IV-2). Zum dritten wird auch eine Fokussierungsthese formuliert: Pinterest könne sich in Zukunft zu einer Special Interest-Plattform entwickeln.

3.4 Zusammenfassung

Im Kontext der Fragen nach Bildkommunikation im Rahmen strategischer Onlinekommunikation erscheint die Relevanz von Bildern aus Expertensicht unumstritten. Aus Perspektive der Praxis wird jedoch gerade erst begonnen, die Bedeutung und Dynamik von Bildern insbesondere in den Sozialen Netzwerken im Rahmen der Unternehmenskommunikation strategisch zu nutzen. Die Experten vermuten eine wachsende Bedeutung von Bildkommunikation, die bislang übliche Arbeitsweisen, der Unternehmenskommunikation gravierend verändern könnte.

Die digitale Bildkurationsplattform Pinterest ist aus Expertensicht überaus geeignet, Bildkommunikation im Rahmen strategischer Unternehmenskommunikation zu gestalten. Aufbau, Struktur und Funktionsweise der Plattform seien bislang einzigartig und würden den Nutzungsgewohnheiten und Eigenschaften

Sozialer Medien entgegenkommen. Weiterhin sind aus Perspektive der Experten gewisse Anforderungen an das Bildmaterial zu erfüllen, beispielsweise hinsichtlich Qualität und Zielgruppenkonformität. Ferner könnte die Gestaltung eines eigenen Auftritts bei Pinterest entlang bekannter Regeln guter Social Media-Praxis einen hochwertigen Auftritt eines Unternehmens auf der Bildkurationsplattform unterstützen. Weiterhin könnte eine stark visuelle Unternehmenskommunikation mit Pinterest helfen, Sprachbarrieren zu überwinden.

Aus Perspektive der Experten gibt es im Rahmen der Unternehmenskommunikation viele potenzielle Einsatzgebiete. Eine klare Einschränkung auf bestimmte Branchen, Produkte oder Dienstleistungen sehen die Experten nicht, sie betonen jedoch, dass es für manche Bereiche einfacher sein könnte, Pinterest strategisch zu nutzen. Dies betrifft insbesondere jene Unternehmen, die visuell gut inszenierbare Produkte hätten, deren Kultur kompatibel zu Social Media sei und die ihre Aktivitäten in ein gutes strategisches Kommunikationskonzept integrieren. Die Experten benennen eine Vielzahl an Vor- und Nachteilen des Einsatzes von Pinterest. Erfolgreich kann aus Perspektive der Experten Unternehmenskommunikation mit Pinterest betrieben werden, wenn eine klare Strategie vorliegt und daraus abgeleitet Ziele formuliert wurden, die wiederum überprüft werden könnten. Solche Ziele könnten für Pinterest sein das Schaffen von Aufmerksamkeit, die Erhöhung der Reichweite, das Erreichen bestimmter Zielgruppen, langfristige Kundenbindung, Attraktivitätssteigerung innerhalb einer Zielgruppe, Absatzerhöhung, Anstieg der Follower, Likes und Re-pins. Aktuell hat die Bildkurationsplattform in Deutschland keine Bedeutung für die Unternehmen. Verhalten rechnen die Experten jedoch mit einer zukünftigen Relevanzsteigerung.

4 Digitale Bildkuration im Kontext der Unternehmenskommunikation

Im wissenschaftlichen Diskurs gleichsam wie aus Sicht der Experten ist ein Trend der Visualisierung beobachtbar, auch und insbesondere im Rahmen strategischer Onlinekommunikation. Die Experten betonten, dass ein erfolgreicher Einsatz digitaler Bildkurationsplattformen wie Pinterest in der Unternehmenskommunikation von vielen Faktoren abhänge. Immer wieder betont wurde, dass ein strategisches Konzept für den erfolgreichen Einsatz von Pinterest zugrunde liegen müsse, was letztlich für jede Kommunikationsmaßnahme gilt. Auch Berzler (2009) schlägt ein direktes Ableiten einer visuellen Unternehmenskommunikation aus der Unter-

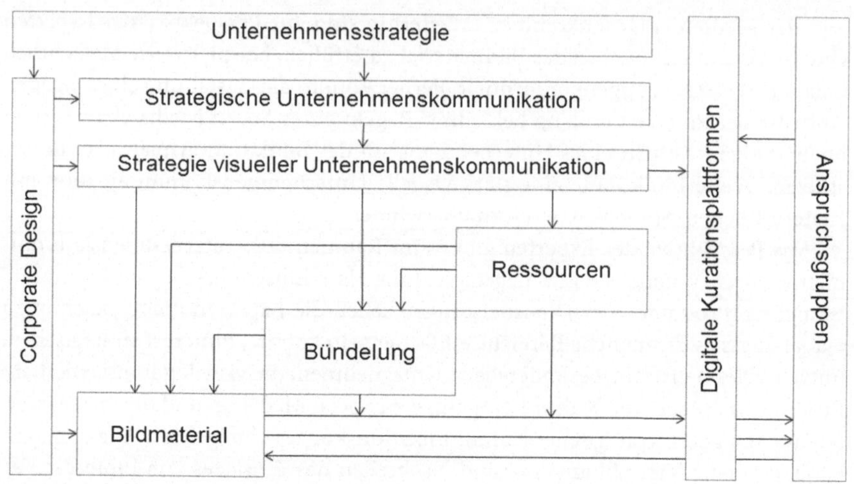

Abb. 2 Digitale Bildkuration im Kontext der Unternehmenskommunikation. (Quelle: eigene Darstellung)

nehmensstrategie vor, die im Sinne der integrierten Kommunikation nach Bruhn (2009) ganzheitlich und umfassend angelegt ist.

Mit Blick auf die empirischen Impulse und die Literatur zur visuellen Unternehmenskommunikation schlagen wir vor, dass für den Einsatz digitaler Bildkuration in einem Unternehmen zunächst eine Strategie visueller Unternehmenskommunikation aus der übergeordneten Unternehmensstrategie, der Strategie der Unternehmenskommunikation und dem Corporate Design abgeleitet werden muss. Eine solche Strategie würde Rahmen und Ziele für alle dem Unternehmen verfügbare visuelle Kommunikationsmittel vorgeben und damit auch den Einsatz digitaler Bilder umfassen. – Aus einer solchen vorliegenden Strategie visueller Unternehmenskommunikation könnten Entscheidungen über Ressourcen (Personal, Kosten), über die Bündelung von Inhalten (Botschaften, Themen, Stories) sowie über das Bildmaterial selbst und dessen Bereitstellung (z. B. im Rahmen digitaler Bildkuration) abgeleitet werden (siehe Abb. 2).

Dieses Bildmaterial kann einerseits vom Unternehmen auf verschiedenen digitalen Plattformen (wie z. B. der eigenen Website, Facebook…) bereitgestellt und zur digitalen Bildkuration aufbereitet werden. Dies könnte im Falle von Pinterest zumindest auf eigenen Websites mit dem *Pin-it* Button geschehen, so dass es direkt von Anspruchsgruppen gefunden und verwendet werden kann. In diesem Fall könnte das Unternehmen zwar eine eigene Bündelung des Materials entlang der

Strategie vorschlagen, letztendlich würde aber die Dynamik und die Interessen der Anspruchsgruppen zu neuen, eigenen Themenbündelungen führen. Auf diesem Weg würde ein Unternehmen digitale Bildkuration ohne eigenen Plattformauftritt für sich nutzen. Andererseits könnte das Bildmaterial vom Unternehmen im Rahmen der eingesetzten Ressourcen direkt auf digitalen Bildkurationsplattformen im Sinne der strategisch abgeleiteten Bündelung bereitgestellt werden. Beide Möglichkeiten schließen einander nicht aus. Auszuschließen wäre weiterhin nicht, dass auch die Anspruchsgruppen selbst Bildmaterial zur Verfügung stellen, sowohl, indem sie dieses auf den digitalen Bildkurationsplattformen integrieren oder dem Unternehmen (z. B. im Rahmen von Gewinnspielen) zukommen lassen.

5   Fazit und Ausblick

Der vorliegende Beitrag bietet einen ersten Zugang zu der Frage, wie Unternehmen digitale Bildkurationsplattformen im Rahmen ihrer strategischen Unternehmenskommunikation einsetzen können. Auf Basis von Literaturarbeit aus den Bereichen der visuellen Kommunikationsforschung, der digitalen Bildkuration sowie empirischer Impulse einer qualitativen Studie wird ein Vorschlag unterbreitet, wie digitale Bildkuration ein Bestandteil strategischer Unternehmenskommunikation sein kann. Pinterest ist – neben vielen anderen – ein aktuelles Beispiel digitaler Bildkuration. Die vorliegenden Ergebnisse sind als ein erster Vorschlag zu werten. Der geringe Umfang der Expertenbefragung ebenso wie die verhältnismäßig homogene Expertengruppe sind zu kritisieren und die Ergebnisse müssen vor diesem Hintergrund relativierend betrachtet werden.

Für die Praxis kann jedoch vorgeschlagen werden, dass Unternehmen bereits jetzt Fragen an ihre visuelle Identität stellen und bearbeiten können. Unabhängig, ob sie im Rahmen von Pinterest aktiv werden wollen oder nicht, erscheint dies im Sinne der beschriebenen Visualisierungstendenz gerechtfertigt. In einem nächsten Schritt erscheint es für die Praxis sinnvoll, eine Strategie visueller Unternehmenskommunikation zu entwickeln, die über das Corporate Design hinausgeht und beispielsweise für den zukünftigen Umgang mit digitaler Bildkuration richtungsweisend ist.

Für den wissenschaftlichen Diskurs besteht weiterer Handlungsbedarf. Einerseits sind Rezeptionsstudien gefragt, welche ein tieferes Verständnis der Nutzung digitaler Bildkurationsplattformen ermöglichen würde. Gleichzeitig wäre eine Betrachtung und Analyse von Anwendungen strategischer visueller Unternehmenskommunikation ebenso wünschenswert wie eine Vergleichsbetrachtung mit weiteren digitalen Bildkurationsplattformen. Der vorliegende Beitrag bietet im Kontext der noch mangelnden Forschung im Bereich visueller Unternehmenskommunikation einen ersten Schritt an.

Literatur

Abbott, D. (2008). „What is Digital Curation?". DCC Briefing Papers: Introduction to Curation. Edinburgh: Digital Curation Centre. Handle: 1842/3362. http://www.dcc.ac. uk/resources/briefing-papers/introduction-curation. Zugegriffen: 04. Nov. 2013.

Bannour, K.-P. (2012). Pinterest – der neue Hype rund ums Teilen und Pinnen. http:// blog.viermalvier.at/pinterest-der-neue-hype-rund-ums-teilen-und-pinnen/. Zugegriffen: 04. Nov. 2013.

Berzler, A. (2009). *Visuelle Unternehmenskommunikation. Beiträge zur Medien- und Kommunikationsgesellschaft.* Innsbruck: Studien.

Born, D. (2012). Über die Probleme mit dem Urheberrecht von Pinterest und anderen Kurationsplattformen. http://viminds.de/online-marketing/urheberrecht-pinterest-kurationsplattformen. Zugegriffen 04. Nov. 2013.

Bruhn, M. (2009a). *Kommunikationspolitik Systematischer Einsatz der Kommunikation für Unternehmen* (5. Aufl.). München: Vahlen.

Bruhn, M. (2009b). *Integrierte Unternehmens- und Markenkommunikation. Strategische Planung und operative Umsetzung* (5. Aufl.). Stuttgart: Schäffer-Pöschl.

Eichstädt, B., & Kuch, K. (2013). Bildkommunikation: Das Ende der Sprache im Social Web. In R. Leinemann (Hrsg.), *Social Media. Der Einfluss auf Unternehmen* (S. 33–37). Berlin: Springer.

Erickson, C. (2012). 13 ‚Pinteresting' Facts About Pinterest Users. http://mashable.com/2012/ 02/25/pinterest-user-demographics/. Zugegriffen: 15. Mai 2013.

Esch, F.-R. (2012). *Strategie und Technik der Markenführung* (7. Aufl.). München: Vahlen.

Esch, F.-R. (2013). *Strategie und Technik des Automobilmarketing.* Wiesbaden: Springer.

Fleing, E. (2012). Curating für Unternehmen – mit Pinterest. http://elke-fleing.de/2012/ 05/22/curating-furunternehmen-mit-pinterest/. Zugegriffen: 15. Mai 2013.

Geise, S. (2011). *Vision That Matters: Die Funktions- und Wirkungslogistik visueller politischer Kommunikation am Beispiel des Wahlplakats.* Wiesbaden: Springer.

Hayden, B. (2012). *Pinfluence. The complete guide to marketing your business with Pinterest.* New Jersey: Wiley.

Hettler, U. (2010). *Social Media Marketing. Marketing mit Blogs, Sozialen Netzwerken und weiteren Anwendungen des Web 2.0.* München: Oldenbourg Wissenschaftsverlag.

Hoffjann, O. (2009). Visualisierung als Strategie der Aufmerksamkeitsgewinnung in der Unternehmenskommunikation – Visualization as a strategy for attracting attention in corporate communication. *Medien-Journal: Zeitschrift für Kommunikationskultur, 33*(1), 21–32.

Job Stock. (2012). Social Media Statistics 2013 – Facebook vs Twitter vs Pinterest. http://www.jobstock.com/blog/social-media-statistics-2013/. Zugegriffen 15. Mai 2013.

Liu, S. (2010). Trends in Distributed Curational Technology to Manage Data Deluge in a Networked World. *The European Journal for the Informatics Professional, XI*(4), 18–24.

Knieper, T., & Müller, M. (2001). *Kommunikation visuell. Das Bild als Forschungsgegenstand – Grundlagen und Perspektiven*. Köln: von Halem.

Kroeber-Riel, W. (1993). *Bildkommunikation. Imagerystrategien für die Werbung*. München: Vahlen.

Lobinger, K. (2009). Facing the Picture – Blicken wir dem Bild ins Auge! Vorschlag für eine meta-analytische Auseinandersetzung mit visueller Medieninhaltsforschung. *Image – Zeitschrift für interdisziplinäre Bildwissenschaft* (10), 80–99.

Lobinger, K. (2012). *Visuelle Kommunikationsforschung. Medienbilder als Herausforderung für die Kommunikations- und Medienwissenschaft*. Wiesbaden: Springer.

Müller, M. (2007). What is visual communication? Past and future of an emerging field of communication research. *Studies in Communication Sciences, 7*(2), 7–34.

Peters, I., Trkulja, V., & Weller, K. (2012). Pinterest. Ein Soziales Netzwerk für die schönen Dinge im Leben. *PASSWORD* (5), 30–31.

Ray, J. (2012). The rise of digital curation and cyberinfrastructure. From experimentation to implementation and maybe integration. *Library Hi Tech, 30*(4), 604–622.

Scime, E. (2009). The Content Strategist as Digital Curator. http://alistapart.com/article/content-strategist-as-digitalcurator. Zugegriffen: 14. Januar 2013.

Weck, A. (2013). *Content Curation is King – Wie kuratierte Inhalte das Markenimage schärfen*. http://t3n.de/news/content-content-curation-456349/. Zugegriffen: 04. Nov. 2013.